EUL VERLAG

ELECTRONIC COMMERCE

Herausgegeben von Prof. Dr. Dr. h. c. Norbert Szyperski, Köln, Prof. Dr. Beat Schmid, St. Gallen, Prof. Dr. Dr. h. c. mult. August-Wilhelm Scheer, Saarbrücken, Prof. Dr. Günther Pernul, Regensburg, und Prof. Dr. Stefan Klein, Münster

Band 25
Fredj Dridi
Sicherheitsarchitektur für Internetbasierte Informationssysteme – Entwurf und Implementierung im Rahmen des E-Government-Projektes Webocracy
Lohmar – Köln 2003 ◆ 218 S. ◆ € 44,- (D) ◆ ISBN 3-89936-166-0

Band 26
Roman Pecha
Externe Geschäftsmodellanalyse bei E-Business Unternehmen – Eine empirische Analyse
Lohmar – Köln 2004 ◆ 360 S. ◆ € 53,- (D) ◆ ISBN 3-89936-218-7

Band 27
Sabine Kronz
Content Management – Einführung, Prozesse und Objekte
Lohmar – Köln 2004 ◆ 246 S. ◆ € 46,- (D) ◆ ISBN 3-89936-225-X

Band 28
Dietmar Eifert
Wert von Kundenprofilen im Electronic Commerce
Lohmar – Köln 2004 ◆ 238 S. ◆ € 46,- (D) ◆ ISBN 3-89936-276-4

Band 29
Andreas Voß
Dominantes Design im Electronic Commerce – Analysen und Befunde bei Tourismus-Web Sites
Lohmar – Köln 2004 ◆ 286 S. ◆ € 48,- (D) ◆ ISBN 3-89936-293-4

Band 30
Jörg Leukel
Katalogdatenmanagement im B2B E-Commerce
Lohmar – Köln 2004 ◆ 388 S. ◆ € 55,- (D) ◆ ISBN 3-89936-316-7

JOSEF EUL VERLAG

Reihe: Electronic Commerce · Band 30

Herausgegeben von Prof. Dr. Dr. h. c. Norbert Szyperski, Köln, Prof. Dr. Beat Schmid, St. Gallen, Prof. Dr. Dr. h. c. mult. August-Wilhelm Scheer, Saarbrücken, Prof. Dr. Günther Pernul, Regensburg, und Prof. Dr. Stefan Klein, Münster

Dr. Jörg Leukel

Katalogdatenmanagement im B2B E-Commerce

Mit einem Geleitwort von
Prof. Dr.-Ing. Frank-Dieter Dorloff und Prof. Dr. Stefan Eicker,
Universität Duisburg-Essen

EUL VERLAG

Bibliographische Information der Deutschen Bibliothek

Die Deutsche Bibliothek verzeichnet diese Publikation in der Deutschen Nationalbibliographie; detaillierte bibliographische Daten sind im Internet über <http://dnb.ddb.de> abrufbar.

Dissertation, Universität Duisburg-Essen, 2004, unter dem Titel:
Konzeption eines betrieblichen Katalogdatenmanagements

ISBN 3-89936-316-7
1. Auflage Dezember 2004

Printed in Germany
Druck: RSP Köln

JOSEF EUL VERLAG GmbH
Brandsberg 6
53797 Lohmar
Tel.: 0 22 05 / 90 10 6-6
Fax: 0 22 05 / 90 10 6-88
http://www.eul-verlag.de
info@eul-verlag.de

Bei der Herstellung unserer Bücher möchten wir die Umwelt schonen. Dieses Buch ist daher auf säurefreiem, 100% chlorfrei gebleichtem, alterungsbeständigem Papier nach DIN 6738 gedruckt.

Geleitwort

Nach dem Scheitern der New Economy werden auch viele ihrer Verheißungen – globale Vernetzung von Anbietern und Nachfragern, einfacher Zugang zu neuen, sich flexibel bildenden und verändernden Handelsplattformen, vollständige Wettbewerbs- und Preistransparenz – als überzogene Visionen bewertet. Insbesondere der zwischenbetriebliche E-Commerce („B2B") ist jedoch ein Beispiel dafür, daß die Grundannahmen der Verheißungen durchaus nicht unrealistisch sind, daß aber Überlegungen zur Umsetzung häufig von Fehleinschätzungen geprägt waren: Auf der einen Seite wurden die Fähigkeiten der Lieferanten, an den neuen B2B-Plattformen teilnehmen zu können, von elektronischen Marktplätzen und großen einkaufenden Unternehmen überschätzt, auf der anderen Seite der erforderliche Aufwand und damit die zu erwartenden Kosten unterschätzt.

Die wesentliche Problematik für ein Unternehmen, das B2B-Plattformen nutzen möchte, liegt in der Notwendigkeit, die anzubietenden bzw. einzukaufenden Produkte adäquat zu beschreiben. Diese Beschreibungen fließen als Katalogdaten in elektronische Produktkataloge ein, die wiederum die Basis für elektronische Transaktionen bilden. Die Anforderungen an solche Produktbeschreibungen gehen entsprechend weit über die „klassischen" Produktbeschreibungen hinaus. Insbesondere kann ein Unternehmen die Beschreibungen nicht aus seiner individuellen Perspektive erstellen, sondern muß vielmehr standardisierte Klassifikationssysteme mit den von ihnen jeweils vorgegebenen Produktmerkmalen sowie standardisierte Datenaustauschformate unterstützen.

Als Quintessenz ergibt sich, daß genannte Verheißungen im B2B-Bereich durchaus Realität werden können, dies aber nicht einfach durch Einsatz der modernen Informations- und Kommunikationstechnologie, sondern durch eine Neuorganisation der Handhabung von Katalogdaten und eine Integration der entsprechenden Prozesse und Daten in die betriebliche Informationssystemlandschaft. In der vorliegenden Arbeit motiviert Herr Leukel deshalb die Notwendigkeit einer unternehmensweiten Strategie für die Handhabung von Katalogdaten und konzipiert auf dieser Basis ein *betriebliches Katalogdatenmanagement (KDM)*. Ein solcher wissenschaftlich gestützter Ansatz, um gezielt Problembereiche und Aufgaben der Handhabung von Katalogdaten herausarbeiten zu können, fehlte bislang, da sich die Forschung vorwiegend mit Einzelaspekten der Standardisierung und Integration von Katalogdaten befaßt. Herr Leukel nimmt dagegen eine umfassende betriebliche Sichtweise ein, und leitet das KDM entsprechend aus dem betrieblichen Informations- und Datenmanagement, dem Kernbereich der Wirtschaftsinformatik, ab.

Mit diesem Ansatz ist die Arbeit erstmals in der Lage, einen konzeptuellen Rahmen wie auch zugehörige Instrumente und Modelle für die Analyse der Anforderungen an KDM-Systeme zu liefern. Sie erörtert auf Basis dieses Rahmens fundiert die zentralen Fragestellungen und bietet begründete Gestaltungsempfehlungen an. Wir wünschen ihr deshalb eine weite Verbreitung in Wissenschaft und Praxis.

Essen, im Dezember 2004

Frank-Dieter Dorloff
Stefan Eicker

Danksagung

Die vorliegende Arbeit entstand zwischen April 2001 und Juni 2004 neben meiner Tätigkeit als wissenschaftlicher Mitarbeiter am Fachgebiet Beschaffung, Logistik und Informationsmanagement (BLI) der Universität Duisburg-Essen. An dieser Stelle möchte ich allen danken, die mich während dieser Zeit unterstützt haben.

Mein erster Dank gilt meinem Betreuer, Herrn Prof. Dr.-Ing. Frank-Dieter Dorloff, der mir die Bearbeitung einer aus den BLI-Forschungsprojekten abgeleiteten Problemstellung ermöglichte. Für seinen Beitrag zum Gelingen dieser Arbeit danke ich ihm herzlich. Ganz besonders danke ich Herrn Prof. Dr. Stefan Eicker, meinem akademischen Mentor, für die wertvolle methodische Unterstützung und die Erstellung des Erstgutachtens. Weiterhin bedanke ich mich bei Herrn Prof. Dr. Heimo H. Adelsberger für die freundliche Übernahme des Zweitgutachtens.

Mein Dank gilt meinem Kollegen Herrn Dipl.-Inform. Volker Schmitz für die gute und freundschaftliche Zusammenarbeit. Ohne die gemeinsamen Tätigkeiten in den Projekten BMEcat, CEN/ISSS eCAT und E-START sowie den regen wissenschaftlichen Austausch wäre die vorliegende Arbeit nur schwer möglich gewesen. In diesem Zusammenhang möchte ich auch den externen Projektpartnern und Kollegen, insbesondere Herrn Dr.-Ing. Oliver Kelkar, Herrn Dr. Martin Hepp und Herrn Nikolaus Ondracek, für ihre Kooperation und manche gegebene Anregung danken.

Den Projektstudenten, die mich im Rahmen ihrer Tätigkeit unterstützt haben, möchte ich ebenfalls meinen Dank aussprechen: Herrn Dipl.-Wirt.-Inf. Michael Beul, Herrn Christian Bittscheidt, Herrn Dipl.-Wirt.-Inf. Julian Sareyka und Herrn Dipl.-Wirt.-Inf. Thorsten Spies.

Mein persönlicher Dank gebührt meinen lieben Eltern, die mir meine akademische Ausbildung erst ermöglicht und mich stets motiviert und gefördert haben.

Essen, im Dezember 2004 Jörg Leukel

Inhaltsverzeichnis

Abkürzungsverzeichnis XIII

Abbildungsverzeichnis XVII

Tabellenverzeichnis IXX

1 Einführung 1

1.1 Problemstellung 1

1.2 Zielsetzung 5

1.3 Gang der Arbeit 6

Teil I: Grundlagen des betrieblichen Katalogdatenmanagements 11

2 Untersuchung von Katalogdaten und ihres betrieblichen Kontextes 11

2.1 Einordnung und Abgrenzung 11

2.1.1 Technische und betriebswirtschaftliche Informationssysteme 12

2.1.2 Materialdaten in ERP-Systemen 13

2.1.3 Produktdaten in PDM-Systemen 17

2.1.4 Zusammenhänge zwischen Material-, Produkt- und Katalogdaten 18

2.1.5 Bildung von Datenbereichen 20

2.2 Katalogmetadaten 24

2.3 Katalogstrukturdaten 27

2.3.1 Kataloggruppensystemdaten 28

2.3.2 Produktklassifikationssystemdaten 32

2.4 Produktdaten 35

2.4.1 Produktidentifikations- und -beschreibungsdaten 36

2.4.2 Produktspezifikationsdaten 39

2.4.3 Bestell- und Logistikdaten 41

2.4.4 Preisdaten 43

2.5 Produktstrukturdaten 49

2.5.1 Referenzierungsdaten 50

2.5.2 Parametrisierungsdaten 52

2.5.3 Konfigurationsdaten 56

2.6 Charakteristika von Katalogdaten 59

2.6.1 Zwischenbetriebliche Verwendung 60

2.6.2 Multi-Abhängigkeit 61

2.6.3 Strukturelle Komplexität 62

2.6.4 Ontologien 63

2.6.5 Datenvolumen 65

3 Untersuchung von Formaten für den Katalogdatenaustausch 67

3.1 Grundlegende Formate 67

3.1.1 CSV-Formate 68

3.1.2 EDI-Formate 71

3.1.3 XML-Formate 73
3.1.4 Sonstige Formate 76
3.1.5 Vergleich 77
3.2 Standardisierung von Datenaustauschformaten 79
3.2.1 E-Business-Standardisierung 80
3.2.2 Datentypen 82
3.2.3 Vokabular 84
3.2.4 Dokumente 87
3.2.5 Prozesse 88
3.2.6 Framework 91
3.3 Kriterien zur Beschreibung und Bewertung von Katalogstandards 93
3.3.1 Organisation 94
3.3.2 Inhalte 97
3.3.3 Formale Spezifikation 98
3.3.4 Dokumentation 103
3.3.5 Marktstellung, -verbreitung und Softwareunterstützung 104
3.4 XML-Katalogstandards 106
3.4.1 Übersicht und Auswahl 107
3.4.2 BMEcat 1.2 110
3.4.3 cXML 1.2.011 114
3.4.4 OAGIS 8.0 117
3.4.5 xCBL 4.0 120
3.5 Vergleich und Bewertung ausgewählter XML-Katalogstandards 123

4 Entwicklung des betrieblichen Katalogdatenmanagements 133
4.1 Beschaffung mittels elektronischer Produktkataloge 133
4.2 Katalogdatenmanagement aus Sicht des Informationsmanagements 138
4.2.1 Begriff 138
4.2.2 Alternative Konzeptionen 140
4.2.3 Ziele 143
4.2.4 Aufgaben 149
4.3 Anwendungsszenarien 157
4.3.1 Szenario Supplier 162
4.3.2 Szenario Buyer 164
4.3.3 Szenario Intermediär 166
4.4 Differenzierung der Aufgaben 167
4.4.1 Aufgaben im Szenario Supplier 168
4.4.2 Aufgaben im Szenario Buyer 172
4.4.3 Aufgaben im Szenario Intermediär 174

Teil II: Entwicklung von Gestaltungskonzepten für die Informationssysteme im Katalogdatenmanagement 179

5 KDM-Architekturen 181

5.1 Additive KDM-Architektur 182
5.2 Gekoppelte KDM-Architektur 187
5.3 Integrierte KDM-Architektur 194

6 Katalogdatenverwaltung 201
6.1 Organisation der Katalogdatenverwaltung 201
6.2 Verwaltung von Produkten 205
6.3 Verwaltung von Katalogen 207
6.4 Verwaltung von Export- und Importprofilen 209
6.5 Unterstützung katalogbasierter Anwendungssysteme 211

7 Katalogdatenbearbeitung 217
7.1 Objekttypen 217
7.2 Rationalisierung 219
7.3 Zuordnungen 220
7.4 Datentransformationen 221
7.4.1 Berücksichtigung von Schemaunterschieden 225
7.4.2 Berücksichtigung von Repräsentationsunterschieden 236
7.4.3 Berücksichtigung von Informationsverlusten und -defiziten 237
7.4.4 Berücksichtigung von expliziter und impliziter Semantik 242

8 Produktklassifizierung 245
8.1 Grundlegende Anforderungen 245
8.1.1 Verarbeitung der Systemdefinitionen 246
8.1.2 Multi-Klassifizierung 248
8.1.3 Überprüfbarkeit der Klassifizierung 257
8.2 Struktur von Klassifikationssystemen 259
8.2.1 Systemdefinition 260
8.2.2 Klassendefinition 262
8.2.3 Merkmalsdefinition 263
8.3 Standardisierte Klassifikationssysteme 267
8.3.1 eCl@ss 5.0 270
8.3.2 UNSPSC 6.0315 und EGAS 1.0 274
8.3.3 ETIM 2.0 279
8.3.4 proficl@ss 2.0 280
8.3.5 Vergleich 281
8.4 Klassifikationssysteme im zwischenbetrieblichen Datenaustausch 286
8.4.1 Strukturelemente in XML-Katalogstandards 287
8.4.2 Eignung der XML-Katalogstandards 290
8.4.3 Eignung der Norm ISO 13584 293
8.5 Ansätze zur Automatisierung der Produktklassifizierung 298
8.5.1 Klassifizierung über Produkteigenschaften 299
8.5.2 Klassifizierung über Ordnungssysteme 305
8.5.3 Klassifizierung über Referenz-Mappings 310

9 Erweiterung des betrieblichen Katalogdatenmanagements zu einem zwischenbetrieblichen Katalogdatenmanagement 313

9.1 Instrumente des zwischenbetrieblichen Katalogdatenmanagements 314

9.1.1 Katalogprozeßabstimmung 314

9.1.2 Katalogspezifikation 315

9.1.3 Katalogzertifizierung 317

9.2 Interoperabilität von KDM-Systemen 320

9.2.1 Erweiterung des Prozeßmodells 321

9.2.2 Formalisierung der Katalogspezifikation 322

9.2.3 Dokumentation von Importfehlern 324

9.3 Interoperabilitätskonzepte in XML-Katalogstandards 325

10 Zusammenfassung und Ausblick 329

Literaturverzeichnis 333

Stichwortverzeichnis 355

Abkürzungsverzeichnis

AB	Austauschbeziehung
ANSI	American National Standardization Institute
API	Application Programming Interface
B2B	Business-to-Business
B2C	Business-to-Consumer
BME	Bundesverband Materialwirtschaft, Einkauf und Logistik e.V.
BML	Basismerkmalsleiste
BMWA	Bundesministerium für Wirtschaft und Arbeit
BOD	Business Object Document
BTP	Business Transaction Protocol
BVBS	Bundesverband Bausoftware e.V.
CEN/ISSS	European Committee for Standardization / Information Society Standardization System
CIF	Catalog Interchange Format
CM	Content Management
CPFR	Collaborative Planning, Forecasting and Replenishment
CPV	Common Procurement Vocabulary
CRM	Customer Relationship Management
CSV	Comma Separated Values
cXML	Commerce XML
D&B	Dun & Bradstreet
DAML+OIL	DARPA Agent Markup Language + Ontology Infrastructure Language
DIN	Deutsches Institut für Normung e.V.
DM	Datenmanagement
DP	Desktop Purchasing
DTD	Document Type Definition
DUNS	Data Universal Numbering System
EAN	European Article Number
ebXML	Electronic Business XML
ECCMA	Electronic Commerce Code Management Association
EDI	Electronic Data Interchange
EDIFACT	EDI for Administration, Commerce and Transportation
EGAS	ECCMA Global Attribute Schema
eCX	Electronic Catalog XML
eOTD	ECCMA Open Technical Dictionary

EPK	Elektronischer Produktkatalog
ERP	Enterprise Resource Planning
ETIM	Elektrotechnisches Informationsmodell
FTP	File Transfer Protocol
GCI	Global Commerce Initiative
GMDN	Global Medical Device Nomenclature
HTML	Hypertext Markup Language
HTTP	Hypertext Transfer Protocol
ICE	Information and Content Exchange
ID	Identifikator
IEC	International Electrotechnical Commission
ILN	Internationale Lokationsnummer
IM	Informationsmanagement
IR	Information Retrieval
ISO	International Organization for Standardization
IT	Informationstechnologie
IWI	Institut der Deutschen Wirtschaft e.V.
JPG	Joint Photographic Experts Group
KDM	Katalogdatenmanagement
NATO	North Atlantic Treaty Organisation
NCS	NATO Codification System
NIGP	National Institute of Governmental Purchasing
OAG	Open Applications Group
OAGIS	Open Applications Group Integration Specification
OBI	Open Buying on the Internet
OCF	Open Catalog Format
OCI	Open Catalog Interface
OCP	Open Catalog Protocol
ODL	Object Definition Language
ODMG	Object Data Management Group
OSI	Open System Interconnection
OTP	Open Trading Protocol
PDF	Portable Document Format
PDM	Produktdatenmanagement, Product Data Management
PDML	Product Data Markup Language
PI	Product Information
PLIB	Parts Library

PLM	Produktlebenszyklusmanagement, Product Lifecycle Management
PVH	Produktionsverbindungshandel
RDF	Resource Description Framework
RFQ	Request for Quotation
RNTD	RosettaNet Technical Dictionary
SCM	Supply Chain Management
SI	Système International d'Unités
SML	Standardmerkmalsleiste
SMTP	Simple Mail Transfer Protocol
SNITEM	Syndicat National de l'Industrie des Technologies Médicales
SOAP	Simple Object Access Protocol
SOX	Schema for Object-Oriented XML
SRM	Supplier Relationship Management
STAR	Standards for Technology in Automotive Retail
STEP	Standard for the Exchange of Product Model Data
UCEC	Universal Content Extended Classification
UDDI	Universal Description, Discovery and Integration
UML	Unified Modeling Language
UNCCS	United Nations Common Coding System
UNDP	United Nations Development Programme
UNSPSC	United Nations Standard Products and Services Code
URL	Uniform Resource Locator
VEG	Bundesverband des Elektro-Großhandels e.V.
VRM	Vektorraummodell
W3C	World Wide Web Consortium
WSDL	Web Services Description Language
WWS	Warenwirtschaftssystem
WWW	World Wide Web
xCBL	XML Common Business Library
XDR	XML Data-Reduced
XML	Extensible Markup Language
XSD	XML Schema Definition
ZVEI	Zentralverband Elektrotechnik- und Elektronikindustrie e.V.

Abbildungsverzeichnis

Abbildung 1-1: Gang der Arbeit 9
Abbildung 2-1: Verhältnis von Material-, Produkt- und Katalogdaten........ 19
Abbildung 2-2: Katalogdatenbereichsmodell 23
Abbildung 3-1: Relationen Artikel, Artikelmerkmale und Merkmale 69
Abbildung 3-2: Flache Datenstruktur durch Anfügung 70
Abbildung 3-3: Flache Datenstruktur durch Datensatztypisierung 70
Abbildung 3-4: Beispiel EDIFACT-Bestellung 71
Abbildung 3-5: Nachrichtenstrukturdiagramm EDIDATA PRICAT 72
Abbildung 3-6: Beispiel XML-Daten 74
Abbildung 3-7: Beispiel XML DTD für Katalogdaten 75
Abbildung 3-8: Visualisierung der Dokumenttypstruktur 75
Abbildung 3-9: Schichtenmodell der E-Business-Standardisierung 82
Abbildung 3-10: Prozesse für den Katalogdatenaustausch 90
Abbildung 3-11: Einsatz von Katalogformaten in der deutschen Elektroindustrie... 128
Abbildung 3-12: Unterstützung von Katalogformaten in E-Procurement-Lösungen 129
Abbildung 3-13: Unterstützung von Katalogformaten in Katalogsoftware........ 130
Abbildung 4-1: Grundtypen elektronischer Beschaffungssysteme........ 135
Abbildung 4-2: Systematisierung von Zielen........ 145
Abbildung 4-3: Zielsystem des Katalogdatenmanagements 149
Abbildung 4-4: Katalogdatenaustausch und entfernter Katalogzugriff 161
Abbildung 4-5: Positionierung des KDM-Systems im Szenario Supplier 164
Abbildung 4-6: Positionierung des KDM-Systems im Szenario Buyer 166
Abbildung 4-7: Positionierung des KDM-Systems im Szenario Intermediär 167
Abbildung 5-1: KDM-System bei lieferantenseitiger, additiver KDM-Architektur..... 184
Abbildung 5-2: KDM-System bei lieferantenseitiger, gekoppelter KDM-Architektur 191
Abbildung 5-3: Beispiel gekoppelte KDM-Architektur für Handelsunternehmen..... 193
Abbildung 5-4: Beispiel gekoppelte KDM-Architektur für Marktplätze........ 194
Abbildung 5-5: KDM-System bei lieferantenseitiger, integrierter KDM-Architektur . 197
Abbildung 5-6: KDM-System bei einkaufsseitiger, integrierter KDM-Architektur..... 198
Abbildung 6-1: Ebenen der Katalogdatenverwaltung........ 204
Abbildung 6-2: Beispiel Implementierung der Katalogdatenverwaltung 205
Abbildung 6-3: Zuordnungen zwischen Katalog-Engine und ERP-System........ 214
Abbildung 6-4: Zuordnungen in einer Multi-Mandantenumgebung 215
Abbildung 7-1: Konverterstrukturen Stern und Netz bei sechs Formaten........ 223
Abbildung 7-2: Beispiel XML-Daten für das 1:1-Mapping 227

Abbildung 7-3: Beispiel XML-Daten für das 1:N-Mapping 229
Abbildung 7-4: Beispiel XML-Daten für das 1:N-Mapping 230
Abbildung 7-5: Beispiel XML-Daten für das N:1-Mapping 232
Abbildung 7-6: Beispiel XML-Daten für das N:M-Mapping 233
Abbildung 7-7: Beispiel XML-Daten für partitioniertes Quellformat 234
Abbildung 7-8: Beispiel XML-Daten für instanzabhängiges Mapping 235
Abbildung 8-1: Klassifikationssysteme als Gegenstand des Datenaustausches 247
Abbildung 8-2: Beispiel Merkmal-Mapping 252
Abbildung 8-3: Beispiel Merkmalsvererbung in einer Klassenhierarchie 267
Abbildung 8-4: Entwicklungspfad von UNSPSC und EGAS 275
Abbildung 8-5: Beispiel Mapping zwischen eCl@ss 4.1 und proficl@ss 1.2 306
Abbildung 8-6: Beispiel N:M-Mapping zwischen Klassifikationssystemen 307

Tabellenverzeichnis

Tabelle 2-1: Fachbereiche des Materialstamms in SAP R/3 ... 14
Tabelle 2-2: Informationsarten in den Fachbereichen des Materialstamms ... 16
Tabelle 2-3: Beispiele zum Verhältnis von Material-, Produkt- und Katalogdaten ... 19
Tabelle 2-4: Beispiel Katalogmetadaten ... 27
Tabelle 2-5: Beispiel Kataloggruppensystemdaten ... 31
Tabelle 2-6: Beispiel Synonymdaten ... 31
Tabelle 2-7: Beispiel Merkmalsleistendaten ... 34
Tabelle 2-8: Funktionen und Systemeigenschaften von Produktordnungssystemen 35
Tabelle 2-9: Beispiel Produktidentifikations- und –beschreibungsdaten ... 38
Tabelle 2-10: Beispiel Produktspezifikation durch proprietäre Merkmale ... 39
Tabelle 2-11: Beispiel Produktspezifikation durch standardisierte Merkmale ... 40
Tabelle 2-12: Beispiel Kategorisierung von Produkten ... 41
Tabelle 2-13: Beispiel Bestelldaten ... 41
Tabelle 2-14: Beispiel Bestelldaten bei einer dreistufigen Verpackungshierarchie ... 42
Tabelle 2-15: Beispiel produktbezogene Logistikdaten ... 43
Tabelle 2-16: Beispiel Preisdaten ... 47
Tabelle 2-17: Beispiel Preisdaten mit Zu- und Abschlägen ... 49
Tabelle 2-18: Beispiel Artikelreferenzen ... 51
Tabelle 2-19: Beispiel Set und Lot ... 52
Tabelle 2-20: Beispiel Variantenbildung über ein Merkmal ... 54
Tabelle 2-21: Beispiel Variantenbildung über zwei Merkmale ... 56
Tabelle 2-22: Strukturelle Komplexität minimaler und maximaler Kataloge ... 63
Tabelle 2-23: Vereinfachte Berechnung des Datenvolumens von Katalogen ... 66
Tabelle 3-1: Vergleich CSV-, EDI- und XML-basierter Datenformate ... 78
Tabelle 3-2: Beispiele für standardisierte Aufzählungsdatentypen ... 84
Tabelle 3-3: Dokumenttypen für Katalogdaten ... 88
Tabelle 3-4: Vergleich von XML-Schemasprachen ... 101
Tabelle 3-5: Übersicht XML-Katalogstandards ... 108
Tabelle 3-6: XML-Katalogstandards in der wissenschaftlichen Literatur ... 110
Tabelle 3-7: Organisation der XML-Katalogstandards ... 123
Tabelle 3-8: Dokumenttypen in XML-Katalogstandards ... 124
Tabelle 3-9: Datenbereiche in XML-Katalogstandards ... 124
Tabelle 3-10: Preisdaten in XML-Katalogstandards ... 125
Tabelle 3-11: Nutzung von Schemasprachen in XML-Katalogstandards ... 126
Tabelle 3-12: Dokumentation der XML-Katalogstandards ... 127

Tabelle 3-13: Bewertung ausgewählter XML-Katalogstandards ... 131
Tabelle 4-1: Schichtenmodell für elektronische Produktkatalog nach *Lincke* ... 134
Tabelle 4-2: Alternative Begriffskonzeptionen zum Katalogdatenmanagement ... 143
Tabelle 4-3: Ziele des Datenmanagements in der Literatur ... 146
Tabelle 4-4: Aufgabenbegriffe zum Datenmanagement in der Literatur ... 152
Tabelle 4-5: Strategische Aufgabenbereiche des Katalogdatenmanagements ... 156
Tabelle 4-6: Analogien in der Prozeßgestaltung für Intermediäre ... 176
Tabelle 5-1: Daten- und Funktionsintegration ... 181
Tabelle 5-2: Daten- und Funktionsintegration bei additiver KDM-Architektur ... 183
Tabelle 5-3: Varianten lieferantenseitiger KDM-Systeme bei additiver Architektur. 185
Tabelle 5-4: Daten- und Funktionsintegration bei gekoppelter KDM-Architektur ... 188
Tabelle 5-5: Daten- und Funktionsintegration bei integrierter KDM-Architektur ... 195
Tabelle 6-1: Multi-Abhängigkeitskonzept in XML-Katalogstandards ... 210
Tabelle 7-1: Objekttypen und Datenbearbeitungsfunktionen ... 218
Tabelle 7-2: Zuordnungen zwischen Katalogdaten ... 221
Tabelle 7-3: Anwendungsbereiche von Datentransformationen im KDM ... 222
Tabelle 7-4: Typisierung von Datentransformationen ... 238
Tabelle 8-1: Beispiel isolierte Merkmalsverwaltung ... 251
Tabelle 8-2: Beispiel Merkmal-Pool und Mapping zu Standardmerkmalen ... 254
Tabelle 8-3: Beispiel Datentransformationen für Standardmerkmale ... 255
Tabelle 8-4: Beispiel Merkmal-Pool mit abgeleiteten Merkmalen ... 256
Tabelle 8-5: Kriterien zur Überprüfung der Klassifizierung ... 258
Tabelle 8-6: Übersicht Standardklassifikationssysteme ... 269
Tabelle 8-7: Klassen- und Merkmalswachstum in eCl@ss ... 271
Tabelle 8-8: Merkmal-Pool in eCl@ss ... 273
Tabelle 8-9: Merkmalsgruppen in EGAS 1.0 ... 277
Tabelle 8-10: Datenformate von Klassifikationssystemen ... 282
Tabelle 8-11: Systemdefinition für Klassifikationssysteme ... 282
Tabelle 8-12: Klassendefinition in Klassifikationssystemen ... 283
Tabelle 8-13: Merkmalsdefinition in Klassifikationssystemen ... 284
Tabelle 8-14: Klassenspezifische Merkmalsdefinition in Klassifikationssystemen .. 284
Tabelle 8-15: Erweiterte Definitionen in Klassifikationssystemen ... 285
Tabelle 8-16: Klassifikationssystemdefinition in XML-Katalogstandards ... 287
Tabelle 8-17: Klassendefinition in XML-Katalogstandards ... 288
Tabelle 8-18: Merkmalsdefinition in XML-Katalogstandards ... 289
Tabelle 8-19: Erweiterte Definitionen in XML-Katalogstandards ... 290
Tabelle 8-20: Informationsverluste bei der Übertragung von Klassendefinitionen .. 291

Tabelle 8-21: Informationsverluste bei der Übertragung von Merkmalsdefinitionen 292
Tabelle 8-22: Klassendefinition in ISO 13584 295
Tabelle 8-23: Merkmalsdefinition in ISO 13584 296
Tabelle 8-24: Erweiterte Definitionen in ISO 13584 297
Tabelle 8-25: Datenbasis der Produktklassifizierung 302
Tabelle 8-26: Mapping-Typen zwischen Produktklassen 306
Tabelle 8-27: Mapping-Kardinalitäten und Beziehungstypen 309
Tabelle 9-1: Formale Katalogspezifikation mit XML-Schemasprachen 323
Tabelle 9-2: Dokumenttypen in XML-Katalogstandards 326
Tabelle 9-3: Katalogspezifikation durch Metadaten in XML-Katalogstandards 327

1 Einführung

1.1 Problemstellung

Im Zuge der Entstehung und Verbreitung internetbasierter Systeme zur Unterstützung von Geschäftstransaktionen (E-Commerce) kommt dem automatisierten Datenaustausch zwischen Unternehmen eine Schlüsselrolle zu. Einen wichtigen Teilbereich zwischenbetrieblicher Geschäftstransaktionen stellen Kauf- und Verkaufsprozesse auf der Grundlage elektronischer Produktkataloge dar. Elektronische Produktkataloge sind strukturierte Leistungsverzeichnisse und -beschreibungen der Produkte und Dienstleistungen eines Unternehmens.[1] Sie sind elementarer Bestandteil von elektronischen Handelsplattformen und umfassen unter anderem Funktionen zur Navigation, Suche, Anzeige und zum Vergleich von Produkten und der sie beschreibenden Informationen. Die für die Erstellung elektronischer Produktkataloge benötigten Daten werden mit Katalogdaten bezeichnet. Je nach Integrationsgrad zwischen den Informationssystemen des Verkäufers und des Käufers werden unterschiedlich weitgehende Anforderungen an die Katalogdaten und den Datenaustausch gestellt.

Der hier in Rede stehende elektronische Handel zwischen Unternehmen wird als Business-to-Business (B2B) E-Commerce bezeichnet. Für diesen ist charakteristisch, daß die Katalogdaten des katalogerstellenden Unternehmens möglichst automatisiert in ein Informationssystem des katalognutzenden Unternehmens übernommen werden.[2] Dieses zum Business-to-Consumer E-Commerce hin unterscheidende Merkmal erklärt sich zum einen aus den Automatisierungs- und Integrationszielen, die für viele zwischenbetriebliche Geschäftsbeziehungen gelten. Zum anderen kann es anhand des zeitlichen Entwicklungsverlaufes des B2B E-Commerce verdeutlicht werden, der sich in drei, eng aufeinanderfolgende und sich überschneidende Phasen unterteilen läßt.

Die erste Phase der Entwicklung des B2B E-Commerce ist gekennzeichnet durch elektronische Verkaufssysteme, die von Lieferanten in Eigenregie gestaltet werden (Sell Side-Systeme). Die Integration mit den Kundensystemen ist meistens gering und proprietärer Natur. Die zweite Phase beginnt mit dem Aufkommen elektronischer Beschaffungssysteme (E-Procurement-Systeme), die insbesondere von großen

---

[1] Einführend zu elektronischen Produktkatalogen im zwischenbetrieblichen E-Commerce vgl. Ginsburg / Gebauer / Segev (1999), S. 331ff., und Baron / Shaw / Bailey (2000), S. 93ff.

[2] Vgl. Otto / Beckmann (2001), S. 357ff.

Unternehmen entwickelt und eingesetzt werden, um Beschaffungsprozesse zu optimieren. Charakteristisch für diese Phase ist die Forderung der einkaufenden Unternehmen an die Lieferanten, Katalogdaten in elektronischer Form und spezifizierter Qualität bereitzustellen. In der Folge sind erste, vereinheitlichte Datenaustauschformate für Katalogdaten entstanden. Ihre Entwicklung ist aus technologischer Sicht durch die seit 1998 verfügbare Datenbeschreibungssprache XML maßgeblich initiiert und beschleunigt worden ist. Die dritte Phase führt zur Entstehung elektronischer Marktplätze, die eine Vermittlungsfunktion zwischen Lieferanten und einkaufenden Unternehmen übernehmen und Verkaufs- und Kaufprozesse elektronisch abbilden. In diesem Kontext erlangt der wechselseitige Datenaustausch zwischen den Beteiligten, aber auch die Datenaufbereitung, -konvertierung und -aggregation eine zentrale Bedeutung.

Für Katalogdaten läßt sich feststellen, daß sie als Stammdaten zwischen den Unternehmen und den von ihnen betriebenen Sell Side-, E-Procurement- und Marktplatz-Systemen ausgetauscht werden. Die beiden zuletzt genannten Systeme verarbeiten eine Vielzahl von Katalogen und stellen diese den Bedarfsträgern bzw. Einkäufern für Beschaffungsentscheidungen zur Verfügung. Häufig sind mehrere Lieferantenkataloge zu einem Katalog zu aggregieren, um lieferantenübergleichend die Produktrecherche und den Produktvergleich zu ermöglichen. Von den Lieferanten wird erwartet, daß ihre Katalogdaten in standardisierter Form und in hoher Qualität vorliegen. Die Lieferantenpartizipation und -leistungsfähigkeit ist damit auch zu einem kritischen Erfolgsfaktor von E-Procurement- und Marktplatz-Systemen geworden.[3]

Es wird deutlich, daß Katalogdaten für alle Teilnehmer katalogbasierter Transaktionen von hoher Wichtigkeit sind und daß daher Strategien und Konzepte für die Handhabung dieser Daten benötigt werden. Dieser Aufgabenbereich kann unter dem Begriff *betriebliches Katalogdatenmanagement (KDM)* zusammengefaßt werden und ist Gegenstand der vorliegenden Arbeit.

Praxisorientierte Untersuchungen identifizieren das betriebliche Katalogdatenmanagement bereits seit einiger Zeit als einen kritischen Erfolgsfaktor für B2B E-Commerce-Anwendungen.[4] Der Gestaltung des Katalogdatenmanagements werden sowohl organisatorische und informatorische als auch technologische Aspekte

[3] Vgl. z.B. Davila / Gupta / Palmer (2002), S. 18f., und Fritschi (2003), S. 8f.

[4] Vgl. z.B. Granada Research (1999), Aberdeen Group (2000), PWC Unternehmensberatung GmbH (2002), und IDC (2003).

zugerechnet. Damit ist sie typisch für eine Aufgabe des betrieblichen Informationsmanagements. In einer ersten Definition können unter Katalogdatenmanagement alle Aufgaben verstanden werden, die mit der Erstellung, Pflege und Verwendung von Katalogdaten verbunden sind. Wenngleich viele Lieferanten vor der Aufgabe stehen, qualitativ hochwertige, kundenspezifische Kataloge in standardisierten Formaten ihren Kunden bereitzustellen, lassen sich eine Reihe von Hemmnissen feststellen, die sowohl die bestehenden Informationssysteme und Arbeitsabläufe als auch die Datenverfügbarkeit und Datenqualität betreffen. Bei Nichterfüllung dieser Anforderungen drohen der Ausschluß von neuen, elektronischen Handelsplattformen und relevante Wettbewerbsnachteile bis hin zum Verlust von Kundenbeziehungen. Aus dieser Perspektive ist das Katalogdatenmanagement Bestandteil von Strategien, Unternehmen für den B2B E-Commerce zu befähigen.

Angesichts der zugeschriebenen Bedeutung sind auf der Lieferantenseite Analysen, Bewertungen und Gestaltungskonzepte für die Entwicklung eines effizienten Katalogdatenmanagements notwendig. Dies trifft ebenso auf jene Unternehmen zu, die mit Katalogen umgehen, also einkaufende Unternehmen, die E-Procurement-Systeme betreiben, und Marktplätze, die lieferantenseitig Kataloge erhalten und kundenseitig aggregierte Kataloge und Teilkataloge erstellen. Dieser Bedarf zeigt sich an der großen Anzahl und dem erweiterten Leistungsspektrum entsprechender Applikationen, Softwarewerkzeuge und spezialisierter Lösungsanbieter.

In der Literatur wird das Katalogdatenmanagement bisher kaum systematisch und aus Sicht des betrieblichen Informationsmanagements betrachtet. Der Begriff selbst und sinnverwandte Variationen finden sich nur vereinzelt im Kontext des E-Procurements und dann meistens in Verbindung mit der Katalogaggregation und der Produktklassifizierung. Damit werden wichtige, lieferantenseitige Aspekte weitgehend vernachlässigt. Insbesondere fehlt es an Arbeiten, die eine Gesamtdarstellung der Ziele, Aufgaben und Gestaltungsoptionen vornehmen. Demgegenüber wird in zahlreichen Forschungsgebieten an relevanten Fragestellungen und Technologien gearbeitet, die einen engen Bezug zu elektronischen Produktkatalogen und Katalogdaten aufweisen, jedoch vorwiegend Einzelaspekte beleuchten. Hier lassen sich drei Arbeitsschwerpunkte identifizieren, die sich mit Benutzer-, Standardisierungs- und Integrationsaspekten elektronischer Produktkataloge befassen.

Frühe Arbeiten zu elektronischen Produktkatalogen fokussieren die Benutzeraspekte. Sie reichen zurück in die Anfangsphase des internetbasierten E-Commerce.[5] Diesen ist gemein, daß Kataloge als Anwendungssysteme angesehen werden, die den Endbenutzern Such-, Navigations- und Präsentationsfunktionen bereitstellen. Katalogdaten und die sie beschreibenden Modelle spielen eine untergeordnete Rolle. Eine Unterscheidung in B2C- und B2B-Einsatz wird häufig nicht vorgenommen bzw. ist nicht notwendig. Arbeitsgebiete sind unter anderem Oberflächengestaltung, Suche und Navigation, Multimedia-Integration, Einsatz in der Produktberatung und Personalisierung von Kataloginhalten und -funktionen[6].

Einen zweiten Schwerpunkt formen die Arbeiten zur B2B-Standardisierung, d.h. zur Systematisierung, Entwicklung und Evaluierung von Standards für die Geschäftskommunikation. Hier geht es sowohl um Modelle und Kriterien, die Standards beschreiben, um sie einem Vergleich zugänglich machen, als auch um die Entwicklung von Daten-, Prozeß- und Metamodellen für die Geschäftskommunikation und den Austausch elektronischer Geschäftsdokumente. Der Katalogdatenaustausch ist ein Teil dieser Kommunikation.[7]

Den dritten Schwerpunkt stellt die Integration bzw. Katalogintegration dar. Sie kann als Pendant zur Standardisierung aufgefaßt werden, die unterschiedliche Konzepte in generalisierte Konzepte überführt oder durch Konvertierung die wechselseitige Verständigung ermöglicht. Übertragen auf Katalogdaten ist darunter die Transformation von Katalogdaten, die in einem Quellformat vorliegen, in ein Zielformat zu verstehen. Es existieren zahlreiche Integrationsansätze, die von unidirektionaler Konvertierung über generische Konzepte mit hohem Abstraktionsgrad bis zu Ontologie-basierten Verfahren reichen.[8] Während der Schwerpunkt der Grundlagenforschung die Konzepte und Technologien sind, beschäftigen sich in jüngster Zeit mehr Arbeiten mit den Geschäftsdaten, die zwischen Unternehmen ausgetauscht werden, und

---

[5] Vgl. z.B. Segev / Wan / Beam (1995), S. 10ff. Zu den nicht-internetbasierten EPK vgl. Lödel et al. (1992), S. 509ff., und Locarek-Junge / Wagner (1995), S. 251ff.

[6] Zu den Arbeitsgebieten vgl. z.B. Stolze (2000), S. 60ff.; Timm (1999); Cachero / Gómez / Pastor (2000), S. 19ff.; Callahan / Koenemann (2000), S. 197ff.; Özsu / Iglinski (2000), S. 17ff.; Schubert (2000), S. 1ff.

[7] Zu vergleichenden Betrachtungen von B2B-Standards vgl. z.B. Frank (2001), S. 283ff., und Esswein / Zumpe (2002), S. 251ff. Zum Katalogdatenaustausch vgl. Leukel / Schmitz / Dorloff (2002e), S. 403ff.

[8] Zu generischen Konzepten vgl. Keller (1997), S. 259ff., und Lincke / Schmid (1998), S. 86ff. Zu Ontologie-basierten Verfahren vgl. Omelayenko / Fensel (2001), S. 226ff., und Corcho / Gómez-Pérez (2001), S. 131ff.

damit auch mit Katalogdaten. Insgesamt ist eine stärkere Verbindung von Anwendungs- und Technologiedomäne zu beobachten.

1.2 Zielsetzung

Die Zielsetzung dieser Arbeit besteht zum einen in der Herleitung, Strukturierung und Darlegung der Aufgaben- und Gestaltungsbereiche eines betrieblichen Katalogdatenmanagements aus Sicht des Informationsmanagements. Die entstehende Konzeption wird dabei als Gesamtbetrachtung bislang isolierte, relevante Einzelbereiche verknüpfen. Zum anderen sollen Gestaltungskonzepte für die Informationssysteme im Katalogdatenmanagement entwickelt, analysiert und bewertet werden. Diese betreffen organisatorische, informationelle und technologische Aspekte und sollen im Ergebnis für konkrete Umsetzungen in der Unternehmenspraxis genutzt werden können. Schwerpunkt der Arbeit sind somit *fachliche Konzepte* des Katalogdatenmanagements. Die Konzepte sollen schrittweise anhand der Ziele, Objekte und Aufgaben des Katalogdatenmanagements entwickelt werden.

Die Analyse von Realisierungen der Konzepte ist dagegen nicht Gegenstand der Arbeit. Angesichts der Neuartigkeit des Katalogdatenmanagements, der geringen Etablierung in der Unternehmenspraxis und der Komplexität des Handlungsfeldes ist zudem zu vermuten, daß der Erkenntnisgewinn einer empirischen Untersuchung und der Gültigkeitsanspruch prototypischen Einzelbetrachtung vergleichsweise gering ausfallen würde.

Grundlage sowohl der Konzeption im Ganzen als auch der Gestaltungskonzepte im Einzelnen sind die gefestigten und fortentwickelten Handlungsfelder des Informations- und Datenmanagements. Hier gilt es, sich an diesen zu orientieren und ausgewählte Beschreibungsmuster und Konzepte in einem *Analogieschluß* auf das Katalogdatenmanagement zu übertragen.

In diesem Sinne stellt das Katalogdatenmanagement eine Spezialisierung und Konkretisierung des betrieblichen Datenmanagements dar. Die duale Zielsetzung von Konzeption im engeren Sinne und Entwicklung von Gestaltungskonzepten folgt dem *Gestaltungsauftrag der Wirtschaftsinformatik*. Dieser zeigt sich insbesondere daran, daß Konzepte für die Gestaltung eines speziellen Typs betrieblicher Informationssysteme und damit der Erkenntnisobjekte der Wirtschaftsinformatik entwickelt werden.

Dort wo zur Identifizierung von Anwendungsanforderungen, zur Einschätzung der Relevanz von Standards und auch zur Entwicklung von Gestaltungskonzepten nicht allein auf veröffentlichte Literatur und eigene Vorüberlegungen zurückgegriffen werden kann, werden Erfahrungen aus dem BMWA-Forschungsprojekt E-START[9] und dem Standardisierungsvorhaben BMEcat[10] genutzt, an denen der Verfasser beteiligt war.

Hinsichtlich der betrachteten Unternehmenstypen werden keine institutionellen Einschränkungen vorgenommen. Das Katalogdatenmanagement wird somit verallgemeinert auf alle Fragestellungen bezogen, die mit der Erstellung, Pflege und Verwendung von Katalogdaten zusammenhängen, wie sie typischerweise bei Lieferanten, einkaufenden Unternehmen und Intermediären anfallen. Weiterhin beziehen sich Katalogdaten nur auf solche Güter, die über elektronische Produktkataloge beschreibbar und handelbar sind. Schließlich werden strategische Aspekte, Geschäftsmodelle und -prozesse des elektronischen, katalogbasierten Einkaufs und Verkaufs nur insoweit erörtert, als daß sie übergeordnete Rahmenbedingungen darstellen und Auswirkungen auf das Katalogdatenmanagement haben können.[11]

1.3 Gang der Arbeit

Gemäß der dualen Zielsetzung gliedert sich die Arbeit in zwei Hauptteile. Zunächst werden im Teil I die Grundlagen des betrieblichen Katalogdatenmanagements und die Charakteristika der Anwendungsdomäne Katalogdaten herausgearbeitet, die somit die Konzeption im engeren Sinne erlauben. Darauf aufbauend werden im Teil II Gestaltungskonzepte für die Informationssysteme im Katalogdatenmanagement entwickelt. Dazu gliedert sich die Arbeit einschließlich dieser Einleitung in zehn Hauptkapitel, von denen die Kapitel zwei bis vier dem Teil I angehören und die Kapitel fünf bis zehn den Teil II bilden.

Die Erarbeitung der Grundlagen des Katalogdatenmanagement beginnt im zweiten Kapitel mit der Untersuchung des zentralen Handlungsobjektes *Katalogdaten* und

---

9 E-START: E-Commerce-Standards und -Systemlösungen für zwischenbetriebliche Geschäftstransaktionen in mittelständischen Unternehmen, gefördert durch das Bundesministerium für Wirtschaft und Arbeit (BMWA) im Rahmen des Netzwerks „Elektronischer Geschäftsverkehr“ (2000-2003).

10 BMEcat: Standard für den Austausch elektronischer Produktkataloge; vgl. eBSC (2004).

11 Zu einer betriebswirtschaftlich-technischen Betrachtung aus Sicht einkaufender Unternehmen vgl. Dolmetsch (2000); zur Lieferantensicht vgl. unter Einschränkungen Hentrich (2001).

ihres betrieblichen Kontextes. Nur bei Kenntnis dieser Daten, ihrer inhaltlichen Reichweite und Bedeutung sowie der logischen Zusammenhänge lassen sich angepaßte Datenmanagementkonzepte entwickeln. Das dazu notwendige Wissen wird über eine Abgrenzung der Katalogdaten zu anderen betrieblichen Daten, insbesondere zu Material- und Produktdaten vorstrukturiert und anschließend entlang eines hierarchischen Datenbereichsmodells dargestellt. Das Kapitel schließt mit der Identifizierung charakteristischer Katalogdateneigenschaften, die im Vergleich zu anderen betrieblichen Daten spezifische Anforderungen an das Datenmanagement stellen.

Da Katalogdaten Gegenstand des zwischenbetrieblichen Datenaustausches sind, werden im dritten Kapitel *Formate für den Katalogdatenaustausch* untersucht. Katalogformate und die zugehörigen Standards sind für das Datenmanagement von besonderer Bedeutung, jedoch liegen sie in der Regel nicht im Gestaltungseinfluß einzelner Unternehmen. Die durch Standards gesetzten Rahmenbedingungen werden entlang eines Schichtenmodells der E-Business-Standardisierung und zugehöriger Beschreibungs- und Vergleichskriterien strukturiert und spezifiziert. Insbesondere wird ein Überblick über die derzeit relevanten XML-Katalogstandards gegeben, von denen die vier wichtigsten Standards einer detaillierten Analyse und Bewertung unterzogen werden.

Die in den Kapiteln zuvor gewonnenen Kenntnisse über Katalogdaten und ihren zwischenbetrieblichen Austausch gehen in die *Entwicklung des betrieblichen Katalogdatenmanagements* im vierten Kapitel ein. Es ordnet Katalogdaten zunächst in den Kontext des katalogbasierten B2B E-Commerce ein. Dadurch werden Einsatzanforderungen und Rahmenbedingungen erkennbar. Anschließend werden deduktiv aus Sicht des betrieblichen Informationsmanagement und des zugehörigen Datenmanagements schrittweise der Begriff, die Ziele und die Aufgaben des Katalogdatenmanagements bestimmt. Von wesentlicher Bedeutung für die entstehende Konzeption ist eine Unterscheidung von drei Anwendungsszenarien, die sich nicht an institutionellen Merkmalen, sondern an der jeweiligen Stellung eines Unternehmens in zwischenbetrieblichen Lieferketten orientieren. Diese Anwendungsszenarien dienen zur Ableitung szenariospezifischer Aufgaben des Katalogdatenmanagements.

Im zweiten Teil der Arbeit werden *Gestaltungskonzepte für die Informationssysteme im Katalogdatenmanagement* entwickelt. Es werden dazu allgemeine Datenverwaltungskonzepte adaptiert und spezifische Konzepte hinzugefügt. Die Entwicklung beginnt im fünften Kapitel mit der *Architektur von KDM-Systemen*. Unter Rückgriff auf die Ziele der Daten- und Funktionsintegration lassen sich idealtypische Architekturen ableiten und szenariospezifisch konkretisieren.

Das sechste Kapitel befaßt sich mit der *Katalogdatenverwaltung*. Dazu werden Gestaltungskonzepte entwickelt, die sich an der Stammdatenverwaltung in ERP-Systemen orientieren und zu der Identifikation unterschiedlicher Ebenen der Katalogdatenverwaltung führen.

Im siebten Kapitel werden mit der *Katalogdatenbearbeitung* die Funktionen betrachtet, die von KDM-Systemen zur Verfügung gestellt werden. Einen Schwerpunkt bilden Datentransformationen, die benötigt werden, um Katalogdaten von einem Quellformat in ein Zielformat zu überführen und typisch für viele Import-, Bearbeitungs- und Exportfunktionen im KDM sind.

Im achten Kapitel wird mit der Entwicklung von Gestaltungskonzepten für die *Produktklassifizierung* ein wichtiger Teilbereich der Katalogdaten, nämlich die Klassifikationsdaten und die ihnen zugrundeliegenden Klassifikationssysteme, betrachtet. Für das betriebliche Management der Klassifizierung wird ein Verwaltungskonzept entwickelt, das über eine Anforderungsanalyse und ein Referenzstrukturmodell für Klassifikationssysteme in einer Bewertung von Klassifikations- und Katalogstandards mündet. In Ergänzung zu der manuell auszuführenden Produktklassifizierung werden Ansätze und Verfahren zu ihrer Automatisierung systematisiert und bewertet.

Im neunten Kapitel wird die einzelbetriebliche Sichtweise um Aspekte der Gestaltung des *zwischenbetrieblichen Katalogdatenmanagements* erweitert. Zwischenbetrieblich bedeutet, daß die Katalogaustauschprozesse zwischen den beteiligten Unternehmen mit dem Ziel der Automatisierung abzustimmen sind. Der vorgeschlagene Lösungsansatz zielt somit auf die Herstellung und Erhöhung der Interoperabilität von katalogdatenverarbeitenden Informationssystemen ab.

Abschließend werden die Ergebnisse im zehnten Kapitel zusammengefaßt sowie Fragestellungen und Ansatzpunkte für mögliche Erweiterungen der entwickelten Konzeption aufgezeigt.

Der Gang der Arbeit ist in der Abbildung 1-1 dargestellt.

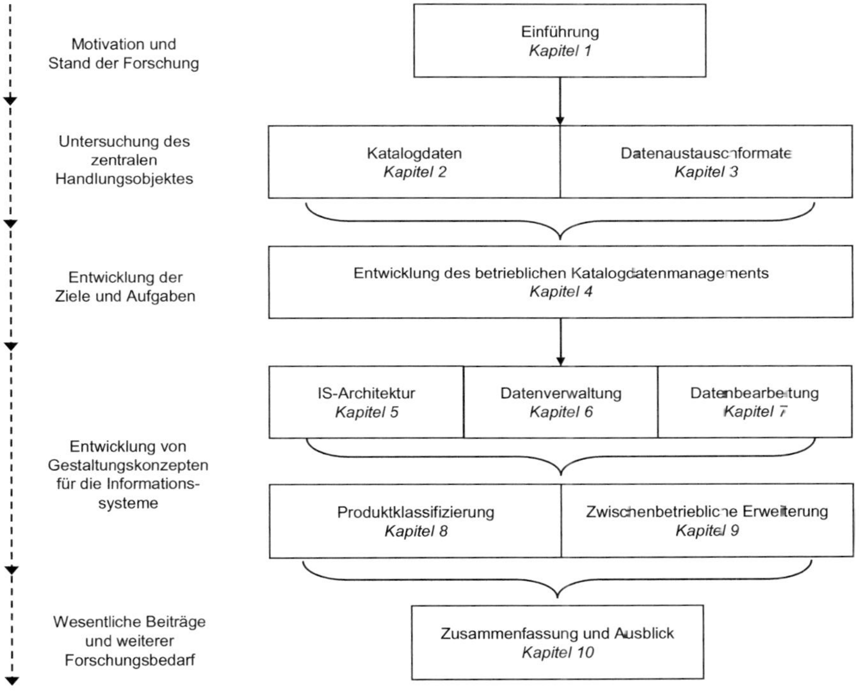

Abbildung 1-1: Gang der Arbeit

Teil I: Grundlagen des betrieblichen Katalogdatenmanagements

2 Untersuchung von Katalogdaten und ihres betrieblichen Kontextes

Für die Konzeption eines betrieblichen Katalogdatenmanagements ist Wissen über das zentrale Handlungsobjekt eine notwendige Voraussetzung. Katalogdaten sind zunächst in den betrieblichen Kontext einzuordnen und abzugrenzen, um diese anschließend inhaltlich näher zu beschreiben. Die Beschreibung kann weitgehend unabhängig von den konkreten Nutzungsformen betrieblicher Katalogdaten erfolgen, jedoch stellen Lieferanten, einkaufende Unternehmen, Marktplätze usw. unterschiedlich gewichtete Anforderungen an die jeweiligen Daten. Die Bildung von sogenannten Datenbereichen hat die Aufgabe, das Spektrum der Katalogdaten in logisch zusammenhängende Bereiche zu unterteilen. Hierzu wird auf Ansätze zur Einteilung betrieblicher, produktbezogener Daten Bezug genommen (Kapitel 2.1).

Bei der Beschreibung der Datenbereiche stehen die inhaltliche Bedeutung und die strukturelle Komplexität im Vordergrund (Kapitel 2.2 bis 2.5). Insbesondere wird auf eine formale Datenmodellierung verzichtet, da Katalogdatenmodelle einen hohen Grad an Unternehmensspezifität aufweisen und die Entwicklung von validen Referenzdatenmodellen beim derzeitigen Stand der Forschung noch nicht zu leisten ist. Auf der Grundlage des gewonnenen Wissens lassen sich anschließend wichtige Datencharakteristika identifizieren, die das Datenmanagement wesentlich beeinflussen (Kapitel 2.6).

2.1 Einordnung und Abgrenzung

Katalogdaten sind eine für die Verarbeitung in Informationssystemen notwendige Darstellung von Informationen über Produkte. Sie sind jedoch keine neue Erscheinung des elektronischen Handels, da auch die Herstellung von Printkatalogen solche Daten benötigt und dazu Informationssysteme eingesetzt werden. Zudem beziehen sich Katalogdaten auf ein für Unternehmen zentrales betriebliches Objekt, nämlich auf die erstellten Produkte, soweit sie in Katalogen abgebildet werden. Zur genaueren Einordnung der Katalogdaten kann zuerst auf die grobe Unterscheidung technischer und betriebswirtschaftlicher Informationssysteme, die Informationen über Produkte verwalten, zurückgegriffen werden.[12]

2.1.1 Technische und betriebswirtschaftliche Informationssysteme

Technische Informationssysteme sind Gegenstand des Produktdatenmanagements (PDM), das sich mit der Verwaltung der betrieblichen Produktdaten befaßt. Demgegenüber stehen bei den betriebswirtschaftlichen Informationssystemen, also den ERP-Systemen – im Handel den Warenwirtschaftssystemen (WWS) – kaufmännische Daten über Produkte im Vordergrund. Hierbei wird im Industrieunternehmen von *Material*, im Handel und auch im Vertrieb von Artikel gesprochen[13]. Diese Trennung ist jedoch stark vereinfachend, da zwischen technischen und betriebswirtschaftlichen Informationssystemen eine Vielzahl von Zusammenhängen existiert. Katalogdaten stehen in einer sehr engen Beziehung zu beiden.

In den Wirtschaftswissenschaften ist ein *Produkt* das Ergebnis eines Produktionsprozesses. Produktion ist definiert als die Kombination und Transformation von Produktionsfaktoren in Produkte. Vereinfacht kann sie als Black-Box angesehen werden, die die Beziehungen zwischen Faktoreinsatzmengen und Ausbringungsmengen in den Mittelpunkt rückt. Dabei können Produkte sowohl materielle Güter als auch Dienstleistungen sein.[14] Daher ist die umgangssprachliche Unterscheidung von materiellen Produkten und immateriellen Dienstleistungen nicht korrekt und wird weiters nicht verwendet, d.h. der betriebswirtschaftliche Begriff Produkt schließt Dienstleistungen ein.

Der betriebswirtschaftlichen Sichtweise steht eine differenziertere, ingenieurwissenschaftliche gegenüber, die die Black-Box der Produktion auflöst und die technischen Aspekte der Produktion und alle damit zusammenhängenden Fragestellungen fokussiert. In der Folge sind Produkte als das intendierte Ergebnis eines technischen Prozesses zu verstehen. Unter Produktdaten werden alle Daten zusammengefaßt, die während des Lebenszyklus eines Produktes entstehen. Der Lebenszyklus besteht aus den Phasen Planung, Entwicklung/Konstruktion, Arbeitsvorbereitung, Herstellung, Vertrieb, Nutzung und Entsorgung/Recycling. Dieser sehr weit reichende

---

[12] Die Unterscheidung findet sich auch im Y-CIM-Modell wieder; vgl. Scheer (1990).

[13] Der Begriff Artikel betont die zwischenbetriebliche Verwendung eines Produktes und kann daher auch als Synonym für Produkt angesehen werden.

[14] Vgl. Corsten (2001), S. 20ff.

Produktdatenbegriff ist geeignet, bereits Katalogdaten mit einzubeziehen. Jedoch zeigt sich am Aufgabenumfang des Produktdatenmanagements eine wesentliche Einschränkung. Demnach ist es die Aufgabe des PDM, die *produktdefinierenden* Daten zu verwalten.[15] Diese fallen in den ersten vier Lebenszyklusphasen an und betreffen damit lediglich die Produktentstehung. Mit Abschluß der Phase Herstellung sollte eine möglichst vollständige Produktbeschreibung vorliegen.[16] Daher ist der Produktdatenbegriff des PDM für die Beschreibung von Katalogdaten nicht ausreichend. Insbesondere fehlen anwendungs-, vertriebs-, und kundenorientierte Daten über die Produkte.

Es wird deutlich, daß zur näheren Bestimmung des Umfanges der Katalogdaten untersucht werden muß, welche relevanten Daten jeweils in den betriebswirtschaftlichen und technischen Informationssystemen verwaltet werden.

2.1.2 Materialdaten in ERP-Systemen

In den ERP-Systemen industrieller Unternehmen stehen Informationen über die eingesetzten Materialien und erzeugten Produkte naturgemäß im Zentrum. Auch sind die Anforderungen an die Verwaltung dieser materialbezogenen Informationen sehr unterschiedlich, zumal mehrere, organisatorische Einheiten hieran beteiligt sind. Aus diesem Grund werden zur logischen Gruppierung der gesamten Materialdaten (Materialstammsatz) unterschiedliche, jedoch nicht unbedingt disjunkte Sichten definiert, die jeweils nur die relevanten Daten wiedergeben.

Zum Beispiel sind im ERP-System SAP R/3 Sichten für 14 betriebliche Fachbereiche standardmäßig vorgesehen.[17] Sie werden nachfolgend zur Identifizierung derjenigen Materialdaten herangezogen, die zu den Katalogdaten gehören. Dazu werden Kriterien entwickelt, die die Abgrenzung ermöglichen. Mit dem SAP-Begriff Fachbereich wird bereits signalisiert, daß zur Einteilung der Sichten betriebliche Organisationseinheiten bzw. die von ihnen ausgeführten Funktionen dienen. Entsprechend wird als erstes Kriterium die Einordnung des Fachbereiches in den betrieblichen Wertschöpfungsprozeß verwendet. Dieser Prozeß kann auf die drei Funktionen Beschaffung, Produktion und Absatz reduziert werden, die durch Querschnittsfunktionen ergänzt

[15] Vgl. Brandner (2000), S. 46, und Eigner / Stelzer (2001), S. 18.

[16] Vgl. Anderl / John (2000), S. 9.

[17] Im folgenden vgl. SAP AG (2001b).

werden. Es liegt nahe, daß die Fachbereiche der marktorientierten Funktionen Beschaffung und Absatz hochgradig für Katalogdaten relevant sind. Angesichts von acht Fachbereichen mit Querschnittsfunktionen sind weitere Kriterien notwendig. Bevor diese abgeleitet werden können, ist zu fragen, welche Informationen Gegenstand der jeweiligen Fachbereiche sind. Einen Überblick zu den enthaltenen Informationen gibt die Tabelle 2-1.

Fachbereich	Betriebliche Funktion	Informationen
Grunddaten	Querschnitt	Identifizierende Materialnummer, EAN, Materialkurztext (je Sprache), Basismengeneinheit, Sparten, Produkthierarchie
Buchhaltung	Querschnitt	Währung, Bewertungsklasse, Preissteuerung, Preiseinheit, Verrechnungspreis
Kalkulation	Querschnitt	Materialparameter für die innerbetriebliche Kalkulation
Klassifizierung	Querschnitt	Zuordnung zu einer oder mehreren Klassen von Produkten mit gleichen Eigenschaften
Qualitäts-management	Querschnitt	Anlässe für Qualitätsprüfungen, Prüfmerkmale, Zuordnung zu Prüfplänen
Werks-/Lagerort-bestände	Querschnitt	Bestände differenziert nach Bestandsarten
Lagerung	Querschnitt	Temperaturbedingung, Behältervorschrift, Gefahrstoffnummer, Raumbedingung, Haltbarkeit, Gewicht, Volumen, Abmessungen
Lagerverwaltung	Querschnitt	Zuordnung zu Lagernummer, ggf. auch Lagertyp und -platz
Einkauf	Beschaffung	Materialart (Rohstoff, Eigenfertigung), Bestellmengeneinheit, Einkäufergruppe, Einkaufsbestelltext, Einkaufswerteschlüssel (Mahntage, Mindestliefermenge)
Disposition	Produktion	Dispositionsverfahren, Meldebestand, Sicherheitsbestand
Prognose	Produktion	Verbrauchswerte, Prognosewerte, Prognoseparameter
Fertigungs-hilfsmittel	Produktion	Zuordnung von nichtstationären Betriebsmitteln, die in der Fertigung und in der Instandhaltung eingesetzt werden
Arbeits-vorbereitung	Produktion	Fertigungszeit, Rüstzeit, Übergangszeit, Bearbeitungszeit
Vertrieb	Absatz	Materialart (Handelsware, Nichtlagermaterial, Dienstleistung, Verpackungsmaterial, Sonstige), Branche, Verkäufergruppe, Preisvereinbarungen (Konditionen, Staffeln), Vertriebstext, Auslieferungswerk, Gewicht, Sets, Zollpräferenzen

Tabelle 2-1: Fachbereiche des Materialstamms in SAP R/3

Diejenigen Materialdaten, die von dem Lieferanten des Materials abhängig sind, werden in sogenannten Einkaufsinfosätzen abgelegt. Dazu zählen vor allem Einkaufspreise und Konditionen sowie Daten der letzten Bestellung, Toleranzgrenzen für Über- bzw. Unterlieferungen, Planlieferzeiten, Lieferantenbeurteilungsdaten und die Bestellpreisentwicklung.

Analog zu den Einkaufsinfosätzen nehmen die Kunden-Material-Infosätze jene Materialdaten auf, die von dem Kunden abhängen, der das Material bestellt. Zu den kundenspezifischen Daten zählen unter anderem Materialnummern/-bezeichnungen und Lieferdaten.

Zur Bestimmung der für die Katalogdaten relevanten Fachbereiche kann die Art der jeweils abgebildeten Informationen herangezogen werden. Unter der Informationsart wird hier verstanden, ob sich die Information unmittelbar auf Eigenschaften des Materials bezieht oder ob es sich um eine betriebswirtschaftliche Größe. Unter diesen *produktnahen Informationen* sind nicht nur physische Eigenschaften, sondern auch identifizierende und erklärende Informationen zu verstehen (z.B. Materialnummer, Texte). Die wert- und mengenmäßigen Informationen sind Grundlagen für die innerbetrieblichen Abrechnungssysteme (Buchhaltung und Kostenrechnung) und für dispositive und planerische Entscheidungen in Beschaffung, Produktion und Absatz. *Wertmäßige Informationen* sind beispielsweise Beschaffungs-, Produktions- und Vertriebskosten sowie Erlöse und Bestandswerte. Die *mengenmäßigen Informationen* geben entsprechend Beschaffungs-, Produktions- und Vertriebsmengen sowie Lagerbestände wieder.

In der Tabelle 2-2 ist dargestellt, welche der drei Informationsarten in den jeweiligen Fachbereichen anzutreffen sind. Sie ist Grundlage für die Bestimmung der Fachbereiche, die für Katalogdaten eine hohe Relevanz besitzen.

Die Ableitung erfolgt in zwei Schritten. Zuerst werden jene Fachbereiche betrachtet, die produktnahe Informationen enthalten (sechs Fachbereiche). Anschließend werden solche Fachbereiche eliminiert, die ausschließlich innerbetriebliche Informationen zum Gegenstand haben, die nicht in Katalogen weitergegeben werden dürfen oder sollen. In diesem Fall ist es der Fachbereich Qualitätsmanagement, der beispielsweise Anlässe für Qualitätsprüfungen, Prüfmerkmale und Zuordnungen zu Prüfplänen verwaltet. Die Erfüllung von Qualitätsrichtlinien bestimmter Produkte fällt jedoch nicht in diesen Bereich. Als Ergebnis verbleiben die fünf Fachbereiche Grunddaten, Klassifizierung, Lagerung, Einkauf und Vertrieb.

Das Ergebnis der Ableitung bestätigt die naheliegende Vermutung, daß insbesondere solche Materialdaten nicht zu den Katalogdaten gehören, die rein innerbetrieblichen Zwecken dienen. Dazu gehören Kosten und Bestände sowie Daten für fertigungsnahe Aufgaben, die hier durch die Fachbereiche Disposition, Prognose, Fertigungshilfsmittel und Arbeitsvorbereitung repräsentiert werden.

Fachbereich	Produktnahe Informationen	Wertmäßige Informationen	Mengenmäßige Informationen	Relevanz für Katalogdaten
Grunddaten	Ja	Nein	Nein	Hoch
Buchhaltung	Nein	Ja	Nein	Gering
Kalkulation	Nein	Ja	Ja	Gering
Klassifizierung	Ja	Nein	Nein	Hoch
Qualitätsmanagement	Ja	Nein	Ja	Gering
Werks-/Lagerort-bestände	Nein	Ja	Ja	Gering
Lagerung	Ja	Nein	Nein	Hoch
Lagerverwaltung	Nein	Nein	Nein	Gering
Einkauf	Ja	nein	Nein	Hoch
Disposition	Nein	Nein	Ja	Gering
Prognose	Nein	Nein	Ja	Gering
Fertigungshilfsmittel	Nein	Nein	Nein	Gering
Arbeitsvorbereitung	Nein	Nein	Nein	Gering
Vertrieb	Ja	Ja	Ja	Hoch

Tabelle 2-2: Informationsarten in den Fachbereichen des Materialstamms

In Analogie zu den industriellen ERP-Systemen werden im Handel und in den dortigen Informationssystemen produktbezogene Strukturierungskonzepte eingesetzt.[18] Allerdings werden im Handel spezifische Begriffe benutzt, insbesondere steht der Begriff *Artikel* im Mittelpunkt. Folglich wird von Artikelstamm, Artikelnummer, Artikelbeständen, Artikelgruppen usw. gesprochen. Ein bei einem Lieferanten bezogenes Produkt wird im Handel zum Artikel transformiert. Die Handelstransformation umfaßt neben der Einführung spezifischer Artikelnummern inhaltliche Veränderungen und Veredelungen (z.B. Umbenennung, Sortimentsbildung, Neuklassifizierung, ergänzende Merkmale) und Modifizierungen – sprich Erhöhungen – der Lieferantenpreise. Diese sind im weiteren zu berücksichtigen. Dazu wird unter anderem auf das Artikelmodell des Handels einzugehen sein.[19] Ansonsten werden die Begriffe Produkt und Artikel synonym verwendet.

---

[18] Zu einer ausführlichen Beschreibung von Artikeldaten und ihrer Modellierung vgl. Becker / Schütte (1996), S. 135-145.

[19] Siehe Kapitel 2.5.1.

2.1.3 Produktdaten in PDM-Systemen

Produktdaten werden in technischen Informationssystemen bzw. PDM-Systemen verwaltet. Ein Basiskonzept des Produktdatenmanagements ist das *integrierte Produktmodell*, welches als logisches Integrationsmodell für Anwendungen dienen soll. Im Produktmodell sollen Produktdaten in einer abstrakten, allgemeingültigen Form definiert werden, so daß auf dieser Basis Anwendungssysteme implementiert und Produktdaten ausgetauscht werden können. Das Modell liegt in der umfangreichen ISO-Normenreihe 10303 vor und wird mit STEP bezeichnet (Standard for the Exchange of Product Model Data).[20]

Aus zwei Gründen ist STEP jedoch als Ausgangspunkt für die Strukturierung von Katalogdaten nicht geeignet. Zum einen werden durch den hohen Abstraktionsgrad nur wenige Produktdaten bis auf Datenelementebene definiert. STEP stellt daher eher ein Metamodell dar, das zur Definition von spezifischen Produktmodellen verwendet werden kann. Zum anderen beschränkt sich STEP, wie das gesamte PDM, auf die Lebenszyklusphasen der Produktentstehung.

Als Weiterentwicklung des PDM werden unter dem aus dem Englischen übernommenen Begriff *Product Lifecycle Management* (PLM) seit einiger Zeit neuartige Anwendungssysteme angeboten.[21] PLM-Systeme sollen die Verwaltung der Produktdaten über den gesamten Lebenszyklus der Produkte sicherstellen. Dazu wird ein übergreifendes Konfigurations-, Anforderungs- und Projektmanagement eingeführt. Zum Beispiel werden im Anforderungsmanagement sämtliche während des Lebenszyklus entstehende Anforderungen dokumentiert, um die Produktweiterentwicklung wirksam zu unterstützen. Auch wird den PLM-Systemen eine Schlüsselfunktion bei dem Produktdatenaustausch zwischen Lieferanten und Kunden zugesprochen.[22] Allerdings orientiert sich auch das PLM primär an produktbezogenen Entwicklungs- und Konstruktionsaufgaben, so daß die Bereitstellung katalogfähiger Daten für elektronische Handelssysteme bislang nicht unterstützt wird.

Die Produktdaten im PDM lassen sich in Definitions-, Repräsentations- und Präsentationsdaten untergliedern.[23] Produktdefinierende Daten umfassen Identifikatoren,

---

[20] Vgl. ISO (1994), o.S.

[21] Vgl. Seiler / Grauer / Schäfer (2003), S. 67ff.

[22] Vgl. Eigner / Stelzer (2001), S. 27f. und S. 172ff.

[23] Vgl. Anderl / John (2000), S. 15f.

Klassifizierungen, Versionen und Produktvarianten. Dadurch werden noch keine Produkteigenschaften beschrieben, sondern es wird die Verwaltung der Produktdaten unterstützt. Produkteigenschaften in Form von Merkmalen gehören zu den Repräsentationsdaten. Dazu zählen physische Merkmale, aber auch Daten zur Geometrie (z.B. Geometriemodell), Produktstruktur (z.B. Stücklisten) und zum Produktverhalten (z.B. Materialeigenschaften, Kinematikmodell). Schließlich stellen die Präsentationsdaten die Schnittstelle zum Benutzer dar, indem Visualisierungen der Repräsentationsdaten erfolgen (z.B. Zeichnungen, Stücklistendarstellungen, Arbeitspläne).

Bezüglich der Katalogdaten sind primär die beiden zuerst genannten Kategorien von Bedeutung, da mit diesen sowohl die produktnahen Informationen als auch Informationen zur betrieblichen Verwaltung und Verwendung der Produkte erfaßt werden. Allerdings ist kritisch zu fragen, ob die Kategorienbezeichnungen inhaltlich zutreffend sind. So läßt sich einwenden, daß ein Produkt sich gerade über seine objektiv feststellbaren Merkmale definiert und diese daher zu den Definitionsdaten zu zählen sind. Die mit der Kategorie Produktpräsentation angesprochenen Benutzer sind Aufgabenträger aus den Bereichen Entwurf, Konstruktion und Arbeitsvorbereitung. Diesen werden Dokumente zur Verfügung gestellt, die die Präsentationen enthalten. Im Unterschied dazu werden für elektronische Produktkataloge auch Dokumente benötigt, die Produkte unter vertriebsorientierten Gesichtspunkten darstellen und erklären (z.B. Anwendungsbilder, Gebrauchsanleitungen). Außerdem ist auf begrifflicher Ebene ein semantischer Unterschied zwischen den Kategoriebezeichnungen Präsentation und Repräsentation nur schwer zu erkennen.

2.1.4 Zusammenhänge zwischen Material-, Produkt- und Katalogdaten

Die bisherige Diskussion verdeutlicht, daß Katalogdaten in einem engen Zusammenhang zu den Material- und Produktdaten stehen und daß der Umfang der Katalogdaten in Abgrenzung zu diesen definiert werden kann. Bei dieser Vorgehensweise sind die jeweiligen Informationssysteme, die die Daten primär verwalten, maßgebend, d.h. ERP-Systeme für Materialdaten und PDM-Systeme für Produktdaten. Damit läßt sich der Zusammenhang der Daten als Mengendiagramm darstellen, welches die drei Mengen Material-, Produkt- und Katalogdaten so anordnet, daß jeweils paarweise Schnittmengen und eine Gesamtschnittmenge entstehen. Das Mengendiagramm in Abbildung 2-1 führt zu sieben Teilmengen. Die Größe der Flächen bzw. ihr Verhältnis zueinander läßt sich allgemein nicht bestimmen und ist nur aus Darstellungsgründen vereinheitlicht worden.

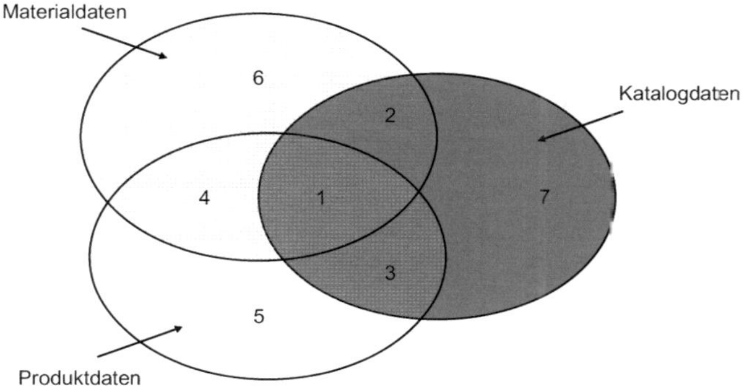

Abbildung 2-1: Verhältnis von Material-, Produkt- und Katalogdaten

Alle sieben Teilmengen sind inhaltlich sinnvolle, nicht-leere Mengen, d.h. es existieren zum Beispiel Katalogdaten, die gleichzeitig Materialdaten sind, jedoch nicht zu den Produktdaten gehören (Menge 2). Das Mengendiagramm läßt sich nutzen, um den Umfang der Katalogdaten zu beschreiben und abzugrenzen, indem es zunächst in eine tabellarische Auflistung der Teilmengen überführt wird. Die Spalten der Tabelle bilden sich über die drei Merkmale, ob es sich um Material-, Produkt- und Katalogdaten handelt (Tabelle 2-3).

Teilmenge	Materialdaten	Produktdaten	Katalogdaten	Beispiele
1	Ja	Ja	Ja	Identifikation, Klassifizierung, Merkmale
2	Ja	Nein	Ja	Preise, Vertriebstexte
3	Nein	Ja	Ja	Zeichnungen
4	Ja	Ja	Nein	Arbeitspläne, Stücklisten
5	Nein	Ja	Nein	3D-Geometriedaten, Simulationsdaten
6	Ja	Nein	Nein	Herstellungskosten, Bestände
7	Nein	Nein	Ja	Produktabbildungen für Browser-Ausgabe, Schlagworte für die Produktsuche

Tabelle 2-3: Beispiele zum Verhältnis von Material-, Produkt- und Katalogdaten

Zur Beschreibung und Abgrenzung werden von innen nach außen, also beginnend mit der Gesamtschnittmenge, die Teilmengen numeriert und deren Inhalt bestimmt. Zuerst sind die mit anderen Daten in Beziehung stehenden Katalogdaten zu beschreiben (Mengen 1 bis 3), dann sind sie von den Material- und Produktdaten abzugrenzen (Mengen 4 bis 6) und abschließend ist die verbleibende Menge 7 zu definieren. Alternativ könnten die Teilmengen über die Permutationen der drei Merkmale ermittelt werden. In diesem Fall würde allerdings die für die Abgrenzung hilfreiche Reihenfolge der Mengen verloren gehen.

- Menge 1 enthält jene produktbezogenen Daten, die notwendigerweise verwaltet werden, um Produkte zu identifizieren und über Bezeichner, Texte und Merkmale beschreiben zu können.
- Menge 2 enthält jene Materialdaten, die in Katalogen verwendet werden, insbesondere die Preise der Produkte.
- Menge 3 enthält jene Produktdaten, die in Katalogen verwendet werden, insbesondere technische Zeichnungen.
- Menge 4 enthält mit den Arbeitsplänen und Stücklisten jene Daten, die das Bindeglied zwischen ERP- und PDM-Systemen bilden.
- Menge 5 enthält jene Daten, die ausschließlich für das PDM-System von Bedeutung sind, insbesondere Produktmodell- und Simulationsdaten.
- Menge 6 enthält jene Daten, die ausschließlich für das ERP-System von Bedeutung sind, insbesondere innerbetriebliche, betriebswirtschaftliche Daten.
- Menge 7 enthält jene Katalogdaten, die in der Regel nicht in ERP- und PDM-Systemen verwaltet werden, insbesondere Marketing- und Multimediadaten.

Die hier beschrittene Vorgehensweise zur Einordnung und Abgrenzung der Katalogdaten basiert auf einer logischen Dreiteilung in Material-, Produkt- und Katalogdaten, die sich in zugehörigen Informationssystemen widerspiegelt. Einschränkend ist anzumerken, daß in der Praxis die drei Bereiche nicht immer exakt zu trennen sind. Ein Grund liegt in der zunehmenden Integration von PDM- und ERP-Systemen.[24] Sie kann als Fortführung und Weiterentwicklung des CIM-Konzeptes (Computer Integrated Manufacturing) der 1980er Jahre angesehen werden und bedient sich der Instrumente der Daten- und Funktionsintegration.

2.1.5 Bildung von Datenbereichen

Die Bildung von Datenbereichen hat die Aufgabe, Katalogdaten in logisch zusammenhängende Bereiche zu unterteilen. Auf dieser Basis können die Teilbereiche

[24] Vgl. Eigner / Stelzer (2001), S. 206ff., und Gao et al. (2003), S. 492f.

genauer beschrieben werden, um insgesamt das Wesen der Katalogdaten hinsichtlich ihrer jeweiligen sachlichen Bedeutung, ihres Umfang und ihrer Interdependenzen zu erfassen. Im Vordergrund stehen die Bedeutungszusammenhänge, wohingegen auf die formale Beschreibung der Syntax und Semantik der Katalogdaten verzichtet wird. Die Entwicklung eines Katalogdatenreferenzmodells ist aus den zuvor bereits genannten Gründen nicht Gegenstand dieser Arbeit. Allerdings kann für einzelne Datenbereiche auf entsprechende, spezialisierte Vorüberlegungen zur Referenzmodellbildung zurückgegriffen werden.[25]

Unter einem Datenbereich wird hier eine Gruppe von Daten verstanden, die in einem logischen Zusammenhang zueinander stehen. Andere Begriffe sind Datensegment oder Datengruppe.[26] Datenbereiche wiederum können in Beziehung zueinander gesetzt werden, so daß zum Beispiel eine hierarchische Einteilung der Katalogdaten entsteht, die in einer Top-Down-Vorgehensweise ermittelt werden kann. Da auch Beziehungen zwischen Datenbereichen unterschiedlicher Teilhierarchien bestehen können, handelt es sich um eine Netzstruktur. Für die Beschreibung der Datenbereiche sind jeweils unterschiedlich umfangreiche und detaillierte Teilmodelle notwendig. Die kleinste zugreifbare Einheit von Daten wird als Datenelement bezeichnet. Ein Datenelement besteht aus einem Bezeichner, einem Datentyp mit Wertebereich sowie dem eigentlichen Datenwert.

Anzumerken ist, daß der hier gewählte, hierarchische Einteilungsansatz lediglich zur Strukturierung und Erklärung der Katalogdaten dient. Damit soll nicht impliziert werden, daß die Modellierung der Katalogdaten gemäß eines hierarchischen Datenmodells zu erfolgen hätte. Die Eignung von relationalen, hierarchischen und objektorientierten Datenmodellen für Katalogdaten bleibt davon ebenfalls unberührt. Die weitere Untersuchung nimmt im Unterschied zur formalen Datenmodellierung ein höheres Abstraktionsniveau ein, welches mit dem von Unternehmens- oder Bereichsdatenmodellen verglichen werden kann. Es entsteht eine durch exemplarische Datenelemente veranschaulichte Datenarchitektur, die ein gemeinsames Verständnis für Katalogdaten erreichen und eine begriffliche Vereinheitlichung bewirken soll.[27]

---

[25] Zur Modellierung von Produktpreisen vgl. Leukel / Schmitz (2002), S. 171ff.; zur Modellierung von Produktklassifikationssystemen vgl. Leukel / Schmitz / Dorloff (2002b), S. 868ff.

[26] Vgl. Biethahn / Mucksch / Ruf (1997), S. 35f.

[27] Zu den Abstraktionsebenen der Datenmodellierung vgl. Dippold et al. (2001), S. 73f.

Die Einteilung in Datenbereiche könnte auf bestehende Ansätze zur Strukturierung betrieblicher, produktbezogener Daten aufbauen, wie sie zum Beispiel in ERP-Systemen durch das Sichtenkonzept realisiert ist. Aus zwei Gründen wird dieses Konzept nicht weiter verfolgt. Wie oben dargelegt stellen Materialdaten nur eine Teilmenge der Katalogdaten dar. Wichtiger ist jedoch, daß der ERP-Strukturierungsansatz sich an organisatorischen Einheiten bzw. den innerbetrieblichen, produktnahen Funktionen orientiert. Eine Übertragung auf die Domäne Katalogdaten, die stärker an den Schnittstellen des Unternehmens und zwischen Unternehmen angesiedelt ist, würde die zentralen Einsatzfelder elektronischer Kataloge vernachlässigen. Elektronische Kataloge führen im Vergleich zur innerbetrieblichen Nutzung von Produktdaten weitere und zum Teil andere Begriffe und Konzepte ein. Hierzu zählen unter anderem Anforderungen bezüglich der Präsentation, Navigation und Suche sowie der Unterstützung von katalogbasierten Beschaffungs- und Vertriebsprozessen.

Grundlage der nachfolgenden Datenbereichseinteilung ist die bislang noch fehlende Definition für Kataloge: Ein elektronischer Katalog ist eine Menge von logisch zusammenhängenden Katalogdaten. Merkmal dieser Definition ist, daß Kataloge sowohl unabhängig von der Art des zwischenbetrieblichen Datenaustausches als auch von der Präsentation in Anwendungssystemen angesehen werden.[28]

Der erste Datenbereich nimmt die *Katalogmetadaten* auf. Katalogmetadaten sind gemäß des Metadatenbegriffs[29] Daten über Katalogdaten. Sie selbst repräsentieren noch keine Informationen über Produkte, sondern beschreiben und spezifzieren den jeweiligen Katalog und den logischen Zusammenhang der enthaltenen Katalogdaten.

Der Datenbereich *Katalogstrukturdaten* enthält definitorische Daten für sogenannte Produktordnungssysteme. Ein Produktordnungssystem dient zur Systematisierung von Produkten, indem gleichartige Produkte zu Produktkategorien zusammengefaßt werden. Mit den Katalogstrukturdaten werden also noch nicht Produkte, sondern Kategorien von Produkten beschrieben.

Die produktbeschreibenden Daten sind dem Datenbereich *Produktdaten* zugeordnet. An die Produktbeschreibung ist die Anforderung zu stellen, daß sie ein Produkt so

---

[28] Im Gegensatz zu dieser Katalogdefinition werden in Dorloff / Leukel / Schmitz (2001) die Art des zwischenbetrieblichen Datenaustausches und die eingesetzten Austauschformate in den Mittelpunkt gestellt. Daher findet sich dort eine abweichende Datenbereichseinteilung, bei der Multimediadaten einen eigenständigen Datenbereich bilden.

[29] Vgl. z.B. Biethahn / Mucksch / Ruf (1997), S. 235.

beschreibt, daß es aus dem Katalog heraus bestellt werden kann und nachfolgende Prozeßschritte unterstützt werden (z.B. Auftragsbearbeitung, Auslieferung, Wareneingang, Rechnungsstellung, Zahlung). Aus diesem Grund umfassen Produktdaten nicht nur Eigenschaftsbeschreibungen in Form von Merkmalen sondern auch Daten zur Identifikation, Bestell- und Logistikabwicklung sowie Preise.

Im Datenbereich *Produktstrukturdaten* wird erstens die innere Struktur der Produkte modelliert, um Variantenprodukte und konfigurierbare Produkte beschreiben zu können. Zweitens werden semantische Beziehungen zwischen einzelnen Produkten festgelegt, um im Produktsortiment weitere Beziehungszusammenhänge transparent werden zu lassen, die über die Zugehörigkeit zu Produktkategorien hinausgehen.

Einen Überblick über den Aufbau des Katalogdatenbereichsmodells gibt die Abbildung 2-2. Zwischen den Datenbereichen existieren zahlreiche Beziehungen. Einige Abhängigkeiten lassen sich bereits erkennen. So besteht jeder Katalog mindestens aus Katalogmetadaten und Produktdaten. Katalogstruktur- und Produktbeziehungsdaten sind dagegen nicht obligatorisch. Weiterhin erfordert ein Produktordnungssystem, daß in den Produktdaten auf dieses Ordnungssystem Bezug genommen wird, indem die Produkte den dort definierten Kategorien zugeordnet werden. Schließlich stellen Produktstrukturdaten eine Erweiterung der produktbeschreibenden Daten dar.

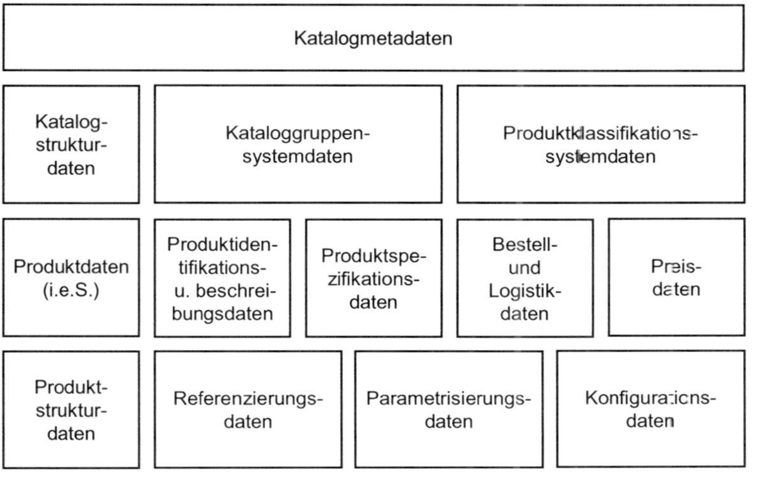

Abbildung 2-2: Katalogdatenbereichsmodell

2.2 Katalogmetadaten

Als Daten über Katalogdaten werden Katalogmetadaten zur näheren Beschreibung von Katalogen verwendet. Insbesondere wird mit ihnen der logische Zusammenhang der Katalogdaten ausgedrückt. Damit dienen sie insbesondere den Informationssystemen, die Katalogdaten verwalten oder verarbeiten.

Die Beschreibung soll den Gegenstandsbereich des Kataloges, also den Kataloginhalt, für personelle und maschinelle Aufgabenträger verständlich darlegen. Der Gegenstandsbereich bezieht sich zum Beispiel auf den Katalogersteller, die enthaltenen Produkte und den Umfang der Produktdaten. Hauptaufgabe der Katalogmetadaten ist jedoch die Spezifikation des logischen Zusammenhangs der Katalogdaten. Mit Spezifikation ist eine eindeutige, formale Bestimmung des Kataloges und seiner intendierten Nutzung gemeint.

Metadaten beschreiben vor allem technische Eigenschaften der betrachteten Objekte. Zum Beispiel kann ein Datenelement mit den Metadaten Datenelementbezeichnung, Datentyp, Wertebereich und Erläuterung versehen werden. In diesem Fall wird die Semantik des Datenelementes lediglich durch die Erläuterung ausgedrückt, während sich die anderen Metadaten auf technische, implementierungsnahe Aspekte beziehen. Katalogmetadaten geben dagegen überwiegend fachliche Eigenschaften des Kataloges wieder, indem beispielsweise der Katalogersteller und -empfänger benannt werden. Allgemein lassen sich Katalogmetadaten in die vier Teilbereiche Katalogidentifikation, Katalogersteller, Katalogempfänger und Katalogvertrag einteilen.

Im Bereich *Katalogidentifikationsdaten* finden sich Metadaten, die zum einen den Katalog eindeutig identifizieren, zum Beispiel durch Schlüssel, Version und Bezeichnung, und zum anderen die Gültigkeit des Kataloges näher erläutern. Die Gültigkeit schließt dabei einen zeitlichen und einen örtlichen Aspekt mit ein. Der zeitliche Aspekt drückt aus, für welchen Zeitraum der Katalog ein Angebot über die Lieferbarkeit von Produkten zu bestimmten Preisen darstellt. Der örtliche Aspekt muß differenzierter gesehen werden. Dieser umfaßt das Gebiet, für welches der Katalog gilt, d.h. in welchem Gebiet Produkte aus dem Katalog bestellt werden können (Verfügbarkeitsgebiet). In einer engen Beziehung stehen die Sprache, in der die sprachabhängigen Bezeichnungen und Texte verfaßt sind, und die Währung der im Katalog angegebenen Produktpreise. Dennoch können Sprache und Währung nicht bereits von dem Gebiet abgeleitet werden (z.B. Sprache Französisch und Währung Euro, falls Gebiet Frankreich), da trotz solcher, naheliegender Abhängigkeiten immer die in einer

Geschäftsbeziehung vereinbarten Kataloginhalte zu berücksichtigen sind. So ist es nicht unüblich, mehrsprachige Kataloge zu erstellen oder länderunabhängige Fakturierungswährungen zu verwenden.

Die Datenbereiche *Katalogersteller-* und *Katalogempfängerdaten* enthalten Metadaten, um die Unternehmen, welche den Katalog erstellen bzw. erhalten, zu beschreiben. Unter Katalogersteller ist jenes Unternehmen zu verstehen, welches den Katalog als Angebot einem Kunden zur Verfügung stellt. Hiervon ist die physische Erstellung zu trennen, die zum Beispiel auch durch Dienstleister erfolgen kann. Der Katalogempfänger ist das Unternehmen, welches die im Katalog beschriebenen Produkte in Beschaffungs- oder Verkaufsprozessen einsetzt. Der Empfänger ist nur dann festzulegen, wenn der Katalog speziell für einen oder mehrere Kunden erstellt und gepflegt wird, d.h. wenn der Katalog kundenspezifisch ist. Die Unternehmensbeschreibung kann neben den obligatorischen Firmen- und Kontaktangaben (Name, Adreßdaten) auch Identifikatoren in Form von Kunden- und Lieferantennummern umfassen.

Zur Identifikation von Unternehmen im Geschäftsverkehr werden vermehrt zentral vergebene, einheitlich aufgebaute Nummernsysteme eingesetzt. Diese Unternehmensidentifikationssysteme werden international, teilweise beschränkt für bestimmte Branchen, vermarktet und sind für die nutzenden Unternehmen kostenpflichtig. Die beiden bekanntesten Systeme sind DUNS und ILN. Die DUNS-Nummer (Data Universal Numbering System) ist ein 9-stelliger Zahlencode, der bereits 1962 von Dun & Bradstreet entwickelt wurde. Die DUNS-Nummer ist der Schlüssel zu den Adreß- und Branchendaten von ca. 62 Millionen Unternehmen.[30] Das ILN-System (Internationale Lokationsnummer) zielt ebenfalls auf die weltweite, eindeutige Identifikation von Unternehmen, Unternehmensteilen oder sonstigen Lokationen ab.[31] Neben der Identifikation erlauben Identifikationssysteme es auch, die Zugehörigkeit von Unternehmen, Unternehmensteilen und Standorten zu ihren Muttergesellschaften aufzuzeigen.

Die den Kataloginhalten zugrundeliegenden, vertraglichen Vereinbarungen können dem Datenbereich *Katalogvertragsdaten* zugeordnet werden. Zu diesem gehören die zwischen Lieferanten und Kunden geschlossenen Rahmenverträge, die Festlegungen über Sortimente, Preise, Liefermengen usw. enthalten. Da es sich um Metadaten

---

[30] Vgl. Dun & Bradstreet Deutschland (2004), o.S.

[31] Vgl. CCG (2002), o.S.

handelt, ist es ausreichend, diese Verträge zu benennen und ihre zeitliche Gültigkeit zu kennen, um auf sie bei Bedarf zurückgreifen zu können. Die Verträge selbst, d.h. ihr Aufbau und Inhalt, sind nicht Gegenstand der Katalogdaten.[32]

Die zuvor beschriebenen Datenbereiche für Katalogmetadaten stellen einen Strukturierungsansatz dar, der wesentliche Metadaten enthält. Es ist darauf hinzuweisen, daß Umfang und Detaillierung der Katalogmetadaten nicht abschließend bestimmt werden können. Sie hängen einerseits stark von den Katalogdaten der drei anderen Datenbereiche ab. Andererseits lassen sie sich nur in Abhängigkeit von den betrieblichen Anforderungen festlegen. Insbesondere können über den eigentlichen Zweck der Spezifikation des logischen Zusammenhangs der Katalogdaten hinaus die Kataloginhalte durch zusätzliche Metadaten nahezu beliebig detailliert beschrieben werden. In höchster Detaillierung würde bereits ein logisches Datenmodell der Katalogdaten entstehen. Zum Beispiel könnte zu den Metadaten die Information gehören, daß die enthaltenen Preise als Kundennettopreise zu verstehen sind, die in einem Datenelement NPREIS des Datentyps Fließkomma und der Genauigkeit von vier Nachkommastellen abgelegt werden.

Es bleibt festzuhalten, das Katalogmetadaten über die skizzierten Daten hinaus erweiterbar sind. Aus diesem Grund zeigt die Tabelle 2-4 nur exemplarisch Datenelemente und zugehörige Beispieldaten für einen Großhandelskatalog.

[32] Zur Modellierung von Vertragsdaten vgl. z.B. Goodchild / Herring / Milosevic (2000), S. 63ff. Die elektronisch unterstützte Verhandlung von Vertragsinhalten wird mit *E-Contracting* bezeichnet; zum Datenaustausch im E-Contracting vgl. z.B. Burgwinkel (2002), S. 95ff.

Datenbereich	Datenelement	Beispieldaten
Katalogidentifikation	ID	„20“
	Version	„1.0“
	Bezeichnung	„Werkzeugkatalog II / 2004“
	Erstelldatum	„15.06.2004“
	Gültigkeitszeitraum	„01.07.2004–31.12.2004“
	Sprache	„DE“
	Währung	„EUR“
	Verfügbarkeitsgebiet	„DE“, „CH“
Katalogersteller	Ersteller-ID	„33055“
	Ersteller-Name	„Müller & Schlegel Werkzeughandel“
	Ersteller-Adreßdaten	„Westbahnhof 45; 33456 Musterstadt“ usw.
Katalogempfänger	Empfänger-ID	„230045“
	Empfänger-Name	„Senator Anlagenbau AG“
	Empfänger-Adreßdaten	„Waldstraße 13; 11234 Ostwarendorf“ usw.
Katalogvertrag	Vertrags-ID	„101“
	Vertragsbezeichnung	„Rahmenvertrag Werkzeugeinkauf 2004“
	Vertragszeitraum	„01.01.2004–31.12.2004“

Tabelle 2-4: Beispiel Katalogmetadaten

2.3 Katalogstrukturdaten

Zu dem Datenbereich Katalogstrukturdaten gehören definitorische Daten für Produktordnungssysteme. Ein Produktordnungssystem ist ein Instrument zur Systematisierung von Produkten, indem gleichartige Produkte jeweils zu einer Produktkategorie zusammengefaßt werden. Die Katalogstrukturdaten beschreiben also keine Produkte, sondern Kategorien von gleichartigen Produkten. Die Einteilung in Kategorien kann nach sehr unterschiedlichen Gesichtspunkten und Zielsetzungen erfolgen, so daß sich die entstehenden Ordnungssysteme in Struktur, Umfang und Inhalt ebenfalls stark unterscheiden. Daher wird zunächst allgemein von Produktkategorien gesprochen. Der Begriff Kategorie ist ein Oberbegriff für die verwandten, jedoch nicht völlig identischen Begriffe Gruppe, Gattung, Klasse und Art.[33]

Die Einteilung von Produkten in Kategorien wird innerbetrieblich in vielen Funktionsbereichen eingesetzt, um Geschäftsprozesse zu automatisieren und zu steuern, Geschäftsvorfalldaten mengen- und wertmäßig zu aggregieren und somit betriebliche

---

[33] Kategorie, grch. Aussage.

Entscheidungen zu unterstützen. Die Automatisierung und Ablaufsteuerung zeigt sich zum Beispiel in Beschaffung und Vertrieb daran, daß den Kategorien verantwortliche Stellen zugeordnet werden, die bei relevanten Ereignissen, die den Zustand eines Prozesses verändern (z.B. Bedarfsanforderung, Angebotsanfrage), entsprechend informiert oder beauftragt werden, tätig zu werden. Daneben sind Ordnungssysteme ein Instrument, um produktbezogene Vorgänge mengen- und wertmäßig zu erfassen, indem zugehörige Konten des Rechnungswesens und der Kostenrechnung angesprochen werden. So sind differenzierte Auswertungen möglich, die zum Beispiel aufzeigen, welches Einkaufsvolumen auf einzelne Produktkategorien entfällt.

Das zentrale Instrument zur innerbetrieblichen Kategorienbildung sind die Material- oder Warengruppen bzw. im Handel die Artikelgruppen. Sie werden für eine Vielzahl von Aufgaben in nahezu allen Funktionsbereichen eines Unternehmens eingesetzt und sind daher in ERP- und Warenwirtschaftssystemen zu pflegen. Auch lassen sich für einzelne Anwendungszwecke spezifische Kategoriensysteme einsetzen, so daß jedes Produkt in mehrere Kategoriensysteme einzuordnen ist.

Für Katalogdaten sind die innerbetrieblichen Ordnungssysteme von hoher Bedeutung. Zugleich sind weitere Einsatzzwecke und Anforderungen an diese festzustellen, die die zwischenbetriebliche Nutzung in den Vordergrund stellen. Ein wesentlicher Gesichtspunkt ist, daß Kataloganwendungen auf Basis von Kategoriensystemen Zugriffsfunktionen auf den Katalog implementieren. Über Kategoriensysteme wird die Suche nach Produkten im Katalog unterstützt. Dazu können zwei Typen von Kategoriensystemen unterschieden werden, die eine Reihe von Gemeinsamkeiten, jedoch auch wichtige Unterschiede in ihrer Zielsetzung und Struktur aufweisen.

2.3.1 Kataloggruppensystemdaten

Ein Kataloggruppensystem strukturiert das Sortiment und damit den Produktkatalog eines Lieferanten, indem gleichartige Produkte zu Kataloggruppen zusammengefaßt werden. Die Kataloggruppen werden in der Regel mehrstufig angelegt, so daß eine umgekehrte Baumstruktur, also eine Gruppenhierarchie entsteht. Den Ästen und Blättern der Baumstruktur werden die Produkte zugeordnet.[34] Somit spiegelt ein Kataloggruppensystem strukturiert das Produktspektrum eines Lieferanten wieder. Die

---

[34] Vgl. Hümpel / Schmitz (2000), S. 4f.

Gestaltung der Gruppenhierarchie liegt allein beim Lieferanten. Dieser wird sein Sortiment nach markt- und kundenseitigen Anforderungen so strukturieren, daß sein Leistungsspektrum und seine Produktkompetenz am Besten deutlich werden.

Der Aufbau und die Pflege von Kataloggruppensystemen fallen in den Bereich der Produktprogrammplanung und werden daher durch den Funktionsbereich Vertrieb verantwortet.[35] Damit stehen Kataloggruppensysteme in einer sehr engen Beziehung zu den Ordnungssystemen des Vertriebs, also zu den Material-, Waren- oder Artikelgruppen.[36] Daher kann nicht von dem alleinigen Kataloggruppensystem gesprochen werden, da für bestimmte Sparten, Sortimente, Vertriebswege, Kundengruppen und Kunden auch spezifische Kataloggruppensysteme eingesetzt werden können, die den jeweiligen Anforderungen gerecht werden.

Die Hauptaufgabe eines Kataloggruppensystems ist die Bereitstellung einer Struktur, die für die Navigation und Suche im Katalog und gegebenenfalls für nachgelagerte Prozesse der Auftragsabwicklung geeignet ist. Dadurch werden zwei Suchfunktionen ermöglicht. Die erste Suchfunktion nutzt die hierarchische Struktur, um diese dem Katalognutzer über einen Browser darzustellen. Innerhalb der Struktur kann navigiert werden. Die Auswahl einer Gruppe führt zur Ausgabe der zugehörigen Produkte in einer Listendarstellung. Die hierarchische Suche entspricht dem Top-Down-Vorgehen, um von allgemeinen Produktgruppen schrittweise zu der gewünschten, speziellen Produktgruppe und schließlich zum gesuchten Produkt zu navigieren. Die zweite Suchfunktion erlaubt, direkt zu einer Gruppe zu gelangen, indem über die Eingabe der Gruppenbezeichnung die gesuchte Gruppe ermittelt wird. Hierbei werden die gängigen Suchoperatoren eingesetzt, so daß benutzerseitig nicht die exakte Gruppenbezeichnung zu kennen ist.

Für die Gestaltung von Kataloggruppensystemen existieren nur wenige Anforderungen. So variiert zum Beispiel der Umfang hinsichtlich der Anzahl der Gruppen und Hierarchiestufen und der Detaillierungsgrad je nach Unternehmen und Branche erheblich. Maßgebend sind hier die vom Katalogersteller abhängigen Kriterien, nach denen die Kategorienbildung inhaltlich erfolgt. Häufig stehen sich zwei Prinzipien gegenüber. Eine einsatz- bzw. anwendungsorientierte Einteilung bildet Kategorien

---

35 Vgl. Pepels (2001), S. 285ff., und Barth / Hartmann / Schröder (2002), S. 185ff.

36 Im Modul Vertrieb (SD) des ERP-Systems SAP R/3 heißt das Ordnungssystem Produkthierarchie und verwendet einen achtzehnstelligen Schlüssel je Produktgruppe. Die Produkthierarchie ist neben den Warengruppen (neunstelliger Schlüssel) und den Materialgruppen (zweistelliger Schlüssel) die dritte Gruppierungsmöglichkeit; vgl. Körsgen (1999), S. 94.

nach den Anwendungsfällen der Produkte. Zum Beispiel kann ein anwendungsorientierter Pfad für einen Öldienstschlüssel lauten: „Automotive Werkzeuge", „Öldienst-Werkzeuge", „Öldienst BMW", „Öldienst BMW 3er Serie M43 M50 M52". Eine alternative, in der Praxis häufiger anzutreffende Einteilung orientiert sich dagegen an den Produkteigenschaften; hier zum Beispiel: „Werkzeug", „Handwerkzeug", „Steckwerkzeug", „Steckschlüsseleinsatz (6kant)".

Auch über die Art der Zuordnung von Produkten zu Gruppen bestehen unterschiedliche Auffassungen. Zum einen kann die Zuordnung nur zu der untersten Hierarchieebene (Blätter), oder auch zu beliebigen Ebenen im Baum (Knoten) erfolgen. Zum anderen ist nicht allgemein festgelegt, daß die Zuordnung eindeutig sein muß. Eine eindeutige Zuordnung verlangt, daß jedes Produkt nur einer Produktgruppe zugeordnet werden darf. Dies ist gerade bei anwendungsorientierten Kategoriensystemen nicht einzuhalten, da viele Produkte nicht auf einen Anwendungsfall beschränkt sind. Die Eindeutigkeit ist jedoch eine Voraussetzung, falls über das Kategoriensystem Geschäftsprozesse gesteuert und statistische Auswertungen ermöglicht werden sollen.

Zur Abbildung von Kataloggruppensystemen in Katalogen sind Daten über das Gruppensystem und die Gruppendefinitionen selbst notwendig. Das Kataloggruppensystem ist zu beschreiben (Identifikator, Bezeichnung, Erläuterung). Dazu zählt auch die Angabe, ob Produkte mehrfach und ob sie den Knoten oder Blättern zugeordnet werden dürfen. Der Aufbau der Gruppenstruktur erfolgt über die Gruppendefinitionen und die Angabe der übergeordneten oder untergeordneten Gruppen. Gegebenenfalls können die Beschreibungen um Multimediaobjekte ergänzt werden, welche Darstellungen von typischen Produkten oder sonstige Informationen enthalten. Die Tabelle 2-5 zeigt anhand eines Beispielsystems und zwei Produktgruppen potentielle Datenelemente auf.

Datenbereich	Datenelement	Beispieldaten		
Systemdefinition	ID	„10“		
	Bezeichnung	„Der große Automotive-Werkzeugkatalog“		
	Erläuterung	„Hier findet der Profi alle Automotive-Werkzeuge der führenden Markenhersteller, z.B. Gedore, HAZET, Stahlwille“		
	Zuordnungskardinalität	„mehrfach“		
	Zuordnungsebene	„Blattebene“		
Gruppendefinition	ID	„0200“	„0210“	„0215“
	Bezeichnung	„Werkzeug“	„Handwerkzeug“	„Schraubendreher“
	Erläuterung	[...]	[...]	[...]
	Gruppentyp	„Wurzel“	„Knoten“	„Blatt“
	Obergruppe	-	“0200“	„0210“
	Multimediaobjekt	„0200_wz.gif“	„0210_handwz.gif“	„0215_sdreher.gif“

Tabelle 2-5: Beispiel Kataloggruppensystemdaten

Für das zielgerichtete Navigieren in der Gruppenhierarchie muß der Katalognutzer ein Mindestwissen darüber besitzen, wie die Gruppenstruktur gestaltet und warum sie so angelegt ist. Da je nach Katalognutzer, Katalogverwendung und Branche dieses Wissen unterschiedlich stark ausgeprägt ist, ergänzen einige Kataloggruppensysteme die Gruppenbezeichnung um eine Schlagworte synonymer Bedeutung. Die Schlagworte reichern bei der hierarchischen Navigation die Gruppenbezeichnungen um weitere Fachbegriffe an. Der Hauptnutzen liegt jedoch in einer alternativen Freitextsuche über die Schlagworte, um die gewünschte Zielgruppe auf diesem Weg direkt zu erreichen (siehe Beispiel Tabelle 2-6)

Datenbereich	Datenelement	Beispieldaten
Synonyme	Gruppe-ID	„0215“
	Schlagworte	„Feinmechanikerschraubendreher“, „Kreuzschraubendreher“, „Phasenprüfer“, „Schlitzschraubendreher“, „Schraubendreher (Spannungsprüfer)“, „Sechskant-Schraubendreher“, „Spannungsprüfer (Schraubendreher)“, „Torx Schrauben-dreher“, „Winkelschraubendreher“

Tabelle 2-6: Beispiel Synonymdaten

Die Ausführungen zeigen, daß Kataloggruppensysteme unternehmensspezifisch ausgelegt sind und sich vorwiegend an den Bedürfnissen von Lieferanten orientieren. Diese Spezifität führt dazu, daß sich die katalognutzenden Unternehmen heterogen strukturierten Sortimenten gegenüber sehen, die sich nur schwer miteinander vergleichen und integrieren lassen. Ein Lösungsansatz liegt darin, einheitliche Kategoriensysteme zu bilden, die lieferantenübergreifend eingesetzt werden können. Damit lassen sich über die Vergleichbarkeit hinaus weitere Funktionen erfüllen. Dies ist die Aufgabe von Produktklassifikationssystemen.

2.3.2 Produktklassifikationssystemdaten

Produktklassifikationssysteme sind Ordnungssysteme, die jedes Produkt *eindeutig* einer definierten Produktklasse zuordnen. Im Gegensatz zu den Kataloggruppensystemen ist die Eindeutigkeit der Zuordnung eine notwendige Voraussetzung.[37] Allgemein versteht man unter Klassifikation die systematische Einteilung von Dingen oder Begriffen, die durch gemeinsame Merkmale miteinander verbunden sind, in Klassen und Teilklassen. Sie wird in vielen Anwendungsbereichen genutzt (z.B. in Biologie, Medizin und Bibliothekswesen). Die Bildung von Teilklassen verweist bereits auf die in der Regel hierarchische Struktur der Klassifikationssysteme.

Produktklassifikationssysteme werden innerbetrieblich von Herstellern, Lieferanten, Intermediären und einkaufenden Unternehmen eingesetzt, um Produkte zu kategorisieren und zu beschreiben. Dazu bieten PDM-, ERP-, und Warenwirtschaftssysteme entsprechende Funktionen an. Produktklassifikationssysteme sind jedoch kein neues Konzept des elektronischen Handels, sondern werden schon seit Jahrzehnten als Ordnungs- und Strukturierungsinstrument verwendet. Die Einsatzfelder sind sehr vielfältig. Sie reichen von der Konstruktion und Fertigung über Kostenrechnung und Vertrieb bis hin zu volkswirtschaftlicher Statistik.[38] Von besonderer Bedeutung sind *standardisierte Produktklassifikationssysteme*, die nicht nur in einer bilateralen Geschäftsbeziehung, sondern für eine Branche, einen Marktplatz oder branchenübergreifend eingesetzt werden. Sie werden auch Klassifikationsstandard oder Standardklassifikationssystem genannt. In Verbindung mit der Zuordnungseindeutigkeit ermöglicht erst die Standardisierung, daß Klassifikationssysteme über den hierarchischen Katalogzugriff hinaus weitere Funktionen erfüllen.[39]

Standardisierte Klassifikationssysteme sind ein Instrument für den Zugriff auf große Kataloge, die als Multi-Lieferantenkataloge oft zehn- oder sogar hunderttausende von Produkten umfassen. Die standardisierte, lieferantenneutrale Klassifizierung ist Voraussetzung für die lieferantenübergreifende Produktsuche und den qualifizierten Produktvergleich auf elektronischen Marktplätzen und in anderen katalogbasierten

---

[37] Zur besseren Unterscheidung von Kataloggruppen- und Produktklassifikationssystemen werden die gebildeten Kategorien mit Produktgruppen respektive Produktklassen bezeichnet.

[38] Einen Sonderfall stellt die Materialklassifikation im Rahmen der Materialbedarfsplanung dar. Sie verwendet zur Klassenbildung nicht produkt- oder anwendungsbezogene Kriterien, sondern betriebswirtschaftliche Größen (z.B. Verbrauchswert, -verlauf, Wiederbeschaffungszeit), und ist daher für Produktkataloge nicht relevant; vgl. Bankhofer (1999), S. 913ff.

[39] Vgl. Dörflein / Hepp (2002), S. 23.

Anwendungssystemen.[40] Zum einen führt die hierarchische Suche entlang der Baumstruktur oder über die Klassenbezeichnungen zu allen relevanten Produkte, da die Lieferanten ihre Produkte nach den gleichen Kriterien den Klassen zugeordnet haben. Zum anderen wird durch das Konzept standardisierter Merkmalsleisten die parametrische Produktsuche ermöglicht.

Um typähnliche Produkte nicht nur derselben Klasse zuzuordnen, sondern die Produkte auch einheitlich zu beschreiben, definieren einige Klassifikationssysteme *Merkmalsleisten*. Eine Merkmalsleiste enthält für eine Produktklasse die spezifischen, produktbeschreibenden Merkmale. Die Merkmalsdefinitionen in ihrer Gesamtheit werden auch mit Merkmalssystem bezeichnet.[41] In Produktkatalogen müssen folglich zu jedem klassifizierten Produkt die Merkmalswerte anhand der vorgegebenen Merkmalsleisten enthalten sein. Es liegt somit eine standardisierte Spezifikation der Produkte vor.

Merkmalsleisten werden nicht erst für elektronische Kataloge eingesetzt, sondern entstammen der Überlegung, bereits beginnend mit der Produktentwicklung die Produkte zu klassifizieren, einheitlich zu spezifizieren und diese Informationen durchgängig innerbetrieblich in Konstruktion, Produktion und Materialwirtschaft zu verwenden. Als Sachmerkmalsleisten findet sich dieses Konzept in der Normenreihe DIN 4000 wieder.[42]

Eine Merkmalsleiste ist eine Menge von Produktmerkmalen, die jeweils durch Identifikator, Bezeichnung, Datentyp, zulässige Werte und Werteinheit beschrieben werden. Die Tabelle 2-7 zeigt einen Ausschnitt aus der Merkmalsleiste für die Produktklasse Schraubendreher des standardisierten Klassifikationssystems eCl@ss.[43]

---

[40] Vgl. Ng / Yan / Lim (2000), S. 7f.

[41] Vgl. Otto / Beckmann (2001), S. 352.

[42] Vgl. DIN e.V. (1992).

[43] Zu eCl@ss siehe ausführlich Kapitel 6.3.1.

Merkmal Datenelement	**„Schaft, Länge"**	**„Griff, Isolierung"**	**„Werkzeug, Funkenfrei"**
ID	„CAA985001"	„CAB207001"	„CAB046001"
Beschreibung	„Gibt die Schaftlänge an."	„Gibt die Griffisolierung an."	„Gibt an, ob ein Werkzeug funkenfrei ist oder nicht."
Datentyp	„Gleitkommazahl"	„Enumeration"	„Boolean"
Werte	-	„IEC 900 geprüft bis 1000V", „DIN EN 60900 VDE-isoliert", „einfache Kunststoffhülle", „keine"	„Ja" „Nein"
Einheit	„m"	-	-

Tabelle 2-7: Beispiel Merkmalsleistendaten

Die Merkmalsleisten werden bei der parametrischen oder attributbasierten Suche in Produktkatalogen genutzt. Dieses Suchverfahren schränkt ausgehend von einer Produktklasse die Suchergebnismenge auf Produkte mit bestimmten Merkmalswerten ein.[44] Die Suchparameter ergeben sich in Abhängigkeit von der Merkmalsleiste, d.h. dem Katalognutzer werden die klassenspezifischen Merkmale als Parameter präsentiert, woraufhin einzelne oder auch alle Parameter mit Werten vorbelegt werden können, um die Suche präzise zu formulieren. Unter der Annahme, daß alle Produkte der Klasse anhand gleicher Merkmale spezifiziert sind, wird es somit möglich, inhaltliche Suchanfragen zu stellen. Im Beispiel könnte nach funkenfreien, nicht isolierten Schraubendrehern gesucht werden, deren Schaftlänge mindestens 80 mm und maximal 200 mm beträgt. Die Suche liefert eine Liste von Produkten zurück, die anhand ihrer Merkmale tabellarisch gegenübergestellt und somit verglichen werden können.

Neben der Suche in Produktkatalogen ermöglichen standardisierte Klassifikationssysteme durch ihre hierarchische Struktur die Abgrenzung von Beschaffungs- und Vertriebsmärkten. Insgesamt werden Klassifikationssysteme zu einem Managementinstrument in Beschaffung und Vertrieb, welches die Planung, Steuerung und das Controlling unterstützt.[45] Es können statistische Analysen der Beschaffungs- und Vertriebsaktivitäten eines Unternehmens durchgeführt und Betriebsvergleiche (Benchmarking) unterstützt werden. Außerdem lassen sich in den Kataloganwendungen unternehmensinterne Zuständigkeiten und Workflows definieren, die durch

[44] Vgl. Hentrich (2001), S. 95.

[45] Vgl. z.B. Fairchild / Vuyst (2002), S. 991f., und Manz (2002a), S. 36ff.

Geschäftsvorfälle oder andere Ereignisse angestoßen werden. Zum Beispiel können Katalogsichten für einzelne Einkäufer- und Bedarfsträgergruppen erstellt werden, die für ausgewählte Produktklassen des Klassifikationssystems verantwortlich sind.

Das Sortiment eines Lieferanten kann ebenfalls anhand eines Klassifikationssystems dargestellt werden. So läßt sich erkennen, welche Bereiche das Sortiment des Lieferanten abdeckt bzw. offen läßt. Schließlich kann der Gegenstandsbereich von Einkaufsrahmenverträgen ebenfalls über die Struktur eines Klassifikationssystems definiert werden.

Die Abbildung von Klassifikationssystemen in Katalogen weist viele Gemeinsamkeiten mit der von Kataloggruppensystemen auf (Hierarchie, Synonyme). Hinzu kommen die klassenspezifischen Merkmalsleisten und die Eindeutigkeit der Zuordnung. Die Funktionen und der mit ihnen entstehende Nutzen standardisierter Klassifikationssysteme gehen jedoch weit darüber hinaus. In der Tabelle 2-8 werden die beschriebenen Eigenschaften von Produktordnungssystemen und die durch sie unterstützten Funktionen zusammengefaßt.

Systemeigenschaft **Funktion**	**Hierarchie von Kategorien**	**Schlagworte für Kategorien**	**Spezifische Merkmals-leisten**	**Eindeutigkeit der Zuordnung**
Hierarchische Suche	+			
Schlagwortsuche		+		
Parametrische Suche			+	
Standardisierte Spezifikation			+	
Produktvergleich			+	
Statistische Analysen				+
Zuständigkeiten, Workflows				+
Sortimentsbeschreibung				+
Gegenstand von Verträgen				+

Tabelle 2-8: Funktionen und Systemeigenschaften von Produktordnungssystemen

2.4 Produktdaten

Aufgabe der Produktdaten ist es, die im Katalog enthaltenen Produkte mindestens so zu beschreiben, daß diese bestellt werden können. Zur Erfüllung dieser Aufgabe dienen verschiedenste Daten, die jeweils unterschiedliche Zwecke erfüllen. Zunächst werden Daten zur Produktidentifikation benötigt. Dazu zählen Identifikatoren, die auf der Basis eines Nummernsystems jedem Produkt eindeutig zugeordnet sind, und

Produktbezeichnungen. Hinzu kommen Daten, die die Produkte weiter textuell erläutern. Um die Produktbeschreibung stärker zu strukturieren werden Produkte durch Merkmale und jeweilige Merkmalswerte spezifiziert.

2.4.1 Produktidentifikations- und -beschreibungsdaten

Die Produktidentifikation soll sicherstellen, daß ein Produkt zu jedem Zeitpunkt über einen eindeutigen Identifikator angesprochen werden kann. Eine solche Artikelnummer kann sowohl durch Ziffern, durch sonstige Zeichen als auch durch Kombinationen derselben gebildet werden. Je nach Einsatzzweck der Produktdaten sind verschiedene Identifikatoren zu unterscheiden. Die Artikelnummer des Lieferanten ist diejenige Nummer, die der Lieferant eigenverantwortlich vergibt und über die das Produkt durch Kunden bestellt werden kann. In der nachfolgenden Kommunikation zwischen Lieferant und Kunde (Auftragsbestätigung, Lieferschein, Rechnung usw.) wird sie als Schlüssel verwendet. In der Regel ist sie identisch mit dem innerbetrieblichen Identifikator des Lieferanten oder sie ist eine Teilmenge davon. Die Zuordnung Produkt zu Artikelnummer kann allerdings auch eine Kardinalität größer als eins besitzen, d.h. auf ein bestimmtes Produkt können mehrere, alternative Artikelnummern verweisen.

Der Produkt- oder Artikelbezeichnung sollte ebenfalls eine identifizierende, mindestens jedoch das betreffende Produkt hinreichend eingrenzende Bedeutung zukommen. Die Produktbezeichnung ist eine Zeichenkette, deren Länge oftmals auf 40 oder 80 Zeichen beschränkt ist. Auch kann sie gleichzeitig in einer Kurz- und Langversion vorliegen.

Wenn zuvor betont wurde, daß die Lieferantennummer eigenverantwortlich vergeben wird, so weist dies daraufhin, daß Artikelnummern und andere Produktdaten auch durch Dritte vorgegeben sein können. Ist der Lieferant nicht zugleich Hersteller des Produktes, so sind Produktdaten des Herstellers zu übernehmen. Neben der Herstellerartikelnummer sind dies der Name und die Produktbezeichnung des Herstellers. Diese Informationen dienen als Nachweis der Produktherkunft sowie als zusätzliche Suchmöglichkeit in Katalogen und sind daher auch für die Kunden des Lieferanten von Bedeutung. Ebenso kann der Lieferant seine Produktdaten durch kundenspezifische Daten ergänzen (z.B. Artikelnummer, -bezeichnung, -text), damit der Kunde beim Zugriff auf den Katalog mit diesen Identifikatoren und Begriffen arbeiten und sie in Beziehung zu den eigenen Produktdaten setzen kann.

Durch die Europäische Artikelnummer (EAN) existiert ein standardisiertes Identifikationssystem für Artikel unterschiedlicher Lieferanten und Branchen. Die EAN ist je nach Typ ein acht- bis vierzehnstelliger Identifikator, der kostenpflichtig durch EAN International zentral vergeben wird.[46] Die EAN wird für verschiedenste Zwecke eingesetzt, unter anderem für die Identifizierung im Wareneingang oder in anderen Stufen der logistischen Kette. Dazu werden die logistischen Einheiten mit maschinenlesbaren Barcodes versehen.

Neben den Identifikatoren unterstützen weitere Produktdaten die Suche in elektronischen Katalogen. Hierzu gehören Schlagworte, die einzelnen Produkten ergänzend zugeordnet werden. Über diese Schlagworte können die katalogbasierten Anwendungssysteme in Analogie zu den Schlagworten in Kataloggruppen- und Klassifikationssystemen Suchfunktionen implementieren. Allerdings werden diese Schlagworte direkt den Produkten und nicht den Kategorien eines Ordnungssystems zugewiesen. Um die mitunter umfangreichen Suchergebnismengen zu strukturieren, können Produkte mit Ordnungszahlen versehen werden. Die Suchergebnismenge kann anschließend die Produkte in einer durch den Katalogersteller vorgegebenen Reihenfolge auflisten. So können besonders wichtige Produkte gegenüber weniger bedeutenden Produkten priorisiert werden.

In Kataloganwendungen nehmen Produktabbildungen eine wichtige Rolle ein. Folglich sind auch diese Produktdaten zu verwalten. Hierzu wird allgemein von Multimediaobjekten gesprochen, die für definierte Zwecke eingesetzt werden. Diese Definitionen umfassen neben dem Zweck (z.B. Normal-, Klein- und Detailansicht), die Dateiformate, zulässige Dateigrößen, Bildabmessungen und Farbtiefen. Im Zusammenhang mit den anderen Produktdaten zeigt die Tabelle 2-9 entsprechende Beispieldaten.

Die Differenzierung unterschiedlich langer Datenelemente findet sich bei den Beschreibungstexten, die als Freitext die Produkte erläutern und je nach Zielmedium gestaltet sind (z.B. Online-, Print-Katalog, Produktdatenblatt). In der Praxis werden Beschreibungstexte oftmals benutzt, um unter Verwendung einer proprietären Struktur sehr viele Informationen zu übermitteln. Problematisch ist dies, wenn im Text nicht nur ergänzende Produkteigenschaften spezifiziert werden sondern auch solche Informationen enthalten sind, die für den Bestellvorgang von Bedeutung sind (z.B.

---

[46] Vgl. EAN International (2004), o.S.

Aktionspreise, Verfügbarkeitsbeschränkungen, Mindestbestellmengen). Diese Angaben können von Kataloganwendungen nicht automatisch interpretiert werden.

<table>
<tr><th>Datenbereich</th><th>Datenelement</th><th colspan="3">Beispieldaten</th></tr>
<tr><td>Identifikation</td><td>Artikelnummer</td><td colspan="3">„2002471“</td></tr>
<tr><td></td><td>Alternative Artikelnummer</td><td colspan="3">„2002071“</td></tr>
<tr><td></td><td>EAN</td><td colspan="3">„4500004986232“</td></tr>
<tr><td></td><td>Artikelbezeichnung kurz</td><td colspan="3">„Herkules 500 S“</td></tr>
<tr><td></td><td>Artikelbezeichnung lang</td><td colspan="3">„Drehmomentschlüssel Herkules 500 Spezial“</td></tr>
<tr><td></td><td>Schlagworte</td><td colspan="3">„Drehmomentschlüssel“, „Schraubenschlüssel“, „Automotive“</td></tr>
<tr><td>Herstellerdaten</td><td>Herstellername</td><td colspan="3">„GARANT“</td></tr>
<tr><td></td><td>Herstellerartikelnummer</td><td colspan="3">„A300S4500“</td></tr>
<tr><td></td><td>Herstellerartikelbezeichnung</td><td colspan="3">„Titan 1500“</td></tr>
<tr><td>Kundendaten</td><td>Kundenartikelnummer</td><td colspan="3">„3405060“</td></tr>
<tr><td></td><td>Kundenartikelbezeichnung</td><td colspan="3">„Drehmomentschlüssel Herkules 10-60 Nm“</td></tr>
<tr><td></td><td>Kundenartikeltext</td><td colspan="3">„Einstellbereich 10 bis 60 Nm; DIN ISO 6789 ...“</td></tr>
<tr><td>Erläuterung</td><td>Artikeltext Print</td><td colspan="3">„Neuheit! Jetzt mit erweitertem Einstellbereich bis 60 Nm ...“</td></tr>
<tr><td></td><td>Artikeltext Online</td><td colspan="3">„Mit dem Matador 500 S haben Sie jede Verschraubung im Griff. Der große Einstellbereich (10 bis 60 Nm) stellt sicher ...“</td></tr>
<tr><td rowspan="4"></td><td rowspan="4">Multimediaobjekte</td><td>Einsatzzweck:</td><td>„Normalansicht“</td><td>„Detailansicht“</td></tr>
<tr><td>Dateiname:</td><td>„2002471_1.jpg“</td><td>„2002471_2.jpg“</td></tr>
<tr><td>Dateityp:</td><td>„image/jpeg“</td><td>„image/jpeg“</td></tr>
<tr><td>Dateigröße:</td><td>„6.789“</td><td>„24.866“</td></tr>
<tr><td></td><td>Reihenfolge</td><td colspan="3">„1“</td></tr>
</table>

Tabelle 2-9: Beispiel Produktidentifikations- und –beschreibungsdaten

Das folgende Beispiel zeigt an einem Drehmomentschlüssel, wie Produkteigenschaften häufig beschrieben werden:

```
„10-60 Nm; 12,5=1/2; 392mm lang; nach DIN ISO 6789 (4.3.2 < 1 sec.); ± 4% v. Skw.;
rechts/links; Drehknopf Kunstst.; Boxen lieferbar, separat bestellen."
```

Dieser Beschreibungstext ist für den Fachkundigen zwar aussagekräftig, jedoch kann dieses Wissen nicht für alle Katalognutzer (Bedarfsträger, Einkäufer) gleichermaßen unterstellt werden. Zudem ist dieses Produkt mit einem anderen Produkt derselben Produktgruppe nur schwer zu vergleichen, da hierzu die Texte detailliert miteinander verglichen werden müßten, die wiederum unterschiedlich strukturiert sein können.

Schließlich werden Angaben benötigt, die den Status eines Produktes beschreiben. Mit dem Status werden bereichsübergreifende Informationen angegeben, die für die Kaufentscheidung wichtig sind, zum Beispiel ob das Produkt eine Neuheit oder ein Auslaufartikel ist. Weitere Status beziehen sich auf physische Eigenschaften (Ungebraucht, Gebraucht, Aufbereitet) oder geben preisrelevante Auskünfte (z.B. Sonderangebot, Restposten).

2.4.2 Produktspezifikationsdaten

Die Produkspezifikation ist eine strukturierte Beschreibung der Eigenschaften eines Produktes durch Merkmale. Diese Merkmale können durch den Katalogersteller frei definiert werden. Die Instrumente zur Merkmalsdefinition unterscheiden sich nicht von denen zur Definition standardisierter Merkmale in Klassifikationssystemen. Deshalb kann auf diese Beschreibungsmittel zurückgegriffen werden. Der Freiheitsgrad ist jedoch höher.

Jedes Merkmal eines Produktes ist zu benennen, mit einem Merkmalswert als Ausprägung des Merkmals zu belegen und eventuell mit einer Einheit auszuzeichnen, die angibt, in welcher Maßeinheit der Merkmalswert erfaßt ist. Die zulässigen Merkmalswerte werden durch den Datentyp und den Wertebereich des Merkmals festgelegt. Zum Beispiel lassen sich die Angaben des oben eingeführten Beschreibungstextes wie in der Tabelle 2-10 dargestellt in Merkmale umsetzen.

Merkmalsbezeichnung	Merkmalswert	Merkmalseinheit	Datentyp	Wertebereich
„min. Drehmoment“	„10“	„Nm“	„Gleitkommazahl“	„>0“
„max. Drehmoment“	„60“	„Nm“	„Gleitkommazahl“	„>0“
„Schlüsselgröße“	„12,5“	„mm“	„Gleitkommazahl“	„>0“
„Schlüsselgröße Zoll“	„1/2“	-	„Enumeration“	„1/4“, „1/2“, „3/4“, „3/8“, „1“
„Länge“	„392“	„mm“	„Gleitkommazahl“	„>0“
„Norm“	„DIN ISO 6789“	-	„Zeichenkette“	-
„Genauigkeit“	„4“	„%“	„Gleitkommazahl“	„>0“
„Drehknopf, Material“	„Kunststoff“	-	„Zeichenkette“	-

Tabelle 2-10: Beispiel Produktspezifikation durch proprietäre Merkmale

Handelt es sich um ein standardisiertes Merkmal eines Klassifikationssystems, so ist dies zu kennzeichnen, indem das Klassifikationssystem und der Merkmalsidentifikator angegeben werden. Zu beachten ist, daß die Merkmalsbezeichnung ebenfalls durch das Klassifikationssystem vorgegeben wird. In der Tabelle 2-11 werden einige Merkmale der Klasse Drehmomentschlüssel (Klasse AAA343001) des Klassifikationssystems eCl@ss mit Werten belegt.

Klassifikation-ssystem	**Merkmal-ID**	**Merkmalsbezeichnung**	**Merkmalswert**
„eCl@ss-5.0“	„CAB062001“	„Drehmoment max“	„120“
„eCl@ss-5.0“	„CBA004001“	„Güteeigenschaften, Nachweis“	„DIN ISO 6789“
„eCl@ss-5.0“	„CBA007001“	„Länge“	„392“
„eCl@ss-5.0“	„CAB060001“	„Vierkant-Schlüsselweite“	„12,5“

Tabelle 2-11: Beispiel Produktspezifikation durch standardisierte Merkmale

Ein Produkt kann nur dann durch standardisierte Merkmale eines Klassifikationssystems spezifiziert werden, wenn es einer Produktklasse zugeordnet ist. Diese Anforderung weist auf eine zusätzliche Dimension der Produktspezifikation hin. Sie liegt darin, daß durch die Klassenzugehörigkeit über die Merkmale der klassenspezifischen Merkmalsleiste hinaus weitere Eigenschaften des Produktes festgelegt werden. Diese Eigenschaften sind jedoch nicht explizit beschrieben, sondern sie ergeben sich implizit durch den Klassenkontext. Wenn zum Beispiel ein Produkt der Klasse Drehmomentschlüssel zugeordnet ist, dann wird damit unter anderem ausgesagt, daß an dem Schlüssel ein Drehmomentwert eingestellt werden kann und daß bei der Betätigung das Anzugsmoment auf diesen Wert automatisch begrenzt wird. Solche impliziten Eigenschaften müssen ebenfalls zur Produktspezifikation gezählt werden.

Analog zur Klassifikation werden durch die Zuordnung eines Produktes zu einer Produktgruppe auch relevante Produkteigenschaften beschrieben. Daher werden hier die Produktkategorisierungsdaten, also die Zuordnung von Produkten zu den Kategorien (Produktklassen und -gruppen) eines oder mehrerer Produktordnungssysteme, dem Datenbereich Produktspezifikation zugerechnet. Die Kategorisierung erfolgt unter Angabe des jeweiligen Ordnungssystems und der entsprechenden Kategorie (siehe Tabelle 2-12).

Artikelnummer	Ordnungssystem	Systemtyp	Kategorie-ID
„2002471“	„eCl@ss-4.1“	„Klassifikationssystem“	„AAA343001“
„2002471“	„eCl@ss-5.0“	„Klassifikationssystem“	„AAA343001“
„2002471“	„UNSPSC-5.0301“	„Klassifikationssystem“	„271117[illegible]5“
„2002471“	„Werkzeugkatalog II / 2004“	„Kataloggruppensystem“	„1030115“

Tabelle 2-12: Beispiel Kategorisierung von Produkten

2.4.3 Bestell- und Logistikdaten

Die Bestell- und Logistikdaten stellen den Katalognutzern die für Bestell- und Logistikprozesse notwendigen Informationen bereit. Soll ein Produkt bestellt werden, so wird durch den Besteller die Bestellmenge eingegeben. Dazu muß bekannt sein, auf welche Bestelleinheit sich diese Menge bezieht (z.B. Stück, Karton). Die Bestellmenge unterliegt in der Regel Beschränkungen hinsichtlich der Mindestmenge und der zulässigen Abstufungen (Bestellmengenintervall). Die Bestelleinheit repräsentiert jedoch nicht immer die Einheit, in der das Produkt physisch vorliegt, da ein Produkt auch eine Zusammenfassung gleicher Produkte sein kann (z.B. Karton mit 10 Stück, Kasten mit 12 Flaschen). Die Lösung liegt in der Angabe der enthaltenen Einheit und Menge je bestellbarem Produkt.

Die Zusammenhänge der Bestelldaten sind anhand von drei Beispielprodukten in der Tabelle 2-13 dargestellt. Das Produkt A kann als Einzelprodukt stückweise in beliebiger Menge bestellt werden. Das Produkt B enthält als Karton sechs Einzelprodukte. Bei einer Mindestbestellmenge von zehn und einem Bestellintervall von fünf sind die Bestellmengen 10, 15, 20 usw. zulässig, d.h. es werden dadurch 60, 90, 120 usw. Einzelprodukte bestellt. Das Produkt C ist eine 0,75 l-Flasche, von der Vielfache von 12 bestellt werden können.

Produkt Datenelement	Produkt A	Produkt B	Produkt C
Artikelbezeichnung	„Schraubendreher K“	„Batterie M“	„Motorenöl D“
Bestelleinheit	„Stück“	„Karton“	„Flasche“
Enthaltene Einheit	„Stück“	„Stück“	„Liter“
Enthaltene Menge	-	„6“	„0,75“
Mindestbestellmenge	„1“	„10“	„12“
Bestellmengenintervall	„1“	„5“	„12“

Tabelle 2-13: Beispiel Bestelldaten

Mit Hilfe der Bestelldaten lassen sich auch mehrstufige Inhalts- oder Enthaltenseinsbeziehungen für Produkte definieren, beispielsweise der Inhalt von Kartons, Flaschen und Paletten. Gemäß dem Sichtenkonzept auf Material- bzw. Artikeldaten werden in Industrie und Handel diese Beziehungen unterschiedlich modelliert. Zu differenzieren sind demnach flache Strukturen, die wie zuvor gezeigt über Bestell- und enthaltene Mengeneinheit *eine* Inhaltsbeziehung beschreiben, und Hierarchien.

Das Instrument der Verpackungshierarchien erlaubt es, die Angabe der enthaltenen Einheit und Menge zu einem Produkt wiederum auf das enthaltene Produkt anzuwenden, so daß theoretisch beliebig tiefe Strukturen abgebildet werden können. Insbesondere nähern sich die Bestelldaten damit den Beschreibungsanforderungen der logistischen Lieferung an, indem bereits bei der Bestellung die Verpackungsgröße oder -konfiguration bestimmt werden kann. Zum Beispiel läßt sich als bestellbares Produkt eine Palette beschreiben, die für die Anlieferung einer festen Anzahl von Kartons genutzt wird und jeder Karton die eigentlichen Bedarfsprodukte enthält (3-stufige Hierarchie). Durch solche Hierarchien ist der Lieferant in der Lage, die zulässigen Losgrößen vorzugeben, die Produktpreise gemäß den verschiedenen Bestelleinheiten zu differenzieren und gleichzeitig den Beziehungszusammenhang zwischen den unterschiedlichen Bestelleinheiten offenzulegen. In der Tabelle 2-14 sind die zugehörigen Bestelldaten anhand des skizzierten Beispiels aufgeführt.

Produkt **Datenelement**	**Produkt 1**	**Produkt 2**	**Produkt 3**
Artikelnummer	„1001“	„1002“	„1003“
Artikelbezeichnung	„Motoröl D“	„Motoröl D“	„Motoröl D“
Bestelleinheit	„Palette“	„Karton“	„Flasche“
Enthaltenes Produkt	„1002“	„1003“	-
Enthaltene Einheit	„Karton“	„Flasche“	„Liter“
Enthaltene Menge	„20“	„6“	„0.75“
Mindestbestellmenge	„1“	„1“	„1“
Bestellmengenintervall	„1“	„1“	„1“
Preis	„900“	„50“	„10“

Tabelle 2-14: Beispiel Bestelldaten bei einer dreistufigen Verpackungshierarchie

Häufig werden diese weitergehenden Inhaltsbeziehungen jedoch nicht in Produktkataloge übernommen, da über den Katalog nur die kaufmännische Bestellauslösung erfolgen soll. Durch welche logistischen Einheiten die bestellten Produkte tatsächlich angeliefert werden, ist eine nachgelagerte Frage, die durch den Lieferanten oder bilaterale Vereinbarungen beantwortet wird. Unter anderem sind Bedarfsbündelungen, Teillieferungen und Verpackungsvariationen möglich.

Folglich sind *determinierende* Logistikdaten häufig nicht Gegenstand der Katalogdaten. In Produktkatalogen finden sich dagegen produktbezogene, logistische Daten, die sich in die drei Bereiche Herkunft, Lieferung und Verwendung unterteilen lassen (Beispiele siehe Tabelle 2-15):

- Unter der Herkunft werden alle Produktdaten subsummiert, die Auskunft über das Herkunftsland geben und für die Einfuhr- und Zollabwicklung von Bedeutung sind.
- Die Lieferdaten enthalten zum Beispiel Angaben über die planmäßige Lieferzeit seitens des Lieferanten, das Verpackungsmaterial, die Gefahrgutklassifizierung und andere Behandlungsvorschriften.
- Mit den Verwendungsdaten werden dem beziehenden Unternehmen solche Informationen mitgeteilt, die für innerbetriebliche Vorgänge wie die Warenannahme und die Eingangsbuchung benötigt werden oder diese zu automatisieren helfen (z.B. Warengruppennummer im ERP-System des Kunden).

Produkt Datenelement	Produkt 1	Produkt 2
Artikelnummer	„50023“	„50089“
Artikelbezeichnung	„Heizöl ABC“	„Drehmaschine DELTA“
Herkunftsland	„NL“	„BE“
Einfuhrgenehmigung erforderlich	„ja“	„nein“
Lieferzeiteinheit	„d“	„w“
Lieferzeit	„1“	„6“
Verpackungsmaterial	„-“	„Container“
Gefahrgutklassensystem	„GGVS“	-
Gefahrgutklasse	„1201“	-
Warengruppe Kunde	„3400414“	„-“

Tabelle 2-15: Beispiel produktbezogene Logistikdaten

2.4.4 Preisdaten

Der Preis eines Produktes besteht nicht nur aus der direkten Preisangabe, die Betrag, Währung und Umsatzsteueranteil umfaßt, sondern stellt ein System von Preiskomponenten und Preisbildungsregeln dar. Dieses System wird in ERP-Systemen verwaltet. Der Vorgang der Preisermittlung wird mit Preisfindung bezeichnet. Für

Katalogdaten ist weniger die betriebswirtschaftliche Frage entscheidend, wie ein Produktpreis sich begründet, als die Anforderung, die Parameter der Preisberechnung für die Katalognutzer zu einem bestimmten Grad transparent werden zu lassen. Zum Beispiel soll der Katalognutzer zur Unterstützung seiner Kaufentscheidung erkennen können, daß für ein gewähltes Produkt ein bestimmter Rabatt und eine Mengenstaffel gilt. Dazu ist es notwendig, über ein *Preismodell* den Produktpreis in seine Bestandteile und Berechnungsparameter zu zerlegen. Als Grundlage für die Erstellung von Preismodellen kann das preispolitische Instrumentarium dienen, welches in Geschäftsbeziehungen zwischen einkaufenden und liefernden Unternehmen angewendet wird.

Ziel jeder Preispolitik ist die erfolgserhöhende Preisdifferenzierung, d.h. identische oder sehr ähnliche Produkte werden zu unterschiedlichen Preisen an verschiedene Kunden verkauft, um in unvollkommenen Märkten höhere Gewinne zu erzielen. Die Preisdifferenzierung kann im allgemeinen in sieben Formen erfolgen[47]:

1. Preisindividualisierung
2. Leistungsbezogene oder sachliche Preisdifferenzierung
3. Mengenmäßige oder quantitative Preisdifferenzierung
4. Preisbündelung
5. Personelle Preisdifferenzierung
6. Räumliche oder regionale Preisdifferenzierung
7. Zeitliche Preisdifferenzierung

Unter *Preisindividualisierung* wird verstanden, daß der Preis eines Produkt vom Kunden abhängig ist, d.h. der Preis ist das Ergebnis einer individuellen Verhandlung zwischen Lieferant und Kunde. Um dies kenntlich zu machen, sind verschiedene Preistypen notwendig, die angeben, um welchen Preis es sich der Art nach handelt. Gängige Preistypen sind der Bruttolistenpreis, der Nettolistenpreis und der Kundennettopreis. Haben Kunde und Lieferant zusätzlich spezielle Typen vereinbart, zum Beispiel einen Großhandelsnettopreis bei Expreßlieferung, so sollte es möglich sein, diese benutzerdefinierten Typen im Katalog anzugeben. Ein wesentliches Instrument kundenindividueller Preise ist die Gewährung von Rabatten. Ein Rabatt ist ein

[47] Vgl. Diller (2000), S. 88ff.

Abschlag auf die regulären Produktpreise. In der Regel bezieht sich ein Rabatt auf den sonst gültigen Listenpreis. Einfache Preismodelle erlauben die Angabe nur eines Rabattes, des sogenannten durchgerechneten Rabattes.

Werden von einem Produkt Varianten zu unterschiedlichen Preisen angeboten, so spricht man von *sachlicher Preisdifferenzierung*. Sie ist eng verbunden mit der Produktdifferenzierung. Sachlich bedeutet, daß Eigenschaften des Produktes selbst variiert werden, so daß die angebotene Leistung variiert. Für Kataloge heißt dies, daß komplexere Produktmodelle und damit auch komplexere Preismodelle benötigt werden.[48]

Die Abhängigkeit des Preises von der Bestellmenge ist Gegenstand der *quantitativen Preisdifferenzierung*. Zentrales Instrument ist der Mengenrabatt, der über eine Mengenstaffel realisiert wird. Eine Mengenstaffel definiert für überschneidungsfreie Mengenintervalle die zugehörigen Einheitenpreise, die in der Regel mit zunehmender Bestellmenge geringer werden. Betriebswirtschaftliche Ursache sind die abnehmenden Grenzkosten auf Lieferantenseite bei gleichzeitig abnehmendem Grenznutzen auf Kundenseite. Zu unterscheiden sind zwei Arten von Mengenstaffeln: Wird der Einheitenpreis auf die gesamte Bestellmenge angewendet, so handelt es sich um einen durchgerechneten Mengenrabatt. Von einem angestoßenen Rabatt spricht man, wenn für jedes erreichte Intervall ein separater Einheitenpreis herangezogen wird (z.B. die ersten 10 Einheiten kosten je 2,00 €; die Einheiten 11 bis 50 kosten je 1,80 €).

Werden Produkte zu einem Set zusammengestellt, dessen Preis geringer ist als die Summe der darin enthaltenen Einzelpreise, bezeichnet man dies als *Preisbündelung*. Die Auswirkungen der Preisbündelung auf den Set-Preis können sehr unterschiedlich sein. Zugrunde liegen können Regeln und damit verbundene Abschläge, jedoch sind vielfach unabhängige Setpreise anzutreffen.

In engem Zusammenhang mit der Preisindividualisierung steht die *personelle Preisdifferenzierung*. Hier ist der Preis nicht das Ergebnis einer bilateralen Vereinbarung, sondern dieser entsteht aufgrund der Zugehörigkeit des kaufenden Unternehmens zu einer definierten Kundengruppe (z.B. Handwerk, Fachhandel, Großhandel).

[48] Zu den Produktmodellen siehe Kapitel 2.5.

Die *regionale Preisdifferenzierung* variiert die Preise in Abhängigkeit von dem Ziellieferort. Hierunter fallen jedoch nicht Zuschläge für Transportkosten, sondern es wird anderen, regionenspezifischen Gesichtspunkten Rechnung getragen, die zumeist mit abgegrenzten, nationalen Märkten zusammenhängen. Für Kataloge bedeutet dies, daß die Preise jeweils für ein oder mehrere Gebiete zu definieren sind. Eng damit verbunden ist die jeweilige Währungsangabe.

Mit Hilfe der *zeitlichen Preisdifferenzierung* lassen sich für jeweils definierte Zeiträume unterschiedliche Preise festlegen. Grund hierfür können zum einen saisonale Zyklen sein (z.B. für Bekleidung, Nahrungsmittel), zum anderen werden auf diese Weise zeitlich befristete Sonderpreise ermöglicht. Übertragen auf Preisangaben im Katalog bedeutet dies, daß überschneidungsfreie Gültigkeitszeiträume und spezielle Preiskennzeichner benötigt werden.

Das beschriebene Instrumentarium der Preisdifferenzierung findet sich nicht unmittelbar in der Struktur von Katalogdaten wieder. Es muß vielmehr auf die besonderen Anforderungen des B2B E-Commerce angepaßt werden.[49] Dazu führen die katalogdatenverarbeitenden Informationssysteme drei Strukturierungskonzepte ein.

1. Ebenenkonzept: Unter der Annahme, daß ein Preismodell aus Komponenten besteht, die im Zusammenwirken den Produktpreis beschreiben, lassen sich drei geschäftliche Ebenen identifizieren, auf denen die Komponenten zum Einsatz kommen (Produkt-, Transaktions- und Vertragsebene).

2. Abhängigkeitskonzept: Der Preis eines Produktes ist typischerweise abhängig von mehreren Faktoren (z.B. Kunde, Handelsstufe usw.). Für die Modellierung bedeutet dies, daß zu jedem Preis die preisbestimmenden Faktoren anzugeben sind, also die Gültigkeit des Preises festgelegt wird.

3. Zu- und Abschlagskonzept: Über Zu- und Abschläge können mathematisch all jene Preismodellkomponenten zusammengefaßt werden, die im Ergebnis einen Basispreis relativ oder absolut erhöhen bzw. vermindern.

In Produktkatalogen wird primär die Produktebene abgebildet, d.h. die Preiskomponenten beziehen sich auf die im Katalog enthaltenen Produkte. Demgegenüber beziehen sich die Komponenten der Transaktionsebene auf Preisbestandteile, die durch die Bestelltransaktion bestimmt werden (z.B. Verpackungs- und Transport-

[49] Im folgenden vgl. Kelkar / Leukel / Schmitz (2002a), S. 939f.

kosten der Bestellung). Die Vertragsebene enthält Festlegungen, die bilateral vertraglich vereinbart worden sind. Typischerweise werden in einem Vertrag zeitlich oder inhaltlich zusammengehörende Transaktionen aggregiert betrachtet. So können beispielsweise am Ende eines Geschäftsjahres Boni auf ein vorher definiertes Bestellvolumen eingeräumt werden. In Produktkatalogen werden Rahmenverträge nur referenziert, jedoch nicht modelliert.

Auf der Produktebene setzen sich Preismodelle in der Regel aus den vier Komponenten Produktpreis, Produktbündel, Zu- und Abschläge sowie Steuern zusammen.[50]

Der Produktpreis je Mengeneinheit ist von mehreren Parametern abhängig: der Bestelleinheit, dem Liefergebiet, dem Kunden, dem Preistyp, dem Rahmenvertrag, dem Zeitraum und der Währung. Jeder dieser Faktoren kann überschneidungsfrei genutzt werden, um einen speziellen Beitrag zum Produktpreis zu begründen. Die Anzahl der theoretisch abbildbaren Preise errechnet sich aus der Kombination der Anzahl aller Ausprägungen der genannten Parameter. Im Beispiel (Tabelle 2-16) werden für ein Produkt drei Preise definiert, deren zeitliche Gültigkeit und Währung identisch sind, die sich jedoch in anderen Parametern unterscheiden.

Bezüglich der Preisbündelung kann ein Set wie ein einzeln bestellbares Produkt behandelt werden. Aus diesem Grund sind auf Sets die anderen Formen der Differenzierung unterschiedslos übertragbar.

Preis **Preisdaten**	**Preis 1**	**Preis 2**	**Preis 3**
Produkt-ID	„2002471“	„2002471“	„2002471“
Preis	„104.00“	„98.50“	„110.80“
Liefergebiet	„DE“	„DE“	„NL“
Kunde	-	„Bayer AG“	„Shell B.V.“
Rahmenvertrag	-	„V0025“	„V0037“
Preistyp	„Nettolistenpreis“	„Kundennettopreis“	„Kundenbruttopreis“
Zeitraum	„01.01.2004“-„31.12.2004“	„01.01.2004“-„31.12.2004“	„01.01.2004“-„31.12.2004“
Währung	„EUR“	„EUR“	„EUR“

Tabelle 2-16: Beispiel Preisdaten

[50] Zur Preismodellierung ausführlicher vgl. Leukel / Schmitz (2002), S. 174ff., und Kelkar / Leukel / Schmitz (2002b), S. 368ff.

Zu- und Abschläge sind ein vielseitiges Instrument, um die Preisdifferenzierung zu realisieren. Entsprechend ist die Komplexität der zugehörigen Preismodelle zu sehen. Sie reicht von einfachen Multiplikationsfaktoren bis zu komplexen Beziehungen. Die Berechnung von Zu- und Abschlägen erfolgt auf einer Basis, die identifiziert, wie die Zu- oder Abschläge in die Preisberechnung einfließen. Es lassen sich vier verschiedene Verfahren unterscheiden, die jeweils sowohl Preisminderungen als auch Preiserhöhungen realisieren:

1. Relativ, Prozent: der Zu-/Abschlag ergibt sich, indem ein Faktor mit dem zuvor ermittelten Preis multipliziert wird (z.B. 10% Rabatt pro Produkt).
2. Relativ, Betrag: der Zu-/Abschlag ergibt sich, indem ein Fixwert auf den zuvor ermittelten Preis addiert oder subtrahiert wird (z.B. 10 € Versandpauschale).
3. Absolut: der zuvor ermittelte Preis wird durch einen neuen Preis ersetzt. Dies kann auch unter Berücksichtigung von Regeln erfolgen. Besonders häufig sind Min-/Max-Regeln, beispielsweise ist der niedrigere Betrag des zuvor ermittelten Preises und des Zu-/Abschlags zu verwenden.
4. Natural: die Anzahl der gelieferten Produkte differiert kostenneutral von der Anzahl der bestellten Produkte (z.B. Naturalrabatte), d.h. der Produktpreis bleibt unverändert.

Ein Zu- oder Abschlag ist entweder volumen- oder leistungsbezogen. Bei der volumenbezogenen Art greift der Zu- oder Abschlag, wenn bestimmte Volumengrenzen überschritten werden. Diese Volumengrenzen werden mengenmäßig (z.B. produktbezogene Mengenstaffeln) oder wertmäßig definiert (z.B. Boni am Ende des Abrechnungszeitraums). Die Zu- oder Abschläge aufgrund leistungsbezogener Kriterien werden häufig verbal oder kodiert beschrieben und entstehen beispielsweise durch Verpackungspauschalen und Transportversicherungen.

Für die Höhe des abschließend festgestellten Preises spielt die Reihenfolge der Anwendung von Zu- und Abschlägen sowie die Art der Berechnung eine entscheidende Rolle. So kann ein mehrstufiges Rabattmodell vorliegen, bei dem alle Rabatte in einer fest vorgegebenen Reihenfolge anzuwenden sind. Die Tabelle 2-17 zeigt dies anhand von drei Abschlägen auf einen Basispreis von 100 EUR: Zuerst ist die Mengenstaffel zu berücksichtigen, die in zwei Intervallen den Preis um 5% bzw. 10% verringert. Danach wird der regulär gewährte Rabatt von 5% in Abzug gebracht. Abschließend ist ein Sonderrabatt von 1 € je Mengeneinheit in Abzug zu bringen. Es können auf einer Rabattstufe aber auch zwei oder mehr „gleichberechtigte“ Rabatte existieren, die zuerst addiert und anschließend angewendet werden müssen.

Preisdaten		**Mengenstaffel**	**Regulärer Rabatt**	**Sonderrabatt**
Staffelpreis	Staffel	„1-9“, „10-49“, „50-100“	-	-
	Art	„Mengenstaffel“	-	-
Zu-/Abschlag	Basis	„relativ, Prozent“	„relativ, Prozent“	„relativ, Betrag“
	Reihenfolge	„1“	„2“	„3“
	Wert	„0“, „-0.05“, „-0.10“	„-0.05“	„-1“
Berechneter Preis je Mengeneinheit bei Bestellung von x Mengeneinheiten	x = 1	100,00	95,00	94,00
	x = 10	95,00	90,25	89,25
	x = 20	95,00	90,25	89,25
	x = 30	95,00	90,25	89,25
	x = 40	95,00	90,25	89,25
	x = 50	90,00	85,50	84,50
	x = 100	90,00	85,50	84,50

Tabelle 2-17: Beispiel Preisdaten mit Zu- und Abschlägen

Steuern sind eine spezielle Ausprägung der Zu- und Abschläge, sie werden aber aufgrund ihrer rechtlichen Bedeutung hier getrennt aufgeführt, da in der Regel eine separate Angabe notwendig ist. In Deutschland wird die Umsatzsteuer ausgewiesen. Es ist je nach Branche und Land jedoch nötig, auch weitere Steuern in die Preisberechnung einfließen zu lassen.

2.5 Produktstrukturdaten

Produktstrukturdaten beschreiben den inneren Aufbau der im Katalog enthaltenen Produkte. Die Struktur eines Produktes ist unter zwei Gesichtspunkten von besonderer Bedeutung. Zum einen erfordern bestimmte Produkte zum Zeitpunkt der Bestellung über die Bestellmenge hinaus weitere Angaben. In diesen Fällen ist das zu bestellende Produkt durch den Besteller in einem gewissen Maß weiter zu spezifizieren, d.h. die im Katalog enthaltene Spezifikation ist zu konkretisieren oder zu ergänzen. Zum anderen dürfen die Produkte eines Kataloges nicht losgelöst voneinander gesehen werden, da zwischen diesen verschiedene Beziehungen bestehen können, die die physische Struktur oder den logischen Kontext eines Produktes beschreiben.

Durch die Produktstrukturdaten werden die Möglichkeiten zur Produktbeschreibung erweitert. Während die Produktspezifikationsdaten auf solche Merkmale beschränkt sind, die bereits im Katalog mit Werten belegt sind, ist es nun möglich, komplexere Produktstrukturen und Zusammenhänge zwischen Merkmalen zu beschreiben. Insgesamt wird dadurch die Reichweite des Produktmodells der Katalogdaten deutlich erhöht. Welche Arten von Produkten in elektronischen Katalogen beschrieben werden können, hängt von der Komplexität der Produktmodelle ab. Diese reichen von einfachen textuellen Beschreibungen über merkmalsbasierte Spezifikationen bis zu mehrstufigen Konfigurationsprozessen.[51] Dazu lassen sich drei Instrumente einsetzen, die schrittweise zu komplexeren Produktmodellen führen: Durch die Referenzierung werden semantische Beziehungen zwischen einzelnen Produkten aufgebaut. Die Parametrisierung erklärt Merkmale der Produktspezifikation zu varianten Merkmalen. Schließlich führt die Konfiguration ausgehend von einem Basisprodukt durch auszuwählende Komponenten zu einer kundenindividuellen Produktspezifikation.

2.5.1 Referenzierungsdaten

Das Instrument der Referenzierung dient dazu, semantische Beziehungen zwischen Produkten herzustellen. Sie werden auch mit *Artikelreferenzen* bezeichnet. Eine Beziehung entsteht dadurch, daß von einem Produkt auf anderes verwiesen und der Beziehungstyp angegeben wird. Es handelt sich um gerichtete Beziehungen. In Kataloganwendungen werden die Artikelreferenzen genutzt, um auf die in Beziehung stehenden Produkte hinzuweisen. Je nach Beziehungstyp werden unterschiedliche Zwecke verfolgt. Über das Instrument der Produktordnungssysteme hinaus, die nach dem Kriterium gleicher Eigenschaften oder Funktionen Produkte ordnen, kann der Katalogersteller das Sortiment individuell strukturieren und weitere, auch nicht-hierarchische Beziehungszusammenhänge transparent werden lassen.

Durch Artikelreferenzen kann der Katalogersteller den Katalognutzer auf andere, relevante Produkte hinweisen, die bei seiner Bestellentscheidung zu berücksichtigen oder mindestens nützlich sind (engl.: Cross Selling). So kann zum Beispiel auf Ersatzteile und Zubehörartikel hingewiesen werden. Die Entscheidung über das Produkt selbst kann ebenfalls beeinflußt werden, wenn auf ein Alternativprodukt mit ähnlichen Eigenschaften oder den gleichen Basisartikel in einer alternativen

[51] Vgl. z.B. Dorloff / Leukel / Schmitz (2002), S. 699ff., Frank (2000a), S. 169ff., und Stahl / Bergmann / Schmitt (2000), S. 252ff.

Verpackungseinheit Bezug genommen wird. Der Einführung neuer und der Verbesserung vorhandener Produkte kommen die Beziehungstypen Nachfolger bzw. Vorgänger nach, die unter anderem sicherstellen, daß ausgehend von einem nicht mehr lieferbaren, in dem Katalog jedoch noch enthaltenen Produkt, das Nachfolgeprodukt bestellt werden kann.

Die Artikelreferenzen wird der Lieferant bzw. Katalogersteller für das gesamte Sortiment definieren. Daher kann es vorkommen, daß in einem Katalog ein Produkt referenziert wird, welches in dem Katalog selbst nicht enthalten ist. Auf Produkte in anderen Katalogen zu verweisen ermöglicht es, auf relevante Produkte anderer Lieferanten aufmerksam zu machen. Anhand eines Beispielproduktes Drehmomentschlüssel werden in Tabelle 2-18 Beziehungen zu Ersatzteil-, Zubehör-, Alternativ-, Nachfolge- und Zusatzartikeln aufgebaut. Außerdem wird eine Verbindung zu einem Set hergestellt, welches den Drehmomentschlüssel in Verbindung mit weiteren Werkzeugen enthält.

Produkt	**Artikelnummer**	**Referenziertes Produkt**	**Referenzierte Artikelnummer**	**Katalog**	**Beziehungstyp**
„Herkules 500 S“	„2002471“	„Vierkant 10“	„2002471-10“	-	Ersatzteil
		„Adapter 9x12“	„4001211“	-	Zubehör
		„Herkules 500 Set“	„2002471/3“	-	Verpackungseinheit
		„Herkules 600 S“	„2002472“	-	Alternativartikel
		„Titan DS-100 K“	„10-3409“	„Titan 2004“	Alternativartikel
		„Herkules 500 SP“	„2003475“	-	Nachfolgeartikel

Tabelle 2-18: Beispiel Artikelreferenzen

Durch die Angabe alternativer Verpackungseinheiten können verschiedene Sachverhalte wiedergegeben werden. Ein Anwendungsbereich liegt in der Definition von Enthaltenseinsbeziehungen, die angeben, daß der Ausgangsartikel in dem referenzierten Artikel enthalten ist. Zugleich wird jedoch noch nicht ausgesagt, wie sich die Inhaltsbeziehung mengenmäßig darstellt. Eine engere Verbindung zwischen Ausgangsartikel und referenzierten Artikel wird erst durch den Beziehungstyp Komponente hergestellt, der in umgekehrter Richtung die mengenmäßige Zusammensetzung eines Produktes durch Verweise auf die enthaltenen Produkte festlegt. Mit diesem Instrument können Produktbündel zusammengestellt und mehrstufige, hierarchische Produktstrukturen abgebildet werden.

Ein Produktbündel ist ein Artikel, der mehrere Artikel zusammenfaßt. Die Motivation für die Zusammenfassung zu einem Bündel kann verschieden sein. In Abhängigkeit davon werden die Bündelungen Display, Set und Lot unterschieden.[52]

Ein Display ist eine Zusammenstellung von Artikeln in einer besonderen Aufmachung, die der Verkaufsförderung dienen soll. Displays werden primär von Herstellern oder Großhändlern an den Einzelhandel verkauft, die diese am Point-of-Purchase in unveränderter Form darbieten. Die häufigste Bündelung ist das Set, also eine Gruppe von Artikeln, die zusammen zu einem Preis angeboten werden, der geringer ist als die Summe der Einzelpreise. Werden sehr ähnliche Produkte zusammengestellt, die sich nur in einer oder wenigen Eigenschaften unterscheiden (z.B. in Farbe, Länge, Größe), so handelt es sich um ein Lot. Diese Bündelung findet sich vor allem in den vorgelagerten Handelsstufen, in denen größere Zusammenstellungen in gängigen Bedarfsmengen und -relationen bestellt werden. Das Beispiel in Tabelle 2-19 zeigt ein Set und ein Lot mit gleichen Maulschlüsseln in verschiedenen Größen und Mengen.

Produkt	**Artikelnummer**	**Referenziertes Produkt**	**Referenzierte Artikelnummer**	**Anzahl**
„Herkules 500 Set“	„2002471/4“	„Herkules 500 S“	„2002471“	1
		„Umschaltknarre“	„2006020“	1
		„Einsteck-Maulschlüssel 10“	„2008010“	2
		„Einsteck-Maulschlüssel 12“	„2008012“	2
„Einsteck-Maulschlüssel Lot“	„2002471/L“	„Einsteck-Maulschlüssel 10“	„2008010“	8
		„Einsteck-Maulschlüssel 12“	„2008012“	10
		„Einsteck-Maulschlüssel 14“	„2008014“	20

Tabelle 2-19: Beispiel Set und Lot

2.5.2 Parametrisierungsdaten

Die Produktspezifikation beschreibt Produkte durch Merkmale und Merkmalswerte. Diese Daten sind im Produktkatalog bereits vollständig enthalten, d.h. die Merkmale sind mit festen Werten belegt. Es wird daher auch von fixen Produkten gesprochen. Mit diesem Merkmalskonzept können jedoch nicht solche Produkte beschrieben werden, deren Merkmalswerte nicht durch den Anbieter, sondern erst durch den Besteller bestimmt werden können oder sollen. Diese Einschränkung kann durch die

[52] Vgl. Becker / Schütte (1996), S. 139ff.

Parametrisierung von Merkmalen aufgehoben werden. Ein Parameter ist eine Größe, die in einem festgelegten Bereich variieren darf. Die Parametrisierung definiert variante Merkmale, deren Werte in einem bestimmten Wertebereich liegen, jedoch erst zum Zeitpunkt der Katalogrecherche bzw. Bestellung gesetzt werden.

Varianten sind Ausführungen eines Produktes, die sich nur in wenigen Eigenschaften voneinander unterscheiden. Eine Variante entsteht ausgehend von einem Basisprodukt durch die Festlegung der varianten Eigenschaften. In Produktionsunternehmen können Mengen- und Strukturvarianten unterschieden werden. Während bei einer Mengenvariante nur die Einsatzmengen variieren, der Produktionsprozeß ansonsten jedoch unverändert bleibt, entsteht eine Strukturvariante durch das Hinzufügen oder Weglassen einzelner Prozeßschritte.[53] Strukturvarianten können sich stark in ihrer Erzeugnisstruktur unterscheiden, so daß verschiedene Produkte entstehen, die als solche getrennt im Vertrieb behandelt werden. Deshalb wird hier der Variantenbegriff für elektronische Produktkataloge zunächst auf sogenannte Merkmalsvarianten eingeschränkt. Merkmalsvarianten sind Ausführungen eines Produktes, die sich nur in den Werten der varianten Merkmale voneinander unterscheiden.

In allen Fällen der Parametrisierung sind durch den Katalogbenutzer das Basisprodukt auszuwählen und sämtliche varianten Merkmale mit Werten belegen. Anschließend wird durch die Kombination des Identifikators des Basisproduktes und der kodierten Werte sämtlicher varianter Merkmale eine eindeutige Bestellnummer für die Variante gebildet. Bei Produktvarianten, die einzig durch Auswahlmerkmale beschrieben werden, ist es oft möglich, die Bestellnummer als Konkatenation der Basisartikelnummer und der Kodierung der Merkmalsausprägungen zu bilden. In anderen Fällen, wenn zum Beispiel Freitexte benutzerseitig eingegeben werden, sind diese direkt in die Bestellnachrichten zu übernehmen.

Das Konzept der Produktvarianten ist im Idealfall so zu nutzen, daß der Zusammenhang zwischen den Varianten nicht verloren geht. Insbesondere sollte es dem Katalognutzer möglich sein, ausgehend von dem Basisprodukt die gewünschte Variante selbständig zu bestimmen. Die Alternative, die Varianten durch fixe Produkte darzustellen, führt dazu, daß für jede zulässige Variante ein separates Produkt zu definieren ist. Bereits bei wenigen Merkmalen führt dies aufgrund der bei mehr als einem varianten Merkmal nicht-linear ansteigenden Anzahl an möglichen Varianten zu einer

[53] Vgl. Scheer (1998), S. 124.

großen Menge von einzelnen Produkten mit weitestgehend gleicher und damit redundanter Beschreibung. Zudem geht in den katalogbasierten Anwendungssystemen der Beziehungszusammenhang zwischen dem Basisprodukt und den Varianten verloren. Die Lösung dieser Probleme liegt darin, zusätzlich zu den fixen Merkmalen des Basisproduktes die variablen Merkmale zu definieren und ihnen die zulässigen Werte zuzuordnen.

Ein Beispiel für Varianten im Werkzeugbereich sind Ausführungen des gleichen Schraubenschlüssels in verschiedenen Größen. In diesem Fall seien bei allen Schlüsseln die Merkmale Maßnorm (z.B. metrisch) und Material (z.B. Chrom-Vanadium) identisch, das Merkmal Schlüsselweite jedoch variant mit den zulässigen Werten „7x8", „9x10", „11x12" usw. Im Katalog ist damit anstelle von vier separaten Produkten nur eines zu spezifizieren. Dies trägt wesentlich zur Transparenz und zur besseren Benutzbarkeit des Katalogs bei, da die Produktsuche das Basisprodukt unabhängig von der Schlüsselgröße liefert und dem Katalogbenutzer anbietet, die gewünschte Schlüsselweite aus dem festgelegten Wertebereich auszuwählen.

Varianten weisen eine Reihe von Produktdaten auf, die vollkommen identisch sind. Zum Beispiel sind Beschreibungstexte, Mengenstaffeln, Rabatte und Bestelldaten meistens unabhängig von den Varianten und brauchen nur einmal für das Basisprodukt festgelegt werden. Andererseits hängen weitere Produktdaten von der gewählten Variante ab. Varianten sind in der Regel mit eigenen Identifikatoren ausgestattet (z.B. Artikelnummer, EAN usw.) und können sich in weiteren, produktbezogenen Daten ebenfalls unterscheiden (z.B. Bezeichnung, Abbildung usw.). Im Beispiel aus Tabelle 2-20 ist die Schlüsselweite das variante Merkmal. Die Variante determiniert die Werte der beiden Merkmale Länge und Gewicht sowie weitere Daten und insbesondere den Preis.

Variantes Merkmal	**Abhängige Daten**				
Schlüsselweite	**Länge**	**Gewicht**	**Artikelnummer**	**EAN**	**Preis**
„7x8"	„105"	„50"	„800-7"	„34340300"	„9.10"
„8x10"	„120"	„55"	„800-8"	„34340301"	„9.80"
„11x13"	„135"	„63"	„800-11"	„34340303"	„10.50"
„13x14"	„155"	„70"	„800-13"	„34340305"	„12.00"

Tabelle 2-20: Beispiel Variantenbildung über ein Merkmal

Merkmalsvarianten lassen sich auch über mehrere, variante Merkmale bilden. Im Beispiel läßt sich ein variantes Merkmal für die Materialoberfläche einführen, das angibt, ob die Schlüssel verchromt sind. Auch in diesem Fall ist es möglich, die

Artikelnummer durch Konkatenation der Basisartikelnummer mit merkmalswertabhängigen Erweiterungen zu bilden. Im Beispiel wurde bereits die Artikelnummer um ein Suffix bestehend aus einem Spiegelstrich und der Schlüsselgröße der ersten Öffnung (z.B. „800-7“ für Schlüsselweite „7x8“) erweitert. Das Merkmal Materialoberfläche kann durch Anfügen eines weiteren Zusatzes zur Generierung der Variantenartikelnummer beitragen.

Die Abgrenzung zwischen varianten Merkmalen und potentiell varianten Merkmalen, die dennoch zu eigenen Produkten führen, bestimmt das katalogerstellende Unternehmen selbst, da es auf diese Art und Weise verschiedene Vertriebs- und Anwendungsgesichtspunkte berücksichtigen und gezielt auf Branchen- und Kundenbedürfnisse eingehen kann. Zum Beispiel ist es theoretisch möglich, über ein variantes Merkmal auch den Typ des Schlüssels zu beschreiben; ob es sich also um einen Ring-, Maul- oder um einen kombinierten Ring-Maulschlüssel handelt. In der Praxis wird dieser Weg jedoch nicht beschritten, sondern die Schlüsseltypen werden durch eigenständige Produkte mit jeweiligen Varianten dargestellt. Der Grund liegt darin, daß die Typen sich sowohl hinsichtlich der Produktbeschreibung als auch unter Anwendungsgesichtspunkten bereits so stark unterscheiden, daß die Zusammenfassung zu einem generischen Basisprodukt nicht sinnvoll wäre. Insbesondere würde ein wenig ausdifferenziertes Produktsortiment entstehen. Im Extremfall lassen sich auch stark verschiedenenartige Produkte auf wenige, abstrakte Produkte reduzieren, die über das Instrument der Varianten konkretisiert werden. Über den Einsatz dieses Instruments und seiner Reichweite kann daher nur unternehmensspezifisch entschieden werden. Während in vielen Branchen infolge der Produktdifferenzierung die Variantenzahl sehr hoch ist, muß für derzeitige Kataloge jedoch festgestellt werden, daß der logische Zusammenhang der Varianten sich meistens nur über die Basisartikelnummer und die Produktbezeichnungen ergibt, d.h. in Katalogen ist für je Variante ein einzelnes Produkt enthalten.

Spezifiziert sich ein Produkt über mehr als ein variantes Merkmal, kann das Problem entstehen, daß nicht alle möglichen Merkmalswertkombinationen zu zulässigen Varianten führen. In diesem Fall ist ergänzend ein Mechanismus zur Verfügung zu stellen, welcher entweder die unzulässigen Merkmalswertkombinationen ausschließt oder die zulässigen Merkmalswertkombinationen explizit definiert. Betrachtet man das oben erläuterte Beispiel, wäre es denkbar, daß die nicht-verchromten Schlüssel in weniger Größen als die verchromten Schlüssel erhältlich sind (Tabelle 2-21).

Werte M1 Werte M2	„verchromt“		„nicht-verchromt“	
„7x8“	Artikelnummer:	„800-7“	Artikelnummer:	„800-7 M“
	EAN:	„34340300“	EAN:	„34340310“
	Preis:	„9.10“	Preis:	„9.15“
„8x10“	Artikelnummer:	„800-8“	Artikelnummer:	„800-8 M“
	EAN:	„34340301“	EAN:	„34340311“
	Preis:	„9.80“	Preis:	„9.85“
„11x13“	Artikelnummer:	„800-11“	Artikelnummer:	„800-11 M“
	EAN:	„34340303“	EAN:	„34340313“
	Preis:	„10.50“	Preis:	„10.55“
„13x14“	Artikelnummer:	„800-13“	-	
	EAN:	„34340305“		
	Preis:	„12.00“		

Tabelle 2-21: Beispiel Variantenbildung über zwei Merkmale

Mit der Variantenbildung kann bereits ein gewisser Grad an Produktkomplexität abgebildet werden. Es gibt darüber hinaus jedoch auch solche Produkte, die zum Zeitpunkt der Bestellung nicht durch die Auswahl vordefinierter Merkmalswerte spezifiziert werden. Dieser Fall der Parametrisierung führt in der Regel zu einer nicht-endlichen Anzahl an Varianten. Durch die benutzerseitige Spezifikation bestimmter Produktmerkmale wird so auch die Bestellung „maßgeschneiderter“ Produkte ermöglicht. Dazu zählen zum Beispiel individuell konfektionierte Kabellängen (z.B. 3 Kabel zu je 4 m Länge), Beschriftungen von Schreibgeräten (Gravuren) und strukturierte Texte auf Visitenkarten. Die Eingabe der Merkmalswerte muß gemäß der zuvor definierten Wertebereiche und Datenformate erfolgen, welche je nach Datentyp beliebig detailliert sein können (z.B. Feldlängen, Pattern, Intervalle, Genauigkeiten). Diese Vorgaben sind ebenfalls im Katalog zu übermitteln, damit die Kataloganwendungen zugehörige Eingabemasken generieren, die sicherstellen, daß für die Parameter nur zulässige Werte eingegeben werden können.

2.5.3 Konfigurationsdaten

Bislang sind nur solche Produkte berücksichtigt worden, die durch feste oder variable Merkmale beschrieben werden. Der Grad der kundenseitigen Produktspezifikation ist gering und auf die vorgegebenen Merkmalsvarianten begrenzt. Viele Produkte entstehen jedoch ausgehend von einem gleichen Basisprodukt durch *Auswahl und Spezifikation der Komponenten* (Bauteile, Baugruppen), aus denen sich das Endprodukt zusammensetzt. Diese Komponenten können selbst wiederum auf den kompletten Satz der Beschreibungsmöglichkeiten zurückgreifen, d.h. es kann sich um

Merkmalsvarianten oder um weiter zu konfigurierende Produkte handeln. Es ist dann bei den Komponentenprodukten festzulegen, ob sie nur im Kontext eines übergeordneten Produktes oder auch einzeln bestellt werden können.

Die Bandbreite konfigurierbarer Produkte ist groß und reicht vom Bürostuhl, zu dem eine Armlehne bestellt werden kann, bis hin zu Zulieferteilen, welche erst nach Bestimmung verschiedenster Eigenschaften und Bestandteile komplett spezifiziert sind. Besonders im technischen Handel finden sich zahlreiche, konfigurierbare Produkte (z.B. in der Befestigungs-, Beleuchtungs- und Rohrleitungstechnik). Dabei ist der Übergang von vorkonfigurierten Produkten und solchen Produkten, die durch den Besteller selbstständig zu konfigurieren sind, bis zur kundenspezifischen Auftragsfertigung fließend.

Kennzeichnend für die Produktkonfiguration ist, daß sie über die Produktauswahl und die Wertbestimmung für variante Merkmale hinausgeht und durch Auswählen und Zusammenstellen von Komponenten eine kundenindividuelle Produktspezifikation erlaubt. Die Komponenten stellen dabei die Bestandteile dar, aus denen sich zulässige Zielprodukte zusammensetzen lassen. Das zentrale Instrument für die Abbildung von Produktstrukturen sind Stücklisten, die als gerichtete Graphen die Komponenten und ihre Beziehungen untereinander als Baumstruktur aufzeigen. Die Zerlegung in Komponenten kann sich dabei an verschiedenen Kriterien orientierten, so daß je nach Einsatzzweck verschiedene Stücklisten je Produkt entstehen (z.B. Konstruktions-, Fertigungs- und Vertriebsstückliste).[54] Innerbetrieblich sind vor allem die auftragsbezogenen Fertigungsstücklisten von Bedeutung, da aus ihnen die Reihenfolge der notwendigen Fertigungsschritte und die dazu benötigten Materialeinsatzmengen entnommen werden können. Demgegenüber zeigt eine Stückliste im Vertrieb nicht unbedingt die physische Struktur eines Produktes auf, sondern sie kann sich an der Sichtweise der Kunden bzw. Zielbranchen orientieren, die stärker die Funktions- und Anwendungseigenschaften des zu konfigurierenden Produktes einbezieht. Zudem ist der Aggregationsgrad wesentlich höher, da eine Zerlegung bis in die Elementarbauteile nicht notwendig ist.

Für viele Konfigurationsaufgaben werden seitens der Lieferanten wissensbasierte Systeme verwendet, die aufbauend auf einer Wissensbasis die Konfigurationsprozesse intelligent unterstützen. Intelligent bedeutet, daß über Auswahlentscheidungen

[54] Vgl. Scheer (1998), S. 128f.

auf der Grundlage von hierarchischen Stücklisten hinaus, die oben angedeuteten Funktions- und Anwendungseigenschaften eines Produktes herangezogen werden. Das Konfigurationssystem befragt in einem Dialog den Kunden über das benötigte Produkt und erstellt so schrittweise ein Anforderungsprofil, daß in Verbindung mit der Wissensbasis genutzt wird, um die optimale Zielkonfiguration zu bestimmen. Insgesamt wird versucht, die Beratungs- und Verkaufsdialoge nachzubilden, die ansonsten Verkäufer mit den Kunden führen. Dieser Ansatz, der sich zum Beispiel über Fragenetzen realisieren läßt, ist nicht beschränkt auf konfigurierbare Produkte und wird auch für die intelligente Vertriebsunterstützung anderer Produkte eingesetzt.[55]

Die Gestaltung und Pflege der Wissensbasis erfordert spezialisierte Methoden und Informationssysteme. Zentral ist hier die Art und Weise der Wissensrepräsentation. Für die Zwecke der Konfiguration lassen sich drei Ansätze unterscheiden.[56] Im regelbasierten Ansatz wird das Produktwissen über Wenn-dann-Regeln beschrieben. Der fallbasierte Ansatz baut eine Fallbibliothek mit zulässigen Konfigurationsfällen auf, die zur Laufzeit um die erfolgreichen Konfigurationsprozesse erweitert werden kann. Die größte Nähe zum Stücklistenkonzept weist die Gruppe der modellbasierten Ansätze auf, die ebenfalls die Produktstruktur durch formale Modelle beschreiben und Integritätsbedingungen hinzufügen.[57]

Unabhängig von der Art und Weise der Wissensbasis und dem Grad der Vertriebsunterstützung durch intelligente Methoden ist es in allen Fällen notwendig, die Produktstruktur in Anlehnung an das Stücklistenkonzept zu erfassen.[58] Jeder Konfigurationsprozeß unterliegt gewissen, zu definierenden Regeln. Stücklisten sind gerichtete, bewertete Graphen zwischen Komponenten. Während die Knoten (Komponenten) auf die gesamte Menge der Beschreibungsinstrumente der Katalogdaten (z.B. Produkt-, Bestell-, Logistik-Preis-, und Strukturdaten) zurückgreifen können, definieren die Kanten die Art der Beziehung zwischen den unter- und übergeordneten Komponenten. Die Definition umfaßt die Angabe der Kardinalität, d.h. ob es sich um eine Muß- oder Kann-Beziehung handelt und in welcher Wertigkeit die Beziehung auftreten kann (Unter- und Obergrenze).

---

[55] Zum Einsatz von Fragenetzen im Vertrieb von fixen und parametrisierbaren Produkten vgl. Rosewitz / Timm (1998), S. 21ff.

[56] Vgl. Sabin / Weigel (1998), S. 42ff., und Tank (1993), S. 7ff.

[57] Vgl. z.B. Felfering / Friedrich / Jannach (2001), S. 165ff., und Schwarze / Schönsleben (1996), o.S.

[58] Vgl. Hahn (2003), S. 29ff.

Analog zu den Abhängigkeiten zwischen Merkmalsbelegungen bei parametrisierbaren Produkten, die sich dort zum Beispiel an der Einschränkung des zulässigen Variantenraumes zeigt, kann die Auswahl einer Komponente Auswirkungen auf die noch zu treffenden Entscheidungen hinsichtlich anderer Komponenten oder sogar der Werte anderer Merkmale haben. Diese Beziehungen können sehr komplex werden, so daß sie ein variables Regel- und Bedingungskonzept erfordern, mit dem sich Integritätsbedingungen und Wechselwirkungen formulieren lassen.

Der Konfigurationsprozeß sollte zu einer zulässigen Konfiguration führen, die – falls möglich und beabsichtigt – zum Zeitpunkt der Konfiguration mit einem konfigurationsspezifischen Preis zu versehen ist. Dies erfordert die Berücksichtigung der Preisabhängigkeiten innerhalb der Strukturdaten und damit in den Stücklisten. Neben der separaten Preisspezifikation (definierter Preis je Konfiguration) ist in der Praxis häufig auch ein differenziertes System aus Zu- und Abschlägen zu einem Basispreis zu finden. In diesem Fall berechnet sich der Preis dynamisch aus den gewählten Komponenten und den Merkmalsbelegungen. Diese Preisinformationen sind in die Stücklisten aufzunehmen.

Schließlich muß jede erstellte Konfiguration eindeutig identifizierbar sein, da die Konfigurationsdaten auf der Lieferantenseite für die Auftragsabwicklung und Fertigung und auf der Kundenseite für die Bestellverfolgung und die Beschaffungslogistik benötigt werden. Dazu bieten sich theoretisch zwei Lösungswege an. Im ersten Weg werden alle Daten, die die erstellte Konfiguration beschreiben, weitergegeben und zum Beispiel in den Bestelltext eingefügt. Die Alternative besteht darin, einen Konfigurationscode zu erzeugen, der sowohl die Konfiguration identifiziert als auch die Rekonstruktion der vollständigen Konfigurationsdaten ermöglicht.

2.6 Charakteristika von Katalogdaten

Katalogdaten weisen eine Reihe von Eigenschaften auf, die insgesamt zu hohen Anforderungen an das Datenmanagement und die es unterstützenden Informationssysteme führen. Diese Charakteristika beziehen sich vor allem auf die inner- und zwischenbetriebliche Verwendung der Katalogdaten. Die Systematisierung der Eigenschaften wird auf einige bereits zuvor beschriebene Aspekte zurückgreifen und weitere hinzufügen.

2.6.1 Zwischenbetriebliche Verwendung

Im Gegensatz zu den meisten anderen, in betrieblichen Informationssystemen verwalteten Daten werden Katalogdaten ihrer Bestimmung nach zwischen Unternehmen ausgetauscht. Anders als Daten der Buchhaltung, des Controllings oder des Vertriebs verbleiben Katalogdaten damit nicht innerhalb der Unternehmensgrenzen, sondern werden Dritten bereitgestellt und durch diese genutzt. Die Nutzung erfolgt sowohl für operative Aufgaben, also für elektronische Beschaffungs- und Verkaufsprozesse, als auch für strategische Aufgaben wie den katalogbasierten Produkt- und Lieferantenvergleich. Im Vordergrund der zwischenbetrieblichen Verwendung steht nicht, ob und wie Katalogdaten in elektronischer Form zwischen zwei Unternehmen ausgetauscht werden, sondern für welche Zwecke Katalogdaten genutzt werden. Eine Nutzung liegt auch dann vor, wenn traditionelle Papierkataloge, CD-ROM-Kataloge und in Eigenregie betriebene, lieferantenseitige Kataloganwendungen durch Dritte für die Auslösung von Bestelltransaktionen benutzt werden.

Insgesamt stellen Katalogdaten eine wichtige Ressource dar, die zur Unterstützung von Geschäftsprozessen verwendet werden.[59] Werden Katalogdaten zwischen zwei Unternehmen so ausgetauscht, daß das empfangende Unternehmen die Katalogdaten weiterverarbeiten kann, dann schließt die Weiterverarbeitung nicht nur die Übernahme in Informationssysteme, sondern auch Datenänderungen ein. Die zu übertragenden Katalogdaten müssen zunächst durch den Katalogersteller gemäß des logischen Katalogzusammenhanges und den Anforderungen des Katalogempfängers in die Syntax des Übertragungsformates überführt werden. Die empfangenen Katalogdaten unterliegen anschließend dem Handlungsbereich des Empfängers und können folglich durch diesen in Inhalt, Darstellung und Umfang verändert werden.

Festzuhalten bleibt, daß Katalogdaten entlang des innerbetrieblichen Wertschöpfungsprozesses des herstellenden Unternehmens entstehen und im Zuge des zwischenbetrieblichen Datenaustausches über mehrere Unternehmen hinweg Veränderungen unterliegen können.

[59] Vgl. Aberdeen Group (2001), S. 4.

2.6.2 Multi-Abhängigkeit

Wenn von *den* Katalogdaten gesprochen wird, muß berücksichtigt werden, daß es sich nicht nur um die Daten eines Produktkataloges handelt. Vielmehr stellen Katalogdaten in ihrer Gesamtheit die Datenmenge dar, aus der Kataloge erstellt werden können. Die Erstellung von spezifischen Katalogen verweist auf ein wichtiges Charakteristikum: Jeder Katalog besitzt eine Gültigkeit, die durch eine Reihe von Parametern festgelegt wird. Gemäß dieser Multi-Abhängigkeit kann jeder erstellter Katalog durch ein Tupel der Bestimmungsparameter beschrieben werden. Die wichtigsten Parameter sind der Kunde, der Gültigkeitszeitraum, die Währung der Preise und die Sprache der sprachabhängigen Daten. Zusätzlich kann die räumliche Gültigkeit eingeschränkt werden, indem ein oder mehrere Verfügbarkeitsgebiete angegeben werden.

Die Multi-Abhängigkeit findet vor allem im Rahmen der Katalogmetadaten bei der Spezifikation des logischen Zusammenhanges der Kataloge und bei der Gültigkeit von Preisdaten Verwendung.[60] Darüber hinaus ist zu berücksichtigen, daß auch Multi-Supplier-Kataloge, also Kataloge mit Produkten mehrerer Lieferanten, und ebenso Multi-Buyer-Kataloge, die kundenspezifische Daten für mehrere Kunden enthalten, eingesetzt werden. Das heißt, daß der Parameter Kunde mehrwertig ist und ein weiterer, mehrwertiger Parameter Lieferant hinzugefügt wird.

Der zentrale Bestimmungsfaktor spezifischer Kataloge ist der Kunde, also der Katalogempfänger. Diese Abhängigkeit bezieht sich sowohl auf die Syntax als auch auf die Semantik der Daten.[61] In der Regel gibt der Kunde Datenaustauschformat und die geforderten Dateninhalte vor. Hinsichtlich der Dateninhalte können die Anforderungen eingeteilt werden in solche, die sich auf die Übertragung kundenspezifischer Daten (z.B. Preise, Artikelbezeichnungen und -nummern, Klassifikation) beziehen, und jene, die ansonsten fakultative Inhalte zu obligatorischen Inhalten erklären (z.B. Schlagworte, Produktabbildungen, Gefahrgutklassifizierung).

---

[60] Vgl. Kapitel 2.2 und 2.4.4.

[61] Vgl. Stonebraker / Hellerstein (2001), S. 555.

2.6.3 Strukturelle Komplexität

Wie in den vorherigen Abschnitten dargelegt zählen zu den Katalogdaten nicht nur die unmittelbar die Produkte beschreibenden Daten (z.B. Identifikation, Bezeichnungen, Merkmale), vielmehr handelt es sich bei Katalogdaten um ein System von hoher Komplexität. Dieses System besteht aus Katalogmeta-, Katalogstruktur, Produkt- und Produktstrukturdaten, die jeweils in sich durch zum Teil umfangreiche Datenmodelle abgebildet werden müssen. Im Vergleich zu anderen, zwischenbetrieblich auszutauschenden Geschäftsdaten (z.B. Auftragsdaten) ist die strukturelle Komplexität von Katalogdaten deutlich höher.

Der Begriff strukturelle Komplexität betont hier einerseits den Umfang der Katalogdaten und andererseits die inhaltlichen Abhängigkeiten zwischen den Katalogdaten. Der Umfang läßt sich quantifizieren durch die Anzahl der Datenelemente und Beziehungen zwischen den Datenelementen. Zur Übertragung von Katalogen sind im Vergleich zu anderen Geschäftsdaten wie Bestellungen, Lieferscheine oder Rechnungen komplexere Formate nötig. Diese Komplexität muß durch die katalogdatenverarbeitenden Informationssysteme beherrscht werden. Insbesondere kann die Multi-Abhängigkeit zu einer hohen Anzahl spezifischer Kataloge. Auch können sich die kundenseitigen Anforderungen auf nahezu alle Datenbereiche erstrecken. Eine konsistente und redundanzfreie Katalogdatenverwaltung erfordert daher aufwendige Katalogdatenmodelle.

Jeder spezifische Katalog zeichnet sich durch seine strukturelle Komplexität aus. Diese wird sichtbar, wenn vereinfacht die beiden Extrempunkte eines minimalen und maximalen Kataloges betrachtet werden. Der minimale Katalog ist hier ein Lieferantenkatalog für einen Kunden. Dessen Inhalte sind minimal, d.h. es sind zum Beispiel keine Produktabbildungen, kundenspezifische Preise oder Artikelreferenzen enthalten. Die Gültigkeit ist beschränkt auf ein Gebiet und einen Zeitraum. Demgegenüber nutzt der maximale Katalog das Instrument der Katalogspezifikation am weitesten, um eine Vielzahl von Kundenanforderungen zu erfüllen. Zum Beispiel werden Produkte klassifiziert und mit standardisierten Merkmalen beschrieben. Eine Gegenüberstellung minimaler und maximaler Kataloge zeigt die Tabelle 2-22. Zwischen den beiden Extrempunkten liegt ein Kontinuum von Katalogen, die sich in ihrer Komplexität unterscheiden.

Katalogdaten	Katalog	Minimaler Katalog	Maximaler Katalog
Katalog-spezifikation	**Lieferanten**	Ein Lieferant	Mehrere Lieferanten
	Kunden	Mehrere Kunden	Mehrere Kunden
	Währungen	Eine Währung	Mehrere Währungen
	Gebiet	Ein Gebiet	Mehrere Gebiete
	Sprache	Eine Sprache	Mehrere Sprachen
	Zeitraum	Ein Zeitraum	Mehrere Zeiträume
Katalog-inhalte	**Kataloggruppen-system**	Kein Kataloggruppensystem	Ein / mehrere Kataloggruppensysteme
	Klassifikations-system	Kein Klassifikationssystem	Ein / mehrere Klassifikationssysteme
	Klassifizierung	Keine Klassifizierung	Klassifizierung mit Merkmalen
	Preisdaten	Listenpreise	Kundenspezifische Preise
	Produktabbildungen	Keine Produktabbildungen	Produktabbildungen
	Artikelreferenzen	Keine Artikelreferenzen	Artikelreferenzen
	Varianten	Keine Produktvarianten	Produktvarianten
	Konfigurationen	Keine Konfigurationen	Konfigurationen

Tabelle 2-22: Strukturelle Komplexität minimaler und maximaler Kataloge

2.6.4 Ontologien

Wenn Katalogdaten von einem Unternehmen zu einem anderen Unternehmen übertragen werden, dann sind sie Gegenstand eines Kommunikationsprozesses. Bei jeder Kommunikation ist es erforderlich, daß die zwischen den Beteiligten übermittelten Nachrichten vom Gegenüber verstanden werden. Zur Verständigung gehört jedoch nicht nur, daß die Nachrichten syntaktisch korrekt sind, sondern auch ihrem Bedeutungsgehalt nach richtig interpretiert werden. Übertragen auf Katalogdaten heißt dies zum Beispiel, daß der Katalognutzer die Produktbeschreibung so versteht, daß dieser das Produkt hinsichtlich seiner Eigenschaften bewerten, die Produkteignung für seinen Bedarfsfall bestimmen und sie gegebenenfalls mit der von alternativen Produkten vergleichen kann.

Die beschriebene Aufgabe, über eine Anwendungsdomäne (Produkte) zwischen mehreren Beteiligten (Unternehmen) eine gemeinsame, akzeptierte Verständigung zu erreichen, wird durch die Entwicklung und den Einsatz von Ontologien erreicht. Eine Ontologie ist die formale Spezifikation einer Konzeptionalisierung, die Begriffe und Begriffszusammenhänge einer Domäne beschreibt. Ontologien werden in zahlreichen Anwendungsbereichen eingesetzt (z.B. Wissensmanagement, E-Learning) und gewinnen in der inner- und zwischenbetrieblichen Kommunikation ebenfalls an Bedeutung.[62]

Während einige Autoren den Ontologiebegriff recht weit auslegen und bereits allgemein verständliche Produktkataloge als solche ansehen[63], werden hier nur Produktklassifikationssysteme als Ontologien aufgefaßt. Ein Klassifikationssystem definiert – wie in Kapitel 2.3.2 erläutert – eine Klassenstruktur zur Einteilung von Produkten und über Merkmalsleisten die beschreibenden Merkmale. Die strukturellen Anforderungen an eine Ontologie werden erfüllt, da einerseits mit den Klassen- und Merkmalsbezeichnungen sowie Schlagworten jeweils Mengen der zu verwendenden Begriffe gebildet und andererseits die Begriffe in Beziehung gesetzt werden (Zuordnung von Merkmalen und Schlagworten zu Klassen, hierarchische Anordnung der Klassen). Die Formalisierung einer Ontologie geschieht durch den Einsatz einer formalen Sprache. Es können Prädikatenlogiken, objektorientierte, datenorientierte und dokumentenorientierte Sprachen eingesetzt werden.[64] Sie lassen sich auch zur Spezifikation von Klassifikationssystemen nutzen.[65]

Zu differenzieren sind betrieblich definierte, proprietäre Klassifikationssysteme und standardisierte Systeme (Standardklassifikationssysteme). Während die zuerst genannten Systeme das innerbetriebliche Ziele verfolgen, eine gemeinsame Begriffsbildung über die Produkte und eine einheitliche Beschreibung dieser zu erreichen, adressieren Standardklassifikationssysteme alle relevanten Unternehmen, die mit Produkten der definierten Produktklassen in Beschaffung oder Vertrieb umgehen. Alle beteiligten Unternehmen müssen in der Lage sein, betreffende Katalogprodukte korrekt zu klassifizieren. Daher sind die Ontologien sowohl technisch als auch inhaltlich zu verarbeiten. Alle Produkte sind anschließend zu klassifizieren und mit den klassenspezifischen Merkmalen zu beschreiben. Da die Standardklassifikationssysteme durch Dritte entwickelt und gepflegt werden, liegen sie nicht im Einfluß- und Gestaltungsbereich einzelner Unternehmen. Änderungen und Erweiterungen der Klassifikationssysteme sind durch die die anwendenden Unternehmen nachzuvollziehen. Insgesamt schränken die Ontologien für Katalogdaten den Handlungsspielraum

---

[62] Einführend vgl. Mädche / Staab / Studer (2001), S. 393f. Zum Ontologiebegriff ausführlich vgl. Zelewski / Schütte / Siedentopf (2001), S. 183ff.

[63] „Building consensual and reusable product catalogs is nothing more than building an ontology for a certain domain."; Fensel (2001), S. 8.

[64] Zu einem Überblick vgl. z.B. Fensel (2000), S. 111ff.

[65] Vgl. z.B. Klein (2002a), S. 1ff.

jedes einzelnen Unternehmens hinsichtlich der Katalogstrukturierung und Produktbeschreibung ein.

2.6.5 Datenvolumen

Katalogdaten unterscheiden sich bezüglich des Datenvolumens von anderen, auszutauschenden Geschäftsdaten. Um das Datenvolumen quantitativ zu erfassen, kann ein vereinfachtes Modell erstellt werden, welches die wesentlichen Bestimmungsfaktoren abbildet. Das Volumen der Katalogdaten wird innerbetrieblich durch drei Faktoren beeinflußt.

Der am stärksten unternehmensspezifische Faktor ist die Anzahl der im Katalog enthaltenen Produkte. Sie kann von sehr wenigen Produkten bis zu mehreren Hunderttausend Produkten reichen. Im Zuge der Aggregation von Einzelkatalogen zu Multi-Supplier-Katalogen sind noch umfangreichere Kataloge bekannt (z.B. für elektronische Bauteile, Literaturtitel). Jedes Produkt wird durch Datenelemente beschrieben, deren Anzahl jedoch nicht für alle Produkte gleich ist, da einzelne Produkte durch mehr Elemente beschrieben werden können als andere Produkte. Daher ist als Faktor die durchschnittliche Anzahl der Datenelemente je Produkt heranzuziehen. Die Katalogdateninhalte, also die Werte der Datenelemente je Produkt, stellen den dritten Faktor dar. Auch hier kann nur über die durchschnittliche Größe je Datenelement eine proportionale Abhängigkeit zur Anzahl der Produkte hergestellt werden. Die Größe ist je nach Datentyp sehr unterschiedlich. Diese reichen von binären Typen über variable Zeichenketten bis zu Multimediaobjekten, deren Größe in der Regel nur kontextabhängig oder durch technische Restriktionen beschränkt wird. Die gemäß dem Datentyp maximal zulässige Größe eines Wertes wird je Produkt wiederum unterschiedlich weit ausgenutzt.

Unter Verwendung des beschriebenen Modells kann das Volumen von Katalogdaten abgeschätzt werden. Das Modell vernachlässigt aus Vereinfachungsgründen jedoch jene Katalogdaten, die nicht von der Anzahl der Produkte abhängen (z.B. Produktordnungssysteme). In der Tabelle 2-23 wird das Datenvolumen von zwei Katalogen berechnet. Der Katalog 1 enthält wenige Produkte, die nicht durch Multimediaobjekte beschrieben werden, d.h. die durchschnittliche Größe der Datenelemente ist gering (40 Byte). Der Katalog 2 dagegen umfaßt um den Faktor 1000 mehr Produkte, die durch mehr Datenelemente beschrieben werden. In der Folge ist das Datenvolumen mit ca. 305 MByte bereits mehr als 4.000 mal so groß als das von Katalog 1.

	Katalog 1	Katalog 2
Faktor 1: Anzahl Produkte	100	100.000
Faktor 2: Durchschnittliche Anzahl Datenelemente je Produkt	20	40
= Anzahl Datenelemente	2.000	4.000.000
Faktor 3: Durchschnittliche Größe je Datenelement [Byte]	40	80
= Datenvolumen [Byte]	80.000	320.000.000
= Datenvolumen [MByte]	~0,076	~305

Tabelle 2-23: Vereinfachte Berechnung des Datenvolumens von Katalogen

Es wird ersichtlich, daß umfangreiche Kataloge sehr schnell ein hohes Datenvolumen erreichen. Mehr noch als für die betriebliche Datenverwaltung ist diese Eigenschaft von Katalogdaten für den Übertragungsprozeß von Bedeutung. Je nach Übertragungsformat erhöht sich das Datenvolumen, da die Datenelemente bei der Übertragung als solche zu kennzeichnen und zu strukturieren sind. Insbesondere führen XML-basierte Formate durch die Auszeichnung aller Datenelemente zu einer relevanten Erhöhung des Datenvolumens.[66]

Die Betrachtung des Datenvolumens von Katalogdokumenten macht auf die Tatsache aufmerksam, daß es sich bei Katalogdaten vorwiegend um Stammdaten handelt, die nicht unmittelbar in Beziehung zu Geschäftstransaktionen stehen. Das Datenvolumen ist wesentlich höher als jenes von Transaktionsdaten. Stammdaten zeichnen sich dadurch aus, daß sie sich im Zeitablauf nicht oder nur selten ändern. Daher sind Katalogdaten weniger häufig an Dritte zu übertragen. Auch sind die Anforderungen an die Übertragungsdauer weniger hoch. Katalogdaten sind keine zeitkritischen Daten. Bestimmte Katalogdaten ändern sich im Zeitablauf häufiger oder können nur zeitabhängig ermittelt werden (z.B. Tagespreise, Planlieferzeiten). Um diese Änderungen den Katalognutzern mitzuteilen bzw. diesen die Möglichkeit zu geben, bestimmte Daten bei Bedarf anzufordern, werden Katalogaktualisierungen (Reduzierung des Datenvolumens auf das notwendige Minimum) und Kataloganforderungen (Aufforderung, einen Katalog oder eine Katalogaktualisierung zu übertragen) eingesetzt,

[66] Zu XML-basierten Datenaustauschformaten vgl. Kapitel 3.1.3.

3 Untersuchung von Formaten für den Katalogdatenaustausch

Charakteristisch für Katalogdaten ist, daß sie nicht in den Grenzen eines Unternehmens verbleiben, sondern anderen Unternehmen zur Weiterverarbeitung in elektronischer Form zur Verfügung gestellt werden. Der Austausch der Katalogdaten erfolgt dabei auf der Grundlage definierter Datenformate. Angesichts der Bedeutung des Katalogdatenaustausches ist Wissen über die Datenformate, die verfügbaren Standards und deren Eignung nötig.

Zunächst werden grundsätzliche Arten von Formaten für Katalogdatenaustausch betrachtet (Kapitel 3.1). Allerdings wird der Katalogdatenaustausch nicht isoliert von anderen Einsatzfeldern des zwischenbetrieblichen Datenaustausches, sondern als Teil dessen gesehen. Aus diesem Grund wird die Standardisierung von Katalogaustauschformaten in den Kontext der übergeordneten E-Business-Standardisierung eingeordnet (Kapitel 3.2). Auf dieser Basis lassen sich Kriterien zur Beschreibung von Katalogstandards entwickeln, die anschließend auf ausgewählte Katalogstandards angewendet werden können. Somit läßt sich der State-of-the-Art erfassen und bewerten (Kapitel 3.3 bis 3.5).

3.1 Grundlegende Formate

Beim Austausch von Katalogdaten zwischen Unternehmen nimmt das *Katalogdokument* eine zentrale Rolle ein. Im Unterschied zur Beschreibung von Katalogdaten durch konzeptionelle Schemata, wie sie für den Entwurf und die Entwicklung von katalogdatenverarbeitenden Infomationssystemen herangezogen werden, handelt es sich bei dem Katalogdokument um eine Serialisierung der Katalogdaten. Die Serialisierung ist eine definierte Anordnung der Datenelemente und Datenwerte einer Datenstruktur.

Durch die Serialisierung wird erreicht, daß die Daten auf Speichermedien gesichert und auf sie zugegriffen werden kann. Die Serialisierung steht daher in enger Beziehung zu dem Begriff Datenformat. Unter einem Datenformat wird die Art und Weise verstanden, wie Daten darzustellen sind. Es definiert sowohl die Anordnung der Datenelemente und -werte (Serialisierung) als auch die Kodierung der Werte gemäß

Datentypen und Zeichensätzen.[67] Im Fall von Katalogdokumenten spricht man auch von Katalogformaten. Ein Katalogformat definiert die Art und Weise, wie Katalogdaten in einem Katalogdokument zu serialisieren und zu kodieren sind. Katalogdokumente werden als Dateien auf Speichermedien gesichert und durch Nutzung von Übertragungsmedien übertragen.

Allgemein lassen sich die Datenformate des zwischenbetrieblichen Datenaustausches und damit auch die Katalogformate hinsichtlich ihrer Serialisierung und Formatstruktur in die vier Gruppen CSV-, EDI-, XML- und Sonstige Formate einteilen.

3.1.1 CSV-Formate

In CSV-Formaten werden die Datenwerte eines Datenelementes von den Werten anderer Datenelemente durch ein definiertes Trennzeichen abgegrenzt. CSV ist eine Abkürzung für *comma separated values*. Die entsprechenden CSV-Dateien (Dokumente) enthalten identisch strukturierte Datensätze in einer Listen- oder Tabellenstruktur. Als Trennzeichen wird üblicherweise das Semikolon eingesetzt. Die formale Spezifikation der Struktur erfolgt zu Beginn jeder CSV-Datei durch die Angabe der Datenelementbezeichner in der Reihenfolge ihres Auftretens. Aufgrund der tabellarischen Datenstruktur, die identisch strukturierte Datensätze auflistet, ist die Abbildung von anders strukturierten Daten und insbesondere von Beziehungen zwischen Daten nicht unmittelbar möglich. Gleiches gilt für die tabellarischen Datenformate, bei denen die Datenwerte nicht durch ein Trennzeichen separiert, sondern direkt in Spalten fester Breite angeordnet werden. Sie werden aufgrund ihrer ansonsten ähnlichen Struktur hier zu den CSV-Formaten gezählt.

CSV-Dateien können als Serialisierung *einer* Tabelle eines relationalen Datenbanksystems bzw. einer Relation eines relationalen Schemas angesehen werden. Die einzige Anforderung liegt darin, daß die Relation der ersten Normalform entspricht, sie also keine mehrwertigen Attribute aufweist. Dadurch sind die Möglichkeiten, komplexe Datenstrukturen abzubilden, sehr eingeschränkt. Daher ist es erforderlich, die strukturelle Komplexität der Katalogdaten, die sich unter anderem an einer hohen Anzahl von 1:N-Beziehungen zeigt, in eine CSV-konforme Struktur zu überführen. Dazu lassen sich drei verschiedene Wege beschreiten, die nachfolgend am Beispiel der beiden 1:N-Beziehungen zwischen Artikeln und Merkmalen demonstriert werden.

---

[67] Vgl. Hansen / Neumann (2001), S. 1042.

Wenn davon ausgegangen wird, daß Merkmale artikelunabhängig durch eine eigene Relation abzubilden sind, dann wird das der Abbildung 3-1 zugrundeliegende, relationale Schema mit den drei Relationen Artikel, Artikelmerkmale und Merkmale benötigt, die hier mit Beispieldaten zu zwei Artikeln versehen sind. Bei einer direkten Serialisierung entstehen drei CSV-Dateien, deren Datensätze durch die Fremdschlüsselattribute miteinander verbunden sind. Der Dateiaufbau entspricht dabei genau der Struktur der drei Relationen.

A_ID	A_Bezeichnung
100	Ringschlüssel 8x10
200	Schraubendreher S

A_ID	M_ID	Wert
100	2000	45
100	3000	120
100	4000	8
100	4001	10
200	2000	40
200	3000	90
200	5000	DIN EN 60900

M_ID	M_Bezeichnung
2000	Gewicht [g]
3000	Länge [mm]
4000	Schlüsselweite 1
4001	Schlüsselweite 2
5000	Griff, Isolierung

Abbildung 3-1: Relationen Artikel, Artikelmerkmale und Merkmale

Alternativ lassen sich die 1:N-Beziehungen auflösen, um schließlich nur eine CSV-Datei zu erzeugen. Die erste Alternative bietet sich dann an, wenn die Anzahl der in Beziehung stehenden Datensätze (rechte Beziehungsseite) je Datensatz (linke Beziehungsseite) sehr gering oder per Definition beschränkt ist. Im Beispiel könnte dies heißen, daß zu jedem Artikel maximal vier Merkmale gehören. Dann kann die CSV-Struktur um die in Beziehung stehenden Datenelemente erweitert werden, indem diese entweder in einer beliebigen oder festen Anzahl angefügt werden. Die Anfügung wird durch ein numerisches Suffix je Datenelement kenntlich gemacht, da die Elemente weiterhin eindeutig bezeichnet sein müssen (z.B. M_ID1, M_Bezeichnung1, Wert1, M_ID2, M_Bezeichnung2, Wert2, ...). Bei Bedarf können die Datenelemente im Zielformat auch neu bezeichnet (hier: Merkmal statt M_Bezeichnung) und nicht benötigte Datenelemente entfernt werden (hier: M_ID, siehe Abbildung 3-2). Im Ergebnis werden die 1:N-Beziehungen in eine flache Datenstruktur umgewandelt. Bei der Verarbeitung solcher CSV-Dateien kann unter Kenntnis der zugrundeliegenden Transformation auf die Beziehung geschlossen und die ursprüngliche Datenstruktur rekonstruiert werden.

A_ID	A_Bezeichnung	Merkmal1	Wert1	Merkmal2	Wert2	Merkmal3	Wert3	Merkmal4	Wert4
100	Ringschlüssel 8x10	Gewicht [g]	45	Länge [mm]	120	Schlüsselweite 1	8	Schlüsselweite 2	10
200	Schraubendreher S	Gewicht [g]	40	Länge [mm]	90	Griff, Isolierung	DIN EN 60900		

Abbildung 3-2: Flache Datenstruktur durch Anfügung

Die zweite Alternative überführt 1:N-Beziehungen ebenfalls in eine flache Struktur. Die referenzierten Datenelemente werden jedoch nicht N-mal der Struktur hinzugefügt, sondern durch zusätzliche Datensätze abgebildet. Dieses Vorgehen entspricht im relationalen Datenmodell der Verbundoperation. Ein Vorteil liegt darin, daß die Anzahl der Datenelemente, also die Spaltenanzahl der CSV-Datei, minimal und nicht abhängig von der Anzahl der referenzierten Datensätze ist. Die mit diesem Verfahren erzeugten CSV-Dateien enthalten unterschiedlich zu interpretierende Datensätze gleicher Struktur. Im Beispiel wird für jeden Artikel, für jedes Merkmal und für jedes Artikelmerkmal jeweils ein Datensatz erzeugt. Um die Interpretation der verschiedenen Datensätze zu erleichtern, bietet es sich an, eine numerische Datensatztypisierung voranzustellen. Charakteristisch für eine Verbundoperation ist, daß sie zu nicht redundanzfreien Datenmengen führt, da alle Datenelemente und -werte der linken Beziehungsseite auch den Datensätzen der rechten Beziehungsseite hinzugefügt werden. Die Abbildung 3-3 verdeutlicht dies. In dieser sind die redundanten Daten durch Schattierung gekennzeichnet. In der Praxis werden diese teilweise oder vollständig weggelassen werden, ohne die Struktur der CSV-Datei zu verändern.

Typ	A_ID	A_Bezeichnung	M_ID	M_Bezeichnung	Wert
1	100	Ringschlüssel 8x10			
1	200	Schraubendreher S			
2	100	Ringschlüssel 8x10	2000	Gewicht [g]	45
2	100	Ringschlüssel 8x10	3000	Länge [mm]	120
2	100	Ringschlüssel 8x10	4000	Schlüsselweite 1	8
2	100	Ringschlüssel 8x10	4001	Schlüsselweite 2	10
2	200	Schraubendreher S	2000	Gewicht [g]	40
2	200	Schraubendreher S	3000	Länge [mm]	90
2	200	Schraubendreher S	5000	Griff, Isolierung	DIN EN 60900
3			2000	Gewicht [g]	
3			3000	Länge [mm]	
3			4000	Schlüsselweite 1	
3			4001	Schlüsselweite 2	
3			5000	Griff, Isolierung	

Abbildung 3-3: Flache Datenstruktur durch Datensatztypisierung

3.1.2 EDI-Formate

EDI-Formate zeichnen sich durch zwei Eigenschaften aus. Erstens ist mit dem Begriff EDI (Electronic Data Interchange) nicht jeglicher elektronischer Datenaustausch gemeint, da das Akronym EDI in unmittelbarer Beziehung zu frühen Bestrebungen steht, den Geschäftsdatenaustausches zu standardisieren. Mit den zugehörigen EDI-Standards ist seit Ende der 1970er Jahre eine Vielzahl von Standards entstanden, die national oder international in einzelnen Branchen oder branchenübergreifend eingesetzt werden. Eine besondere Rolle nimmt der UN/EDIFACT-Standard ein (EDI for Administration, Commerce and Transportation), der auf internationaler Ebene einen Rahmen für EDI-Standards darstellt. Insbesondere sind ausgehend von UN/EDIFACT zahlreiche Spezialisierungen in Form von EDI-Subsets entstanden (z.B. EANCOM im Handel).[68] Das zweite Charakteristikum bezieht sich auf die EDI-Formatstruktur bzw. den Aufbau der entsprechenden EDI-Dokumente, die mit EDI-Nachrichten bezeichnet werden.

EDI-Nachrichten sind in der Lage, auch sehr komplexe Daten in einer einzigen Datei zusammenzufassen. Dazu werden unterschiedlich strukturierte Datensätze durch definierte Trennzeichen voneinander abgegrenzt. Innerhalb der Datensätze sind die Datenelemente ebenfalls durch Trennzeichen separiert. Den Ausschnitt aus einer Bestellnachricht gemäß EDIFACT zeigt die Abbildung 3-4. Sie verdeutlicht, daß in EDI-Formaten die Datenelemente explizit, jedoch wenig selbsterklärend ausgezeichnet werden. Im Beispiel steht NAD in der fünften Zeile für die Adreßdaten, es folgt eine Bestellposition (LIN) sowie die Mengenangabe (QTY). Zu Beginn der Nachricht werden unter anderem die Kommunikationspartner angegeben (UNOB) und der Nachrichtentyp bestimmt (UNH, hier: ORDERS in der Version 96A, die durch die UN definiert ist.).

```
UNB+UNOB:3+Senderadresse+Empfängeradresse+000211:1330+1234567'
UNH+1+ORDERS:D:96A:UN'
BGM+220+EA1717+9'
DTM+137:20000215:103'
NAD+BY+++Käufername+Strasse+Stadt++23436+xx'
LIN+1++Produkt:SA'
QTY+39:150'
UNS+S'
CNT+2:1'
UNT+9+1'
UNZ+1+1234567'
```

Abbildung 3-4: Beispiel EDIFACT-Bestellung

[68] Vgl. CCG (2001).

Die Erzeugung und Verarbeitung von EDI-Nachrichten erfordert Wissen über die Formatdefinition und die Semantik der Datenelemente. Dazu wird von den EDI-Standards eine semi-formale Spezifikation bereitgestellt, die sich primär an Entwickler und Programmierer richtet. Der hierarchische Nachrichtenaufbau, der durch die Anordnung von unterschiedlich strukturierten Datensätzen entsteht, wird durch ein Nachrichtenstrukturdiagramm beschrieben. Mit diesem Diagramm werden die Formathierarchie, die Trennzeichen und die Kardinalitäten der Datenelemente überblicksartig definiert. Das in der Abbildung 3-5 enthaltene Diagramm gehört zu dem EDIFACT-Subset EDIDATA und stellt den Aufbau des Nachrichtentyps PRICAT (Artikelpreise und Konditionen) dar, der in der deutschen Sanitär-, Heizungs- und Klimabranche eingesetzt wird. Die Kardinalitäten sind durch C (conditional) bzw. K (konditional) oder M (mandatory) angegeben. Hinzu kommt die maximale Anzahl der Vorkommen, zum Beispiel 10 für das Element QTY (Quantity). Darauf aufbauend erläutert eine Nachrichtenstrukturbeschreibung die Datenelemente hinsichtlich ihrer Bedeutung und Wertkodierung.

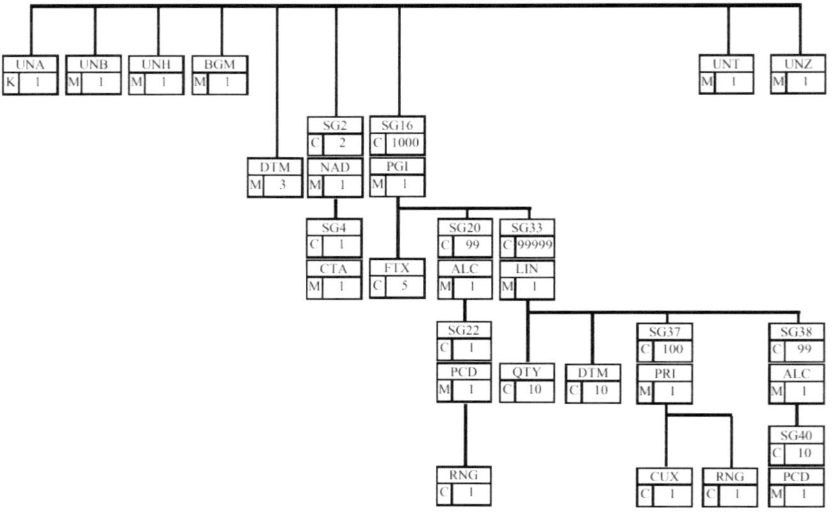

Abbildung 3-5: Nachrichtenstrukturdiagramm EDIDATA PRICAT[69]

[69] ITEK e.V. (2000), S. 5.

3.1.3 XML-Formate

Die Extensible Markup Language (XML) ist ein universelles Datenformat für strukturierte Dokumente und Daten.[70] XML stellt eine Metasprache dar, mit der beliebige, sogenannte Auszeichnungssprachen definiert werden können. Eine Auszeichnungssprache besteht aus Tags (engl. für Etikett, Namensschild), die unter bestimmten Regeln den Aufbau von Dokumenten beschreiben. Durch die Schachtelung der Tags erhalten die Dokumente eine hierarchische Struktur. Die bekannteste Auszeichnungssprache ist HTML (Hypertext Markup Language) zur Darstellung von Informationen in Web-Browsern. Unter anderem läßt sich XML für den Datenaustausch einsetzen. Ein weiteres Anwendungsgebiet ist die variable Darstellung von Informationen, da Inhalt und Layout der Daten getrennt werden. Die mit der Sprache XML implizit definierten Dokumenttypen stellen Formatdefinitionen dar. Daher spricht man auch XML-Formaten, deren Instanzen XML-Dokumente sind.

XML-Formate besitzen Eigenschaften, die für den Datenaustausch auch komplexer Daten von Vorteil sind. Zunächst sind XML-Dokumente selbstbeschreibend, da jeder Datenwert durch das Tag des zugehörigen Datenelementes ausgezeichnet wird. Die Selbstbeschreibung fügt dem Dokument damit eine zusätzliche, wenn auch auf die Datenelementbezeichnung begrenzte Semantik hinzu.[71]

Durch die Schachtelung unterschiedlicher Tags und die Iteration gleicher Tags lassen sich komplexe Dokumentstrukturen aufbauen und damit Datenstrukturen wiedergeben. Übergeordnete Tags dienen als Container für die darin enthaltenen Tags. Insbesondere sind 1:N-Beziehungen direkt abbildbar und müssen nicht auf mehrere Dokumente verteilt werden.

Das eingeführte Katalogdatenbeispiel läßt in ein XML-basiertes Datenformat umsetzen, wie es die Abbildung 3-6 ausschnittsweise zeigt.

---

[70] Vgl. W3C (2004), o.S.

[71] Vgl. Khare / Rifkin (1997), S. 207ff., und Madnick (2001), S. 2ff.

```
<KATALOG>
   <ARTIKELDATEN>
      <ARTIKEL>
         <A_ID>100</A_ID>
         <A_BEZEICHNUNG>Ringschlüssel 8x10</A_BEZEICHNUNG>
         <A_MERKMALE>
            <A_MERKMAL>
               <M_IDREF>2000</M_IDREF>
               <M_WERT>45</M_WERT>
            </A_MERKMAL>
            <A_MERKMAL>
               <M_IDREF>3000</M_IDREF>
               <M_WERT>120</M_WERT>
            <A_MERKMAL>
         </A_MERKMALE>
      </ARTIKEL>
      <ARTIKEL>
         <A_ID>200</A_ID>
         ...
      </ARTIKEL>
   </ARTIKELDATEN>
   <MERKMALE>
      <MERKMAL gruppe="Dimension">
         <M_ID>2000</M_ID>
         <M_BEZEICHNUNG>Gewicht [g]</M_BEZEICHNUNG>
      </MERKMAL>
      <MERKMAL gruppe="Dimension">
         <M_ID>3000</M_ID>
         <M_BEZEICHNUNG>Länge [mm]</M_BEZEICHNUNG>
      </MERKMAL>
      ...
   </MERKMALE>
</KATALOG>
```

Abbildung 3-6: Beispiel XML-Daten

Ausgehend von dem Tag *KATALOG* werden zunächst die Artikel beschrieben. Unter anderem werden Artikelmerkmale referenziert und mit Werten belegt. Es schließt sich die Merkmalsdefinition an. Außerdem wird von der Möglichkeit Gebrauch gemacht, in XML zu den Werten eines Datenelementes ein oder mehrere Attribute hinzuzufügen, die wiederum Werte aufnehmen. Im Beispiel sind die beiden Merkmale mit einem Attribut „Gruppe“ versehen, welches die Merkmale der Merkmalsgruppe „Dimension“ zuordnet.

Die Struktur von XML-Dokumenten kann durch formale Spezifikationen beschrieben werden, dazu sind Spezifikationssprachen verfügbar.[72] Dadurch läßt sich überprüfen, ob ein XML-Dokument der Formatspezifikation entspricht und somit gültig ist. Grundlage dieser Spezifikationen ist die Definition der Sprachelemente, die sich aus weiteren Sprachelementen oder den Terminalzeichen zusammensetzen. Die Art und Häufigkeit der Zusammensetzung wird durch Kardinalitäten erfaßt. Die Abbildung 3-7

[72] Zu den Spezifikationssprachen siehe Kapitel 3.3.3.

zeigt eine Definition gemäß der Spezifikationssprache XML DTD (Document Type Definition), die sich an die Backus-Naur-Form (BNF) anlehnt. Daneben sind weitere Sprachen entstanden.[73]

```
<!ELEMENT KATALOG          (ARTIKELDATEN, MERKMALE?)>
<!ELEMENT ARTIKELDATEN     (ARTIKEL+)>
<!ELEMENT ARTIKEL          (A_ID, A_BEZEICHNUNG, A_MERKMALE?)>
<!ELEMENT A_ID             (#PCDATA)>
<!ELEMENT A_BEZEICHNUNG    (#PCDATA)>
<!ELEMENT A_MERKMALE       (A_MERKMAL+)>
<!ELEMENT A_MERKMAL        (M_IDREF, M_WERT)>
<!ELEMENT MERKMALE         (MERKMAL+)>
<!ELEMENT MERKMAL          (M_ID, M_BEZEICHNUNG)>
<!ATTLIST MERKMAL          gruppe type CDATA #REQUIRED>
<!ELEMENT M_ID             (#PCDATA)>
<!ELEMENT M_BEZEICHNUNG    (#PCDATA)>
```

Abbildung 3-7: Beispiel XML DTD für Katalogdaten

Während die formale Spezifikation von XML-Dokumenttypen der automatisierten Überprüfung und Verarbeitung von Instanzen dient, übernehmen graphische Repräsentationen die Aufgabe, die Dokumenttypstruktur für menschliche Aufgabenträger offenzulegen. Insbesondere werden diese Darstellungen zur Modellierung von XML-Dokumenttypen eingesetzt. Im Gegensatz zu den Entity-Relationship-Modellen und ihren zahlreichen Varianten und Erweiterungen sind jedoch noch keine einheitlichen Visualisierungen etabliert. Daher wird häufig auf Darstellungen von XML-Softwarewerkzeugen zurückgegriffen. Eine Visualisierung des Katalogdatenbeispiels enthält die Abbildung 3-8, die mit dem Werkzeug XMLSpy erzeugt worden ist.

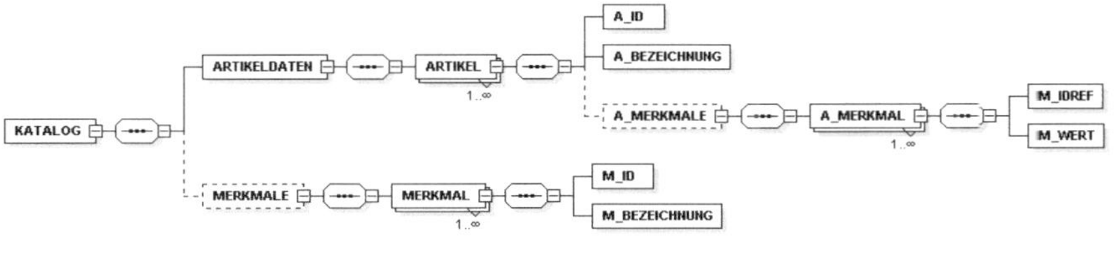

Abbildung 3-8: Visualisierung der Dokumenttypstruktur

73 Zu einem Überblick zu XML-Spezifikationssprachen vgl. Lee / Chu (2000), S. 76ff.

3.1.4 Sonstige Formate

Zu den sonstigen Formaten zählen alle weiteren Datenformate, die für den Katalogdatenaustausch eingesetzt werden. Ihnen ist gemein, daß sie eine größere Nähe zu den Anwendungssystemen aufweisen, die die Daten in jeweils einem spezifischen Format erzeugen. Insbesondere handelt es sich hierbei um Datenverwaltungssysteme, mit denen *auch* Katalogdaten verwaltet werden können. Zu dieser Gruppe zählen zum Beispiel Tabellenkalkulationen und Datenbanksysteme, die Daten in proprietären Dateiformaten speichern. Zu nennen sind daher vor allem Excel-, Access- und xBase-Dateien. Diese Dateiformate werden einerseits direkt durch die zugehörigen Anwendungssysteme erzeugt. Andererseits lassen sich sie oft auch aus anderen Anwendungen und Datenbanksystemen heraus erstellen oder in diese importieren. Die Folge ist, daß in der Praxis Katalogdaten mit diesen dateibasierten Formaten ausgetauscht werden, die sich in ihrer Datenstruktur stark voneinander unterscheiden.[74]

Hinsichtlich der Verarbeitung ist festzustellen, daß aufgrund der in der Regel binärkodierten Dateien ein proprietäres Zugriffsverfahren benötigt wird, um die Datenstruktur und die Dateninhalte zugreifbar zu machen. Diese Verfahren werden durch entsprechende APIs (Application Programming Interface) bereitgestellt oder sind individuell zu implementieren.

Neben den genannten Formaten werden noch solche Formate eingesetzt, die in erster Linie aufbereitete Produktinformationen für Endbenutzer darstellen. Diese Formate sind nicht auf die Verarbeitung in Datenverwaltungssystemen und den Katalogdatenaustausch zugeschnitten. Dennoch werden sie vielfach verwendet. An erster Stelle sind PDF- und Word-Dateien zu nennen. Die Möglichkeiten zur Datenstrukturierung unterscheiden sich erheblich von allen anderen Formaten. Insbesondere ist die Extraktion von Daten schwierig. Aus diesem Grund werden sie zunehmend durch „echte" Datenformate abgelöst und ihr Einsatz auf die Darstellung solcher Informationen beschränkt, für die sich diese Formate empfehlen (z.B. Produktdatenblätter, Benutzerhandbücher).

[74] Zur Verbreitung von sonstigen Katalogaustauschformaten siehe z.B. eine Studie zur deutschen Elektrobranche (Großhandel und Industrie); vgl. Otto et al. (2002), S. 56f.

3.1.5 Vergleich

Die zuvor beschriebenen vier Gruppen von Datenaustauschformaten weisen verschiedene Eigenschaften auf, die insgesamt zu relativ großen konzeptionellen und praxisrelevanten Unterschieden führen. Diese sollen nun aufgegriffen werden, um über einen Vergleich der Eigenschaften eine wichtige Auswahlentscheidung zu treffen und zu begründen. Im Ergebnis werden die standardisierten XML-Formate als jene ausgewählt, die im weiteren einer empirischen Analyse unterzogen werden sollen. Von vorneherein können die sonstigen Formate ausgeklammert werden, da es keine zugehörigen, standardisierten Übertragungsformate gibt.

Zuerst unterscheiden sich die drei verbleibenden Formatgruppen in dem ihnen zugrundeliegenden Datenmodell, welches für CSV- und EDI-Formate mit satzorientiert und für XML-Formate mit hierarchisch bezeichnet werden kann. Die begrenzte Komplexität von CSV-Formaten führt unter anderem dazu, daß umfangreichere Datenstrukturen nicht mehr durch eine einzige CSV-Datei repräsentiert werden können, während diese Einschränkung für EDI und XML nicht gilt.

Als ein Vorteil von XML gilt allgemein, daß XML-Daten selbstbeschreibend sind, da die Datenwerte durch die zugehörigen Datenelementbezeichner ausgezeichnet werden. Dadurch erschließt sich die Bedeutung und die Struktur der Daten für den Nutzer besser. Anzumerken ist, daß auch CSV-Dateien die Datenelementbezeichner zu Beginn nennen. Die Wertauszeichnung findet sich bei EDI-Nachrichten ebenfalls wieder, die Bezeichner sind jedoch wenig selbstbeschreibend. Die Ursache liegt in der mangelnden Bandbreite der EDI-Übertragungsmedien in der Vergangenheit, so daß EDI-Nachrichten auf eine minimale Übertragungsgröße hin ausgelegt sind. Der XML-Vorteil der Auszeichnung, die zu einer beabsichtigten Redundanz führt, muß allerdings durch ein deutlich höheres Datenvolumen erkauft werden, welches die Übertragung und die Verarbeitung der Dokumente erschwert. Dagegen kommt der formalen Spezifikation eine wesentlich größere Bedeutung zu.

Die formale Spezifikation unterstützt die Erstellung und Verarbeitung von XML-Dokumenten, indem die Syntax einfach und dennoch vollständig beschrieben werden kann. Durch Vergleich von XML-Dokumenten mit der zugehörigen, formalen Spezifikation kann die Gültigkeit der Dokumente und damit die Konformität zum definierten Format überprüft werden. So wird sichergestellt, daß keine syntaktisch falschen Dokumente verarbeitet werden (z.B. falsche Datentypen, falsche Elementreihenfolgen, fehlende oder nicht definierte Datenelemente). Diese Möglichkeiten sind bei

CSV- und EDI-Formaten nicht gegeben, so daß die syntaktische Korrektheit durch individuelle Maßnahmen sicherzustellen ist. Außerdem wird die Handhabung von XML-Dokumenten durch standardisierte Zugriffsmodelle und -sprachen erleichtert, so daß die Unterstützung durch Softwarewerkzeuge und Programmierbibliotheken im Gegensatz zu EDI nahezu umfassend ist.

Es wird deutlich, daß sich die drei Formatgruppen hinsichtlich der Verarbeitung stark unterscheiden. Die Unterschiede sind in der Tabelle 3-1 zusammengefaßt. Damit sind jedoch noch keine Eigenschaften thematisiert worden, die spezifisch für Katalogdaten sind. Auf eine dieser Eigenschaften macht der letzte Tabelleneintrag aufmerksam.

Formatgruppe **Eigenschaft**	**CSV-Formate**	**EDI-Formate**	**XML-Formate**
Datenmodell	Satzorientiert	Satzorientiert	Hierarchisch
Strukturkomplexität	Gering	Hoch	Hoch
Dateien je Nachricht	z.T. mehrere notwendig	1	1
Selbstbeschreibend	Nein	Eingeschränkt	Ja
Übertragungsgröße	Minimal	Gering	Hoch
Formale Spezifikation	Nein	Nein	Ja
Werkzeugunterstützung	Hoch	Gering	Hoch
Multimediadaten	Nein	Nein	Ja

Tabelle 3-1: Vergleich CSV-, EDI- und XML-basierter Datenformate

In CSV- und EDI-Dateien ist es im Gegensatz zu XML nicht möglich, auch Multimediadaten zu übertragen. Die Aufnahme von Multimediadaten (z.B. Produktabbildungen) ist aber gerade eine wichtige Anforderung von Kataloganwendungen in Beschaffung und Vertrieb. Auch wenn aus Vereinfachungsgründen die Multimediadaten oft separat zu den XML-Katalogdokumenten übertragen werden, so eröffnen XML-Katalogstandards die Möglichkeit, auf Multimediadaten, d.h. auf Dateien, zu verweisen und erklärende Metainformationen hinzuzufügen. Hieran zeigt sich exemplarisch eine wichtige Entwicklung. Im Zuge des Aufkommens internetbasierter Katalogbeschaffungsanwendungen sind neue inhaltliche Anforderungen an Katalogaustauschformate entstanden, die bislang durch EDI-Standards nicht abgedeckt worden sind. In der Folge sind nicht neue Standards notwendig geworden und entstanden.[75]

[75] Siehe z.B. die CommerceNet-Studie zu interoperablen Produktkatalogen; vgl. CommerceNet (1998).

Im Vergleich zu neu den entstandenen XML-Katalogstandards zeichnen sich die EDI-Katalogstandards durch eine höhere zeitliche Stabilität aus, die dazu führt, daß sie sich nur langsam weiterentwickeln und neue Anforderungen bislang kaum umgesetzt werden. Auch ist die Anzahl der EDI-Standards sehr gering, da sie sich zurückführen lassen auf das Grundgerüst des EDIFACT-Standards. Dieser beinhalt die Nachrichtentypen PRODAT und PRICAT, die für den Austausch von Artikelstamm- bzw. Preisdaten dienen. Allerdings sind viele branchenspezifische Subsets definiert worden, die zum Teil nur geringe strukturelle Änderungen vornehmen und dennoch zu mangelnder Interoperabilität führen. Standardisierte Formate auf CSV-Basis werden nur in sehr wenigen Branchen eingesetzt und deshalb hier nicht mehr betrachtet.[76]

Um bestehende EDI-Informationssysteme und die dazu getätigten Investitionen weiterzunutzen und die technologischen Vorteile von XML zu realisieren wurde bereits 1997 damit begonnen, EDI-Nachrichtendefinitionen in XML-Dokumenttypen zu überführen. Diese Ansätze lassen also die Nachrichteninhalte und -strukturen unverändert und verändern lediglich die Datenrepräsentation, indem die EDI-Datenelemente durch entsprechende XML-Tags ersetzt werden. Ein Vertreter ist das XML/EDI-Framework gewesen.[77]

Im weiteren wird die Untersuchung auf XML-Katalogstandards eingeschränkt. Dafür sprechen die fortgeschrittene technologische Basis, die bereits erreichte und in der Zukunft erwartete Verbreitung, die Berücksichtigung spezifischer B2B E-Commerce-Anforderungen sowie die im Vergleich zu EDI relativ hohe Anzahl an Standards, die sich konzeptionell und inhaltlich zum Teil stark unterscheiden und deshalb eine vergleichende Betrachtung lohnenswert erscheinen lassen.

3.2 Standardisierung von Datenaustauschformaten

Standardisierte Datenaustauschformate werden nicht nur zunehmend für den Austausch von Katalogdaten eingesetzt, sondern sie sind auch ein wesentlicher

---

[76] CSV-basiert sind zum Beispiel die Formate DATANORM (Branche: Handwerk) und CIF (Vorläufer des XML-Katalogstandards cXML).

[77] Vgl. Bryan (1998), o.S. Zu einer Übersicht von Arbeiten zur EDI/XML-Integration vgl. Steffen (2000), S. 78ff.

Erfolgsfaktor für die katalogbasierte Beschaffung.[78] Zugleich ist noch nicht absehbar, daß sich ein universeller Standard branchenübergreifend und international als allgemein akzeptiertes Format durchsetzen wird. Aus diesem Grund müssen Unternehmen fähig sein, verfügbare Standards hinsichtlich ihrer Relevanz, Eignung und Weiterentwicklung zu beurteilen und die wichtigsten Formate zu unterstützen. Die Gestaltung der Katalogaustauschprozesse hängt wesentlich von den verwendeten Katalogstandards ab.[79] Weiterhin stehen die betrieblich organisierten Katalogdaten in einer sehr engen Beziehung zu den Katalogstandards, da letztere inhaltlich und technisch den Rahmen definieren, in dem der Katalogdatenaustausch gestaltet und vollzogen werden kann.

3.2.1 E-Business-Standardisierung

Standardisierte Katalogformate sind nicht isoliert von der übergeordneten Standardisierung im E-Business, sondern als Bestandteil dieser zu sehen. E-Business-Standardisierung dient als Sammelbegriff für unterschiedlichste Standardisierungen im inner- und zwischenbetrieblichen Bereich.[80] Der Begriff E-Business-Standard wird im weiteren eingeengt auf solche Standards, die sich explizit auf Geschäftsprozesse beziehen. Insbesondere werden technologische Standards, die zwar für das E-Business ebenfalls eine hohe Bedeutung besitzen, nicht betrachtet, da sie primär Basisdienste und Infrastrukturen zum Gegenstand haben. Dazu zählen zum Beispiel XML-nahe Standards für die Beschreibung, das Auffinden und das Aufrufen bzw. Ausführen von Kommunikationspartnern und -diensten, insbesondere sogenannter Web Services (z.B. die zugehörigen Standards SOAP, UDDI und WSDL).[81] Im Mittelpunkt stehen dagegen jene Standards, die fachliche Aspekte der Geschäftskommunikation betreffen.

Ziel der nachfolgenden Diskussion ist es, das Handlungsfeld der E-Business-Standardisierung zu strukturieren. Da der Gegenstand dieser die Geschäftskommunika-

---

[78] „Without widely accepted standards for coding, technical, and process specifications, e-procurement technology adoption will be slow and will fail to deliver much of the benefits expected."; Davila / Gupta / Palmer (2002), S. 19.

[79] Vgl. Blommestein / Boekhoudt (2001), S. 21f.

[80] Im weiteren wird von E-Business- und nicht E-Commerce-Standardisierung gesprochen, da die relevanten Standards sich nicht auf Kauf- und Verkaufstransaktionen zwischen Unternehmen beschränken, sondern auch den innerbetrieblichen Datenaustausch und andere Transaktionen betreffen.

[81] Vgl. Beimborn / Mintert / Weitzel (2002), S. 277ff.

tion ist, kann auf Konzepte und Modelle der allgemeinen Kommunikation zurückgegriffen werden. Kommunikation ist der Austauschsprozeß von Informationen zwischen einem Sender und einem Empfänger. Die Informationen werden mittels einer Sprache kodiert und über ein Medium übertragen. Sowohl in den Sozialwissenschaften als auch in der Informatik haben sich zahlreiche Kommunikationsmodelle gebildet, die Kommunikationsprozesse strukturieren und erklären. Ein häufig anzutreffender Ansatz besteht darin, Kommunikation durch verschiedene, aufeinander aufbauende Schichten zu beschreiben. Die Schichtenbildung ist ein gängiges Instrument, um komplexe Systeme zu strukturieren. Jede Schicht erfüllt eine definierte Aufgabe und stellt den höheren Schichten entsprechende Dienste zur Verfügung. Eines der bekanntesten Schichtenmodelle ist das ISO/OSI-Referenzmodell für die Datenkommunikation in offenen Systemen. Schichtenmodelle sind jedoch auch für E-Commerce bzw. E-Business entwickelt worden.[82] Ihnen ist gemein, daß den höheren Schichten die Anwendungs- und Geschäftslogiken (z.B. Elektronische Marktplätze, Auktionen, Verhandlungsprozesse) zugeordnet werden, während die unteren Schichten sich mit technischen Aspekten befassen (z.B. Internetprotokolle).

Übertragen auf die Geschäftskommunikation sollte die Entwicklung eines Schichtenmodells dem Umstand Rechnung tragen, daß die relevanten Informationen in Form physischer und elektronischer Dokumente zwischen den beteiligten Unternehmen ausgetauscht werden. Sie stellen bei jeder Geschäftskommunikation ein zentrales Instrument dar. Entsprechend werden Anforderungen an die Verbindlichkeit, Transportfähigkeit, Lesbarkeit und Archivierung dieser Dokumente gestellt.

Die Dokumentenorientierung ist ein geeigneter Ansatzpunkt für die Definition der Schichten eines hierarchischen Modells. Ausgehend von einer Dokumentschicht können in zwei entgegengesetzten Richtungen weitere Schichten hergeleitet werden. Einerseits ist der Dokumentaufbau aus logischer Sicht zu beschreiben. Andererseits ist die Rolle der Dokumente in übergeordneten Geschäftsprozessen zu bestimmen. Als Ergebnis dieser Vorgehensweise entsteht das Schichtenmodell, welches in Abbildung 3-9 dargestellt ist und die Schichten Datentypen, Vokabular, Dokumente, Prozesse und Framework umfaßt. Im folgenden werden bottom-up die Schichten und ihr Zusammenhang erläutert sowie die für Katalogdaten relevanten Standardisierungsobjekte benannt.

---

[82] Vgl. z.B. Zwass (1996), S. 5ff., und Schmid / Lindemann (1997), S. 10ff.

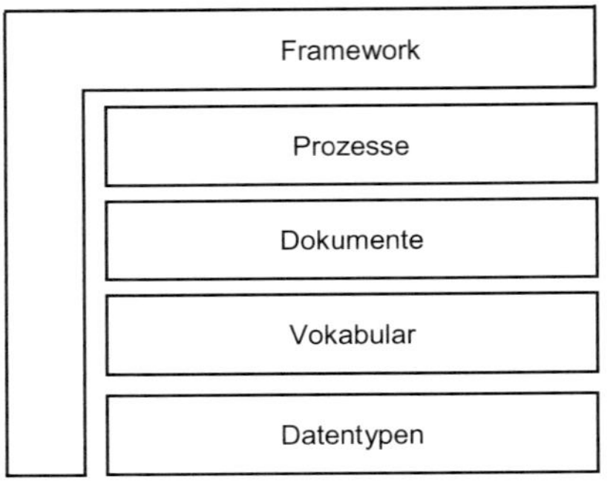

Abbildung 3-9: Schichtenmodell der E-Business-Standardisierung

Es existieren alternative Ansätze, die entweder Modelle für die Beschreibung von Standards vorschlagen oder Kriterien entwickeln, nach denen E-Business-Standards klassifiziert werden können. Die modellorientierten Ansätze unterscheiden sich vor allem in Anzahl, Gegenstand und Abgrenzung der Schichten. Ihnen ist gemein, daß sie eine hierarchische Einteilung vornehmen, die von elementaren Modellkonstrukten bis hin zu vollständigen Geschäftsprozessen reicht.[83]

3.2.2 Datentypen

Auf der untersten Schicht werden Datentypen definiert, die zur Typisierung atomarer Datenelemente dienen. Für jede elektronische Datenverarbeitung sind Datentypen eine elementare Voraussetzung. Der Datentyp bestimmt die zulässigen Werte eines Datenelements bzw. den Wertebereich, in dem die Werte des Datenelementes liegen müssen. Datentypen ermöglichen es, Informationen, die durch ein Datenelement repräsentiert werden sollen, zu kodieren. Die Kodierung transformiert die Informationen in eine definierte Darstellung, also in einen Datenelementwert. Dies ist charakteristisch für alle datenverarbeitenden Systeme, insbesondere werden Datentypen in Programmiersprachen und Datenbanken verwendet. Für diese beiden Anwendungsgebiete existieren zum Teil verschiedene Datentypkonzeptionen, die sich hinsichtlich der Anzahl, der Differenzierung und des Spektrums der Datentypen unterscheiden. Es läßt sich jedoch eine gemeinsame Menge von Basisdatentypen identifizieren, zu

[83] Zu Schichtenmodellen vgl. z.B. Zhao (2001), S. 20ff. Zur Klassifizierung von E-Business-Standards vgl. Bussler (2001), S. 5ff., Ernie / Leser (2001), S. 10-19, und Frank (2000b), S. 12-17.

denen mindestens Ganzzahlen, Fließkommazahlen, Zeichenketten, Boolesche Werte und Datums-/Zeitangaben gehören. Für jeden dieser Basisdatentypen lassen sich angepaßte Wertebereiche definieren (z.B. Dezimalzeichen, Datumsformate, Zeichenkettenlänge).

Im Bereich der Basisdatentypen kann zum Teil auf Standards zurückgegriffen werden. Zum Beispiel ist für Datums- und Zeitangaben ein etablierter Standard der ISO (International Organization for Standardization) verfügbar. Der ISO-Standard 8601 legt die Formatierung von Datums- und Zeitangaben fest.[84] Die Wiederverwendung bereits verfügbarer und international etablierter Standards ist ein wesentliches Merkmal der E-Business-Standardisierung.

Im Einzelfall kann es für die Geschäftskommunikation erforderlich sein, vorhandene Standards weiterzuentwickeln oder spezifische Standards zu konstruieren. Bezogen auf Datum- und Zeitangaben ist zum Beispiel der ISO-Standard wenig geeignet, da er zahlreiche, unterschiedliche Alternativen der Darstellung zuläßt. Eine Implementierung müßte alle alternativen Darstellungsformate identifizieren und interpretieren können. Aus diesem Grund wurde aufbauend auf dem ISO-Standard durch das W3C (World Wide Web Consortium) eine einheitliche Darstellungsform für die Datum- und Zeitdarstellung im Internet festgelegt.[85]

Die Bezugnahme auf existierende Datentypstandards zeigt sich auch bei den Aufzählungsdatentypen (Enumerationen). Sie gehören nicht zu der Gruppe der Basisdatentypen, da sie eine festgelegte Menge von zulässigen Zeichenketten definieren. Aufzählungsdatentypen weisen im Vergleich zu Basisdatentypen bereits einen höheren Informationsgehalt auf, der sich nicht erst im Zusammenhang mit dem referenzierenden Datenelement ergibt. Dies zeigt sich daran, daß die Standardisierungsobjekte der Enumerationen nicht abstrakt (z.B. Zahl, Zeichenkette), sondern spezifische, für die Geschäftskommunikation unmittelbar relevante Informationen sind. Enumerationen werden unter anderem für die Kodierung von Sprachen, Ländern, Regionen, Währungen und Einheiten benötigt. Einen Überblick zu den verfügbaren, internationalen Datentypstandards für diese Zwecke gibt die Tabelle 3-2. Allen diesen Standards ist gemein, daß sie nicht spezifisch für E-Business-Zwecke

[84] Vgl. ISO (2000b).

[85] Vgl. W3C (1998).

entwickelt worden sind, sondern für die allgemeine Geschäftskommunikation entstanden sind.

Standard	Objekte	Code	Beispieldaten	
ISO 639-2[86]	Sprachen	2 Zeichen	de en ru	German Englisch Russian
ISO 3166-1[87]	Länder	2 Zeichen	DE GB US	Germany United Kingdom United States
ISO 3166-2[88]	Regionen	2/3 Zeichen	DE-BW DK-025 FR-75	Federal State of Baden-Württemberg Roskilde Metropolitan Department Paris
ISO 4217[89]	Währungen	3 Zeichen	GBP EUR USD	Pound Sterling Euro US Dollar
UN/LOCODE 2004-1[90]	Lokationen	2/3 Zeichen	DE SXF IE IRD LK JCT	Berlin-Schönefeld Apt Irish Rail Freight Depot Jaya Container Terminal
UN/ECE Trade Facilitation Recommendation 20[91]	Einheiten	2 bis 3 Zeichen	C62 MTR VLT	One, Piece, Unit Meter Volt

Tabelle 3-2: Beispiele für standardisierte Aufzählungsdatentypen

Neben den standardisierten Enumerationen sind jedoch häufig weitere Aufzählungsdatentypen notwendig. Sie dienen dazu, Sachverhalte kurz und prägnant zu beschreiben, ohne die Semantik der Beschreibung vollständig über zugehörige Datenelemente explizit angeben zu müssen. Die Aufgabe dieser Enumerationen ist also die Charakterisierung oder Typisierung von Sachverhalten durch festgelegte Aussagen.

3.2.3 Vokabular

Auf Grundlage der Datentypen ist es möglich, Datenelemente zu typisieren. Daher nimmt die zweite Schicht des Schichtenmodells der E-Business-Standardisierung die

[86] Vgl. ISO (1998a).

[87] Vgl. ISO (2002a).

[88] Vgl. ISO (2002b).

[89] Vgl. ISO (2001).

[90] Vgl. UN/ECE (2004).

[91] Vgl. UN/ECE (2001).

Datenelementdefinitionen auf. Die Menge der zulässigen Datenelemente stellt gemäß der Sprachmetapher das Vokabular dar. Das Vokabular ist die Wortmenge, die im Rahmen der Geschäftskommunikation den Beteiligten bekannt ist und folglich für die Kommunikation verwendet werden kann. Zu unterscheiden sind atomare Datenelemente, die die kleinste Einheit darstellen und nicht weiter zerlegt werden können. Ihnen wird ein Datentyp der vorhergehenden Schicht zugeordnet (z.B. Artikelbezeichnung als String der maximalen Länge 80). Hinzu kommen die strukturierten oder komplexen Datenelemente, die sich aus mehreren Datenelementen zusammensetzen, die wiederum atomar oder komplex sein können. Dadurch können Datenelementhierarchien aufgebaut werden, die notwendig sind, um logisch zusammenhängende Datenelemente zu gruppieren (z.B. Adreßdaten bestehend aus Straße, Hausnummer, PLZ, Ort usw.).

Die Vokabularschicht stellt den fachlichen Kern eines dokumentenorientierten E-Business-Standards dar. Mit dem Vokabular werden die abzubildenden Sachverhalte so beschrieben, daß sie später in Dokumente eingefügt werden können. Die Entwicklung des Vokabulars ist daher hinsichtlich Komplexität und Aufwand die wichtigste inhaltliche Standardisierungsaufgabe. Katalogstandards müssen für die im zweiten Kapitel untersuchten Katalogdaten ein Vokabular bereitstellen. Aufgrund der dort festgestellten strukturellen Komplexität entstehen umfangreiche Teilschemata bzw. in der Gesamtheit ein Schema für Katalogdaten. Bei der Entwicklung dieser Schemata werden Prinzipien beachtet und Verfahren genutzt, wie sie für jede Datenmodellierung, insbesondere jedoch für die Erstellung von großen Unternehmens- oder Bereichsdatenmodellen Verwendung finden sollten. Zu diesen gehören unter anderem die Festlegung von Namenskonventionen, Modularisierung, Abstraktion von Grundelementen, auf die aufbauend spezialisiert werden kann, und die Wiederverwendung von Konstrukten.

Bereits für die Datentypschicht wurde gefordert, die Wiederverwendung der eingeführten Konzepte auf der übergeordneten Schicht zu unterstützen. Dazu sind solche Konzepte bereitzustellen, die wiederverwendbar sind. Die Wiederverwendbarkeit eines Datentyps steht in einem Spannungsverhältnis zu dessen semantischen Gehalt. So besitzen Basisdatentypen eine sehr hohe Wiederverwendbarkeit. Dagegen ist ihr Informationsgehalt im Vergleich zu spezifischen Aufzählungsdatentypen deutlich geringer. Umgekehrt ist der Einsatzbereich spezifischer Datentypen beschränkt. Beispielsweise kann ein Aufzählungsdatentyp zur Typisierung von Preisen nur für diesen engen Zweck genutzt werden. Im Kontext der Katalogdaten wird dieser nur einmal benötigt, nämlich für die Produktpreise.

Dieses Verhältnis von Wiederverwendbarkeit und Informationsgehalt zeigt sich auch bei den fachlichen (semantischen) Konzepten der Vokabularschicht.[92]

Eine generelle Anforderung an das Vokabular ist die Redundanzfreiheit, die erweitert werden kann zur sinnvollen Minimierung des Vokabularumfangs. Dies bedeutet, daß für gleiche oder ähnliche Sachverhalte vorhandene Konzepte wiederverwendet oder verfeinert werden sollten. Damit ist die Identifikation gemeinsamer, universeller Konzepte eine wesentliche Aufgabe der Vokabularentwicklung. Im Ergebnis entstehen auf der einen Seite Datenelemente von hoher Wiederverwendbarkeit und geringer Semantik. Dazu zählen vor allem atomare Datenelemente für produktbezogene Daten (z.B. Bezeichner, Identifikatoren, Maßeinheiten, Bestelleinheiten), die in komplexen Datenelementen benutzt werden.

Auf der anderen Seite zeigen sich komplexe Datenelemente mit hoher Semantik, deren Wiederverwendung auf sehr wenige Fälle beschränkt oder überhaupt nicht möglich ist. Dennoch finden sich auch komplexe Datenelemente, die mehrfach verwendbar sind. Zum Beispiel lassen sich Adreßdaten so definieren, daß sie anschließend für die Beschreibung der Adressen beliebiger Geschäftspartner wie Lieferanten und Kunden genutzt werden können (Katalogmetadaten).

Zentrale Aufgabe der Vokabularschicht ist es, ein konsistentes und zeitlich stabiles Gesamtmodell für Katalogdaten bereitzustellen. Diese Forderung ist zu betonen, da die nachfolgende Dokumentschicht erst auf dieser Basis den Anwendungskontext der Datenelemente genauer definieren kann. Die Teilmodelle der Vokabularschicht und das Gesamtmodell weisen erkennbare Ähnlichkeiten zu Referenzdatenmodellen auf. Ein Referenzdatenmodell besitzt für eine Anwendungsdomäne eine allgemeine oder mindestens hohe Gültigkeit. Dieses Ziel verfolgen ebenfalls Katalogstandards. Für die Konstruktion von Referenzmodellen sind Anforderungen, Prinzipien und Verfahrensweisen entwickelt worden, die sich somit auf die Entwicklung von E-Business-Standards übertragen lassen.[93]

Einschränkend ist anzumerken, daß die Schemata der Vokabularschicht eine charakteristische Referenzmodelleigenschaft nicht aufweisen dürfen. Sie besitzen im Vergleich zu anderen Schemata keinen höheren Abstraktionsgrad, der erst im Zuge der Anwendung des Modells durch Anpassung und Konfiguration zu verringern wäre.

---

[92] Zur Wiederverwendbarkeit von semantischen Konzepten vgl. Frank (2000b), S. 9ff.

[93] Zur Konstruktion von Referenzmodellen vgl. Schütte (1997).

Denn dann würde das Vokabular lediglich einen Bezugsrahmen für die Entwicklung spezifischer Vokabulare darstellen und könnte nicht unmittelbar in die Dokumentdefinitionen eingehen.

3.2.4 Dokumente

Mit den Datenelementen der vorhergehenden Schicht steht ein standardisiertes Vokabular zur Verfügung, das genutzt werden kann, um Geschäftsdokumente zu bilden. Die Aufgabe der Dokumentschicht ist es, die zulässigen Dokumente zu definieren. Genauer muß von Dokumenttypen gesprochen werden, deren Instanzen die Dokumente sind. Über die generelle Funktionalität hinaus, logisch zusammenhängende Daten zu einer Einheit zusammenfassen, besitzt jeder Dokumenttyp einen intendierten Anwendungszweck. Dies heißt, daß bereits vom Dokumenttyp auf den Sender und Empfänger bzw. ihre jeweilige Rolle geschlossen werden kann Zum Beispiel wird der Dokumenttyp Katalog von Katalogerstellern zu Katalogempfängern gesendet. Der allgemeine Zweck dieses Dokumenttypes ist es somit, dem Empfänger Produktinformationen des Senders bereitzustellen.

Das beschriebene Verhältnis von Dokumenttyp und Zweck gilt für alle Geschäftsdokumente (z.B. stellt eine Rechnung die Aufforderung dar, einen Saldo auszugleichen). Im allgemeinen legt der Dokumenttyp die Kommunikationsrichtung und die Rollen der beiden Kommunikationspartner fest. Dokumente werden unidirektional übertragen. Der Übertragungsvorgang eines Dokumentes wird mit *Transaktion* bezeichnet. In diesem Zusammenhang wird auch von Transaktionsstandards gesprochen. Allerdings sehen einige Autoren den Katalogdatenaustausch nicht als Teil der Übertragung von Geschäftsdokumenten. Sie fassen Katalogdaten als Stammdaten auf, die unabhängig von Geschäftsprozessen ausgetauscht werden.[94] Hier wird dieser Sichtweite nicht gefolgt. Katalogdaten werden im Kontext der Geschäftskommunikation gesehen, da viele Gemeinsamkeiten bestehen, die sich unter anderem an gemeinsamen Standards zeigen. Das Schichtenmodell eignet sich folglich sowohl zur Beschreibung der Katalogstandards als auch der sonstigen Geschäftsdokumentstandards.

Die Definition eines Dokumenttyps erfordert verschiedene Schritte. Ein Dokumenttyp stellt zunächst eine hierarchisch geordnete Auswahl von Datenelementen der

---

[94] Vgl. z.B. Kelkar (2001), S. 76f., und Schubert (2002), S. 13f.

Vokabularschicht dar. Die Auswahl der Datenelemente geschieht durch die Festlegung der Dokumenthierarchie, der Datenelementreihenfolge und der Kardinalitäten. Die Kardinalität bestimmt, ob es sich um obligatorische oder optionale Datenelemente handelt und mit welcher Häufigkeit sie in den Instanzen auftreten dürfen.

Neben der Auswahloperation kann die Dokumentschicht jedoch auch eine Vokabulardefinition konkretisieren bzw. einschränken. Darunter ist zu verstehen, daß je Dokumenttyp die Menge zulässiger Werte eines Datenelementes reduziert wird. Insbesondere betrifft dies Enumerationen. Zusätzlich läßt sich die inhaltliche Bedeutung eines allgemein definierten Datenelementes hoher Wiederverwendbarkeit konkretisieren. So läßt sich zum Beispiel das Vokabular zur Abbildung von Adreßinformationen spezifisch für Lieferanten und einkaufende Unternehmen wiederverwenden. Im Rahmen der Dokumenttypspezifikation würde die inhaltliche Beschreibung der Datenelemente dies widerspiegeln, indem konkret auf die jeweiligen Objekte Bezug genommen wird (z.B. „Lieferantenadresse" statt „Adresse").

Die Anzahl unterschiedlicher Dokumenttypen für Katalogdaten ist im Vergleich zur Auftragsabwicklung geringer. Neben der Übertragung vollständiger Kataloge sind die Katalogaktualisierung und die Kataloganforderung zu berücksichtigen. Somit lassen sich drei Dokumenttypen identifizieren (siehe Tabelle 3-3), die als Grundlage für die übergeordnete Prozeßschicht dienen.

Dokumenttyp	**Aufgabe**
Katalog	Übertragung eines Kataloges an einen Empfänger
Katalogaktualisierung	Aktualisierung eines beim Empfänger bereits vorhandenen Kataloges
Kataloganforderung	Aufforderung, einen bestimmten Katalog an den Sender zu übertragen

Tabelle 3-3: Dokumenttypen für Katalogdaten

3.2.5 Prozesse

Im Schichtenmodell der E-Business-Standardisierung beschreibt die Prozeßschicht die Reihenfolgen und Logiken, in denen elektronische Dokumente zwischen zwei Geschäftspartnern ausgetauscht werden können. Ein Standard, der dieser Schicht zugeordnet ist, modelliert also die Abfolge von Dokumenten und definiert die Regeln, wie der Empfänger gegebenenfalls auf ein erhaltenes Dokument zu antworten hat. Das Standardisierungsobjekt Prozeß kann somit definiert werden, als eine Transaktion oder eine Folge von Transaktionen zwischen zwei Geschäftspartnern.

Gegenstand der Transaktion ist der Austausch von Nachrichten, die konform zu den vereinbarten Dokumenttypen sind.[95]

Mit Hilfe von Dokumentfolgen lassen sich unter anderem die zwischenbetrieblichen Aspekte von Beschaffungsprozessen vollständig darstellen. Eine zugehörige Dokumentfolge könnte sein: Katalog, Verfügbarkeitsanfrage, Verfügbarkeitsantwort, Bestellung, Bestellbestätigung, Lieferavis, Lieferschein, Rechnung, Zahlung. Zu berücksichtigen ist einerseits, daß es sich stets um einen bilateralen Prozeß handelt, an dem jeweils nur zwei Geschäftspartner (hier: Lieferant und Kunde) beteiligt sind. Andererseits ist nicht jede Dokumentfolge ein ständiger Wechsel zwischen den beiden Partnern. Dies zeigt sich daran, daß nicht auf jeden Dokumenttyp zu antworten ist (hier: Lieferavis ist nicht Antwort auf die Bestellbestätigung).

Eine Prozeßstandardisierung des Katalogaustausches liegt jedoch nur dann vor, wenn der Standard explizit solche Prozesse im Rahmen eines Prozeßmodells beschreibt. Die Prozeßbeschreibung kann mit Hilfe verbaler, semi-formaler oder formaler Beschreibungsmittel erfolgen. Demgegenüber stehen jene Standards, die ebenfalls eine Menge von Dokumenttypen definieren, aber die zulässigen Dokumentfolgen und -ablauflogiken nicht ausdrücklich festlegen. Auf Grundlage solcher Standards können Austauschprozesse gleichwohl implementiert werden. Der Freiheitsgrad wird allerdings höher sein, da Prozeßrestriktionen und entstehende Interdependenzen zwischen den Dokumenttypen nicht herausgestellt werden.

Der einfachste Prozeß stellt die von anderen Transaktionen unabhängige Übertragung eines Kataloges dar. Der Prozeß besteht nur aus einer Katalogtransaktion. Dieser Prozeß läßt sich nun schrittweise durch eine vorhergehende Transaktion Kataloganforderung und eine sich anschließende Transaktion Katalogaktualisierung erweitern. Dadurch entstehen die drei Prozesse Kataloganforderung / Katalog, Katalog / Katalogaktualisierung und Kataloganforderung / Katalog / Katalogaktualisierung (siehe Abbildung 3-10).

---

[95] Die Prozeßdefinition orientiert sich an dem Geschäftsprozeßbegriff in Ferstl / Sinz (2001), S. 126f.

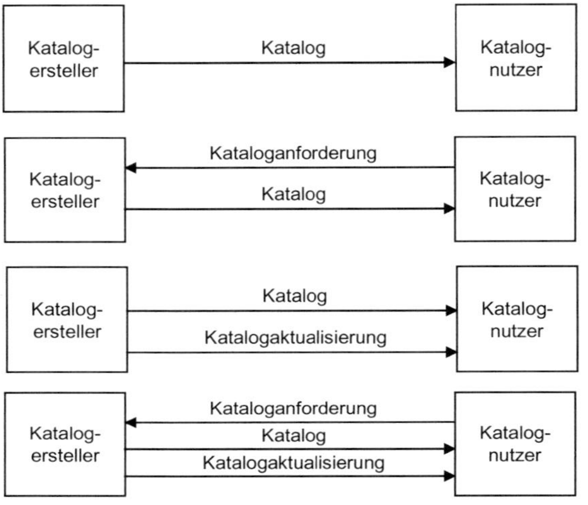

Abbildung 3-10: Prozesse für den Katalogdatenaustausch

Die skizzierten Prozesse sind als Bausteine zu verstehen, die individuell zusammengesetzt den Lebenszyklus eines Kataloges widerspiegeln. Zum Beispiel läßt sich ein Katalog vollständig übertragen und anschließend mehrfach, zeitpunkt- oder ereignisabhängig aktualisieren.

Hinsichtlich der zeitlichen Abhängigkeiten der Transaktionen ist festzustellen, daß asynchrone Kommunikationsmedien wie physische Datenträger (CD-ROM), E-Mail und File Transfer und zugehörige Kommunikationsprotokolle genutzt werden können. Der Grund hierfür ist, daß die Katalogtransaktionen keinen zeitlichen, sondern nur logischen Abhängigkeiten unterliegen. Die Transaktion Kataloganforderung stellt lediglich eine Aufforderung an den Katalogersteller dar, einen Katalog bereitzustellen. Über den Antwortzeitraum wird keine Aussage getroffen. Der asynchrone Katalogdatenaustausch verdeutlich zugleich die Entkopplung der Katalogdaten von zeitkritischen Geschäftsvorfalldaten, wie sie im Rahmen der Bestell- und Auftragsabwicklung anfallen. Im Gegensatz zu den Geschäftsvorfalldaten sind Katalogdokumente umfangreicher, ihre Erstellung benötigt aus inhaltlichen und technischen Gründen mehr Ressourcen und sie werden weniger häufig ausgetauscht.[96]

---

[96] Vgl. ausführlich Kapitel 2.6.5.

3.2.6 Framework

Aufgabe der Framework-Schicht im Schichtenmodell der E-Business-Standardisierung ist es, jene Festlegungen für die Durchführung der Geschäftskommunikation zu treffen, die nicht fachliche, sondern primär technische Fragestellungen betreffen. Ein Framework definiert den Rahmen für die Geschäftskommunikation und stellt parallel zu den unteren Schichten des Schichtenmodells Dienste zur Verfügung. Die fachlichen Inhalte bleiben weiterhin diesen Schichten vorbehalten. Das übergeordnete Ziel der Framework-Schicht ist es, den sicheren, verläßlichen und geordneten Austausch von Geschäftsdokumenten zu gewährleisten.

Abzugrenzen ist der hier verwendete Framework-Begriff von jenen Frameworks (Rahmenapplikationen), die als Referenzarchitektur für eine Familie von Softwaresystemen aufgefaßt werden können. Sie sollen die Wiederverwendung im Softwareentwurfsprozeß unterstützen und zu standardisierten, objektorientierten Anwendungsarchitekturen führen.[97] Im Gegensatz dazu beziehen sich die hier in Rede stehenden Frameworks nicht auf die Entwurfsebene von Software, sondern beschreiben Datenaustauschbeziehungen zwischen ansonsten als Black-box betrachtete Informationssysteme.

Charakteristisch für die Dienste der Framework-Schicht ist die weitgehende Unabhängigkeit von den zu überzutragenden Inhalten und der Geschäftslogik. Es werden lediglich unterstützende Dienste angeboten. Zu nennen sind die grundlegenden Kommunikationsprotokolle und -standards (z.B. HTTP, SMTP und FTP), Sicherheitsaspekte (z.B. Authentifizierungs- und Verschlüsselungsstandards) sowie das Handling der auszutauschenden Nachrichten (z.B. Verwaltung von Warteschlangen). In den zuletzt genannten Bereich lassen sich unter anderem technische Empfangsbestätigungen, Ausnahmebehandlungen und Dokumenttransformationen einordnen, die nicht die Geschäftslogik betreffen, sondern nur für die Kommunikation der beteiligten Informationssysteme relevant sind.

Eine technische Empfangsbestätigung informiert den Sender darüber, daß die Nachricht angekommen ist. Sie ist zum Beispiel nicht mit einer kaufmännischen Auftragsbestätigung, die auf eine Bestellnachricht folgt, zu verwechseln. Dokumenttransformationen auf der Framework-Schicht modifizieren eingehende Nachrichten, indem sie beispielsweise Protokollierungsinformationen hinzufügen, nicht jedoch den

97 Zu Rahmenapplikationen vgl. Eicker / Nietsch (1999), S. 364ff.

Geschäftsinhalt verändern. Die Ausnahmebehandlung regelt den Ablauf, wie zum Beispiel auf nicht erhaltene Antworten zu Anfragen zu reagieren ist (z.B. Wartezeiten, Wiederholungsversuche, Abbruch).

Ein wesentliches Konzept, um die erforderliche Unabhängigkeit von Inhalt und Geschäftslogik zu erreichen, ist die *Envelope-Metapher*. Sie besagt, daß vergleichbar mit der Briefpost der Inhalt der zu übertragenden Nachricht in einen ebenfalls verschlossenen Umschlag gesteckt und transportiert wird. Für den weiteren Austausch wird allein eine ausreichende Umschlagbeschriftung benötigt, die den Sender und den Empfänger eindeutig spezifiziert. In diesem Sprachbild beschreibt die Framework-Schicht das physische Zustellsystem und definiert die Regeln, unter denen dieses System abläuft.

In einer engen Beziehung zu der Framework-Schicht stehen sogenannte Framework-Standards oder B2B-Frameworks.[98] Darunter sind Standards zu verstehen, die mindestens diese Schicht abdecken, aber in der Regel zugleich weitere Schichten integrieren oder sich eines eigenen Schichtenmodells bedienen.[99] B2B-Frameworks stellen somit ganzheitliche Modelle dar, die den Geschäftsdatenaustausch zwischen Unternehmen soweit beschreiben, daß auf dieser Basis vollständige Realisierungen erstellt werden können. Vollständig bedeutet hier, daß sowohl die betriebswirtschaftliche Logik und die Nachrichtentypen als auch die technischen Kommunikationsaspekte spezifiziert werden.

Für die Domäne Katalogdaten ist die zentrale Stellung der Framework-Schicht zu relativieren. Der Grund dafür ist die beschriebene Unabhängigkeit von Katalogdaten (Inhalt) und den Katalogaustauschprozessen (Geschäftslogik). Katalogdatenaustauschprozesse können sich im Rahmen einer Framework-Definition bzw. eines B2B-Frameworks vollziehen, sie sind allerdings nicht auf solche angewiesen. Dies betrifft insbesondere den asynchronen Katalogdatenaustausch.

---

98 Zu B2B-Frameworks vgl. Bussler (2001), S. 3ff., Dogac / Cingil (2001), S. 16ff., Shim et al. (2000), S. 40ff., und Zhao / Sandahl (2000), S. 511ff.

99 Das B2B-Framework RosettaNet umfaßt folgende Schichten (top-down): Business Process, Partner Interface Process, Framework, Dictionary. Das eCo-Framework besteht aus sieben Schichten: Networks, Markets, Businesses, Services, Interactions, Documents, Information Items; vgl. Dogac / Cingil (2001), S. 19ff.

3.3 Kriterien zur Beschreibung und Bewertung von Katalogstandards

In diesem Abschnitt werden Kriterien behandelt, anhand derer Katalogstandards beschrieben, verglichen und bewertet werden können. In der wissenschaftlichen Literatur finden sich vermehrt Arbeiten zu E-Business-Standards. Diese Arbeiten weisen stark unterschiedliche Beschreibungskriterien auf, die je nach Untersuchungsfokus die fachlichen Anwendungsaspekte gegenüber anderen Fragestellungen weniger stark gewichten. Insbesondere werden in bezug auf E-Business-Standards häufig die verwendeten Modellierungskonzepte und Spezifikationstechnologien in den Mittelpunkt gestellt.[100]

Neben der geringen domänenspezifischen Tiefe, die sich an einer geringen Anzahl inhaltlicher Kriterien zeigt[101], ist anzumerken, daß viele Untersuchungen sich nicht ausschließlich mit Katalogstandards befassen, sondern diese als Teilmenge von E-Business-Standards ansehen. In der Folge werden Standards zum Vergleich herangezogen, die sich in ihren Standardisierungsobjekten stark unterscheiden oder sogar keine Überschneidungen aufweisen.[102] Einige Autoren differenzieren beispielsweise nicht zwischen Katalogstandards und standardisierten Klassifikationssystemen.[103] Hier kann das eingeführte Schichtenmodell einen wertvollen Beitrag leisten, da es eine eindeutige Zuordnung von Standards zu Schichten ermöglicht. Allgemein ist nur ein Vergleich solcher Standards sinnvoll, die zum einen dieselben Schichten adressieren und zum anderen sich auf die gleiche Domäne beziehen.

Insgesamt besteht bei der vergleichenden Betrachtung von Katalogstandards die Gefahr, daß wesentliche Anforderungen der Domäne Katalogdaten nicht ausreichend berücksichtigt werden. Aus diesem Grund werden im Anschluß an die organisatorischen Aspekte (Standardisierungsgremium, Beteiligte) die fachlichen Eigenschaften der Katalogstandards, mit denen die inhaltliche Qualität und Eignung eines Standards erfaßt werden sollen, thematisiert. Diese sind spezifisch für Katalogdaten und

[100] Exemplarisch hierzu vgl. Frank (2001) und Li (2000).

[101] Zum Beispiel werden von *Frank* nur vier Kriterien untersucht: Produktbezeichner, Merkmale, Varianten und Konfigurationen. Hinzu kommt eine Aussage über den Detaillierungsgrad des gesamten Standards; vgl. Frank (2000b), S. 13f.

[102] Zum Beispiel wird von *Zumpe* und *Esswein* der ICE-Standard (Information and Content Exchange) mit B2B-Dokumentenstandards verglichen, obwohl ICE keine Geschäftsdokumente standardisiert; vgl. Zumpe / Esswein (2002), S. 51-53.

[103] Zum Beispiel führt *Wilking* als Standards für die Kategorisierung von Produkten u.a. The Thomas Register, SPSC und BMEcat an, obwohl BMEcat ein Katalogaustauschformat und kein Klassifikationssystem ist; vgl. Wilking (2001), S. 160.

leiten sich aus dem im zweiten Kapitel erstellten Datenbereichsmodell ab. Daneben sind Kriterien hinzuzufügen, die sich generell auf Standards und Standardisierungsvorhaben übertragen lassen. Sie werden hier in zwei Gruppen eingeteilt. Die erste Gruppe befaßt sich mit der Art und Weise, wie das Ergebnis eines Standardisierungsprozesses formuliert ist. Unterschieden werden die formale Spezifikation und die Dokumentation. Mit der zweiten Gruppe werden jene Kriterien zusammengefaßt, die die Implementierung des Standards in der Praxis beschreiben.

3.3.1 Organisation

Unter den organisatorischen Kriterien werden einerseits jene Aspekte summiert, die die Standardisierungsorganisation, also die organisatorische Einheit, die einen Standard entwickelt, publiziert und pflegt, betreffen (Aufbauorganisation). Andererseits sind auch ablauforganisatorische Gesichtspunkte zu berücksichtigen, die sich auf den Standardisierungsprozeß beziehen.

Das Kriterium Standardisierungsorganisation dient primär zur Unterscheidung von Standards und Normen. Falls es sich um eine sogenannte akkreditierte Organisation handelt, so spricht man von einer Norm oder einem De-jure-Standard. Akkreditiert bedeutet, daß die jeweilige Organisation eine vertragliche Vereinbarung mit einem Staat (national) oder einer Staatengemeinschaft (international) geschlossen hat, die es ihr erlaubt, Standards zu veröffentlichen. Bedeutende Normierungsinstitutionen sind ISO, ANSI und DIN.[104]

Generell zeichnen sich Normen durch einen höheren Grad an Stabilität, Verbindlichkeit und Relevanz sowie einen einheitlichen und formalisierten Standardisierungsprozeß aus. In dieser Konzeption stellen Normen die höchste Form der Standardisierung dar. Demgegenüber werden Standards, die keine Normen sind, von nichtakkreditierten Organisationen entwickelt. Sie lassen sich einteilen in Konsortien, also Vereinigungen mehrerer Organisationen, und einzelne Unternehmen. Der Begriff Konsortium ist ähnlich der Gelegenheitsgesellschaft des bürgerlichen Recht als Organisationsform zu verstehen, die sich zur Erfüllung eines bestimmten Geschäftes oder Auftrages zusammengeschlossen hat. Mitglieder eines Konsortiums können Unternehmen, Verbände und auch andere Konsortien sein.

[104] ISO: International Organization for Standardization; ANSI: American National Standards Institute; DIN: Deutsches Institut für Normung e.V.

Aufgrund der inhärenten Dynamik der Informationstechnologie auf der einen Seite und der aufwendigen Normierungsprozesse auf der anderen Seite sind Normen eher die Ausnahme als die Regel. Vielmehr werden fortlaufend neue Standards durch Interessensverbände, Technologieanbieter und -anwender und sich bei Bedarf formierende Konsortien entwickelt. In der Folge entstehen anstelle von Normen Standards, die mit den Begriffen Quasi-, De-facto- oder Industriestandards charakterisiert werden können.

Die beschriebene Situation läßt sich auf E-Business-Standards im allgemeinen und Katalogstandards im speziellen übertragen. So sind Normen für XML-basierte Geschäftsdokumente noch nicht verfügbar. Frühzeitig mit der Verfügbarkeit des W3C-Standards XML haben sich Technologie- und Anwenderunternehmen in Konsortien zusammengeschlossen, gemeinsam neue Standards entwickelt und in ihren E-Procurement- und Marktplatz-Systemen implementiert.

In enger Beziehung zu der Art der organisatorischen Einheit steht die Frage, ob ein Standard proprietärer Natur ist. Proprietär heißt, daß eine Organisation ein geschütztes Recht an dem Standard besitzt. Dieser Punkt ist dann von besonderer Bedeutung, wenn ein einzelnes Unternehmen dieses Recht beansprucht. Dadurch ist es unter Umständen anderen Unternehmen und Anwendern nicht möglich, auf die Weiterentwicklung des Standards Einfluß zu nehmen bzw. Gewißheit über den zukünftigen Statuts des Standards zu haben. In diesem Zusammenhang ist die Transparenz eines Standards zu sehen. Transparenz der Standardisierungsorganisation bedeutet, daß sichtbar wird, wer den Standard entwickelt, wie die zukünftige Lizenzpolitik aussieht und in welcher Form sich Dritte an der Entwicklung des Standards beteiligen können. Transparenz ist auch ein Kriterium, das den Standardisierungsprozeß selbst charakterisieren kann. In diesem Kontext ist darunter verstehen, daß der Arbeitsfortschritt und die Entscheidungsfindungen auch nach außen hin dokumentiert werden (z.B. durch Bereitstellung von Protokollen, Arbeits- und Positionspapieren).

Die Struktur des Standardisierungsprozesses ist neben dem Know-how der Beteiligten maßgeblich für die Qualität des entstehenden Standards. Qualitätsgesicherte Standardisierungsprozesse zeichnen sich unter anderen durch ein Vorgehensmodell, die durchgängige Dokumentation und einen relativ hohen Grad an Formalisierung und Institutionalisierung aus. Beispielsweise orientieren sich die Vorgehensmodelle der ISO und des W3C an dem Status der Dokumente, die einen Standard spezifizieren. Der ISO-Prozeß besteht demnach aus einer Vorschlags-, Konzept-,

Entwurfs-, Ausarbeitungs-, Zustimmungs- und Veröffentlichungsphase.[105] Das W3C kennt vier abgestufte Dokumentstatus: Working Draft, Candidate Recommendation, Proposed Recommendation und Recommendation. Zum Teil werden ähnliche Vorgehensweisen in vereinfachter Form auch bei der Entwicklung von Industriestandards verfolgt. Üblich ist zum Beispiel ein interner Evaluationsprozeß, bei dem zunächst eine vorläufige Version den Mitgliedern und gegebenenfalls ausgewählten Dritten zugänglich gemacht wird. Teilweise werden solche Testphasen ohne Teilnehmerbeschränkungen als Public Review-Prozeß durchgeführt.

Um einen Standard nach Abschluß der Entwicklungsphase am Markt erfolgreich zu etablieren, muß das Standardisierungsgremium bei den potentiellen Anwendern Vertrauen und Akzeptanz in den Standard und die erreichbare Marktdurchdringung schaffen. Denn nur ein akzeptierter Standard mit relevanter Verbreitung kann die notwendige Investitionssicherheit für seine Anwender gewährleisten. Drei Ansatzpunkte sind zu nennen. Erstens muß es gelingen, den Standard durch Promotoren und Multiplikatoren zu fördern, um einen gewissen Bekanntheitsgrad zu erzielen und über Pilotanwendungen die kritische Masse schneller zu erreichen. Ferner ist die Verfügbarkeit und die Qualität der Weiterentwicklung des Standards sicherzustellen (Standardisierungsprozeß).

Schließlich sollten den Zielgruppen des Standards differenzierte Serviceleistungen angeboten werden, um sowohl Entscheidungsträger mit den notwendigen Informationen zu versorgen als auch die fachliche und technische Implementierung des Standards in Softwareprodukte zu unterstützen. Hierzu gehören unter anderem die Hilfestellung bei Fragen und Problemen (z.B. FAQ, E-Mail- und Telefon-Support) und die sogenannte Zertifizierung. Die Zertifizierung überprüft, ob ein Untersuchungsobjekt den Festlegungen eines Standards entspricht. Für Katalogstandards heißt dies, daß Katalogdokumente dahingehend überprüft werden, ob sie der Spezifikation genügen. Ein zertifizierter Katalog bescheinigt eine gewisse, syntaktische und semantische Qualität, die die Weiterverarbeitung in importierenden Informationssystemen vereinfachen kann, da auf Seite der importierenden Systeme aufwendige Prüfungen entfallen oder zumindest reduziert werden.

---

[105] Vgl. Arlt et al. (2000), S. 40ff.

3.3.2 Inhalte

Die inhaltliche Qualität eines Katalogstandards läßt sich anhand verschiedener Kriterien messen. Die zentrale Frage lautet, welche Sachverhalte durch den Standard beschrieben und inwieweit damit die Anforderungen der Anwenderunternehmen erfüllt werden. Gemäß dem Schichtenmodell der E-Business-Standardisierung ist diese Frage auf die einzelnen Schichten zu beziehen und es ist zu untersuchen, welche Standardisierungsobjekte jeweils erfaßt werden. Die Überprüfung der inhaltlichen Abdeckung erfordert insbesondere auf der Vokabularschicht eine detaillierte Untersuchung der Syntax und Semantik aller Datenelemente des jeweiligen Standards. Einzelne Standards konzentrieren sich überwiegend nur auf eine Teilmenge der Schichten und decken damit nicht alle Schichten ab. Die Schichten werden zudem von den E-Business-Standards nicht einheitlich bezeichnet. Teilweise werden Schichten zusammengefaßt oder inhaltlich anders definiert, so daß die Abgrenzung erschwert wird.

Die Abdeckung und Eignung von Katalogstandards läßt sich durch ein Katalogdatenreferenzmodell überprüfen, welches alle relevanten Sachverhalte enthält. Bereits im zweiten Kapitel wurde daraufhingewiesen, daß solche Modelle noch nicht existieren und daß ihre Entwicklung sehr aufwendig ist. Aus diesem Grund wird hier ein Untersuchungsrahmen eingesetzt, dessen Struktur sich aus dem Schichtenmodell und der Untersuchung von Katalogdaten ableitet. Die Schichten Vokabular und Datentypen werden dabei im wesentlichen durch das hierarchische Datenbereichsmodell aus Kapitel 2.1.5 beschrieben. Im weiteren können die Kriterien absteigend entlang des Schichtenmodells definiert werden.

Auf der Prozeßschicht ist zu fragen, welche Katalogdatenprozesse explizit standardisiert werden (siehe dazu Abbildung 3-10). Bezüglich der Dokumenttypen wird untersucht, welche der drei Typen standardisiert werden (siehe dazu Tabelle 3-3). Der Umfang des Vokabulars kann anhand der Katalogdatenbereiche überprüft werden. Bei den Datentypen ist zu bestimmen, in welchem Maß spezifische Datentypen definiert und von bereits standardisierten Datentypen Gebrauch gemacht wird. Außerdem sind die besonderen Charakteristika von Katalogdaten zu berücksichtigen. Dazu zählt, ob die Mehrsprachigkeit, die Multi-Abhängigkeiten (z.B Multi-Supplier-Kataloge) und die unterschiedlichen Stufen der strukturellen Komplexität unterstützt werden.

3.3.3 Formale Spezifikation

Aufgabe der formalen Spezifikation ist es, einen Standard unter Verwendung einer formalen Sprache teilweise oder vollständig zu beschreiben. Damit werden zwei Hauptziele verfolgt. Zum einen ermöglicht der Einsatz einer formalen Sprache im Vergleich zu anderen Sprachen eine exaktere und eindeutige Beschreibung. Dadurch sollen insbesondere das Verständnis erleichtert und unterschiedliche Interpretationen verhindert werden. Zum anderen unterstützen formale Spezifikationen, die in einer maschinell verarbeitungsfähigen Form vorliegen, die Implementierung des jeweiligen Standards in Softwaresystemen.

Im Schichtenmodell der E-Business-Standardisierung lassen sich in Abhängigkeit von den Standardisierungsobjekten schichtenspezifische und schichtenübergreifende Spezifikationssprachen einsetzen. Während auf den drei oberen Schichten vorwiegend semi-formale Sprachen genutzt werden (z.B. Prozeßmodelle), die sich zudem stark voneinander unterscheiden können, selbst kaum standardisiert sind und insgesamt eher der Dokumentation zugerechnet werden, steht für die drei datenorientierten Schichten Dokumente, Vokabular und Datentypen eine begrenzte Anzahl sogenannter XML-Schemasprachen zur Verfügung. Eine XML-Schemasprache stellt Sprachelemente zur Verfügung, um die Syntax von XML-Dokumenten zu definieren. Dies bezieht nicht nur vollständige XML-Dokumente, sondern auch deren Bestandteile, also atomare und komplexe Datenelemente und die ihnen zugewiesenen Datentypen mit ein, so daß mit einer XML-Schemasprache konsistent alle drei genannten Schichten abgedeckt werden.

Die mit einer XML-Schemasprache erstellten Spezifikationen werden im weiteren unabhängig von der konkreten Sprache mit XML-Schema bezeichnet. Der Begriff ist nicht zu verwechseln mit *XML Schema* (ohne Bindestrich), einer seitens des W3C standardisierten Schemasprache. Im Vorgriff sei vermerkt, daß es sich anbietet, anstelle von XML Schema das Akronym XSD (XML Schema Definition) zu benutzen, um Mißverständnisse zu vermeiden.[106]

XML-Schemasprachen stellen Modellierungskonzepte bereit, derer sich Katalogstandards in unterschiedlichem Umfang bedienen können. Aus diesem Grund reicht es nicht aus, die Frage zu beantworten, welche Schemasprachen ein konkreter

[106] Die Schreibweise XML Schema (ohne Bindestrich) entspricht den Veröffentlichungen des W3C; vgl. Fallside (2001), o.S.

Standard nutzt, sondern es muß ebenfalls untersucht werden, welche sprachspezifischen Modellierungskonzepte der jeweilige Standard tatsächlich anwendet. Dazu wird ein entsprechender Untersuchungsrahmen benötigt. Eine vergleichende Darstellung der sechs wichtigsten XML-Schemasprachen findet sich in den Arbeiten von *Lee*.[107] Die dort eingeführten Kriterien können weitgehend übernommen werden. Zusätzlich werden neue Kriterien eingeführt; dazu zählen eine genauere Differenzierung der Datentypen und die Strukturierung der Spezifikationsdokumente.[108]

Im Beitrag von *Lee* und *Chu* sind sechs XML-Schemasprachen Gegenstand des Vergleiches. Im Kontext der E-Business-Standardisierung sind jedoch nur jene Schemasprachen von Relevanz, die für die Spezifikation tatsächlich eingesetzt werden. Deshalb wird die Untersuchung auf die vier XML-Schemasprachen XML DTD, XSD, XDR und SOX beschränkt

Die zu Beginn der E-Business-Standardisierung am weitesten verbreitete Schemasprache ist die sogenannte XML Document Type Definition (XML DTD) gewesen. Sie wurde durch das W3C bereits Anfang 1998 veröffentlicht und war damit die einzige standardisierte XML-Schemasprache.[109] Die Modellierungskonzepte von XML DTD sind allerdings im Vergleich zu den nachfolgenden XML-Schemasprachen sehr limitiert. Insbesondere das völlige Fehlen von Datentypen schränkt die Spezifikationsmöglichkeiten hinsichtlich korrekt kodierter Geschäftsdaten stark ein. Der zweite Kritikpunkt bezieht sich auf die DTD-Sprachkonstrukte selbst. Während andere Schemasprachen XML selbst für die Schemadefinition benutzen, führt die XML DTD eigene Konstrukte ein, die nur unter Aufwand zu verarbeiten sind.[110] Dagegen ermöglicht die Formulierung von Schemas in XML eine problemlose Weiterverarbeitung.

Um die Typproblematik von XML DTD zu beheben, haben zahlreiche Unternehmen und Forschergruppen neue und erweiterte XML-Schemasprachen entworfen, die selbst die XML-Syntax benutzen. Die Sprache XML-Data wurde ebenfalls 1998 durch das W3C veröffentlicht, allerdings nur als *Note*, d.h. nicht im Rahmen eines

---

[107] Vgl. Lee / Chu (2000), S. 76ff., und Murata / Lee / Mani (2001), S. 153ff.

[108] Vgl. Schmitz / Leukel / Dorloff (2003), S. 175ff.

[109] Vgl. Bray et al. (2004), o.S.

[110] Vgl. Jeckle (2002), S. 24f.

Standardisierungsprozesses.[111] XML-Data ist anschließend durch Microsoft als XML-Data Reduced (XDR) adaptiert und in das BizTalk-Framework integriert worden.[112]

Eine andere Weiterentwicklung von XML DTD wurde von dem E-Business-Softwarehersteller CommerceOne vorangetrieben. Das sogenannte Schema for Object-Oriented XML (SOX) implementiert im Vergleich zu XDR zusätzlich objektorientierte Konzepte wie erweiterbare Datentypen und Elementvererbung.[113] Es handelt sich ebenfalls um eine W3C Note.

Nach einer längeren Entwicklungs- und Evaluationszeit erreichte im Mai 2001 die Sprache XML Schema (XSD), die als W3C-Nachfolger für XML DTD vorgesehen ist, den abschließenden W3C-Status Recommendation.[114] XML Schema ergänzt die XML DTD um die bereits durch die anderen Sprachen eingeführten Konzepte (XML-Syntax, umfangreiche Datentypen, Namensräume, Vererbung) und bietet über SOX hinaus zusätzlich Konzepte der relationalen Datenmodellierung (Schlüsseleigenschaft, referentielle Integrität).

Der Vergleich der Schemasprachen anhand der Kriterien und Ergebnisse von *Lee* und *Chu* unter Einschluß der Erweiterungen demonstriert die unterschiedliche Mächtigkeit der Sprachen. Wie aus Tabelle 3-4 hervorgeht, weist XML DTD die wenigsten, XSD dagegen die die meisten Modellierungskonzepte auf.

Während die vorgenannten Spezifikationssprachen sich ausschließlich mit der Syntax von XML-Dokumenten befassen, gehen andere Spezifikationssprachen weiter und fügen explizit Semantik hinzu. Explizit bedeutet, daß die Semantik durch spezifische Konstrukte ausgedrückt wird. Demgegenüber enthalten XML-Schemas nahezu keine explizite Semantik.[115] Höchstens die Benennung der Elemente und Attribute läßt für den Benutzer oder einen Interpreter eventuell Rückschlüsse auf den Bedeutungsinhalt zu. Zudem steht als primäres Strukturierungsinstrument nur die Bildung von Hierarchiebeziehungen zur Verfügung. Die Art der Beziehung läßt sich nicht weiter spezifizieren (z.B. „enthält", „besteht aus", „verwendet" usw.).

---

[111] Vgl. Layman et al. (1998), o.S.

[112] Vgl. Frankston / Thompson (1998).

[113] Vgl. Davidson et al. (1999).

[114] Vgl. Fallside (2001).

[115] Vgl. z.B. Madnick (2001), S. 4f., und Decker et al. (2000), S. 63ff.

	Schemasprache	**DTD**	**XSD**	**XDR**	**SOX**
Bereich	**Kriterium**				
Spezifikations-struktur	Inklusion	Nein	Ja	Nein	Ja
	Import	Nein	Ja	Nein	Ja
	Externe Datentypen	Ja	Ja	Ja	Ja
	1 Datei je Dokumenttyp	Ja	Ja	Ja	Ja
	n-Dateien je Dokumenttyp	Ja	Ja	Ja	Ja
	1-Datei für n-Dokumenttypen	Ja	Ja	Ja	Ja
Datentypen	Benutzerdefinierte Datentypen	Nein	Ja	Nein	Ja
	Wertebereich: Enumerationen	Nein	Ja	Nein	Ja
	Wertebereich: Pattern	Nein	Ja	Nein	Nein
	Wertebereich: Facets	Nein	Ja	Nein	Ja
	Null-Werte	Nein	Ja	Nein	Nein
XML-Attribute	Standardwerte	Ja	Ja	Ja	Ja
	Optional vs. Mandatory	Ja	Ja	Ja	Ja
	Wertebereich: Enumerationen	Ja	Ja	Ja	Ja
	Wertebereich: Pattern	Nein	Ja	Nein	Nein
	Wertebereich: Facets	Nein	Ja	Nein	Nein
Elemente	Standardwerte	Nein	Teilweise	Nein	Nein
	ohne Reihenfolge	Nein	Ja	Ja	Nein
	Auswahl	Ja	Ja	Ja	Ja
	Min-/Max-Kardinalität	Teilweise	Ja	Ja	Ja
	Einfache Typen: Einschränkung	Nein	Ja	Nein	Ja
	Komplexe Typen: Erweiterung	Nein	Ja	Nein	Ja
	Komplexe Typen: Einschränkung	Nein	Ja	Nein	Nein
Schlüssel	Eindeutigkeit für Attribute	Ja	Ja	Ja	Ja
	Eindeutigkeit für Elemente	Nein	Ja	Teilweise	Nein
	Schlüssel für Attribute	Nein	Ja	Nein	Nein
	Schlüssel für Elemente	Nein	Ja	Nein	Nein
	Fremdschlüssel für Attribute	Teilweise	Ja	Teilweise	Teilweise
	Fremdschlüssel für Elemente	Nein	Ja	Nein	Nein
Sonstiges	Syntax in XML	Nein	Ja	Ja	Ja
	Namensräume	Nein	Ja	Ja	Ja
	Integrierte Dokumentation	Nein	Ja	Nein	Ja
	HTML in XML-Instanzen	Nein	Ja	Nein	Ja

Tabelle 3-4: Vergleich von XML-Schemasprachen

(in Anlehnung an: Lee / Chu (2000), S. 87).

Die Semantik von Daten im Web läßt sich unter anderem durch RDF-basierte Sprachen beschreiben. Das Resource Description Framework (RDF) stellt ein Datenmodell zur Verfügung, welches zur Beschreibung der Semantik geeignet ist, indem zu den Daten erklärende Metadaten hinzugefügt werden.[116] Die beiden wichtigsten Sprachen sind RDF Schema und DAM+OIL.[117] Diese Sprachen werden insbesondere zur Spezifikation von fachlichen Modellen der Begriffe und Zusammenhänge innerhalb einer Anwendungsdomäne und damit von Ontologien eingesetzt. Ontologien werden vielfach als Voraussetzung angesehen, daß Informationen besser und automatisiert zwischen Informationssystemen verarbeitet werden können. Vor allem sollen sie die Informationssuche erleichtern und die Übersetzung zwischen heterogenen Vokabularen unterstützen.[118] Maßgeblich motiviert wurde diese Entwicklungsrichtung durch den Web-Mitbegründer Tim Berners-Lee, der die Vision eines *Semantic Web* formulierte.[119]

Obwohl RDF-Technologien durch das W3C standardisiert sind, läßt sich feststellen, daß die Verbindungen zwischen der syntaxorientierten XML-Welt und der semantikorientierten RDF-Welt noch zu gering entwickelt sind, als daß sie bereits einen Niederschlag in der E-Business-Standardisierung gefunden hätten. Deutlich wird dies daran, daß bislang keine XML-Geschäftssprache RDF-Technologien nutzt. Es werden ausschließlich XML-Schemasprachen eingesetzt. Die Ursachen liegen in konzeptionellen Unterschieden zwischen XML- und RDF-Modellen. Während XML auf dem hierarchischen Datenmodell basiert, liegt RDF ein Graphenmodell zugrunde. RDF unterscheidet Klassen und die zugehörigen Eigenschaften, während in XML diese Trennung nicht vorhanden ist. Hier werden beide durch Elemente ausgedrückt. Die Zugehörigkeitsbeziehung läßt sich nur durch die Hierarchisierung abbilden.

Seit einiger Zeit wird intensiv an der Verbindung von XML und RDF gearbeitet. Zu nennen sind die automatische Erzeugung von RDF-Modellen aus XML-Schemas und XML-Dokumenten sowie die Transformation in umgekehrter Richtung.[120] Es ist zu erwarten, daß diese Entwicklungen durch die zunehmende Entstehung von Ontologien beschleunigt werden. An dieser Stelle bleibt festzuhalten, daß XML-Schemasprachen bezüglich der Unternehmenspraxis den State-of-the-Art der E-Business-Standardisierung darstellen.

---

[116] Vgl. Manola / Miller (2004), o.S.

[117] Zu RDF Schema vgl. Brickley / Guha (2004). Zu DAML+OIL (DARPA Agent Markup Language + Ontology Infrastructure Language) vgl. Connolly et al. (2001).

[118] Vgl. Fensel (1999).

[119] Vgl. Berners-Lee (1999).

[120] Vgl. z.B. Patel-Schneider / Siméon (2002), S. 443ff., und Klein (2002b), S. 889ff.

3.3.4 Dokumentation

Aufgabe der Dokumentation ist es, die Festlegungen eines Standards so ausführlich und eindeutig zu beschreiben, daß Dritte in die Lage versetzt werden, den Standard für Anwendungen zu nutzen, d.h. in der Praxis zu implementieren. Die Dokumentation läßt sich nach dem Schichtenmodell unterteilen in Beschreibungen des Frameworks, der Prozesse, der Dokumente usw. Zu der Dokumentation gehören sowohl verbale als auch semi-formale und formale Bestandteile. Auch besteht ein sehr enger Zusammenhang zu der formalen Spezifikation, da die Dokumentation die Semantik hinzufügt, die sich durch die formale Spezifikation nicht ausdrücken läßt.

Zur Dokumentation stehen verschiedene Mittel zur Verfügung, die auch in der Datenmodellierung angewendet werden, da im Zentrum gleichfalls Datenstrukturbeschreibungen stehen. Angesichts der strukturellen Komplexität von Katalogdaten ist der Einsatz von graphischen Darstellungen der Schemata sinnvoll, die die Gesamtstruktur und ihre Beziehungen offenlegen. In diese Gruppe von Beschreibungsmitteln fallen zum Beispiel ER-, UML- und graphische XML-Notationen. Solche Modelle können jedoch nur wenige Syntax- und Semantikaspekte wiedergeben. Daher ist das wichtigste Beschreibungsmittel ein strukturiertes Datenelementverzeichnis (engl.: Data Dictionary), welches jedes Datenelement spezifiziert. Zur Spezifikation gehören beispielsweise eine verbale Erläuterung, der Datentyp einschließlich Feldlängenbeschränkungen und zulässigem Wertebereich, die Kardinalität und die Eingliederung in die Gesamtdatenstruktur. Das Datenelementverzeichnis bettet sich in der Regel in eine übergeordnete Beschreibung ein, die die grundlegenden Konzepte und Anwendungsfälle eines Standards zum Gegenstand hat.

Die Dokumentation richtet sich nicht ausschließlich an Aufgabenträger, die den Standard in Informationssysteme implementieren sollen (z.B. Entwickler, Programmierer), sondern auch an weniger technologisch orientierte Zielgruppen. Demnach läßt sich die Dokumentation nach den angesprochenen Zielgruppen differenzieren. Entscheider sind primär nicht an den technischen Einzelheiten interessiert. Sie erwarten dagegen Beschreibungen der Einsatzgebiete, um die Rahmenbedingungen und Vorteiles eines Einsatzes erkennen und beurteilen zu können. Eine weitere Zielgruppe stellen die Domänenexperten dar, die sich vorwiegend mit den vorhandenen Katalogdaten und den Anforderungen an diese gut auskennen und die relevanten Standards vorrangig unter inhaltlichen Gesichtspunkten betrachten. Die Zielgruppendifferenzierung kann durch eine zielgruppenspezifische Dokumentation erreicht werden.

Die Dokumentation wird durch ein oder mehrere, in der Regel elektronische Dokumente bereitgestellt. Dabei werden verschiedene Dateitypen genutzt, die sich hinsichtlich der Navigation und Weiterverarbeitung unterscheiden. Die Navigation ist gerade bei umfangreichen Standards und häufiger Nutzung der Dokumentation von Bedeutung. Sie unterstützt sowohl jene Aufgabenträger, die sich intensiv mit einem Standard befassen, als auch Entscheider und Domänenexperten, die sich schnell einen Überblick über den Standard verschaffen wollen. Hilfreich sind Hypertext-basierte Dokumentationen. Diese können durch HTML-Dokumentationen, aber auch durch Verweise in Adobe Acrobat- und Word-Dokumenten realisiert werden. Letztere sind einfach weiterzuverarbeiten, um zum Beispiel unternehmensinterne Dokumentationen, Handbücher oder Leitfäden zu erstellen. Die Navigation und Suche innerhalb der Dokumentation kann durch Dokumentstruktur-Browser sowie Datenelement-, Datentyp- und Stichwortverzeichnisse unterstützt werden.

Schließlich ist zu berücksichtigen, daß weitere Eigenschaften und Ergänzungen der Dokumentation helfen können, die Verbreitung eines Standards positiv zu beeinflussen. Wiederum zielgruppenbezogen können zwei Ansätze unterschieden werden. Der erste soll Nutzer unterstützen, indem zum Beispiel landesspezifische Dokumentationen bereitgestellt werden, die über eine englischsprachige oder deutschsprachige Fassung hinausgehen und auf relevante Märkte abzielen. Außerdem können Entscheider und Projektverantwortliche in ihren Aufgaben durch Marketingbroschüren, Managementzusammenfassungen, Fallstudien und weiterverarbeitbare Präsentationen (z.B. Powerpoint-Folien) unterstützt werden. Zweitens mangelt es gerade bei der erstmaligen Realisierung eines Standards oftmals an geeigneten Beispieldaten, die die korrekte Anwendung demonstrieren und für die Erprobung der Funktionsweise von beschafften oder entwickelten Informationssystemen verwendet werden können. Übertragen auf Katalogdaten könnten zum Beispiel seitens der Standardisierungsorganisation „echte“ Katalogdokumente von Anwenderunternehmen veröffentlicht werden, die hinsichtlich Ausnutzung des Standards repräsentativ sind.

3.3.5 Marktstellung, -verbreitung und Softwareunterstützung

Der Erfolg eines Standards zeigt sich an der erreichten Verbreitung in der Praxis. Die Erreichung einer „kritischen Masse“ ist Voraussetzung, um die positiven Netzeffekte der Standardisierung zu realisieren.[121] Zugleich sehen sich Unternehmen vor dem Problem, relevante Standards zu identifizieren und ihre derzeitige sowie zukünftige Relevanz abzuschätzen. Ein Ansatzpunkt ist die Untersuchung der Marktstellung, die sich unter anderem durch empirische Erhebungen messen läßt.

Übertragen auf Katalogstandards ist zu fragen, welche absoluten und relativen Häufigkeiten die jeweiligen Standards im Erhebungsbereich und -zeitraum aufweisen. Dies läßt sich zum Beispiel anhand der Anzahl elektronischer Kataloge feststellen, die ein Marktplatz eingangsseitig verarbeitet oder die Lieferanten an ihre Kunden weitergeben. Dennoch zeigt sich, daß geeignete empirische Erhebungen bislang kaum verfügbar sind. Die Gründe sind vielschichtig und liegen unter anderem in der notwendigen Beschränkung auf Kataloge als ein spezieller Geschäftsdokumenttyp, in dem heterogenen Untersuchungsgebiet (z.B. Lieferanten vs. einkaufende Unternehmen, kleine und mittlere Unternehmen vs. Großunternehmen) und in starken Branchenunterschieden (z.B. Maschinenbau vs. Bauindustrie).

Eine adäquate Untersuchung, die die in Frage kommenden Standards ausreichend differenziert und deren Erhebungsmethodik zu repräsentativen Aussagen führt, liegt mit der Studie *E-Business Standards. Verbreitung und Akzeptanz* für die deutsche Elektroindustrie vor.[122] In ihr wurden die Mitglieder der beiden Branchenverbände ZVEI und VEG zu dem Geschäftsdatenaustausch und den eingesetzten Standards befragt.[123]

Eine weitergehende Studie liegt mit der im Auftrag des Bundesministeriums für Wirtschaft und Arbeit erstellten Untersuchung *E-Business-Standards in Deutschland* vor, in der ergänzend zu einer empirischen Bestandsaufnahme auch Problembereiche und Perspektiven der E-Business-Standardisierung behandelt werden.[124] Dazu sind strukturierte Interviews mit Experten aus Beratungs- und Softwarehäusern sowie Anwenderunternehmen geführt worden. Im empirischen Teil sind 400 Anwenderunternehmen aus vier Branchen über den Einsatz von E-Business-Standards befragt worden. Allerdings sind die vier betrachteten Branchen nicht repräsentativ für

---

[121] Zu positiven Netzeffekten und dem sogenannten Standardisierungsproblem vgl. Buxmann et al. (1999), S. 157ff.

[122] Vgl. Otto et al. (2002).

[123] ZVEI: Zentralverband Elektrotechnik- und Elektronikindustrie e.V.; VEG: Bundesverband des Elektro-Großhandels e.V.

[124] Vgl. Quantz / Wichmann (2003).

katalogbasierte Kauf- und Verkaufsprozesse, so daß sich die Ergebnisse im Bereich des Katalogdatenaustausches nicht verallgemeinern lassen. Insbesondere gilt dies für die beiden Branchen Nahrungsmittelindustrie und -handel, in denen nur 28% bzw. 29% der Unternehmen Katalogdaten austauschen. Im Maschinenbau sind es 50%, jedoch konzentriert sich der Datenaustausch aufgrund der Komplexität der gehandelten Produkte auf die Phasen der Produktentstehung. Die vierte Branche, die IT- und Elektronikindustrie, weist dagegen mehr Bezugspunkte zum katalogbasierten Handel auf, jedoch werden Katalogdaten auch dort nur von jedem zweiten Unternehmen ausgetauscht.

Angesichts der eingeschränkten Verfügbarkeit aussagekräftiger Primärdaten ist auf sekundäre Daten und Kriterien zurückzugreifen, die geeignet sind, die Marktstellung eines Standards zu charakterisieren. Ebenfalls durch Erhebungen läßt sich der Unterstützungsgrad seitens katalogdatenverarbeitender Softwaresysteme ermitteln. Ermöglicht wird dies durch die begrenzte und auch überschaubare Anzahl solcher Systeme, wenn der Untersuchungsbereich auf bestimmte Branchen oder Regionen eingegrenzt wird. Dadurch läßt sich erkennen, inwieweit Standards durch Softwareanbieter unterstützt wird.

Außerdem sind die Unternehmen und Verbände, die dem jeweiligen Standardisierungsgremium angehören, von Bedeutung. Gerade wenn große, einkaufende Unternehmen und bedeutende Marktplätze Katalogstandards mitentwickeln, aktiv unterstützen oder diese Standards von ihren Lieferanten einfordern, ist eine hohe Marktdurchdringung zu erwarten. Andererseits ist die Bereitschaft großer Unternehmen, ausschließlich einen Standard zu unterstützen, als gering einzuschätzen. Vielmehr wollen sich viele Unternehmen bewußt noch nicht festlegen, sondern sich mehrere Optionen offenhalten.

3.4 XML-Katalogstandards

Auf der Grundlage der zuvor eingeführten Kriterien lassen sich XML-Katalogstandards beschreiben und vergleichen. Beginnend mit der Publikation des XML-Standards durch das W3C im Jahr 1998 haben sich schnell zahlreiche Katalogstandards entwickelt. Angesichts der hohen Anzahl vorgeschlagener oder tatsächlich angewendeter Standardformate ist eine Auswahl notwendig. Wenngleich in nicht wenigen Publikationen noch behauptet wird, es würden über 160 verschiedene Katalogstandards existieren, so muß betont werden, daß die Anzahl auch unter Einbeziehung von mittlerweile eingestellten Standards tatsächlich deutlich geringer ist.[125]

3.4.1 Übersicht und Auswahl

Zunächst sollen Abgrenzungskriterien für XML-Katalogstandards angeführt werden, um gemäß des Schichtenmodells der E-Business-Standardisierung nur vergleichbare Standards zu untersuchen. Die erste Abgrenzung ergibt sich aus der XML-Formatbasis, d.h. es sind XML-Geschäftsdokumente zu standardisieren. Zweitens sind Gegenstand der Katalogstandards mindestens die beiden fachlichen Schichten Vokabular und Dokumente. Insbesondere sind solche Standards zu vernachlässigen, die lediglich ein Framework bilden, ohne eigene Dokumentspezifikationen bereitzustellen. Diese Anforderung führt dazu, daß die Frameworks ebXML[126] und BizTalk nicht weiter betrachtet werden. Drittens müssen explizit Katalogdaten standardisiert werden. Zu diesen Standards zählt zum Beispiel nicht der OBI-Standard (Open Buying on the Internet), der häufig referenziert wird, jedoch nur Dokumente für die Auftragsabwicklung bereitstellt.

Zur Strukturierung der verbleibenden Katalogstandards werden ebenfalls drei Kriterien herangezogen sowie zusätzlich der Entwicklungsverlauf und -stand beleuchtet. Erstens wird die Reichweite eines Standards daran erkennbar, ob es sich um einen vertikalen Standard für eine spezielle Branche oder einen horizontalen Standard ohne Branchenfokussierung handelt. Zweitens gibt das Kriterium Gremium an, welcher Art die Standardisierungsorganisation ist. Zum Dritten verweist die Region auf das Herkunftsland des Standards. Hierbei ist zu berücksichtigen, daß an der Entwicklung vieler Standards multinationale Unternehmen beteiligt sind, so daß die Herkunft nicht auf ein Land eingeschränkt werden kann.

Die genannten Kriterien werden auf 16 identifizierte XML-Katalogstandards angewendet, die in alphabetischer Reihenfolge in der Tabelle 3-5 verzeichnet sind.

---

[125] Die Zahl 160 geht auf eine Pressemeldung und die Website zum BMEcat-Standard zurück; vgl. eBSC (2004), o.S. Sie findet sich unter anderem in Doh (2002), S. 45, Hentrich (2001), S. 70, und Kieffer (2002), S. B5 wieder.

[126] Vgl. OASIS / UN/CEFACT (2001). Zum Entwicklungsstand vgl. Hofreiter / Huemer / Klas (2002), S. 7ff.

Standard	Gremium	URL	Region	Erste Version	Letzte Version	Aktiv
BMEcat	Konsortium	www.bmecat.org	D	1.0 (11/1999)	1.2 (03/2001)	Ja
catXML	Unternehmen	www.catxml.org	USA	1.0 (05/2000)	2.0 (08/2000)	Nein
CIDX	Konsortium	www.cidx.org	Global	1.0 (08/2000)	3.0 (06/2002)	Ja
cXML	Unternehmen	www.cxml.org	USA	1.0 (02/1999)	1.2.011 (04/2004)	Ja
eBIS-XML	Konsortium	www.ebis-xml.net	UK	Katalogdokumente angekündigt		Ja
EAN.UCC	Konsortium	www.uc-council.org	Global	1.0 (07/2001)	1.3 (10/2003)	Ja
eCOS	Unternehmen	www.healy-hudson.de	D	in 1998	in 1998	Nein
eCX	Unternehmen	www.ecx-xml.org	USA	1.0	3.6 (04/2002)	Ja
OAGIS	Konsortium	www.openapplications.org	Global	6.0 (02/1998)	8.0 (04/2002)	Ja
OCI	Unternehmen	www.sap.de	D	1.0	4.0 (11/2003)	Ja
OCP/OCF	Unternehmen	www.martsoft.com/ocp	USA	1.0	2.0	Nein
PDML	Konsortium	www.pdml.org	USA	0.1 (09/1998)	0.6 (07/1999)	Nein
Rosetta-Net	Konsortium	www.rosettanet.org	Global	1.0 (11/1999)	2.0 (02/2003)	Ja
xCBL	Unternehmen	www.xcbl.org	USA	2.0 (12/1999)	4.0 (03/2003)	Ja
XEDI	Unternehmen	www.xedi.org	USA	in 1999	-	Nein
XML/EDI	Konsortium	www.xmledi-group.org	USA	-	-	Nein

Tabelle 3-5: Übersicht XML-Katalogstandards

Es fällt auf, daß sechs Standards nicht mehr weiterentwickelt werden. Zum Teil lassen sich nicht alle Informationen ermitteln oder rekonstruieren, da die entsprechenden Gremien nicht mehr existieren. Diese Situation verweist auf einen wichtigen Aspekt der E-Business-Standardisierung. Während zunächst parallel viele Standards entstanden sind, ist es im Zuge der allgemeinen Konsolidierungsphase des E-Business zu einer ersten Bereinigung gekommen. Vor allem die Träger proprietärer Standards kleinerer Gremien mußten offensichtlich erkennen, daß eine schnelle Verbreitung ohne die Unterstützung durch Softwareanbieter und die maßgebenden Akteure in den jeweiligen Branchen nicht zu erreichen ist.

Aus der Menge der aktiven XML-Katalogstandards sind die Standards auszuwählen, die sowohl aus Sicht der Unternehmenspraxis als auch unter wissenschaftlichen Gesichtspunkten die höchste Relevanz aufweisen. Da es über die Verbreitung von Katalogstandards nur sehr wenige empirische Untersuchungen gibt, die sich zudem meistens auf eine Branche beziehen, werden sekundäre Kriterien zur Erfassung der Marktstellung und -verbreitung herangezogen.[127] Von diesem Standpunkt aus sind die proprietären Standards von Bedeutung, die von großen Softwareanbietern

[127] Vgl. Kapitel 3.3.5.

entwickelt werden. Dazu zählen cXML (Ariba), xCBL (CommerceOne) und OCI (SAP). Bei OCI handelt es sich allerdings um ein spezielles Protokoll für die synchrone Kommunikation zwischen Anwendungssystemen. Weiterhin sind jene Standards zu erwähnen, die für spezielle Märkte nachweisbar eine hohe Durchdringung erreicht haben bzw. ihnen diese bescheinigt wird (z.B. BMEcat in Deutschland, RosettaNet für IT-Komponenten).

Entscheidungskriterium im weiteren ist jedoch das Ergebnis einer Analyse der wissenschaftlichen Literatur, die Katalogstandards zum Gegenstand hat oder diese zumindest im Kontext der E-Business-Standardisierung thematisiert. Hierzu werden elf einschlägige Arbeiten unterschiedlicher Autoren ausgewertet und in der Tabelle 3-6 gegenübergestellt. In der rechten Spalte sind auch die in den jeweiligen Arbeiten genannten sonstigen XML-Standards, die jedoch keine Katalogstandards sind, und Nicht-XML-Standards angegeben.

Die summarische Betrachtung der Häufigkeiten bestätigt im wesentlichen die Vorauswahl seitens der Unternehmenspraxis. Nachfolgend wird der vertikale Standard RosettaNet nicht in die Untersuchung einbezogen, da nur horizontale Standards betrachtet werden sollen. Hinzu kommt der horizontale, nicht-proprietäre OAGIS-Standard. Die vier Standards BMEcat, cXML, OAGIS und xCBL werden somit für die nähere Betrachtung ausgewählt und in alphabetischer Reihenfolge untersucht.

Autoren	BMEcat	cXML	EAN. UCC	OAGIS	OCF	Rosetta Net	xCBL	Sonstige, Nicht-XML
Dogac/Cingil[128]	Nein	Ja	Nein	Nein	Nein	Ja	Ja	BizTalk, MESChain
Dorloff et al.[129]	Ja	Ja	Nein	Ja	Nein	Nein	Ja	EANCOM
Erni / Leser[130]	Ja	Ja	Nein	Nein	Nein	Ja	Ja	BizTalk, BTP, CP-Exchange, ebXML
Esswein/ Zumpe[131]	Ja	Ja	Nein	Nein	Nein	Ja	Ja	BizTalk, ebXML, ICE, OBI
Frank[132]	Ja	Ja	Nein	Ja	Nein	Ja	Ja	CPFR, ebXML, OBI
Kelkar et al.[133]	Ja	Ja	Ja	Ja	Nein	Ja	Ja	-
Li[134]	Nein	Ja	Nein	Ja	Ja	Nein	Ja	-
Lincke[135]	Nein	Ja	Nein	Nein	Nein	Ja	Ja	CIF, ICE, OBI, OTP
Omelayenko[136]	Nein	Ja	Nein	Ja	Nein	Nein	Ja	-
Shim et al.[137]	Nein	Ja	Nein	Nein	Nein	Ja	Ja	BizTalk, OBI
Wüstner et al.[138]	Nein	Nein	Nein	Ja	Nein	Nein	Ja	-
Anzahl Nennungen	5	10	1	6	1	7	11	-

Tabelle 3-6: XML-Katalogstandards in der wissenschaftlichen Literatur

3.4.2 BMEcat 1.2

Organisation

Der Katalogstandard BMEcat hat seinen Ursprung in Deutschland und wird durch das sogenannte eBusiness Standardization Committee (eBSC) getragen.[139] Die Bezeichnung BMEcat verweist auf den Bundesverband Materialwirtschaft, Einkauf und Logistik (BME), unter dessen Dach das eBSC als BME-Arbeitskreis entstanden ist.

---

[128] xCBL wird im Kontext des eCo-Frameworks betrachtet; vgl. Dogac / Cingil (2001), S. 18f.

[129] Vgl. Dorloff / Leukel / Schmitz (2001), S. 1528ff.

[130] Vgl. Erni / Leser (2001), S. 21-59.

[131] Vgl. Esswein / Zumpe (2002), S. 251ff.

[132] Vgl. Frank (2000b), S. 17ff.

[133] Vgl. Kelkar / Leukel / Schmitz (2002b), S. 366ff.

[134] Vgl. Li (2000), S. 487ff.

[135] Vgl. Lincke (1999), S. 28ff.

[136] Vgl. Omelayenko / Fensel (2001), S. 226ff.

[137] Vgl. Shim et al. (2000), S. 40ff.

[138] Vgl. Wüstner / Hotzel / Buxmann (2002), S. 61ff.

[139] Vgl. eBSC (2004), o.S.

Der BME ist der führende Fachverband für Einkauf und Logistik in Deutschland, dessen rund 6.000 Mitglieder mehr als 80% des Beschaffungsvolumens des produzierenden Gewerbes repräsentieren.

BMEcat kann als ein originärer Katalogstandard angesehen werden, der speziell für die Übertragung elektronischer Produktkataloge von Lieferanten an die E-Procurement-Systeme einkaufender Unternehmen entwickelt worden ist. Dies wird auch an der Mitgliederstruktur des eBSC deutlich, dem auf Anwenderseite ausschließlich Konzerne bzw. deren E-Business-Konzerntöchter angehören. Erklärte Zielsetzung war es, die spezifischen Anforderungen einkaufender Unternehmen in den Standard einzubringen und zügig ein neues Austauschformat zu definieren, welches zu Beginn der Entwicklung (Ende 1998) in der geforderten Qualität noch nicht existierte. Dem eBSC gehören 22 Anwenderunternehmen (darunter sieben DAX30-Unternehmen), acht Software- und Beratungsunternehmen (u.a. IBM, Heiler Software, Oracle und SAP) und als wissenschaftliche Einrichtungen das Fraunhofer IAO und die Universität Duisburg-Essen an.[140] Im Januar 2002 wurde zusätzlich der Bundesverband Bausoftware e.V. (BVBS) aufgenommen.

In Ergänzung zu BMEcat hat das eBSC im September 2001 die erste Version des Standards openTRANS veröffentlicht, welcher ergänzend acht Geschäftsdokumente für die elektronische Auftragsabwicklung standardisiert (u.a. Angebot, Auftrag, Auftragsbestätigung, Lieferavis, Rechnung usw.).[141] openTRANS ist weitgehend zu BMEcat kompatibel, indem gleiche Datenelementdefinitionen für gleiche Sachverhalte verwendet werden (z.B. für Artikel und Preise). Allerdings zeigen sich an einigen Stellen noch Inkonsistenzen bzw. abweichende Teilschemata. Dieser Mangel soll durch die für das Jahr 2004 angekündigte BMEcat Version 2.0 behoben werden, in der eine gemeinsame Datenelementbibliothek für BMEcat- und openTRANS-Dokumenttypen enthalten sein soll.

Die Organisationsstruktur des eBSC umfaßt eine Mitgliederversammlung, einen koordinierenden Lenkungsausschuß und fachbezogene Arbeitsgruppen. Aufgaben der wissenschaftlichen Einrichtungen sind die Analyse der Anforderungen, die Entwicklung der Spezifikation und die Sicherstellung der Weiterentwicklung. Die

---

140 Fraunhofer IAO: Institut Arbeitswirtschaft und Organisation (Stuttgart); Universität Duisburg-Essen: Fachgebiet Beschaffung, Logistik und Informationsmanagement am Institut für Informatik und Wirtschaftsinformatik (Campus Essen).

141 Vgl. Kelkar / Otto / Schmitz (2001).

Unternehmen formulieren fachliche Anforderungen, die seitens der Technologiepartner ergänzt werden. Über den Standardisierungsprozeß wird nach außen wenig offengelegt, allerdings können sich auch Nicht-eBSC-Mitglieder einbringen, die dann zu den Workshops als Gäste eingeladen werden. Der Veröffentlichung der aktuellen BMEcat-Version 1.2 wurde eine mehrmonatige Public Review-Phase vorgeschaltet. Als kostenpflichtige Dienstleistung können BMEcat-Kataloge durch die BMEnet GmbH zertifiziert werden.

Inhalte

Der BMEcat-Standard adressiert die drei Schichten Dokumente, Vokabular und Datentypen im Schichtenmodell.

BMEcat definiert ein umfangreiches Vokabular, auf dessen Basis drei Dokumenttypen zusammengestellt werden, die mit Transaktionen bezeichnet werden. Die Transaktion *T_NEW_CATALOG* stellt die Übertragung eines neuen und damit vollständigen Kataloges dar, während die Transaktion *T_UPDATE_PRODUCTS* eine Aktualisierung der Daten eines bereits übertragenen Kataloges vornimmt. Eine Spezialisierung dieser ist die Transaktion *T_UPDATE_PRICES*, mit der nur die Preisdaten aktualisiert werden. Jedes BMEcat-Dokument besteht aus einem Kopfbereich, der Metainformationen enthält, und einem Transaktionsbereich, der in Abhängigkeit von der Transaktion die Katalogdaten im engeren Sinne aufnimmt.

Das Vokabular von BMEcat besteht aus 155 XML-Tags (einschließlich der Container-Tags) und 22 XML-Attributen. BMEcat macht relativ stark von der Möglichkeit zur Hierarchisierung Gebrauch. So gliedert sich der Transaktionsbereich im Fall der Katalogübertragung in Artikeldaten, Merkmalsystem-, Kataloggruppen- und Klassifikationssystemdaten sowie die Zuordnung von Artikeln zu Kataloggruppen. Die Artikeldaten weisen erwartungsgemäß die größte Elementanzahl auf, aber auch Klassifikationssysteme werden weitreichend modelliert. Bezogen auf das Katalogdatenbereichsmodell zeigen sich strukturelle Analogien und inhaltlich eine hohe Abdeckung.[142]

Als Datentypen werden sowohl die Basisdatentypen als auch standardisierte Aufzählungsdatentypen verwendet. BMEcat-spezifische Enumerationen werden unter anderem für die Typisierung von Preisen, Identifikatoren, Multimediadaten und

---

[142] Ausführlich zur Abdeckung siehe Kapitel 3.5.

Artikelreferenzen definiert. Insgesamt fällt auf, daß in Abhängigkeit von dem jeweiligen Datenelement auch die Basisdatentypen hinsichtlich Länge (Zeichenketten) bzw. Genauigkeit (numerische Werte) beschränkt werden, so daß ein hoher Typisierungsgrad erreicht wird.

Formale Spezifikation

Der BMEcat-Standard nutzte für die formale Spezifikation anfänglich die Schemasprache XML DTD. Seit September 2002 ist auch eine XML Schema-Spezifikation verfügbar. Gemäß der Unterscheidung dreier BMEcat-Transaktionen, die einen gemeinsamen Kopfbereich besitzen, gliedert sich die XML DTD-basierte Spezifikation in die Definition aller Datenelemente (bmecat_base_1_2.dtd) und drei separate Dateien, die den Aufbau der Transaktionen beschreiben und auf die Datenelementdefinitionen zurückgreifen.

In der XML Schema-Fassung wird der Dateiaufbau unter zwei Gesichtspunkten modifiziert. Zum einen wird eine stärkere Modularisierung und Wiederverwendung dadurch erreicht, daß die Definition standardisierter Codes und Enumerationen in fünf weitere Dateien ausgelagert wird (z.B. countries.xsd, currencies.xsd), die dann in die eigentlichen Dokumenttypdefinitionen eingebunden werden. Zum anderen wird eine zweite, alternative XML Schema-Fassung bereitgestellt, die jeden Dokumenttyp genau durch eine XSD-Datei vollständig spezifiziert, d.h. inklusive der dazu jeweils notwendigen Datenelement- und Datentypdefinitionen.

Dokumentation

Der BMEcat-Standard wird durch eine 166 Seiten umfassende Spezifikation beschrieben, welches nach einer kurzen Einführung ausführlich die Dokumentstrukturen und Datenelemente definiert.[143] Im Mittelpunkt steht ein tabellarisch strukturiertes Data Dictionary, welches im Anschluß an eine inhaltliche Erläuterung die Datenelemente und Attribute einheitlich beschreibt. Die Anwendung wird jeweils durch XML-Fragmente mit Beispieldaten gezeigt. Methodisch wird die Spezifikation durch konzeptuelle Modelle unterstützt, die mit einem Softwarewerkzeug erstellt worden sind und jeweils ausschnittsweise die hierarchische Datenstruktur und die Kardinalität der Elemente erkennen lassen. Die Modelle sind auch als Grafikdateien über die BMEcat-Website abrufbar. Auf dieser werden über sehr einfache

[143] Vgl. Schmitz / Kelkar / Pastoors (2001).

Beispieldaten hinaus keine Katalogdokumente zur Verfügung gestellt, die Realdaten enthalten würden und damit für Erprobungen geeignet wären.

Das Spezifikationsdokument richtet sich in Sprache und Inhalt an Domänenexperten und Entwickler, die den Standard in die Praxis umsetzen bzw. dessen inhaltliche und technische Qualität kennen müssen.

Die vollständige Spezifikation liegt in einer deutschen und einer englischsprachigen Version vor. Es handelt sich jeweils um eine PDF-Datei, die über Verweise, insbesondere innerhalb des Data Dictionaries, sowie ein Inhalts- und ein alphabetisches Elementverzeichnis einen schnellen Zugang zu den Inhalten ermöglicht. Die BMEcat-Website ist ebenfalls zweisprachig.

Marktstellung, -verbreitung und Softwareunterstützung

Seit der ersten Veröffentlichung im November 1999 hat der BMEcat-Standard eine relativ schnelle Verbreitung im deutschsprachigen Raum erreicht.[144] Diese Entwicklung ist maßgeblich auf die im eBSC zusammengeschlossenen Unternehmen zurückzuführen, die auf der Einkaufsseite BMEcat-Katalogdaten für ihre E-Procurement-Systeme einsetzen bzw. diese von ihren Lieferanten einfordern. Hinzu kommen unterstützende Marketingaktivitäten des Einkäuferverbandes BME.

3.4.3 cXML 1.2.011

Organisation

cXML wird von dem US-amerikanischen Softwareunternehmen Ariba, einem frühen Anbieter von elektronischen Beschaffungssystemen, entwickelt. cXML ist das Datenaustauschformat für diese Anwendungssysteme. Aufgrund seiner Herkunft und dem Standardisierungsprozeß ist cXML als proprietärer Standard zu klassifizieren.

Die Organisationsstruktur, die für die Entwicklung von cXML verantwortlich ist, wird von Ariba selbst als informal charakterisiert.[145] Der Standardisierungsprozeß wird nicht offengelegt oder näher erläutert. Statt dessen sind Unternehmen und insbesondere die Kunden, die Ariba-Produkte einsetzen, aufgefordert, Kommentare,

---

[144] Vgl. Feßenbecker (2002), S. 43.

[145] Vgl. Ariba (2004b), S. 1ff.

Anregungen und neue Anforderungen zu äußern, die dann geprüft und gegebenenfalls in neue Versionen aufgenommen werden. Eine Mitgliedschaft in einem cXML-Gremium ist nicht möglich. Nach eigenen Angaben seien aber über 40 Kunden an der Entwicklung beteiligt gewesen.

Die stetige Weiterentwicklung von cXML hat zahlreiche Erweiterungen hervorgebracht, die von neuen Dokumenttypen über zusätzliche Datenelemente bis hin zur Eliminierung vorhandener Datenstrukturen und -elemente reichen. Dadurch sind Dokumente, die mit der Vorgängerversion erstellt worden sind, oft nicht mehr kompatibel zu der aktuellen Version.[146]

cXML adressiert den gesamten Bestell- und Auftragsabwicklungsprozeß in elektronischen Beschaffungssystemen. Daher sind die Katalogdokumente nur ein Bestandteil einer größeren Sammlung von Dokumenttypen. Im folgenden werden ausschließlich die für Katalogdaten relevanten Bereiche behandelt.

Inhalte

Hinsichtlich des Schichtenmodells ist cXML sowohl den drei unteren Schichten, die zur Bildung von Dokumenttypen führen, als auch der Prozeßschicht zuzuordnen. Die explizite Prozeßmodellierung zeigt sich anhand von zwei Konzepten.

Zunächst führt cXML in Ergänzung zu dem asynchronen Datenaustausch ein Request-Response-Modell für die bidirektionale Kommunikation ein. Dieses Modell fügt den jeweiligen Nachrichten weitere Datenelemente hinzu, die die Anforderung bzw. die Antwort durch Metadaten spezifizieren. Auf dieser Basis ist es prinzipiell möglich, beliebige Request-Response-Prozesse durchzuführen.

Zweitens spezifiziert cXML weitere Dokumenttypen, die helfen sollen, die Kommunikation und den Stammdatenaustausch zwischen Unternehmen zu automatisieren. Über die Nachricht *ProfileRequest* können angeschlossene Systeme befragt werden, welche cXML-Nachrichtentypen sie unterstützen (Antwort: *ProfileResponse*). Durch sogenannte Catalog Subscriptions werden die Katalogbeziehungen zwischen Katalogerstellern und -nutzern verwaltet. Dazu können unter anderem Nutzer benötigte Katalogdaten anfordern (*SubscriptionContentRequest*) und über geänderte Kataloge

---

[146] Unter anderem wird in der Version 1.2.008 der Bereich, der hierarchische Ordnungssysteme beschreibt, im Vergleich zu Version 1.2.007 vollständig neu modelliert. Diese umfangreiche Änderung wird nicht durch ein größeren Versionssprung deutlich.

informiert werden (*SubscriptionChange*). Außerdem können Lieferanten über einen zweistufigen Prozeß die Änderungen ihrer Katalogdaten automatisch an die Katalognutzer propagieren (*CatalogUploadRequest*). Einschränkend muß angemerkt werden, daß diese cXML-Nachrichten sehr eng an den Funktionsumfang der Ariba-Softwareprodukte ausgerichtet sind.

Hinsichtlich der Datenbereiche gliedern sich cXML-Katalogdokumente in lieferanten- und produktbezogene Daten. Zu letzteren gehören auch hierarchische Ordnungssysteme einschließlich der Definition von Merkmalsleisten. In vielen Bereichen zeigt sich eine relativ geringe Detaillierung.

Formale Spezifikation

Zur formalen Spezifikation verwendet cXML ausschließlich XML DTD. Nahezu alle Definitionen werden in einer einzigen Datei namens cXML.dtd zusammengefaßt. Weitere Definitionen sind in vier zusätzlichen Dateien enthalten, eine davon befaßt sich mit Katalogdaten (catalog.dtd).

Dokumentation

Die cXML-Dokumentation besteht aus einem Benutzerhandbuch (347 Seiten) und einer Sammlung von einfachen Beispieldaten zu jedem Dokumenttyp. Das Handbuch beschreibt zunächst die Grundlagen von cXML (43 Seiten einschließlich Request-Response-Modell) und nachfolgend alle Dokumenttypen, von denen hier nur die Katalogdokumente (27 Seiten) von Interesse sind.[147]

Die Dokumentation stellt die wesentlichen Sprachkonzepte vor und erläutert anhand von XML-Fragmenten den Aufbau der Dokumente. Zum Teil werden Datenelemente näher beschrieben. Allerdings mangelt es an einem durchgängigen Data Dictionary, da nur Ausschnitte der gesamten Dokumentspezifikation dargestellt werden. Dies bezieht sich nicht nur auf die Syntax, die ersatzweise über die formale Spezifikation erfaßt werden muß, sondern auch auf die Semantik. In der Folge bleiben viele Datenbereiche und Anwendungsaspekte recht oberflächlich oder werden überhaupt

[147] Vgl. Ariba (2004a).

nicht erläutert. Graphische Darstellungen der Schemata finden sich nur vereinzelt und unter Nutzung verschiedener Modellsprachen.[148]

Mit der englischsprachigen Dokumentation werden unterschiedliche Zielgruppen angesprochen, für die differenzierte Leseempfehlungen gegeben werden.[149] Die PDF-Datei enthält ein Inhaltsverzeichnis. Zu der älteren cXML-Version 1.1 von April 2000 liegt eine deutschsprachige Fassung vor (128 Seiten).

Marktstellung, -verbreitung und Softwareunterstützung

Die Markstellung von cXML definiert sich primär über die Verbreitung der Ariba-Softwareprodukte. Da Ariba sich nur an Großunternehmen mit einem Jahresumsatz von mindestens 500 Mio. € wendet, entsteht der Nachfragedruck nach cXML-Katalogdaten vor allem über die Einkaufsvolumina der Kunden (z.B. BMW, FedEx, CS Group, Novartis, Volkswagen).

3.4.4 OAGIS 8.0

Organisation

Die Abkürzung OAGIS steht für *Open Applications Group Integration Specification* und deutet auf die Organisation hin, die diesen E-Business-Standard entwickelt und publiziert. Die Open Applications Group (OAG) ist ein nicht-kommerzielles Industriekonsortium, welches die Interoperabilität zwischen Geschäftssoftware fördern will und dazu Standards erarbeitet. Die OAG wurde Ende 1994 und damit im Vor-XML-Zeitalter gegründet. Sie befaßte sich zunächst mit der Standardisierung von Geschäftsobjekten, die in betrieblichen Anwendungssystemen verwaltet werden und zwischen diesen ausgetauscht werden. Mit der Version 6.0 wurden im Februar 1998 die Spezifikationen auf XML-Dokumenttypen umgestellt.[150]

In der OAG sind heute neben führenden Software- und Technologieanbietern vermehrt große Anwenderunternehmen aus unterschiedlichen Branchen zusammengeschlossen (insgesamt über 40 Unternehmen). Die Mitgliedschaft ist offen, allerdings

---

[148] Siehe beispielsweise die unterschiedlichen Notationen für die Teildatenmodelle *OrderRequest* und *Supplier*; vgl. Ariba (2004a), S. 113 und 272.

[149] Zielgruppen der Dokumentation sind „E-commerce Business Managers" „Web Programmers" und „PunchOut Site Adminstrators"; vgl. Ariba (2004a), S. xv f.

[150] Im folgenden vgl. OAGIS (2002).

mit jährlichen Gebühren verbunden, aus denen die Entwicklungs- und Marketingaufwendungen finanziert werden. Sie reichen von 250 $ für Einzelpersonen bis zu 5.000 $ bzw. 25.000 $ für große Anwenderunternehmen bzw. Lösungsanbieter mit einem Jahresumsatz von über 100 Mio. $. Durch die finanzielle Unterstützung wird eine permanente Weiterentwicklung gesichert, die sich mittlerweile auf mehrere branchen- und themenspezifische Arbeitsgruppen verteilt (z.B. Logistikstandard tranXML). Vier- bis fünfmal jährlich wird eine OAGIS-Konferenz an wechselnden Orten in den USA durchgeführt. Über den Entwicklungsfortschritt wird ausführlich auf der Website berichtet. Unter anderem können alle Präsentationen der Konferenzen eingesehen werden. Der Standardisierungsprozeß wird bezüglich der Aufbau- und Ablauforganisation formalisiert durchgeführt (Rollen- und Phasenmodell), ist jedoch geschlossen und nur für Mitglieder zugänglich.

Inhalte

Als Framework-unabhängiger Standard ordnet sich OAGIS den drei Schichten Dokumente, Vokabular und Datentypen zu. Den konzeptuellen Kern bildet die sogenannte Business Object Document-Architektur (BOD-Architektur), die dokumentenorientiert den Aufbau von Geschäftsobjekten wiedergibt. In der aktuellen OAGIS-Version 8.0 werden insgesamt 201 BODs beschrieben. Hierzu gehören allerdings nicht nur Geschäftsdokumente, die zwischen Unternehmen ausgetauscht werden. Vielmehr wird der Fokus ausgeweitet auf prinzipiell jeglichen Austausch betrieblicher Daten in und zwischen Organisationen.

Der Kontext, in dem Dokumente ausgetauscht werden, erschließt sich anhand von sogenannten Szenariodiagrammen. Diese Szenarien sind jedoch nicht als verbindliche Spezifikationen zu verstehen, sondern sie sollen als Prozeßmodell den logischen Zusammenhang zwischen den verschiedenen BODs offenlegen.

Ein BOD-Name wird aus einem Verb und einem Substantiv gebildet, wobei das Substantiv das Geschäftsobjekt und das Verb die Operation angibt, die auf diesem Objekt auszuführen ist. Die BODs bilden sich über zulässige Kombinationen von 62 Substantiven und 19 Verben. Ein BOD wird auch mit OAGIS-Transaktion bezeichnet. Für Katalogdaten sind vier Geschäftsobjekte relevant, die Kataloge (*ElectronicCatalog*), Preislisten (*PriceList*), Artikelreferenzen (*ItemCrossReference*) und Produktstammdaten (*ItemMaster*) repräsentieren. Auf diese Weise lassen sich drei Aktionen zum Anfordern (Get), Übertragen (Show) und Synchronisieren (Sync) der Daten anwenden. Zum Beispiel stellt *GetElectronicCatalog* eine Kataloganforderung dar, auf die die Antwort *ShowElectronicCatalog* erwartet wird. Mit der Sync-Aktion sollen automatische Abo- und Veröffentlichungsdienste realisiert werden können, um gemeinsam benötigte Daten vom Datenersteller zum Datennutzer zu übertragen.

Wie jedes BOD besitzt ein OAGIS-Katalogdokument, welches in ein Tag *Show-ElectronicCatalog* eingeschlossen wird, eine zweigliedrige Struktur, die einerseits dokumenttypunabhängige Anwendungsdaten und andererseits die eigentlichen Katalogdaten aufnimmt. Die Anwendungsdaten (*ApplicationArea*) enthalten Angaben über den Sender, Authentifizierungs- und Dokumentidentifikationsdaten sowie eventuell benutzerdefinierte Erweiterungen. Der dokumenttypspezifische Datenbereich (*Data-Area*) beginnt mit der Nennung der auszuführenden Operation (hier: *Show*).

Formale Spezifikation

Mit der Version 8.0 verwendet OAGIS ausschließlich XML Schema für die formale Spezifikation. Die Spezifikationsstruktur weist eine starke Zerlegung auf, die Neumerationen, sonstige Datentypen, Basisdatenelemente sowie jedes Geschäftsobjekt (Substantiv) und die anwendbaren Aktionen (Verb) auf separate XSD-Dateien verteilt. Die BOD-Spezifikationen entstehen dann durch Inklusion der benötigten Geschäftsobjekt- und Aktionsspezifikation. Alle Schemadefinitionen beinhalten auch semantische Informationen, die über Annotationen eingefügt sind.

Dokumentation

Die OAGIS-Dokumentation ist vollständig HTML-basiert. Über eine rahmenbasierte Navigation kann auf alle Elemente der Dokumentation zugegriffen werden. Zu ihr gehört eine Einleitung in die BOD-Architektur, eine Beschreibung der 61 Szenarien sowie ein strukturiertes Data Dictionary, welches BODs, Geschäftsobjekte, Aktionen, Datenelemente und Datentypen einheitlich beschreibt. Die Einheitlichkeit wird durch die bereits erwähnte, in den XML-Schemas integrierte Dokumentation erreicht, die für die automatische Generierung eines Großteils der OAGIS-Dokumentation dient. Der automatisierbare Teil der Dokumentation wurde mit dem Softwarewerkzeug XMLSpy erzeugt und weist dessen graphische Schemadarstellungen auf. Zugleich sind jeweils Verweise auf den Spezifikationscode und einfache, jedoch wenig aussagekräftige Beispieldaten enthalten.

Neben der Einheitlichkeit erhöht diese Art der Dokumentation die Konsistenz, da aufgrund der Zerlegung kaum redundante Informationen enthalten sind. Die Konsistenz erstreckt sich auch auf die formale Spezifikation, die durchgängig nur referenziert wird. Diese Vorteile werden allerdings durch den Nachteil erkauft, daß das Drucken der Dokumentation aufwendiger ist und zu schlecht handhabbaren Ergebnissen führt.

Zielgruppen der Dokumentation sind Entwickler und Domänenexperten. Entscheider werden durch die Präsentationen und Informationen unterstützt, die im Rahmen der OAGIS-Konferenzen in verarbeitungsfähiger Form veröffentlicht werden.

Marktstellung, -verbreitung und Softwareunterstützung

Die Einschätzung der Marktstellung des OAGIS-Standards für den Katalogdatenaustausch ist generell schwierig, da Katalogdokumente nur einen sehr geringen Anteil der bereitgestellten Dokumenttypen ausmachen. Deshalb kann nur auf allgemeine Aussagen zurückgegriffen werden. Nach eigenen Angaben existieren mehrere Hundert Anwendungssysteme, die OAGIS-Dokumente verarbeiten können, von denen 80% den B2B-Bereich betreffen. Über 200 Lösungsanbieter offerieren demnach Produkte oder Umsetzungsunterstützungen.

Eine nachweisbare Unterstützung besitzt OAGIS in einigen US-amerikanischen Branchen, in denen eng mit anderen Standardisierungsorganisationen zusammengearbeitet wird. Zu nennen ist zum Beispiel die Automobilindustrie und der Handel mit Neu- und Gebrauchtwagen sowie Ersatzteilen.[151] Allerdings zeigt sich bei Softwareanbietern in Europa noch keine nennenswerte Unterstützung.

3.4.5 xCBL 4.0

Organisation

Der xCBL-Standard (XML Common Business Library) wird ähnlich wie cXML von einem US-Softwareunternehmen – CommerceOne – entwickelt. Seinen Ursprung hat xCBL in Vorarbeiten der Firma Veo Systems, die mit CBL eines der ersten XML-basierten Austauschformate entwickelt hatte und 1998 von CommerceOne übernommen wurde.[152]

[151] Vgl. STAR (2004).

[152] Vgl. CommerceOne (2003).

Als proprietärer Standard ist nur wenig über Standardisierungsprozeß bekannt. Nach eigenen Angaben wird eng mit den CommerceOne-Kunden zusammengearbeitet. Seit der Version 3.5 ist auch SAP an der Entwicklung beteiligt, welches eine Kapitalbeteiligung an CommerceOne hält. Eine formale Mitgliedschaft ist nicht möglich. Als Dienstleistung wird die Zertifizierung von Katalogdokumenten angeboten.

Inhalte

Bereits die Bezeichnung Library weist auf den Umfang des xCBL-Standards hin, der zur Zeit 44 Dokumenttypen enthält, die in acht Funktionsbereiche unterteilt sind. Funktionsbereiche sind unter anderem Materialwirtschaft, Auftragsmanagement, Zahlungsabwicklung und Kataloge. Mit dem Dokumenttyp ProductCatalog werden Produktkataloge übertragen oder aktualisiert. Alle Dokumenttypen greifen auf einen gemeinsamen Pool von mehreren Hundert Datenelement- und Datentypdefinitionen zurück.

Über die Definition von Datentypen, einem Vokabular und Dokumenttypen hinaus hat xCBL in der Version 3.5 auch die Prozeßschicht abgedeckt, da Nachrichtenflußdiagramme den Austausch von Geschäftsdokumenten spezifizierten. Allerdings gilt diese Abdeckung nicht für den Katalogdatenbereich, da das zugehörige Prozeßmodell gerade nur eine Transaktion, nämlich die Übertragung eines Dokumentes vom Typ ProductCatalog, enthält. In der Version 4.0 sind diese Nachrichtenflußdiagramme wieder entfallen. Zu xCBL 4.0 gehören jedoch weiterhin zwei Dokumenttypen für Empfangsbestätigungen (*MessageAcknowledgement*) und allgemeine Antwortnachrichten (*ApplicationResponse*) auf den Empfang einer Nachricht. Insofern können mit xCBL Funktionalitäten der Framework-Schicht realisiert werden.

xCBL-Katalogdokumente bestehen aus drei Bereichen, die Katalogmetadaten (*CatalogHeader*), Ordnungssystemdaten (*CatalogSchema*) und die produktbeschreibenden Daten (*CatalogData*) aufnehmen. Letztere untergliedern sich in Produktdaten (*Product*), die sich auf einzelne Produkte einschließlich ihrer Preise beziehen, und alternativ separat definierte Preisdaten (Pricing). Dadurch wird es möglich, den Dokumenttyp auch für die Übertragung oder Änderung von Preisen zu nutzen, ohne die vollständigen Produktdaten zu übermitteln. Ihren Ursprung hat diese Trennung in den EDIFACT-Standards PRODAT und PRICAT, an denen sich xCBL inhaltlich orientiert.

Formale Spezifikation

Die formale Spezifikation nutzte bis zur Version 3.5 jeweils alternativ die vier Schemasprachen XML DTD, SOX, XDR und XSD. Dadurch wurde je nach Validierungsanforderungen und technischer Umgebung eine flexible Einsetzbarkeit erreicht. SOX als proprietärer Vorläufer zu XML Schema wurde von CommerceOne für die eigenen Softwareprodukte entwickelt. Mit XDR wird Microsoft BizTalk unterstützt.

Die XML DTD zur Version 3.5 faßt alle notwendigen Definitionen in einer einzigen Datei zusammen. Demgegenüber verteilt das XSD-Pendant die Definitionen für den gesamten xCBL-Standard auf 495 Dateien. Hierunter fällt auch die Datei ProductCatalog.xsd, die allerdings keine Import- oder Inklusionsanweisungen für die ausgelagerten Definitionen enthält, so daß diese erst durch den Anwender zu ermitteln und hinzuzufügen sind. Als fertige und zu verarbeitende Dokumentdefinition liegt nur die Datei XCBL35.xsd vor, die alle Teildefinitionen zusammenfügt.

Mit der Version 4.0 ist xCBL dazu übergegangen, nur noch die Schemasprache XSD zu verwenden. Dazu definiert xCBL zu jedem der acht Funktionsbereiche einen Namensraum sowie für die grundlegenden Sprachelemente einen allgemeinen Namensraum. Wie in der vorhergehenden Version verteilen sich die Definitionen auf einzelne Dateien, deren Anzahl auf ca. 700 angewachsen ist. Von diesen sind 50 spezifisch für den Bereich Produktkataloge und 290 unabhängig von den Funktionsbereichen.

Dokumentation

Die xCBL-Dokumentation wird als kompilierte HTML-Hilfedatei und als verknüpfte HTML-Dateien angeboten. Beide erlauben rahmenbasiert den Zugriff auf die gesamten Dokument-, Datenelement- und Datentypdefinitionen. Durch das Browser-Konzept erschließt sich zudem die Dokumenttypstruktur. Die einzelnen Definitionen werden strukturiert dargestellt, kurz verbal beschrieben und durch das jeweilige Schema-Fragment formal spezifiziert. Angesichts der knappen Beschreibung bleibt zum Teil die intendierte Semantik interpretationsfähig. Graphische Schemadarstellungen fehlen in xCBL.

In Ergänzung zu der HTML-Dokumentation ist die funktionale Spezifikation zu sehen, die jedoch nur für die Version 3.5 vorliegt.[153] Diese ist ein 68 Seiten umfassendes PDF-Dokument und heißt *ProductCatalog Functional Specification*. Es wird eine grundlegende Einführung in den Aufbau von Katalogdokumenten gegeben, der durch Beispieldaten verdeutlicht wird. Sie richtet sich ebenfalls an Domänenexperten und Entwickler.

Marktstellung, -verbreitung und Softwareunterstützung

Analog zu cXML definiert sich die Marktstellung und -verbreitung von xCBL-Katalogen über die Kunden, die die CommerceOne-Produkte anwenden.

3.5 Vergleich und Bewertung ausgewählter XML-Katalogstandards

Die Beschreibung der ausgewählten XML-Katalogstandards soll nun in einen Vergleich und eine abschließende Bewertung einmünden. Der Vergleich erstreckt sich auf die fünf Kriterien Organisation, Inhalte, formale Spezifikation, Dokumentation und Marktstellung.

Organisation

Die Standardisierungsorganisationen der vier Standards unterscheiden sich deutlich (siehe Tabelle 3-7). Insbesondere bestehen Unterschiede zwischen den proprietären und nicht-proprietären Standards, wobei OAGIS im Vergleich zu BMEcat deutlich offener ausgerichtet ist.

Katalogstandard / Organisation	BMEcat 1.2	cXML 1.2.011	OAGIS 8.0	xCBL 4.0
Nicht-Proprietär	Ja	Nein	Ja	Nein
Transparenz bzgl. Mitglieder	Ja	Nein	Ja	Nein
Offener Zugang	Nein	Nein	Ja	Nein
Formaler Standardisierungsprozeß	Nein	Nein	Ja	Nein
Katalogzertifizierung	Ja	Nein	Nein	Ja

Tabelle 3-7: Organisation der XML-Katalogstandards

[153] Vgl. CommerceOne (2002).

Inhalte

Hinsichtlich der Kataloginhalte läßt sich zunächst angeben, welche der in Kapitel 3.2.4 identifizierten Dokumenttypen mit den Standards realisiert werden können (siehe Tabelle 3-8).

Katalogstandard Dokumenttyp	BMEcat 1.2	cXML 1.2.011	OAGIS 8.0	xCBL 4.0
Katalog	Ja	Ja	Ja	Ja
Katalogaktualisierung	Ja	Ja	Ja	Ja
Kataloganforderung	Nein	Ja	Ja	Nein

Tabelle 3-8: Dokumenttypen in XML-Katalogstandards

Weiterhin ist eine Analyse der einzelnen Datenbereiche und zugehöriger Datenelemente vorzunehmen. Eine Zusammenfassung enthält die Tabelle 3-9.[154] Dabei bedeutet ein Pluszeichen, daß die inhaltlichen Anforderungen weitgehend erfüllt werden, während ein o-Eintrag anzeigt, daß diese nur zum Teil befriedigt werden. Fehlen Datenelemente völlig, so wird dies durch ein Minuszeichen gekennzeichnet.

Katalogstandard Datenbereich	BMEcat 1.2	cXML 1.2.011	OAGIS 8.0	xCBL 4.0
Katalogmetadaten				
- Katalogidentifikation	+	-	+	+
- Katalogersteller	+	+	+	+
- Katalogempfänger	+	o	+	+
- Katalogvertrag	o	-	-	-
Katalogstrukturdaten				
- Kataloggruppensystemdaten	+	o	+	+
- Klassifikationssystemdaten	+	o	+	+
Produktdaten				
- Identifizierung und Beschreibung	+	o	+	+
- Produktspezifikation	+	o	+	+
- Bestell- und Logistikdaten	o	o	+	+
- Preisdaten	+	o	+	o
Produktstrukturdaten				
- Referenzierung	Ja	Nein	Ja*	Ja
- Parametrisierung	Ja*	Nein	Nein	Nein
- Konfiguration	Nein	Nein	Nein	Nein

Tabelle 3-9: Datenbereiche in XML-Katalogstandards

[154] Zu einer früheren Fassung des Vergleiches mit weniger Kriterien vgl. Dorloff / Leukel / Schmitz (2001), S. 1533ff.

Insgesamt weisen BMEcat, OAGIS und xCBL eine hohe Abdeckung auf. Dagegen fällt cXML deutlich zurück. Einschränkend ist anzumerken, daß in BMEcat alle Varianten eines Produkte den gleichen Preis besitzen müssen, wodurch die Praxistauglichkeit sehr stark vermindert wird, und daß in OAGIS die Artikelreferenzen separat zum eigentlichen Produktkatalog zu übertragen sind (siehe *-Kennzeichnungen). Konfigurationsdaten können mit keinem der Standards übertragen werden.[155]

Eine genauere Betrachtung des Datenbereiches Preisdaten zeigt deutlichere Unterschiede auf, die insbesondere die Modellierung von Zu- und Abschlägen durch Rabatte betreffen (siehe Tabelle 3-10).[156] Hier zeigt sich, daß mit cXML nur elementare Preisdaten, also nicht typisierte Preise in einer Währung, übertragen werden können. Die xCBL-Bibliothek enthält zwar ein ausdifferenziertes Preismodell, welches aber nicht für Produktkataloge, sondern nur für Auftrags- und Rechnungsdokumente verwendet wird.

Katalogstandard / **Preisdaten**	**BMEcat 1.2**	**cXML 1.2.011**	**OAGIS 8.0**	**xCBL 4.0**
Typisierung von Preisen	Ja	Nein	Ja	Nein
Typisierung von Rabatten	Nein	Nein	Ja	Nein
Relative, prozentuale Rabatte	Ja	Nein	Ja	Nein
Relative, wertmäßige Rabatte	Nein	Nein	Ja	Nein
Absolute Rabatte	Nein	Nein	Ja	Nein
Naturale Rabatte	Nein	Nein	Nein	Nein
Mengenstaffeln	Ja	Nein	Ja	Nein
Volumenstaffeln	Nein	Nein	Ja	Nein
Berechnungsreihenfolgen	Nein	Nein	Nein	Nein

Tabelle 3-10: Preisdaten in XML-Katalogstandards

Formale Spezifikation

Zur Gegenüberstellung der formalen Spezifikation kann in Anlehnung an *Lee* und *Chu* das modifizierte Untersuchungsschema aus Kapitel 3.3.3 herangezogen werden.[157] Die beiden Kriterien XML-Syntax und Namensräume entfallen, da sie bereits durch die Wahl der Schemasprache determiniert werden (siehe Tabelle 3-11). Ein

[155] Zu Produktstrukturdaten und Produktmodellen in XML-Katalogstandards vgl. Leukel / Schmitz / Dorloff (2003), S. 493ff. Zu dem Produktmodell in BMEcat 2.0 vgl. Schmitz / Leukel / Kelkar (2004), S. 97ff.

[156] Ausführlicher vgl. Leukel / Schmitz (2002), S. 178f.

[157] Vgl. Lee / Chu (2000), S. 87.

Minus-Eintrag bedeutet, daß dieses Kriterium nicht zu berücksichtigen ist, da es durch die jeweilige Schemasprache nicht bereitgestellt wird. Ein Ja-Eintrag heißt, daß von diesem Modellierungskonzept Gebrauch gemacht wird. Somit kann erkannt werden, inwieweit die bereitgestellten Datenmodellierungskonzepte tatsächlich genutzt werden.

	Katalogstandard	**BMEcat**		**cXML**	**OAGIS**	**xCBL 3.5**			
	Schemasprache	**DTD**	**XSD**	**DTD**	**XSD**	**DTD**	**XSD**	**XDR**	**SOX**
Spezifikations-struktur	Inklusion	-	Ja	-	Ja	-	Ja	-	Ja
	Import	-	Nein	-	Nein	-	Nein	-	Nein
	Externe Datentypen	Nein	Ja	Nein	Ja	Nein	Ja	Ja	Ja
	1 Datei je Dokumenttyp	Ja	Ja	Nein	Nein	Ja	Nein	Ja	Ja
	n Dateien je Dokumenttyp	Ja	Ja	Nein	Ja	Nein	Ja	Nein	Ja
	1 Datei für n Dokumenttypen	Nein	Nein	Ja	Nein	Nein	Ja	Nein	Ja
Datentypen	Benutzerdefinierte Typen	-	Ja	-	Ja	-	Ja	-	Ja
	Wertebereich: Enumerationen	-	Ja	-	Ja	-	Ja	-	Ja
	Wertebereich: Pattern	-	Ja	-	Ja	-	Nein	-	-
	Wertebereich: Facets	-	Ja	-	Nein	-	Nein	-	Ja
	Null-Werte	-	Nein	-	Nein	-	Nein	-	-
XML-Attribute	Standardwerte	Ja	Ja	Ja	Ja	Ja	Ja	Ja	Ja
	Optional vs. Mandatory	Ja	Ja	Ja	Ja	Ja	Ja	Ja	Ja
	Wertebereich: Enumerationen	Ja	Ja	Ja	Ja	Ja	Ja	Ja	Ja
	Wertebereich: Pattern	-	Ja	-	Ja	-	Nein	-	-
	Wertebereich: Facets	-	Ja	-	Nein	-	Nein	-	Nein
Elemente	Standardwerte	-	Nein	-	Nein	-	Nein	-	-
	ohne Reihenfolge	-	Nein	-	Nein	-	Nein	Nein	-
	Auswahl	Ja	Ja	Ja	Ja	Ja	Ja	Ja	Ja
	Min-/Max-Kardinalität	Ja	Ja	Ja	Ja	Ja	Ja	Ja	Ja
Vererbung	Einfache Typen: Einschränkung	-	Ja	-	Ja	-	Ja	-	Ja
	Komplexe Typen: Erweiterung	-	Nein	-	Ja	-	Nein	-	Nein
	Komplexe T.: Einschränkung	-	Ja	-	Nein	-	Nein	-	-
Schlüssel	Eindeutigkeit für Attribute	Ja	Ja	Ja	Nein	Ja	Nein	Ja	Nein
	Eindeutigkeit für Elemente	-	Ja	-	Nein	-	Nein	Nein	-
	Schlüssel für Attribute	-	Ja	-	Nein	-	Nein	-	-
	Schlüssel für Elemente	-	Ja	-	Nein	-	Nein	-	-
	Fremdschlüssel für Attribute	Nein	Nein	Nein	Nein	Ja	Nein	Ja	Nein
	Fremdschlüssel für Elemente	-	Ja	-	Nein	-	Nein	-	-
Sonstiges	Integrierte Dokumentation	-	Nein	-	Ja	-	Nein	-	Ja
	HTML in XML-Instanzen	-	Nein	-	Nein	-	Nein	-	Nein

Tabelle 3-11: Nutzung von Schemasprachen in XML-Katalogstandards

Für den Standard xCBL wird abweichend von den anderen Vergleichen auf die Version 3.5 zurückgegriffen. Der Grund ist, daß diese Version neben XSD auch noch in drei weiteren Schemasprachen vorliegt. Somit lassen sich die Unterschiede dieser Schemasprachen und ihrer Nutzung besser erkennen. Insbesondere wird deutlich, daß xCBL die Möglichkeiten der leistungsfähigeren Schemasprachen nicht vollständig ausnutzt (z.B. Pattern und Facets für Wertebereiche, Vererbung für komplexe Typen, Schlüsseleigenschaften).[158]

Dokumentation

Der tabellarische Vergleich der Dokumentationen zeigt die verschiedenen Dokumentationsansätze, die sich zum Teil grundlegend unterscheiden. Allen Standards mangelt es an umfangreicheren Beispieldaten, die die Anwendung in der Praxis demonstrieren würden.

Katalogstandard Dokumentation	BMEcat 1.2	cXML 1.2.011	OAGIS 8.0	xCBL 4.0
Umfang in Seiten	166	347	-	-
Dateiformat	PDF	PDF	HTML	HTML
- Konzeptuelle Schemata	Ja	Nein	Ja	Nein
- Data Dictionary	Ja	Nein	Ja	Ja
- Prozeßmodelle	Nein	Ja	Ja	Nein
- Elementverzeichnis	Ja	Ja	Ja	Ja
- Sprache: Deutsch	Ja	Nein	Nein	Nein
- Sprache: Englisch	Ja	Ja	Ja	Ja
- Zielgruppendifferenzierung	Nein	Ja	Nein	Nein
Entscheiderunterstützung	Nein	Nein	Ja	Nein
Beispielkataloge	Nein	Nein	Nein	Nein

Tabelle 3-12: Dokumentation der XML-Katalogstandards

Marktstellung, -verbreitung und Softwareunterstützung

Für den Vergleich der erreichten Marktstellung der Standards auf der Anwenderseite soll hier aufgrund der in Kapitel 3.3.5 festegestellten Eignung nur auf die dort genannte Studie zum Katalogdatenaustausch in der deutschen Elektroindustrie herangezogen werden. Von den befragten Unternehmen tauschen 57,5% Katalogdaten in elektronischer Form in Einkauf oder Vertrieb aus.[159] Von diesen Unternehmen setzen 24,2% BMEcat, 3,2% cXML und 1,6% xCBL ein (Mehrfachnennungen möglich). Nach OAGIS wurde nicht explizit gefragt, es ist allerdings nicht zu

[158] Zu einer ausführlichen Analyse vgl. Schmitz / Leukel / Dorloff (2003), S. 172ff.

[159] Zu den empirischen Ergebnissen vgl. Otto et al. (2002), S. 55-67.

vermuten, daß es unter den Bereich der sonstigen Formate einen relevanten Anteil einnimmt. Die Abbildung 3-11 verdeutlicht, daß die Branchenstandards DATANORM und ELDANORM sowie EDIFACT bzw. WebEDI als web-basierter EDI-Nachrichtenaustausch von größerer Bedeutung sind. Den höchsten Verbreitungsgrad weisen XLS-, PDF- und sonstige Formate auf. Zu letzteren werden in der Studie CSV-Dateien, aber auch CD-ROM-Kataloge gerechnet. Eine stärkere Differenzierung der Formate wäre hier hilfreich gewesen. Insbesondere erscheint die Zusammenfassung von XLS- und PDF-Dateien fragwürdig, da die Formate hinsichtlich ihrer Verarbeitung und Einsatzzwecke kaum miteinander vergleichbar sind.

Die zweite Frage ermittelte, welche Datenformate die Unternehmen, die zum Zeitpunkt der Erhebung bereits Katalogdaten austauschen, in den nächsten ein bis zwei Jahren zusätzlich oder substituierend einzusetzen planen. Hier ist festzustellen, daß 12,9% BMEcat und jeweils 1,6% cXML, EDIFACT und WebEDI einführen wollen. Insgesamt wird ersichtlich, daß BMEcat im Vergleich zu den anderen XML-basierten Standards die höchste Verbreitung aufweist und diese sich vermutlich erhöhen wird. Zugleich sind alle XML-Standards noch nicht so dominant, daß sie andere Formate kurzfristig ablösen würden.

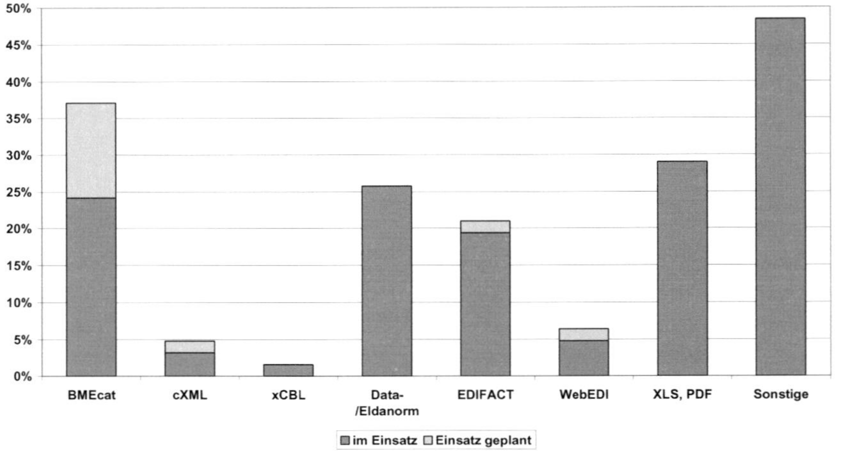

Abbildung 3-11: Einsatz von Katalogformaten in der deutschen Elektroindustrie

Als weiterer Anhaltspunkt für die Marktstellung dient die softwareseitige Unterstützung, d.h. inwieweit Informationssysteme, die Katalogdaten verarbeiten, standardisierte Katalogdokumente importieren bzw. erzeugen können. Dazu werden zwei empirische Studien ausgewertet. Die erste Studie, herausgegeben vom BME unter dem Titel eProcurement-Handbuch 2002/2003, vergleicht unter funktionalen Gesichtspunkten 24 ausgewählte E-Procurement-Lösungen.[160] 23 Lösungen beinhalten Katalogfunktionen, von denen für 19 Angaben zu den unterstützten Datenformaten vorliegen, deren relative Häufigkeiten in der Abbildung 3-11 wiedergegeben sind. Eine Fokussierung auf den Katalogdatenaustausch ist nicht erkennbar, allerdings werden auch Katalogformate abgefragt.

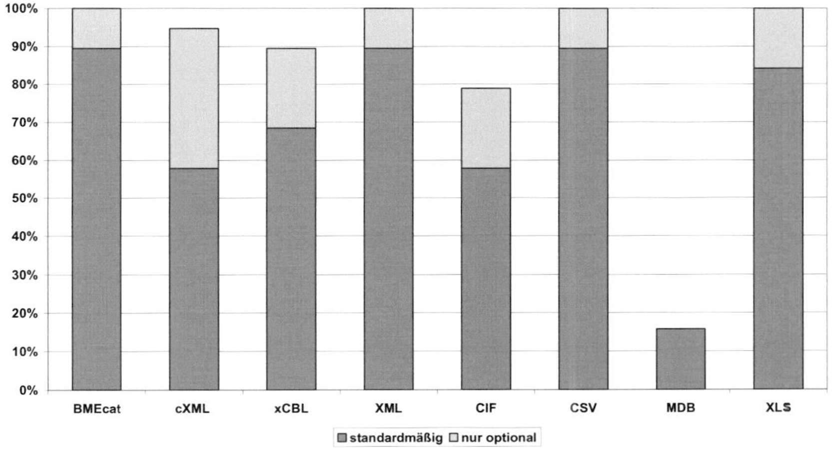

Abbildung 3-12: Unterstützung von Katalogformaten in E-Procurement-Lösungen

Standardmäßig unterstützen demnach 89% BMEcat, 68% xCBL, 65% cXML und wiederum 89% beliebig strukturierte XML-Formate, deren Verarbeitung allerdings manuelle Prozeßschritte erfordern. Unter Einbeziehung der optionalen Unterstützung, die über den Standardfunktionsumfang hinausgeht, läßt sich feststellen, daß die drei XML-Katalogstandards von nahezu allen Anbietern unterstützt werden, während dies auf OAGIS nicht zutrifft. Daneben werden Verarbeitungsfunktionen für die Nicht-XML-basierten Formate, zumindest für CSV- und XLS-Dateien, ebenfalls weitreichend angeboten.

---

[160] Vgl. BMEnet GmbH (2002), S. 20ff.

Die zweite Studie enthält eine 29 Produkte umfassende Marktübersicht zu Softwarewerkzeuge zur Katalogherstellung für Lieferanten.[161]

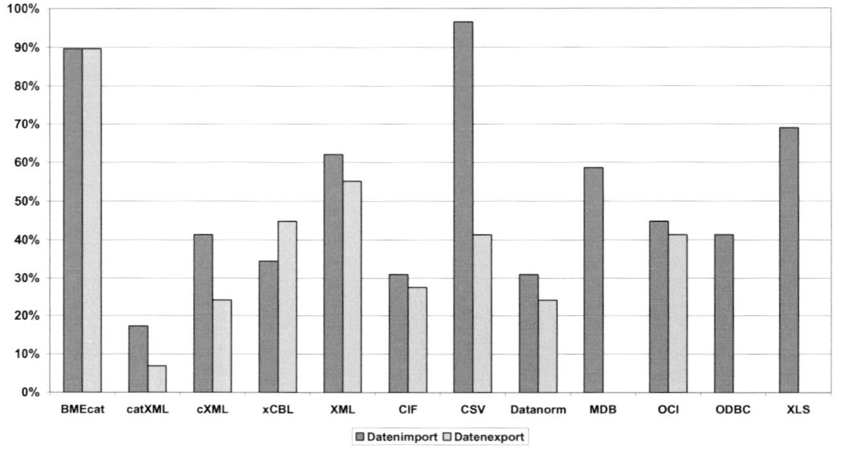

Abbildung 3-13: Unterstützung von Katalogformaten in Katalogsoftware

Einen Untersuchungsbereich stellen die jeweils unterstützten Import- und Exportformate für Katalogdaten dar. In der Abbildung 3-13 sind die relativen Häufigkeiten der Formate verzeichnet. Wiederum zeigt sich, daß der BMEcat-Standard und der Import von CSV-Formaten mit 90% bzw. 97% die höchsten Werte aufweisen.

Bewertung

Die vergleichende Betrachtung der Standards zeigt zum Teil deutliche Unterschiede auf. Die Unterschiede liegen sowohl in den Standardisierungsansätzen (Organisation) und der inhaltlichen Ausgestaltung als auch in den Spezifikations- und Dokumentationskonzepten. Die Ergebnisse sollen nun abschließend in eine summarische Bewertung eingehen. Diese Bewertung soll grob eine Abstufung der Standards ermöglichen und orientiert sich daran, in welchem Maß die Anforderungen an offene,

[161] Vgl. Mucha / Kett / Renner (2002), S. 56-71.

qualitativ hochwertige Standards erfüllt werden. Auf einer dreistufigen Skala wird der Erfüllungsgrad angegeben bzw. eingeschätzt (siehe Tabelle 3-13).[162]

So ist die formale Spezifikation von cXML mit einem Minus-Eintrag zu bewerten, da nur die einfachste Spezifikationssprache XML DTD genutzt wird. Wenngleich die drei anderen Standards die Sprache XSD wiederum unterschiedlich ausschöpfen, wird auf eine weitere Abstufung dieser verzichtet. Bei der Dokumentation dominiert die Beschreibung und Verständlichkeit der Semantik, die stärker als die formalen Kriterien gewichtet wird. Die Marktstellung wird beschränkt auf die Verbreitung und Unterstützung im deutschsprachigen Raum.

Katalogstandard **Kriterien**	**BMEcat 1.2**	**cXML 1.2.011**	**OAGIS 8.0**	**xCBL 4.0**
Organisation	o	-	+	-
Inhalte	+	o	+	+
Formale Spezifikation	+	-	+	+
Dokumentation	+	-	o	o
Marktstellung, -verbreitung	+	o	-	o

Tabelle 3-13: Bewertung ausgewählter XML-Katalogstandards

[162] Die Bewertung unterscheidet sich von Dorloff / Leukel / Schmitz (2001), S. 1535f., da hier zum einen detailliertere und verschieden gewichtete Teilkriterien angewendet und zum anderen neuere Versionen von cXML, OAGIS und xCBL betrachtet werden.

4 Entwicklung des betrieblichen Katalogdatenmanagements

Ausgangspunkt für die Konzeption eines betrieblichen Katalogdatenmanagement ist die Rolle, die elektronische Produktkataloge in katalogbasierten Beschaffungssystemen einnehmen. Über diese zwischenbetrieblichen Anwendungssysteme können erste Anforderungen und Aufgabenbereiche abgeleitet werden, die anschließend in enger Orientierung an das allgemeine Datenmanagement als Teil des betrieblichen Informationsmanagements systematisiert werden und in die Entwicklung der Ziele, Aufgaben und sogenannter Anwendungsszenarien des Katalogdatenmanagements eingehen.

4.1 Beschaffung mittels elektronischer Produktkataloge

Unter elektronischer Beschaffung (engl.: E-Procurement) wird die Durchführung von Beschaffungstransaktionen zwischen Unternehmen mit Hilfe von in der Regel internetbasierten Informationssystemen verstanden.[163] Beschaffungstransaktionen lassen sich allgemein in die vier Phasen Informations-, Vereinbarungs-, Abwicklungs- und After-Sales-Phase einteilen. Als das zentrale Medium der Informationsphase dienen Produktkataloge, also Leistungsbeschreibungen der angebotenen Güter. Analog dazu sind im E-Procurement elektronische Produktkataloge (EPK) notwendig.

Der beschaffungsorientierten Positionierung von EPK steht die Funktion von Katalogen bei der Unterstützung elektronischer *Verkaufsprozesse* gegenüber. Aus diesem Grund sind EPK für die Gestaltung elektronischer Handelsbeziehungen von grundlegender Bedeutung, sofern die auszutauschenden Güter in Katalogen beschrieben werden. EPK können damit dem E-Business und im speziellen dem E-Commerce zugeordnet werden. Wenngleich beide Begriffe weder in Wissenschaft noch in der Unternehmenspraxis konsensual verwendet werden, so erscheint die Ausrichtung auf Kauf- und Verkaufstransaktionen als unterscheidendes Merkmal für E-Business und E-Commerce sinnvoll. In diesem Begriffsverständnis ist E-Commerce ein Teilbereich des übergeordneten E-Business, das zum Beispiel auch E-Learning und E-Collaboration einschließt.[164] Im folgenden werden daher EPK und

---

[163] Vgl. Gebauer / Beam / Segev (1998), S. 682.

[164] Zu dem hier verwendeten Begriffsverständnis von E-Commerce und E-Business siehe der Übersichtsartikel und die Definition von *Hoppe*; vgl. Hoppe (2002), S. 1ff.

das Katalogdatenmanagement dem zwischenbetrieblichen E-Commerce zugerechnet, der in Anlehnung an englischsprachige Quellen auch mit B2B E-Commerce bezeichnet wird.[165] Nur dort, wo Kontexte besprochen werden, die über Kauf- und Verkaufstransaktionen hinausgehen, soll der Begriff E-Business Verwendung finden.

Elektronische Produktkataloge sind Repräsentationen von Produktinformationen, die aus elektronischen Datenbeständen stammen (Katalogdaten).[166] Die Art der Repräsentation führt zu verschiedenen Sichtweisen auf Kataloge. Die *Benutzersicht* eines Kataloges bietet dem Katalogbenutzer Funktionen für das Auffinden der Produkte (Navigation und Suche) sowie das Auslösen von Bestelltransaktionen. Demgegenüber beschreibt die *Datensicht* eines Kataloges die Kataloginhalte auf syntaktischer und semantischer Ebene.

Eine weitergehende Differenzierung stellt elektronische Produktkataloge in Form eines 4-Schichten-Modells dar, das in Tabelle 4-1 zusammengefaßt ist.[167] Kern eines Kataloges ist demnach ein relationales Modell der Katalogdaten. Darüber liegt eine Schicht, deren Aufgabe es ist, die relationalen Daten nach außen hin für Anwendungen zugänglich zu machen (Semantic Layer). Die Zugänglichkeit bezieht sich dabei auf die Bereitstellung der Daten in standardisierter Form. Die dritte Schicht implementiert Funktionen für den Katalog, zum Beispiel Navigation und Suche. Die Auslösung der Funktionen und die Kommunikation mit den Katalognutzern erfolgt über eine Präsentationsschicht (Presentation Layer).

Schicht	**Aufgaben**
Presentation Layer	Produktdarstellung, Benutzeroberfläche
Functional Layer	Navigation, Suche, Warenkorb, Benutzerprofile
Semantic Layer	Standardisierte Syntax und Vokabulare
Relational Model	Relationale Repräsentation des Kataloges

Tabelle 4-1: Schichtenmodell für elektronische Produktkatalog nach *Lincke*

In diesem Schichtenmodell sind elektronische Kataloge Bestandteil von bzw. eng gekoppelt an betriebliche Anwendungssysteme. Anhand der Art des jeweiligen Anwendungssystems kann eine Einteilung elektronischer Produktkataloge vorgenommen

[165] Vgl. z.B. Baron / Shaw / Bailey (2000), Dogac / Cingil (2001), Fensel et al. (2001), Koch (2002) und Trastour / Bartolini / Preist (2002).

[166] Zu den Datenbereichen vgl. Kapitel 2.1.5.

[167] Vgl. Lincke (1999), S. 24.

werden. Ausschlaggebend ist hierbei die Frage, bei welchem Teilnehmer der Beschaffungstransaktion der Katalog eingesetzt wird. In Abhängigkeit davon spricht man von Sell Side-, Buy Side- und Marktplatz-Systemen (Abbildung 4-1).[168]

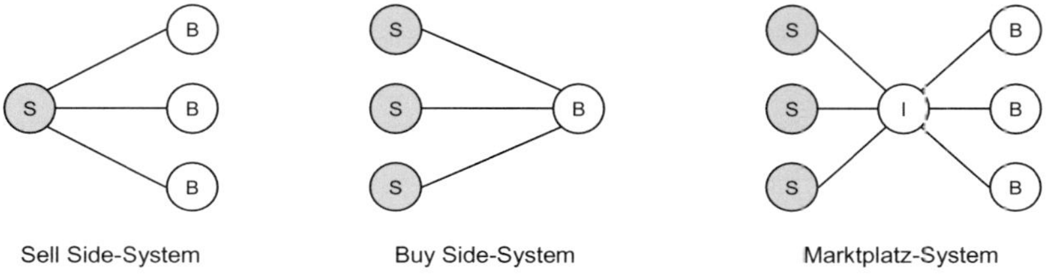

Abbildung 4-1: Grundtypen elektronischer Beschaffungssysteme

(S: Supplier, B: Buyer, I: Intermediär)

In einem Sell Side-System ist der Produktkatalog Bestandteil des elektronischen Verkaufssystems *eines* Lieferanten (Shop-System). Die Marktbeziehung hat die Kardinalität 1:N (ein Verkäufer, mehrere Käufer). Für die Markttransaktion bedeutet dies, daß sie im wesentlichen durch den Verkäufer (Lieferanten) gestaltet und organisiert wird. Eine informationstechnische Integration mit den Kunden (einkaufende Unternehmen) ist nicht vorhanden oder erst bilateral abzustimmen.

Buy Side-Systeme werden von einkaufenden Unternehmen für die Abwicklung von Beschaffungstransaktionen mit ausgewählten Lieferanten betrieben. Die Kardinalität der Marktbeziehung lautet N:1 (mehrere Verkäufer, ein Käufer). Hauptvertreter sind die sogenannten Desktop Purchasing-Systeme (DP-Systeme), bei denen die Bedarfsträger im Unternehmen über eine intranetbasierte Anwendung die benötigten Güter des indirekten Bedarfs unmittelbar bestellen können. Die Einkaufsabteilung wird nur in Sonderfällen eingeschaltet und übernimmt nachgelagerte, koordinierende Aufgaben. Einkaufsseitige Systeme sollten die einzelnen Kataloge der Lieferanten zu einem Multi-Supplier-Katalog zusammenführen. DP-Systeme eröffnen für das einkaufende Unternehmen durch Vereinfachung, Automatisierung und Bündelung der Beschaffungsprozesse hohe Kostensenkungspotentiale und gelten als eine der ersten wirtschaftlichen Anwendungen des B2B E-Commerce.[169]

---

[168] Vgl. z.B. Eyholzer (1999), S. 9f., und Schubert (2002), S. 4f.

[169] Zu den Gestaltungs- und Optimierungsprinzipien von DP-Systemen vgl. z.B. Schäffer / Höll / Schönberg (1999), S. 507ff., und Möhrstädt / Bogner / Paxian (2001), S. 14ff.

In Marktplatz-Systemen bringt ein Intermediär Angebot und Nachfrage zusammen, so daß eine N:1:M-Beziehung besteht (mehrere Verkäufer, ein Intermediär, mehrere Käufer). Auf der Angebotsseite verarbeitet der Marktplatz eingehende Lieferantenkataloge, die zusammengeführt werden (Marktplatz-Katalog) und auf der Nachfrageseite kundenspezifisch verwendbar sein sollten. Im Vergleich zu Buy Side-Systemen ist der Integrationsgrad der betrieblichen Informationssysteme der Beteiligten meistens deutlich niedriger, so daß realisierte Prozeßkostensenkungspotentiale geringer ausfallen.[170]

Alle drei Systemtypen können für die *katalogbasierte Beschaffung* genutzt werden. Sie werden daher auch mit E-Procurement-System bezeichnet. Im engeren Sinne sind jedoch nur Buy Side-Systeme echte E-Procurement-Systeme, da mit E-Procurement die primäre Funktion der Systeme betont wird.[171] Katalogbasiert heißt, daß die angebotenen Güter durch Kataloge beschrieben werden. Die Möglichkeiten zur Produktbeschreibung in elektronischen Katalogen sind jedoch begrenzt[172]. Zum Beispiel lassen sich konfigurierbare Produkte und auch Dienstleistungen nur aufwendig oder unzureichend spezifizieren. Dies ist ein Grund dafür, daß in EPK vorwiegend standardisierte Güter geringer Spezifität abgebildet werden. Darunter fallen insbesondere indirekte Güter, die nicht unmittelbar in betriebliche Leistungserstellungsprozesse eingehen und deren Einsatz nicht direkt den erstellten Gütern zugerechnet werden kann. Ein ähnlicher Begriff, der ebenfalls auf den betrieblichen Verwendungszweck abstellt, ist MRO-Produkte (engl.: maintenance, repair and operations goods).

Indirekte Güter zeichnen sich neben ihrer geringen Spezifität durch geringe Einzelwerte und hohe Bestellfrequenzen bei gleichzeitig geringem Anteil an dem gesamten Beschaffungsvolumen aus.[173] Aus Sicht der ABC-Analyse sind es damit C-Artikel. Für C-Artikel gilt, daß sie im Verhältnis zu den Beschaffungspreisen einen relativ hohen Prozeßaufwand verursachen.[174] Zugleich ist festzustellen, daß sich die Reichweite von katalogbasierten E-Procurement-Anwendungen erhöht und zusätzliche Güterarten in elektronische Produktkataloge aufzunehmen sind.[175] Eine wichtige

[170] Vgl. Bogaschewsky (2002), S. 32 und 41.

[171] Vgl. Hentrich (2001), S. 32.

[172] Vgl. Dorloff / Leukel / Schmitz (2002), S. 700.

[173] Vgl. Dolmetsch (2000), S. 16.

[174] Vgl. z.B. Koppelmann (2000), S. 186, und Möhrstädt / Bogner / Paxian (2001), S. 10f.

[175] Zu direkten Gütern vgl. Herrmann (2002), S. 77f.; zu Dienstleistungen vgl. Dorloff / Leukel / Schmitz (2003), S. 429f.

Stellung nimmt hierbei der Produktionsverbindungshandel (PVH) ein, der als ein spezieller Betriebstyp des Großhandels die Aufgabe hat, Industrieunternehmen mit Roh-, Hilfs- und Betriebsstoffen, Halbfabrikaten, Betriebsmitteln und Investitionsgütern zu beliefern und somit die Schnittstelle zwischen Herstellern und industriellen Abnehmern bildet.[176]

Während die Systemtypbildung für die katalogbasierte Beschaffung durch die Bezugnahme auf die Marktbeziehung zu einer weitgehend eindeutigen Begriffsbildung führt, haben sich für die Bezeichnung und Kategorisierung von katalogdatenverarbeitenden Informationssystemen unterschiedliche Begriffe herausgebildet (z.B. Katalogsystem, Katalog-Engine, Produktdatenbank). Im folgenden wird der Begriff *Katalogdatenmanagementsystem* (KDM-System) so definiert, daß er zugleich für die Abgrenzung des Handlungsfeldes des Katalogdatenmanagements herangezogen werden kann. Als KDM-Systeme werden solche Informationssysteme bezeichnet, die Katalogdaten verwalten und diese Daten für andere Informationssysteme, insbesondere für die Grundtypen elektronischer Beschaffungssysteme bereitstellen.

KDM-Systeme sind nicht in allen Fällen eigenständige Informationssysteme, sondern können auch integrierter Bestandteil von größeren Informationssystemen sein. Aus logischer Sicht ist das KDM-System von dem *Transaktionssystem* abzugrenzen, welches Funktionalitäten für die Durchführung von Beschaffungs- bzw. Verkaufsprozessen implementiert. Dazu zählen unter anderem Navigation und Suche im Katalog, Warenkorb, Bestellung, Zahlungsabwicklung und Dokumentenaustausch. Die katalogdatenbezogenen Funktionen des Transaktionssystems, also insbesondere die Bedienungsfunktionen, werden zum Teil durch separate Softwareprodukte abgedeckt, die auch mit *Katalog-Engine* bezeichnet werden. Eine Katalog-Engine stellt nur sehr wenige Datenverwaltungsfunktionen bereit und übernimmt die Katalogdaten über Schnittstellen von vorgelagerten KDM-Systemen. Die Unterscheidung von KDM-System und Katalog-Engine ist deshalb wichtig, da sie auch die Trennlinie zwischen den Aufgaben des Katalogdatenmanagements und den Aufgaben des Managements von Transaktionssystemen bildet. Mit der Übergabe eines Kataloges von dem KDM-System zu der Katalog-Engine endet das Katalogdatenmanagement und der Katalog läßt sich operativ nutzen.

---

[176] Vgl. Becker / Schütte (1996), S. 466.

4.2 Katalogdatenmanagement aus Sicht des Informationsmanagements

Gemäß der im ersten Kapitel eingeführten Arbeitsdefinition umfaßt das Katalogdatenmanagement alle Aufgaben, die mit der Erstellung, Pflege und Verwendung von Katalogdaten zusammenhängen. Der Begriff Katalogdatenmanagement ist trotz der gestiegenen Bedeutung des Aufgabengebietes weder in der Unternehmenspraxis noch in der Wissenschaft etabliert. Ebenso existieren keine gefestigten Auffassungen, was darunter zu verstehen ist, wie das KDM in bezug zu anderen betrieblichen Aufgaben steht und wie es von diesen abzugrenzen ist. Daher wird der Begriff zunächst sprachlich eingeordnet und anschließend aus der Sicht des betrieblichen Informationsmanagement untersucht und spezifiziert.

4.2.1 Begriff

Der Begriff Katalogdatenmanagement verweist auf zwei Aspekte. Erstens gibt er das zentrale Handlungsobjekt (Katalogdaten) und zweitens den Handlungscharakter (Management) an.

Mit Katalogdaten sind hier alle Daten gemeint, die für die operative Erstellung von elektronischen Produktkatalogen benötigt werden oder in diesen enthalten sein müssen. Katalogdaten sind eine für die Verarbeitung in Informationssystemen notwendige Darstellung von Informationen über Produkte. Mit der hier ausschließlichen Verwendung des Begriffes Katalogdaten anstatt Kataloginformationen wird die maschinelle Verarbeitung betont.[177] Diesem Verhältnis von Daten und Informationen liegt die Auffassung von Informationen als zweckorientiertem Wissen, um die Erreichung eines Zieles zu unterstützen, zugrunde.[178]

Der Begriff Katalogdaten wird jedoch mindestens in drei weiteren Kontexten genutzt, die ebenfalls Verbindungen zum Informationsmanagement aufweisen. Im Kontext des Bibliothekswesens sind Katalogdaten jene Daten, die bibliographische Objekte beschreiben.[179] Weiterhin bezeichnen Katalogdaten im Kontext Datenbanken die Metadaten, die Datenbankmanagementsysteme für die Verwaltung von Datenbanken benötigen.[180] Schließlich werden die strukturierten Verzeichnisse von Web-Portalen

[177] Zu den Begriffen Daten, Information und Wissen vgl. z.B. Krcmar (2003), S. 14ff.

[178] Vgl. Wittmann (1959), S. 14.

[179] Vgl. Levy (1995), S. 31ff.

[180] Vgl. Pernul / Unland (2001), S. 187.

(z.B. Yahoo, Lycos, Google) ebenfalls als Kataloge bezeichnet. Die Objekte dieser Kataloge sind Informationsressourcen (z.B. Dokumente, Web Sites), die durch Katalogdaten beschrieben werden.[181] Zur Vermeidung von Verwechslungen müßte im B2B E-Commerce konsequenterweise von Produktkatalogdaten und Produktkatalogdatenmanagement gesprochen werden, um das Handlungsobjekt eindeutig zu benennen. Darauf wird im weiteren jedoch verzichtet, da diese beiden Begriffe nur sehr selten in der Praxis verwendet werden. Die Homonym-Problematik gilt ebenso für die englischsprachigen Bezeichnungen Catalog Data und Catalog Data Management.

Mit dem Begriff Management wird zum Ausdruck gebracht, daß es sich vor allem um Führungsaufgaben der Unternehmung und weniger um routinemäßige Verwaltungsaufgaben handelt. Zu den Führungsaufgaben gehören insbesondere Planung, Organisation und Kontrolle.[182] In einer an der betriebswirtschaftlichen Managementlehre ausgerichteten Interpretation des Informationsmanagements werden die Unternehmensführungs- von den technischen Gestaltungsaufgaben abgegrenzt. Danach gehören zum Management insbesondere die Bestimmung der Aufbauorganisation, die Entwicklung von Informationsstrategien und Projekten zur Strategieumsetzung sowie das Controlling der Informationsverarbeitung.[183] Dagegen findet sich in der überwiegenden Literatur zum Informations- und Datenmanagement ein weiter ausgelegtes Managementverständnis, welches vergleichbar mit der Systementwicklung und dem Software Engineering die fachlichen und technischen Gestaltungsaufgaben stärker gewichtet.[184] Dies gilt insbesondere für das Management der Daten, welches als Teil des Informationsmanagements angesehen wird.

Informationsmanagement (IM) ist eine betriebliche Querschnittsaufgabe, die sich mit der Ressource Information, der Informationssysteme und der zugehörigen Infrastruktur befaßt. Der Begriff wird zum Teil sehr unterschiedlich verwendet. Die Unterschiede beziehen sich vor allem auf den Aufgabenumfang und die Gewichtung von betriebswirtschaftlichen und technischen Aspekten.[185] Hier soll einer Begriffsauffassung gefolgt werden, die eine ganzheitliche Sichtweise auf die Informationssysteme der

[181] Vgl. Spyratos / Tzitzikas / Christophides (2002), S. 430ff.

[182] Vgl. Macharzina (2003), S. 35ff.

[183] Vgl. Teubner / Klein (2002), S. 286.

[184] Vgl. Biethahn / Mucksch / Ruf (1997), S. 27ff., und Heinrich (2002), S. 223ff.

[185] Zum IM-Begriff in der Literatur vgl. z.B. Schwarze (1998), S. 41ff. Eine aktuelle, vergleichende Besprechung von fünf Lehrbüchern und ihrer IM-Konzeptionen findet sich in Teubner / Klein (2002), S. 285ff.

Unternehmung, seiner einzelnen Komponenten und aller Informationen einnimmt. In diesem Konzept des betrieblichen Informationsmanagements ist das Datenmanagement (DM) die zentrale Komponente.[186] Das Datenmanagement stellt den Informationssystemen die benötigten Daten zur Verfügung. Ausgehend von diesem Verhältnis von Informations- und Datenmanagement kann das Katalogdatenmanagement näher beschrieben und in Anlehnung an den DM-Begriff von *Schwarze*[187] definiert werden: Das betriebliche Katalogdatenmanagement umfaßt alle Managementaufgaben der Identifizierung, Strukturierung und Modellierung von Katalogdaten sowie des Entwurfs und des Betriebs von KDM-Systemen.

Das Katalogdatenmanagement wird damit als ein für die Domäne Katalogdaten spezifisches Datenmanagement positioniert. Der Aufgabenumfang wird weit angelegt. Dies muß betont werden, da einige Autoren das Datenmanagement auf die Datenmodellierung sowie den Entwurf und Einsatz von Datenbanken beschränken und ihm keine Rolle bei der Entwicklung betrieblicher Informationssystemarchitekturen zumessen[188].

4.2.2 Alternative Konzeptionen

Neben der hier verfolgten Ausrichtung des Katalogdatenmanagements am betrieblichen Datenmanagement werden in der Literatur katalogdatenbezogene Aufgaben teilweise auch durch weitere, alternative Begriffe und Konzeptionen beschrieben. Zur Klärung des wechselseitigen Verhältnisses ist eine Einordnung und Abgrenzung notwendig.

Häufig wird im Zusammenhang mit Katalogdaten von Content Management (CM) gesprochen. Für den CM-Begriff muß jedoch gesagt werden, daß dieser ebenfalls divergent verwendet wird. Content Management kann als der Prozeß der systematischen und strukturierten Verwaltung von Content beschrieben werden. Content sind dabei unstrukturierte oder semi-strukturierte Daten, zu denen vor allem textuelle Inhalte und multimediale Daten gehören. Beiden ist gemein, daß sie nicht einem einheitlichen Schema genügen.[189] Die Publikation des Content erfolgt in Form von

[186] Vgl. Biethahn / Mucksch / Ruf (1997), S. 13.

[187] Vgl. Schwarze (1998), S. 221.

[188] Vgl. z.B. Hildebrand (1995), S. 101.

[189] Zu semi-strukturierten Daten vgl. Bry et al. (2001), S. 230ff.

elektronischen Dokumenten. Das Content Management nimmt eine strikte Trennung von Inhalt, Struktur und Layout der Dokumente vor und stellt den medienneutral gespeicherten Content für unterschiedliche Zielmedien und Nutzungsformen bereit. Ein Hauptanwendungsgebiet liegt im Web Content Management, welches die Verwaltung der Inhalte einer oder mehrerer Web Sites zum Gegenstand hat.[190]

Im Gegensatz zum Content-Begriff handelt es sich bei Katalogdaten der Art nach um stark strukturierte Daten, denen insbesondere ein gemeinsames, betriebliches Schema zugrunde liegt.[191] Hinzu kommen Multimediadaten, die wiederum durch strukturierte Metadaten angereichert werden. Ein zweites Unterscheidungsmerkmal folgt aus dem verwendeten Dokumentbegriff. Während beim Content Management das Dokument, bestehend aus dem eigentlichen Inhalt, Strukturdefinitionen und Layoutanweisungen, als Publikationsergebnis im Mittelpunkt steht, übernimmt das Dokument im Katalogdatenmanagement eine andere, weniger stark gewichtete Rolle. Das zu übertragende Katalogdokument ist lediglich eine Datenrepräsentation, auf die sich die beteiligten Unternehmen für die Datenübertragung verständigt haben.[192] Der Dokumentempfänger wird die darin enthaltenen Katalogdaten extrahieren und in Zielsysteme übernehmen. Somit werden die Katalogdokumente nur maschinell verarbeitet. Insbesondere sind die Benutzeroberflächen internetbasierter Katalogangwendungen nicht identisch mit oder Ausschnitte von Katalogdokumenten.

Dennoch verwenden einige Autoren den Begriff Content Management für Aufgaben des Katalogdatenmanagements. So subsummiert *Dolmetsch* unter CM die Tätigkeiten der Pflege der Katalogdatenbasis in Desktop Purchasing-Systemen[193]. Abgesehen von der Eingrenzung auf DP-Systeme werden damit das allgemeine Content Management und insbesondere das Web Content Management ausgeklammert. Dies gilt nicht für *Eyhölzer*, der das allgemeine Content Management auf Katalogdaten überträgt und Katalogaufbau und -pflege zu dessen Aufgaben erklärt.[194] Demnach sind Katalogdaten ein spezieller Content.

Im weiteren wird das Katalogdatenmanagement nicht als eine Spezialisierung des Content Managements gesehen, da Katalogdaten nicht zu den semi- oder

[190] Vgl. Gersdorf / Schoop (2002), S. 75f.

[191] Vgl. Kapitel 2.6.3.

[192] Vgl. Hansen / Neumann (2001), S. 1041.

[193] Vgl. Dolmetsch (2000), S. 160.

[194] Vgl. Eyholzer (1999), S. 16.

unstrukturierten Daten gehören. Im Gegenteil sind Katalogdaten vergleichbar mit anderen betrieblichen Daten hochgradig strukturiert. Mit der Begriffswahl Katalogdatenmanagement wird deshalb die Datenorientierung hervorgehoben. Dieser Aspekt fehlt dem ebenfalls nicht einheitlich verwendeten Begriff Katalogmanagement.

Bei *Dolmetsch* bezieht sich Katalogmanagement nicht auf die Kataloginhalte, sondern nur auf die „physische Trägerschaft“, die mit der Frage gleichgesetzt wird, welche Organisation den Katalog verwaltet.[195] *Hentrich* betont neben der Bereitstellung von Katalogdaten für E-Commerce-Anwendungen die Entwicklung einer Strategie für das Datenmanagement als Aufgabe des Katalogmanagements.[196] Dagegen werden von *Möhrstädt et al.* dem Katalogmanagement nur operative Aufgaben, nämlich die Datenerstellung beim Lieferanten, die Datenaufbereitung beim einkaufenden Unternehmen und die Datenaktualisierung, zugeordnet.[197] Bezüglich des Aufgabenumfangs lassen sich bei *Patankar* und *Segev* noch die größten Übereinstimmungen mit dem KDM-Begriff feststellen. Sie sprechen jedoch nur allgemein von Managementaufgaben ohne diese weiter zu bestimmen.[198]

Schließlich könnte sich eine Orientierung an dem Produktdatenmanagement anbieten, welches die Verwaltung der produktdefinierenden Daten zum Gegenstand hat. Allerdings betreffen diese Daten nur die Produktentstehung und nicht die Verwendung in zwischenbetrieblichen Geschäftsprozessen.[199]

In Abgrenzung zu den zuvor genannten Begriffskonzeptionen und zur Vermeidung von Verwechslungen wird im weiteren einheitlich der Begriff Katalogdatenmanagement verwendet. Die alternativen Konzeptionen sind in der Tabelle 4-2 zusammengefaßt.

---

[195] Vgl. Dolmetsch (2000), S. 160.

[196] Vgl. Hentrich (2001), S. 49.

[197] Vgl. Möhrstädt / Bogner / Paxian (2001), S. 131f.

[198] „Catalog management can be described as activities of aggregating, leveraging, managing, and distributing content related to products and services in a collaborative and efficient fashion.“; Patankar / Segev (2002), S. 10.

[199] Vgl. Eigner, M. / Stelzer (2001), S. 18, und ausführlicher Kapitel 2.1.1.

Begriff	**Autor**	**Interpretation**	**Mangel**
Content Management	Eyhölzer	Spezielles Content Management	Beschränkung auf inhaltliche Aspekte
Content Management	Dolmetsch	Identität	Beschränkung des CM auf Katalogdaten
Katalogmanagement	Dolmetsch	Physische Trägerschaft	Beschränkung auf die Systemtypfrage
Katalogmanagement	Hentrich	Datenmanagement ist Teil des Katalogmanagements	Beschränkung der Aufgaben des Datenmanagements
Katalogmanagement	Möhrstädt	Katalogdatenerstellung, -aufbereitung und -aktualisierung	Beschränkung auf operative Aufgaben
Catalog Management	Patankar / Segev	Aggregation, Einsatz, Management und Verteilung von Katalogdaten	Managementaufgaben unklar
Produktdaten-management	Eigner / Stelzer	Katalogdaten sind Produktdaten	Beschränkung auf Daten der Produktentstehung

Tabelle 4-2: Alternative Begriffskonzeptionen zum Katalogdatenmanagement

Die Interpretation des Katalogdatenmanagements als ein spezifisches Datenmanagement erlaubt es, die KDM-Konzeption an bestehenden Konzepten und Strukturierungsansätzen des Datenmanagements auszurichten und diese, wo nötig, zu erweitern. Dieser Weg wird im folgenden beschritten, wenn die Ziele und Aufgaben des KDM entwickelt und schrittweise verfeinert werden.

4.2.3 Ziele

Bei der Entwicklung der KDM-Ziele kann auf die Ziele des Datenmanagements Bezug genommen werden. Ebenso wie das Informationsmanagement soll das Datenmanagement einen Beitrag zur Unterstützung und zur Erreichung der Unternehmensziele leisten. Dies heißt einerseits, daß die grundsätzliche Struktur der Zielsysteme von Unternehmungen zu berücksichtigen ist, und andererseits, daß Datenmanagementziele immer unternehmensspezifisch zu entwickeln sind.

Das Zielsystem einer Unternehmung läßt sich in Sach- und Formalziele untergliedern.[200] Sachziele beschreiben den Zweck einer betrieblichen Leistung, während Formalziele die Kriterien darstellen, anhand derer Entscheidungen bezüglich der betrieblichen Leistung getroffen werden (z.B. Wirtschaftlichkeit). Die Formalziele geben

---

[200] Vgl. Kosiol (1975), S. 223.

somit an, mit welcher Qualität oder Güte die Sachziele verfolgt und erreicht werden sollen.

Das Sachziel des Datenmanagement liegt in der Datenbereitstellung für die Informationsproduktion. Dazu sind Daten aus bestehenden Datenquellen zu beschaffen und weitere Datenquellen zu erschließen, so daß die Abwicklung der Geschäftsprozesse ermöglicht wird.[201] Analog dazu kann das Sachziel des KDM definiert werden als die Bereitstellung von Katalogdaten für inner- und insbesondere zwischenbetriebliche Nutzungen.

Formalziele lassen sich allgemein in Leistungs-, Kosten- und Risikoziele unterteilen, die in Konflikt zueinander stehen. Leistungsziele beziehen sich direkt auf die Leistung des betrachteten Systems. Für Informationssysteme sind dies beispielsweise Flexibilität, Automatisierung, Entscheidungsunterstützung und Benutzerfreundlichkeit. Kostenziele sind stets Kostensenkungs- bzw. Kostenbegrenzungsziele; relevante Kostenarten sind unter anderem die Entwicklungs-, Einführungs-, Betriebs- und Wartungskosten. Risikoziele können interpretiert werden als Risikobegrenzungsziele und damit als Autonomieerhaltungsziele, die die Handlungsfreiheit sicherstellen und die Fähigkeit erhalten sollen, auf marktseitige und betriebliche Veränderungen zu reagieren. Übertragen auf das Katalogdatenmanagement heißt dies zum Beispiel, daß die eingesetzten KDM-Systeme ebenfalls anpassungsfähig und erweiterbar sein sollten. Die KDM-Systeme sollen – im Sinne einer Skalierbarkeit auf höherer Ebene – mit dem Unternehmen, seinen Zielen, den Geschäftspartnern und der Technologie Schritt halten. Mit der Bezeichnung „auf höherer Ebene“ wird eine Unterscheidung zur im IT-Bereich verbreiteten, technikorientierten Skalierbarkeit getroffen, die sich auf numerische Größen (z.B. Benutzerzahlen) bezieht.

Die Zieldiskussion zeigt, daß sich Sach- und Formalziele gemäß Abbildung 4-2 systematisieren lassen. Sie sind unternehmens- und objektspezifisch zu konkretisieren. Für das Datenmanagement sind dazu verschiedene Ansätze und Zieldefinitionen verfügbar. Da die Sachziele den Zweck des Datenmanagements beschreiben, können sie für die Ableitung von Aufgabenbereichen dienen, d.h. die Operationalisierung der Sachziele erfolgt durch die dem Datenmanagement zugeordneten Aufgaben. Eine weitere Zieldifferenzierung ist nicht notwendig. Dagegen lassen sich die

[201] Vgl. Heinrich (2002), S. 222.

Leistungsziele anhand des zentralen Handlungsobjektes weiter detaillieren, indem Datenqualitätseigenschaften definiert werden.

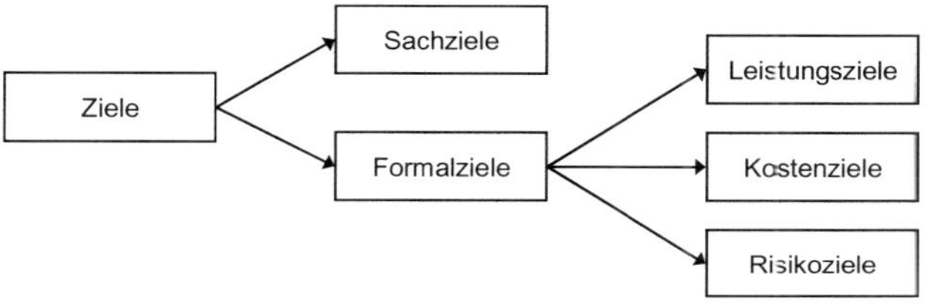

Abbildung 4-2: Systematisierung von Zielen

Heinrich unterscheidet für das Informationsmanagement die zuvor beschriebenen Sach- und Formalziele, ohne die Formalziele weiter zu untergliedern. DM-Ziele sind Teilziele zur Umsetzung der strategischen IM-Ziele. Objektbezogen werden die fünf Leistungsziele Richtigkeit, Vollständigkeit, Aktualität, Aufgabenadäquanz und Konsistenz der Daten definiert, die insgesamt Merkmale von Datenqualität sind.[202]

Biethahn übernimmt die objektbezogene Sichtweise und fügt zu den fünf Teilzielen von *Heinrich* das Teilziel Zusammenhangbezogenheit der Daten hinzu.[203]

Krcmar sieht das Ziel des Datenmanagements in der optimalen Nutzung der Daten im Unternehmen und verweist ansonsten auf fünf der sechs Teilziele nach *Biethahn*; das Teilziel Vollständigkeit fehlt.[204]

Schwarze definiert keine eigenständigen DM-Ziele, jedoch bieten die IM-Ziele einen Orientierungspunkt. Somit sind DM-Ziele einerseits die wirtschaftliche Datenversorgung aller internen und externen Stellen entsprechend dem jeweiligen Informationsbedarf und andererseits die effektive und wirtschaftliche Nutzung der Dateninfrastruktur.[205]

Der Vergleich der Zielkonzeptionen zum Datenmanagement zeigt sowohl Unterschiede bezüglich der Zielentwicklung als auch der Zieldifferenzierung auf (Tabelle

---

[202] Vgl. Heinrich (2002), S. 222f.

[203] Vgl. Biethahn / Fischer (1995), S. 143ff.

[204] Vgl. Krcmar (2003), S. 86.

[205] Vgl. Schwarze (1998), S. 52.

4-3). Die weitere Zielentwicklung nimmt aufgrund des hohen Differenzierungsgrades Bezug auf die Teilziele nach *Biethahn* und definiert spezifische Ziele.[206]

Autor / Zielstruktur	Heinrich	Biethahn	Krcmar	Schwarze
Ableitung aus IM-Zielen	Ja	Ja	Nein	nicht explizit
Sach- und Formalziele	Ja	Nein	Nein	nicht explizit
Teilziel Aktualität	Ja	Ja	Ja	Nein
Teilziel Aufgabenadäquanz	Ja	Ja	Ja	Nein
Teilziel Konsistenz	Ja	Ja	Ja	Nein
Teilziel Richtigkeit	Ja	Ja	Ja	Nein
Teilziel Vollständigkeit	Ja	Ja	Nein	Nein
Teilziel Zusammenhangbezogenheit	Nein	Ja	Ja	Nein

Tabelle 4-3: Ziele des Datenmanagements in der Literatur

Das Sachziel des KDM ist wie bereits erwähnt die Bereitstellung von Katalogdaten für inner- und zwischenbetriebliche Nutzungen. Charakteristisch für das Datenmanagement ist die Ausrichtung der Daten am betrieblichen Informationsbedarf. Die Daten müssen derart vorliegen, daß aus ihnen die benötigten Informationen abgeleitet werden können. Das Leistungsziel läßt sich anhand von sechs Teilzielen genauer beschreiben:

Richtigkeit der Katalogdaten: Die Daten müssen die von ihnen abgebildeten Sachverhalte inhaltlich richtig wiedergeben. Da Katalogdaten von Geschäftspartnern genutzt werden und Grundlage für Kaufentscheidungen und nachfolgende Geschäftstransaktionen sind, ist die Richtigkeit von besonderer, nicht nur innerbetrieblicher Bedeutung.

Konsistenz der Katalogdaten: Die Daten müssen unternehmensweit und zu jedem Zeitpunkt widerspruchsfrei und fehlerfrei sein. Wird beispielsweise in Katalogen von einem Produkt auf ein zugehöriges Ersatzteil verwiesen, so muß das referenzierte Produkt auch im Katalog enthalten sein. Die Konsistenzforderung bezieht sich auf die gesamte Lebensdauer der Katalogdaten. Insbesondere muß für Revisionszwecke sichergestellt werden, daß über ein Versions- und Änderungsmanagement frühere Kataloge, die für die operative Nutzung freigegeben worden sind, wiederhergestellt oder mindestens nachvollzogen werden können.

---

[206] Zu den sechs Teilzielen vgl. im folgenden Biethahn / Fischer (1995), S. 143ff.

Vollständigkeit der Katalogdaten: Alle Daten, die für die Bereitstellung elektronischer Produktkataloge relevant sind oder sein können, müssen in den Gestaltungsbereich des Katalogdatenmanagements einbezogen werden, auch wenn die Datenquellen organisatorisch zu einer anderen Einheit gehören oder in andere Zuständigkeiten fallen.

Aktualität der Katalogdaten: Die Katalogdaten müssen die Sachverhalte zeitlich korrekt wiedergeben. Zum Beispiel sind Änderungen von Produktspezifikationen rechtzeitig an die Katalognutzer zu propagieren.

Aufgabenbezogenheit der Katalogdaten: Die Katalogdaten müssen den Anforderungen der betrieblichen Aufgaben entsprechen. Insbesondere sind die spezifischen Anforderungen der Kataloganwendungen und Zielbranchen zu berücksichtigen, die über innerbetriebliche Anforderungen der Produktstammdatenverwaltung hinausgehen.

Zusammenhangbezogenheit der Katalogdaten: Die Katalogdaten weisen Schnittstellen zu und Überschneidungen mit anderen betrieblichen Daten auf. Diese Zusammenhänge sind bei der Gestaltung des Katalogdatenmanagements zu berücksichtigen.

Über die Ableitung hinaus ist zu prüfen, ob spezifische Anforderungen an den Katalogdateneinsatz die Hinzufügung weiterer, datenorientierter Teilziele notwendig erachten lassen. Wenn Katalogdaten für katalogbasierte Anwendungssysteme bereitgestellt werden, dann erfolgt dies in der Regel gemäß standardisierter oder bilateral vereinbarter Übertragungsformate. Die Verwendung von betrieblichen Katalogdaten ist allerdings nicht auf die drei grundlegenden Systemtypen katalogbasierter Beschaffungssysteme (Sell Side-, Buy Side-, Marktplatz-Systeme) beschränkt, sondern umfaßt ebenso Print- und CD-ROM-Kataloge, d.h. die Bereitstellung erfolgt für verschiedene Online- und Offline-Medien. Mit den beiden Anforderungen nach standardisierten Formaten und der Bedienung multipler Medien lassen sich zwei weitere, spezifische KDM-Teilziele begründen.

Standardisierung der Katalogdaten: Das Katalogdatenmanagement hat sicherzustellen, daß die betrieblichen Katalogdaten gemäß den jeweils relevanten, von den Geschäftspartnern geforderten, standardisierten Übertragungsformaten bereitgestellt werden. Zugleich sind die katalogdatenverarbeiteten Informationssysteme so zu gestalten, daß Änderungen und Weiterentwicklungen der Katalogstandards bzw. der Kundenanforderungen effizient unterstützt werden.[207]

In der Literatur zum Datenmanagement wird die Standardisierung nicht als eigenständiges Ziel und damit als Qualitätsmerkmal der betrieblichen Daten aufgefaßt. Sie wird vorwiegend in Hinblick auf die Vereinheitlichung der betrieblichen Daten durch ein unternehmensweites Datenmodell bzw. eine globale Datenarchitektur gesehen, ohne daß der Begriff Standardisierung genutzt wird. Sie bezieht sich damit auf die Integration *innerbetrieblicher* Datenbestände, die eingesetzten Datenbanktechnologien und die zur Verwaltung genutzten Metadaten.[208] Die Bedeutung fachlicher Standards für die Geschäftskommunikation und ihre Rückwirkungen auf das Datenmanagement werden nicht hervorgehoben.

Medienneutralität der Katalogdaten: Die Katalogdaten sind unabhängig von den Medien der Übertragung und Repräsentation zu verwalten, d.h. die logische Sicht der Katalogdaten sollte medienspezifische Restriktionen und Anforderungen nicht berücksichtigen. Dieses Ziel trägt dem schnellen Aufkommen neuer Medien und der Änderung ihrer Bedeutung Rechnung. Es wird durch die Trennung von Inhalt, Struktur und Layout erreicht. Die Medienneutralität ist eine wichtige Voraussetzung für das Cross-Media-Publishing, also die Bedienung verschiedener Ausgabemedien auf der Grundlage eines gemeinsamen Datenpools.[209] In enger Verbindung steht die Forderung nach logischer Zentralisierung der Katalogdaten, die sich aus den Teilzielen Konsistenz, Vollständigkeit und Aktualität folgern läßt.

Im Datenmanagement findet sich die Medienneutralität nicht als eigenständiges Teilziel. Als ein Qualitätsmerkmal von Daten läßt sie sich aus der Bereitstellung für und der Zugriffsmöglichkeit durch Nutzer folgern. Dazu sind beispielsweise Anfragesprachen und -werkzeuge bereitzustellen und Datenmanipulationen zu ermöglichen. Solche Anforderungen beschränken sich jedoch in der Regel auf die Entscheidungsunterstützung (Datenverdichtung, -filterung und -analyse) und betreffen bezüglich des Datenmodells homogene Informationssysteme.[210] Diese Anforderungen treffen jedoch gerade auf Katalogdaten nicht zu, da Katalogdaten für operative

---

[207] Vgl. Sauerland (2002), S. 727.

[208] Vgl. Krcmar (2002), S. 93.

[209] Vgl. Hentrich (2001), S. 48.

[210] Vgl. z.B. Biethahn / Mucksch / Ruf (1997), S. 18f., und Heinrich (2002), S. 224.

Anwendungen eingesetzt und zur zwischenbetrieblichen Nutzung in spezifische Repräsentationen überführt werden.

Die zuvor entwickelten KDM-Ziele ordnen sich in das betriebliche Zielsystem ein. Auf höchster Ebene stehen die Unternehmensziele, an denen alle betrieblichen Handlungen auszurichten sind. Das Informations- und Datenmanagement orientiert sich an diesen und entwickelt im Idealfall ein spezifisches Zielsystem. Analog dazu entsteht das KDM-Zielsystem, welches aus allgemeinen Teilzielen des Datenmanagements und spezifischen KDM-Teilzielen besteht (Abbildung 4-3).

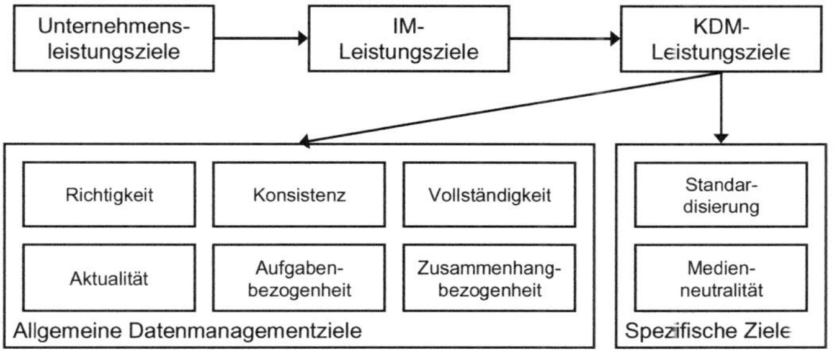

Abbildung 4-3: Zielsystem des Katalogdatenmanagements

KDM-Ziele sind unternehmensspezifisch zu verfeinern. Allerdings erhöht sich mit zunehmender Verfeinerung die Abhängigkeit der Ziele von den Unternehmensanforderungen. Aus diesem Grund wird auf eine weitere Zerlegung verzichtet. Statt dessen werden die Aufgaben thematisiert, die die Zielerreichung unterstützen sollen.

4.2.4 Aufgaben

Analog zur Entwicklung der KDM-Ziele ist zu fragen, welche Aufgaben dem Datenmanagement im Informationsmanagement zugeordnet sind und wie sie auf die Domäne Katalogdaten übertragen werden können. Anschließend sind wiederum spezifische Rahmenbedingungen und Entscheidungsfelder der Katalogdatenbereitstellung zu berücksichtigen, um die Aufgaben anzupassen und zu konkretisieren.

Betriebliche Aufgaben lassen sich nach der zeitlichen Befristung der zu treffenden Entscheidungen in strategische, taktische und operative Aufgaben unterteilen, so daß drei Aufgabenebenen entstehen. Dies gilt auch für die Aufgaben des Informations- und Datenmanagements. Die Aufgabenstruktur des Datenmanagements wird zum Teil unterschiedlich angelegt. Insbesondere zeigt sich dies an der Einordnung des Daten- in das Informationsmanagement.

Heinrich unterscheidet strategische, taktische und operative IM-Aufgaben und ordnet das Datenmanagement fest der taktischen Aufgabenebene zu. Die taktischen Aufgaben setzen die strategischen Planungen um und sind daher vorrangig Führungsaufgaben der Realisierung der Informationsinfrastruktur einschließlich der Systemplanung und -entwicklung. Neben dem Datenmanagement gehören dazu unter anderem Projekt-, Personal-, Geschäftsprozeß-, Sicherheits- und Wissensmanagement.[211]

Biethahn faßt die administrativen und operativen IM-Aufgaben zu einer Ebene zusammen und positioniert das Datenmanagement als strategische Aufgabe. Weitere strategische Aufgaben sind unter anderem die Auswahl und Festlegung einer Informationsstrategie. Die Zweiteilung der Aufgabenebenen ist auch Strukturierungsmittel für die Aufgaben des Datenmanagements selbst.[212]

Krcmar bildet differenziert nach den Handlungsobjekten des IM die drei Aufgabenbereiche Management der Informationswirtschaft, der Informationssysteme und der Informations- und Kommunikationstechnik, die ebenfalls mit Aufgabenebenen bezeichnet werden. Das Datenmanagement zählt zu dem Management der Informationssysteme. Hinzu treten querschnittsbezogene Führungsaufgaben, die für alle Handlungsobjekte anfallen oder nicht nur einem Handlungsobjekt zugeordnet werden können.[213]

Schwarze differenziert Analyseaufgaben, strategische Aufgaben, Realisierungsaufgaben und operative Aufgaben als Kernaufgaben des IM. Als eine von insgesamt fünf Querschnittsaufgaben übernimmt das Datenmanagement eine unterstützende Funktion. Die DM-Aufgaben werden analog zu den Kernaufgaben untergliedert.[214]

Die Aufgabenkonzeptionen zeigen zum Teil deutliche Unterschiede auf, die jedoch nicht das Datenmanagement allein, sondern die Konzeption des Informationsmanagements insgesamt betreffen. Daher ist es an dieser Stelle ausreichend auf die

---

[211] Vgl. Heinrich (2002), S. 37.

[212] Vgl. Biethahn / Mucksch / Ruf (1997), S. 27.

[213] Vgl. Krcmar (2003), S. 46f.

[214] Vgl. Schwarze (1998), S. 65ff.

Unterschiede hinzuweisen und zusätzlich anzumerken, daß die feste Zuordnung einzelner Aufgaben zu einer Aufgabenebene dann problematisch ist, wenn sie sich anhand der zeitlichen Befristung der Entscheidungen nicht begründen läßt. Insbesondere kann diese Befristung je nach Unternehmen, Branchen und Teilaufgabe differieren. Daher bietet es sich an, die IM-Aufgaben objektbezogen zu untergliedern, wie dies bei *Krcmar* und unter Einschränkungen auch bei *Schwarze* der Fall ist.[215]

Der Aufgabenumfang des Datenmanagements wird zum Teil unterschiedlich weit ausgelegt. In einem engeren Sinne umfaßt das Datenmanagement primär die Datenmodellierung, die Auswahl von Datenbanktechnologien, den Betrieb von Datenbanken sowie die Verwaltung der zugehörigen Metadaten. Weitergehende Auffassungen betonen die Bedeutung des Datenmanagements bei der Entwicklung unternehmensweiter Informationssystemarchitekturen, der Reorganisation von Geschäftsprozessen und der Gestaltung zwischenbetrieblicher Informationssysteme.[216]

Die Tabelle 4-4 nennt, welche Teilaufgaben dem Datenmanagement explizit zugeordnet werden. Teilweise werden in der Literatur nicht konkrete Aufgaben formuliert, sondern nur die Aufgabenobjekte benannt (z.B. Datenarchitektur statt Entwicklung einer Datenarchitektur).

---

[215] Zum Vergleich von IM-Konzeptionen vgl. Teubner / Klein (2002), S. 285ff.

[216] Vgl. Dippold et al. (2001), S. 42f.

Autor Aufgabe, Aufgabenobjekt	Heinrich	Biethahn	Krcmar	Schwarze
Datenarchitektur	Nein	Ja	Ja	Nein
Entwicklung Unternehmensdatenmodell	Nein	Ja	Ja	Ja
Planung und Entwicklung der Datenbasis	Nein	Ja	Nein	Nein
Organisatorische Verantwortung	Ja	Ja	Nein	Nein
Datenanalyse	Ja	Ja	Nein	Ja
Ermittlung externer Datenangebote	Ja	Ja	Nein	Ja
Datenmodellierung	Ja	Ja	Ja	Ja
Datenmigration	Ja	Nein	Nein	Nein
Datenadministration	Ja	Nein	Ja	Nein
Auswahl Datenbanktechnologie	Nein	Nein	Ja	Ja
Auswahl Datenbankmanagementsystem	Nein	Nein	Ja	Ja
Datenbankarchitektur	Nein	Nein	Nein	Ja
Datensicherheit	Nein	Nein	Ja	Nein
Datennutzung, Datenbankbetrieb	Ja	Ja	Ja	Ja
Copy- und Extraktmanagement	Ja	Ja	Nein	Nein
Datentuning, -optimierung	Ja	Nein	Ja	Ja
Datensicherung	Ja	Nein	Ja	Ja
Externe Datenbeschaffung	Ja	Ja	Nein	Ja
Datenkatalog, Data Dictionary	Ja	Ja	Ja	Ja

Tabelle 4-4: Aufgabenbegriffe zum Datenmanagement in der Literatur

Es zeigen sich zahlreiche, unterschiedliche Begriffe und ebenso abweichende Begriffsdefinitionen für gleiche Aufgaben (Synonyme und Homonyme). Auch sind die Ausführungen zu den einzelnen Aufgaben sehr unterschiedlich gewichtet. Um nun die Aufgaben des KDM zu bestimmen und einzuordnen lassen sich einige Grundsatzentscheidungen treffen:

1. Die KDM-Aufgaben gliedern sich in strategische und operative Aufgaben. Unter den strategischen Aufgaben werden insbesondere alle Gestaltungsaufgaben bezüglich des betrieblichen KDM-Systems verstanden. Mit der Berücksichtigung operativer Aufgaben umfaßt das KDM im Gegensatz zum allgemeinen Managementbegriff nicht nur Führungs- und Gestaltungsaufgaben. Eine weitere Differenzierung in taktische Aufgaben wird angesichts der Abgrenzungsprobleme, die auch für das Informationsmanagement gelten, nicht vorgenommen.
2. Im KDM übernimmt das KDM-System die Rolle, die Datenbanksysteme im allgemeinen Datenmanagement einnehmen. Während sich das Datenmanagement mit dem gesamten Datensystem eines Unternehmens befaßt und die Daten-

verwaltung und -bereitstellung weitgehend anwendungsunabhängig organisiert,[217] sind die Anwendungsanforderungen unmittelbar in die Gestaltung der KDM-Systeme einzubeziehen.

3. Als spezialisiertes Datenmanagement sind vor allem jene KDM-Aufgabenbereiche von Interesse, die im Vergleich zum allgemeinen Datenmanagement neu entstehen oder denen eine erhöhte Bedeutung zukommt. Umgekehrt sind solche Aufgaben, die unmittelbar auf das KDM übertragen werden können und die keine anwendungsspezifische Dimension besitzen, von geringem Interesse und sollen nachfolgend nicht betrachtet werden (z.B. Auswahl von Datenbanktechnologien, Datensicherung, Datenbankbetrieb, Datentuning).

Die in Kapitel 4.2.1 eingeführte KDM-Definition hat bereits auf den weitreichenden Aufgabenumfang hingewiesen, der alle Managementaufgaben der Identifizierung, Strukturierung und Modellierung von Katalogdaten sowie des Entwurfs und des Betriebs von KDM-Systemen einschließt. Neben den Katalogdaten als Handlungsobjekt kommt damit den KDM-Systemen und deren Eingliederung in betriebliche Informationssystemarchitekturen eine zentrale Rolle zu. KDM ist zwar kein vollkommen neuer Aufgabenbereich, da Unternehmen schon früher Produktverzeichnisse elektronisch verwaltet haben.[218] Der Fokus der Katalogdatenverarbeitung war jedoch unternehmensintern ausgerichtet und zielte auf die Publikation von Produktinformationen in Printmedien oder elektronischen Medien ab. Im Zuge des E-Procurement werden Katalogdaten dagegen zwischen Unternehmen ausgetauscht und für verschiedene Anwendungssystemtypen (Sell Side-, Buy Side- und Marktplatz-Systeme) genutzt. Damit einher geht die Einführung neuer bzw. die Erweiterung bestehender Informationssysteme und Organisationsstrukturen.[219] Somit hat das Katalogdatenmanagement einen gestaltenden Einfluß auf die relevanten Informationssysteme und Prozesse, um zu integrierten Systemen zu gelangen. Dies wird bei der Formulierung der strategischen Aufgaben berücksichtigt.

Die strategischen Aufgaben des Katalogdatenmanagements befassen sich mit den mittel- und langfristig wirkenden Entscheidungen. Die Hauptaufgabe liegt in der Entwicklung eines unternehmensweiten Konzeptes für die betrieblichen Informationssysteme, die an der Erzeugung und Verarbeitung von Katalogdaten beteiligt sind.

---

[217] Vgl. Heinrich (2002), S. 222.

[218] Vgl. Hentrich (2001), S. 48.

[219] Zur Datenmigration als Aufgabe des Datenmanagement vgl. Heinrich (2002), S. 227ff.

Der Plural Informationssysteme begründet sich durch die innerbetriebliche Verteilung der Katalogdaten.[220]

Das KDM wirkt gestaltend auf die betriebliche Informationssystemlandschaft ein und weist somit viele Gemeinsamkeiten mit der Entwicklung betrieblicher Informationssystemarchitekturen auf. Diese Dimension findet sich auch im Datenmanagement wieder.[221] Daher können zur Erfüllung der KDM-Aufgaben etablierte Prinzipien, Vorgehensmodelle und Methoden der Informationssystementwicklung herangezogen werden, die nicht spezifisch für die Domäne Katalogdaten sind.

Die weitere Strukturierung der KDM-Aufgaben orientiert sich an den Handlungsobjekten und führt so zu objektspezifischen Aufgabenbereichen. Mit den Objekten *Dateninhalte, Architektur, Informationssystem, Prozesse und Kommunikation* werden typische Gestaltungsobjekte von Datenverwaltungssystemen betrachtet, die teilweise auch bestimmten Sichten auf betriebliche Informationssysteme entsprechen. Für die Handlungsobjekte lassen sich Aufgaben formulieren, deren Ergebnisse jeweils in einem Teilkonzept (Plan) zusammengeführt werden. Jedes Teilkonzept beschreibt somit einen Aspekt der KDM-Gestaltung.

Das *KDM-Inhaltskonzept* definiert unternehmensindividuell, welche Katalogdaten innerbetrieblich erzeugt und verwaltet und welche Katalogdaten in welcher Form bereitgestellt werden. Hierzu sind vor allem fachliches Wissen über und Erfahrungen mit Katalogdaten, Katalogstandards und die derzeitigen und zukünftigen Anforderungen an diese Daten vonnöten. Insbesondere ist das Inhaltskonzept nicht auf die Entwicklung eines unternehmensweiten Katalogdatenmodells beschränkt, da auch inhaltliche Vorgaben formuliert werden, die Art und Umfang der Katalogdaten betreffen. Dazu gehört unter anderem die Auswahl von Klassifikationssystemen und Datenaustauschformaten. Die Qualität des Inhaltskonzeptes ist ein wichtiger Erfolgsfaktor des KDM und fußt auf einer Eigenschaft von Daten, welche auch für Katalogdaten gültig ist. Daten sind im allgemeinen stabiler und langlebiger als Informationssysteme. Sie unterliegen weniger dem Wandel als die Technologien und die Softwaresysteme, die sie verarbeiten. Insgesamt können sie als der Kern des betrieblichen Informationssystems bezeichnet werden.[222]

---

[220] Vgl. Kapitel 3.1.

[221] Vgl. Krcmar (2003), S. 85f.

[222] Vgl. Dippold et al. (2001), S. 44.

Das *KDM-Architekturkonzept* zeigt die beteiligten Informationssysteme und Datenflüsse auf, die insgesamt für die Verwaltung der unternehmenseigenen Katalogdaten notwendig sind. Eine wichtige Frage ist, wie Informationssysteme interagieren und welches System datenführend ist. Ein datenführendes System übernimmt für festgelegte Datenbereiche die Datenhaltung und -verwaltung und übergibt diese Daten an andere Systeme. Wichtige Ziele der Architekturentwicklung liegen in der logischen Zentralisierung der Datenhaltung, der eindeutigen Abgrenzung der datenführenden Systeme und der redundanzfreien Datenpflege, um bestehende, getrennte oder auch nur lose gekoppelte Anwendungssysteme, die Teilbereiche der Katalogdaten verwalten (z.B. Produktdatenblätter, Produktmerkmale und Preise), zu integrieren oder abzulösen.

Das *KDM-Systemkonzept* befaßt sich mit der Anforderungsanalyse und der Auswahl bzw. Entwicklung von KDM-Systemen. Das KDM-System ist – wie in Kapitel 2.1 definiert – das Informationssystem, welches die Katalogdaten nach Möglichkeit integriert verwaltet. Häufig ist ein solches integrierendes KDM-System noch nicht vorhanden und muß daher ausgewählt bzw. entwickelt werden. Da es sich bei KDM-Systemen um einen relativ neuartigen Softwaretyp handelt, ist der Markt heterogen strukturiert und noch nicht von wenigen Anbietern dominiert. Aufgrund der Berücksichtigung vieler unternehmensspezifischer Anforderungen sind sowohl für KDM-Systeme als auch für Katalog-Engines bislang kaum Standardlösungen verfügbar.

Das *KDM-Prozeßkonzept* beschreibt alle innerbetrieblichen Abläufe und organisatorischen Regeln für die Beschaffung, Verarbeitung, Übertragung, Speicherung und Bereitstellung von Katalogdaten. Insbesondere sind die drei Hauptprozesse Import, Bearbeitung und Export von Katalogdaten zu gestalten. Dies umfaßt die Definition von Rollen, Zuständigkeiten, Aufgaben und Prozeßablauflogiken, die entsprechend zu dokumentieren sind. Schnittstellen und Überschneidungen mit anderen betrieblichen Prozessen, zum Beispiel in Konstruktion, Fertigung, Produktmanagement, Vertrieb und Marketing, sind zu identifizieren und zu optimieren.

Das *KDM-Kommunikationskonzept* gestaltet die Katalogdatenaustauschprozesse des Unternehmens mit Dritten, also mit Lieferanten und Kunden. Diese Aufgabe ist trotz der Verfügbarkeit standardisierter Austauschformate notwendig, da die Standards nur jeweils einen Rahmen für die Kommunikation vorgeben, der unternehmensspezifisch auszufüllen und organisatorisch zu implementieren ist. Auch bedeutet Katalogdatenaustausch nicht lediglich die Übertragung von Katalogdaten, sondern dieser vollzieht sich gemäß definierter Regeln und wird durch Ereignisse ausgelöst bzw. determiniert weitere, innerbetriebliche Vorgänge bei den beteiligten Unternehmen.

Die fünf KDM-Teilkonzepte stehen in enger Beziehung zueinander und sind integriert zu entwickeln. Sie folgen in ihrer Summe dem Eingangs vorgestellten umfassenden Datenmanagementverständnis, wobei das KDM-Architektur- und KDM-Systemkonzept der Entwicklung von unternehmensweiten IS-Architekturen und das Kommunikationskonzept der Gestaltung zwischenbetrieblicher Informationssysteme zugeordnet werden können.

Die Zuordnung von domänenspezifischen Teilaufgaben zu den KDM-Teilkonzepten ist in der Tabelle 4-5 zusammengefaßt. Domänenspezifisch heißt, daß nur solche Aufgaben hervorgehoben werden, die charakteristisch sind, d.h. sich von anderen Systemgestaltungen unterscheiden oder besonders bedeutend für das Katalogdatenmanagement sind. Gleichzeitig ist selbstverständlich auf Konzepte, Methoden, Vorgehensmodelle und Werkzeuge der betrieblichen IS-Gestaltung zurückzugreifen. Dies trifft unter anderem auf die Anforderungsanalyse, Datenmodellierung, Architekturentwicklung, Softwareauswahl und Prozeßgestaltung zu.

KDM-Teilkonzept	**Aufgaben**
KDM-Inhaltskonzept	Anforderungsanalyse an Katalogdaten Anforderungsanalyse an Klassifikationssysteme Anforderungsanalyse an Übertragungsformate Bestimmung der Art, Struktur und des Umfangs der Katalogdaten Entwicklung eines logischen Katalogdatenmodells
KDM-Architekturkonzept	Bestimmung der beteiligten betrieblichen Informationssysteme Bestimmung der Funktionen der Informationssysteme Gestaltung des Datenaustauschs zwischen Informationssystemen
KDM-Systemkonzept	Anforderungsanalyse an KDM-Systeme Auswahl, ggf. Entwicklung von KDM-Systemen Systemkonfiguration, -anpassung und -einführung
KDM-Prozeßkonzept	Gestaltung der Katalogimport- und -exportprozesse Gestaltung der Validierungs- und Freigabeprozesse Gestaltung der Datenbearbeitungsprozesse Gestaltung der Klassifizierungsprozesse
KDM-Kommunikationskonzept	Bestimmung der Kommunikationsmedien Bestimmung der Übertragungsformate Gestaltung der Katalogdatenübertragung

Tabelle 4-5: Strategische Aufgabenbereiche des Katalogdatenmanagements

Auf der operativen Ebene sind die Aufgaben angesiedelt, die im laufenden Betrieb anfallen. Es handelt sich vor allem um Aufgaben, die direkt mit der Verwaltung der Katalogdaten zusammenhängen. Sie können in Anlehnung an das KDM-Prozeßkonzept in die drei Hauptaufgaben Import, Bearbeitung und Export von Katalogdaten unterschieden werden, die je nach Katalognutzung, Branche und Unternehmenssituation in Art und Umfang sehr unterschiedlich ausfallen können. Daher wird die weitere Spezifizierung der operativen, aber auch der strategischen Aufgaben zunächst zurückgestellt und ein Ansatz zur Differenzierung der Aufgaben entwickelt.

4.3 Anwendungsszenarien

Geschäftsmodelle und Anwendungen im E-Commerce lassen sich, wie bereits bei der katalogbasierten Beschaffung gezeigt[223], in Abhängigkeit von dem katalogbasierten Anwendungssystem in Buy Side-, Sell Side- und Marktplatz-Systeme einteilen. Dieser Einteilung folgend könnte das Katalogdatenmanagement ebenfalls nach dem Systemtyp differenziert betrachtet werden. Folglich könnte man zum Beispiel von KDM für Buy Side-Systeme sprechen und die Unterschiede zum KDM für Marktplatz-Systeme herausarbeiten. Damit würde sich das KDM für Sell Side-Systeme von Lieferanten auf jene Datenverwaltungsaspekte beschränken, die mit dem Betrieb eines Sell Side-Systems zusammenhängen. Dadurch würde jedoch vernachlässigt werden, daß Lieferanten auch Teil von anderen E-Commerce-Anwendungen sind, insbesondere stellen sie Kataloge für Buy Side-Systeme und Marktplätze bereit. Hinzu kommen die Offline-Kataloge (Print- und CD-Kataloge).

Die ausschließlich anwendungssystembezogene Sichtweise würde insgesamt ein wesentliches Charakteristika des Informations- und Datenmanagements vernachlässigen. Das Informationsmanagement soll Gestaltungskonzepte in Abhängigkeit von den betrieblichen Anforderungen entwickeln. Im Begriff betriebliches Informationsmanagement kommt dies zum Ausdruck. Analog zu diesem nimmt das betriebliche KDM ebenfalls eine unternehmensorientierte Sichtweise ein. Im Sinne einer ganzheitlichen Betrachtung soll das Katalogdatenmanagement alle katalogdatenrelevanten Aktivitäten eines Unternehmens zum Gegenstand haben und dafür ein integriertes Datenmanagementkonzept entwickeln. Die weitere Aufgabendifferenzierung basiert daher auf der jeweiligen Stellung des Unternehmens in zwischenbetrieblichen Lieferketten und nicht auf einem singulären Anwendungssystemtyp. Je nachdem, ob das

---

[223] Vgl. Kapitel 4.1.

Unternehmen als Lieferant, Käufer oder Intermediär auftritt, können für das KDM die Anwendungsszenarien Supplier, Buyer und Intermediär gebildet werden. Allgemein dient der Szenariobegriff dazu, Annahmen bezüglich einer Fragestellung zu treffen und diese in jeweils einem Szenario zusammenzufassen.

Im *Szenario Supplier* bezieht sich das KDM auf die Vertriebsaktivitäten von in der Regel produzierenden Unternehmen. Dienstleistungsunternehmen sind nur insoweit von Bedeutung, wie sie ihre Leistungen in elektronischen Produktkatalogen beschreiben (z.B. Wartungs- und Reparaturleistungen, Autovermietung). In diesem Szenario werden die Katalogdaten für eine Vielzahl von Nutzungen bereitgestellt.[224] Sie reichen von eigenen Sell Side-Systemen über externe Buy Side- und Marktplatz-Systeme bis zu den Offline-Katalogen.

Im *Szenario Buyer* bezieht sich das Katalogdatenmanagement auf die Beschaffungsaktivitäten von Unternehmen. Zu unterscheiden ist der Betrieb von Desktop Purchasing-Systemen und der Einkauf auf Marktplätzen. Während einkaufende Unternehmen bei entsprechender Marktstellung bzw. hohen Beschaffungsvolumen auch gestaltenden Einfluß auf Marktplatz-Systeme nehmen und diese Aufgabe dem KDM zugerechnet werden kann[225], ist der Gestaltungseinfluß auf die Sell Side-Systeme der Lieferanten geringer bzw. oft nicht vorhanden.

Im *Szenario Intermediär* bezieht sich das Katalogdatenmanagement auf die vermittelnden Aktivitäten von Unternehmen, die dadurch Angebot (Supplier) und Nachfrage (Buyer) zusammenbringen. Der Begriff Intermediär charakterisiert die Aufgabe der Unternehmen und abstrahiert von dem Anwendungssystemtyp. Dieses Konzept ist wichtig, da die Aufgabe Vermittlung nicht nur durch Marktplatz-Systeme realisiert wird. Insbesondere der Großhandel, der die Sortimente vieler Lieferanten bündelt, ist ein klassischer Intermediär.[226] Die E-Procurement-Plattformen des Großhandels sind jedoch gerade keine Marktplätze, sondern geschlossene Systeme, die sich kaum von Sell Side-Systemen unterscheiden. Zudem liegt eine wesentliche Aufgabe des Handels in der Katalogaggregation, die sich aus der bedarfsorientierten Gestaltung von Sortimenten folgern läßt.[227] Die aggregierten Kataloge werden dann für eigene

[224] Vgl. Hahn (2001), S. 58f.

[225] Einen Sonderfall stellen die sogenannten *Buy Side-Marktplätze* dar, die von einem oder mehreren großen Nachfragern gestaltet und betrieben werden; vgl. Bogaschewsky (2002), S. 36.

[226] Vgl. Zentes (2002), S. 5ff.

[227] Zur Sortimentsbildung im Handel vgl. Barth / Hartmann / Schröder (2002), S. 177ff.

Informationssysteme, aber auch für Marktplätze und Buy Side-Systeme der Kunden, bereitgestellt. Dies gilt auch für Einkaufsgemeinschaften, die eine Vermittlerfunktion für ihre Kooperationsmitglieder wahrnehmen.

Das Kriterium zur Bildung der drei Szenarien ist die jeweilige Stellung des Unternehmens in B2B-Geschäftsbeziehungen. Ein Einwand gegen dieses Konzept könnte sein, daß Unternehmen typischerweise nicht nur eine einzige Stellung in Geschäftsbeziehungen einnehmen, sondern daß alle Unternehmen sowohl als Käufer als auch Verkäufer tätig sind. Folglich würde das Szenariokonzept gerade gegen die oben geforderte ganzheitliche Sichtweise des Katalogdatenmanagements verstoßen, indem nicht alle katalogdatenrelevanten Aktivitäten betrachtet würden.

Diesem Einwand ist jedoch entgegenzuhalten, daß sich die Beschaffungs- und Vertriebsaktivitäten in der Regel auf unterschiedliche Märkte und Produktsortimente beziehen, im Unternehmen organisatorisch getrennt sind und unterschiedliche Ziele und Strategien verfolgt werden. Eine Integration ist oft nicht vorhanden oder nicht nötig. Zum Beispiel bestehen bei Industrieunternehmen zwischen der Beschaffung indirekter Güter und dem Verkauf der Erzeugnisse keine Interdependenzen, die für das Katalogdatenmanagement von Bedeutung wären. Insbesondere existieren keine relevanten Zusammenhänge zwischen den Gütern, also den Objekten, die in Form von Katalogdaten beschrieben werden. Dies gilt auch für direkte Güter, die in industriellen Transformationsprozessen zu Endprodukten werden. Einzig im Fall der Handelsunternehmen sind die Beschaffungs- und Vertriebsaktivitäten bereits qua Unternehmenstyp hochgradig integriert.[228] Dies wird im KDM-Szenario Intermediär unter anderem durch die Katalogaggregation berücksichtigt.

Bevor die Aufgaben des Katalogdatenmanagement nach den drei Szenarien differenziert beschrieben werden, ist auf die Zusammenhänge der Szenarien untereinander hinzuweisen. Die Zusammenhänge entstehen prinzipiell über die Nutzung bereitgestellter Katalogdaten. Diese basiert auf dem nachrichtenorientierten Datenaustausch zwischen KDM-Systemen. Hier wird keine weitergehende funktionsorientierte Integration der KDM-Systeme angestrebt. Neben technologischen Restriktionen lassen sich betriebswirtschaftliche Gründe für die fehlende Integration anführen. Da auf Grundlage der Katalogdaten Beschaffungsentscheidungen getroffen werden, ist es sinnvoll, daß die E-Procurement-Anwendungen einkaufender

---

[228] Vgl. Koppelmann (2000), S. 83f.

Unternehmen auf einem eigenverantwortlich organisierten Katalogdatenbestand arbeiten.[229] Modifikationen sind nur im Rahmen festgelegter Prozeßschritte möglich. Zum Beispiel können Lieferanten nicht unmittelbar neue Katalogdaten in die Produktivsysteme der Kunden einspielen. Insgesamt entstehen datentechnisch getrennte KDM-Systeme.

Ein alternativer Ansatz zu dem Datenaustausch zwischen KDM-Systemen stellt die Kopplung katalogbasierter Anwendungssysteme dar. In diesem Fall werden nicht Katalogdaten zwischen Supplier und Buyer ausgetauscht, sondern es wird das Sell Side-System des Lieferanten in ein Buy Side- oder Marktplatz-System integriert. Die Integration beschränkt sich dabei auf die Übertragung der im Sell Side-System erstellten Warenkörbe, d.h. der Benutzer wird aus dem E-Procurement-System zum Sell Side-System geführt und wählt dort Produkte aus. Das Ergebnis der Auswahl, also der Warenkorb, wird zurück in das E-Procurement-System und den dort gestarteten Beschaffungsprozeß übertragen. Das Verfahren kann als *entfernter Katalogzugriff* bezeichnet werden. Eine kommerziell weit verbreitete Bezeichnung ist PunchOut[230]. Bei dieser Anwendungsintegration verbleiben die Katalogdaten weitgehend beim Lieferanten.

Die Hauptanwendungsbereiche des entfernten Katalogzugriffs sind solche Produktsortimente, deren Verwaltung beim einkaufenden Unternehmen oder in einem Marktplatz-System einen sehr hohen Aufwand erfordern würde bzw. aufgrund fehlender Daten überhaupt nicht möglich ist. Zu nennen sind umfangreiche, sich stark ändernde (z.B. Saisonartikel) oder permanent anwachsende Kataloge (z.B. Literaturtitel) sowie komplexe Produkte, deren Konfiguration durch den Käufer nur über ein lieferantenseitiges Konfigurationssystem möglich ist.

Der entfernte Katalogzugriff ist nicht isoliert von dem herkömmlichen Katalogdatenaustausch zu sehen, sondern es nutzt den Katalogdatenaustausch wie folgt. Der Lieferant überträgt an das beschaffende Unternehmen seinen Katalog. In diesem sind die entfernt zugreifbaren Produkte gekennzeichnet sowie weitere, notwendige Angaben zum Katalogzugriff enthalten. Insofern stellt der entfernte Katalogzugriff eine Erweiterung des Katalogdatenaustausches dar. Abbildung 4-4 veranschaulicht

[229] Vgl. z.B. Dolmetsch (2000), S. 168f., und Hentrich (2001), S. 98ff.

[230] Die Bezeichnung *PunchOut* wurde von der Firma Ariba eingeführt, die einen entsprechenden Mechanismus in ihrer Marktplatz-Software anbietet. Zu dem PunchOut-Modell vgl. Leukel / Schmitz / Dorloff (2003), S. 496f.

die Datenflüsse beim Katalogdatenaustausch und entfernten Katalogzugriff anhand der drei Systemtypen Sell Side-, Buy Side- und Marktplatz-System. Der entfernte Katalogzugriff wird durch den eigentlichen Katalogzugriff gestartet, wodurch im Sell Side-System eine Benutzersitzung gestartet wird. Sie wird mit der Rückübertragung des zusammengestellten Warenkorbes beendet.

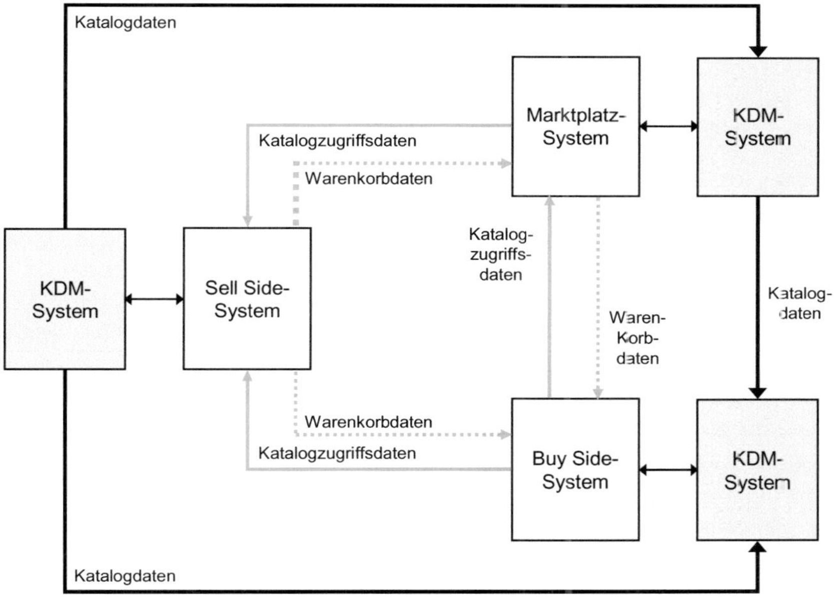

Abbildung 4-4: Katalogdatenaustausch und entfernter Katalogzugriff

Bisher wurde davon ausgegangen, daß die Informationssysteme und die damit verbundenen Aufgaben des Katalogdatenmanagements jeweils durch die zugehörigen Unternehmen gestaltet und betrieben werden (z.B. Buy Side-Systeme durch einkaufende Unternehmen). In der Praxis zeigt sich jedoch, daß für eine Vielzahl von Aufgaben externe, spezialisierte Dienstleister entstanden sind, die die charakteristischen Vorteile des Outsourcings bieten (z.B. Technologie- und Innovationskompetenz, Skaleneffekte, Servicequalität).[231] Im weiteren ist diese Gestaltungsoption zu

[231] Vgl. Heinrich (2002), S. 114.

berücksichtigen. Jedoch ist das Szenario Intermediär bereits geeignet, ebenfalls die Aufgabenbereiche der Dienstleister zu erfassen.

Mit Kenntnis der beschriebenen, prinzipiellen Zusammenhänge der Systemtypen können nun die Szenarien genauer charakterisiert werden. Die Charakterisierung bezieht sich auf die eingesetzten KDM-Systeme und ihre Beziehungen zu anderen inner- und zwischenbetrieblichen Informationssystemen. Sie ist Voraussetzung für die sich anschließende Aufgabendifferenzierung.[232]

4.3.1 Szenario Supplier

Im Szenario Supplier organisiert der Lieferant unternehmensintern das Katalogdatenmanagement so, daß die vertriebs- und kundenseitigen Kataloganforderungen erfüllt werden können. Katalogdaten werden für alle drei Anwendungssystemtypen und für weitere Verwendungszwecke bereitgestellt.

Der Lieferant betreibt in der Regel ein oder mehrere Sell Side-Systeme. Sie sind dadurch gekennzeichnet, daß sie auf die Produkte und damit auf die Katalogdaten des jeweiligen Lieferanten beschränkt sind. Unter Sell Side-Systemen sind sowohl offene als auch geschlossene, nur für bestimmte Kunden zugängliche Systeme zu verstehen. Zu letzteren zählen beispielsweise Extranets, über die Kunden aus Großhandel und Handwerk direkt bei einem Hersteller Produkte bestellen können. Auch sind Bestellmöglichkeiten für Außendienstmitarbeiter zu berücksichtigen. Technologisch darf der Begriff Sell Side-System nicht auf internetbasierte Systeme eingeschränkt werden, da die Abgrenzung nicht über die Technologie, sondern über die Teilnehmer an der Beschaffungstransaktion erfolgt.[233] Weiterhin können die Sell Side-Systeme Gegenstand von entfernten Katalogzugriffen sein.

Für die Sell Side-Systeme ist zu sagen, daß die Integration mit dem betrieblichen KDM-System in der Regel relativ hoch ist, d.h. daß die Katalogdaten über definierte Schnittstellen oder Formate zwischen KDM-System und Sell Side-System ausgetauscht werden können. Ein Grund dafür ist, daß beide Systeme im unmittelbaren Gestaltungseinfluß des Lieferanten liegen.

---

[232] Siehe Kapitel 4.4.

[233] Vgl. Kapitel 4.1.

Einen zweiten Bereich bildet die Bereitstellung von Katalogdaten für die Buy Side- und Marktplatz-Systeme der Kunden bzw. Abnehmerbranchen. Die Bereitstellung erfolgt in der Regel über definierte Austauschformate. Der Integrationsgrad ist jedoch wesentlich geringer als für Sell Side-Systeme. Insbesondere müssen beim Austausch Unternehmens- und Informationssystemgrenzen überschritten werden und Kundenanforderungen hinsichtlich Kataloginhalt, -umfang und -format erfüllt werden.[234]

Schließlich können Katalogdaten vom Lieferanten zur Herstellung von Offline-Katalogen (Print- und CD-ROM-Kataloge) sowie für weitere inner- und zwischenbetriebliche Zwecke zur Verfügung gestellt werden. Durch KDM-Systeme ist mindestens die Bereitstellung geeigneter Katalogdaten zu gewährleisten. In weiterreichenden Fällen übernimmt es ausgewählte Datenverwaltungsfunktionen, die spezifisch für Printkataloge sind. Die Herstellung von Printkatalogen erfordert über die sonst in betrieblichen Informationssystemen verwalteten Produktdaten hinaus Informationen zur Visualisierung (Farben, Schriften usw.), zur seitenorientierten Gestaltung (Layout, Seitenelemente usw.) und zur Katalogstrukturierung (Inhaltsverzeichnis, Index, Glossar usw.). Hierzu werden spezialisierte Gestaltungswerkzeuge (Satzsysteme) eingesetzt, mit denen im Ergebnis der Satz für die einzelnen Katalogseiten erstellt weird.[235] Als Ausgangspunkt dazu dienen die hochgradig strukturierten Katalogdaten, die über zu definierende Steueranweisungen und manuelle Bearbeitungen in Seiten-, Rahmen- und Tabellenstrukturen zu überführen sind. Diese Aufgabe kann teilautomatisiert werden, erfordert jedoch weiterhin manuelle Eingriffe und eine Feinabstimmung durch Satzexperten.

Das Satzsystem ist nur insoweit für das KDM relevant, als daß es Anforderungen an die Bereitstellung der Katalogdaten definiert. Jedoch gehören die Aufgaben des Katalogsatzes und die Aufbereitung von Katalogdaten bis hin zum abschließenden Druck nicht zum KDM. So wie im Fall der E-Procurement-Systeme die Katalog-Engine die Trennlinie markiert, so endet das KDM mit der Weitergabe von Daten an das Satzsystem.

Die beschriebene Situation zeigt die zentrale Bedeutung des KDM-Systems, das Katalogdaten universell bereitstellen muß. Jedoch ist gerade im Szenario Supplier das

---

[234] Vgl. Fritschi (2003), S. 8.

[235] Satzsysteme sind beispielsweise die Produkte interleaf, FrameMaker, Pagemaker und QuarkXPress.

KDM-System nicht als ein isoliertes, alle Katalogdaten haltendes Softwaresystem zu verstehen. Vielmehr ist zu berücksichtigen, daß Katalogdaten verteilt in unterschiedlichen, betrieblichen Informationssystemen enthalten sind; z.B. ERP- und PDM-Systeme, spezifische Datenbanken für Merkmalsdaten, Produktabbildungen usw. Ebenso werden die relevanten Daten durch verschiedene organisatorische Einheiten im Unternehmen gepflegt und verantwortet. Das KDM-System muß die verschiedenen Datenquellen und Informationssysteme integrieren und konsistent verwalten.

Zusammenfassend kann das KDM-System im Szenario Supplier, wie in der Abbildung 4-5 stark vereinfachend gezeigt, positioniert werden. Die Vereinfachung bezieht sich sowohl auf die Anzahl und Richtung der Informationsflüsse zwischen den Systemen (z.B. ERP- zu PDM-System) als auch auf die Anzahl und Strukturierung der Systeme selbst. Dagegen wird die Positionierung an der Schnittstelle von inner- und zwischenbetrieblichen Informationssystemen deutlich.

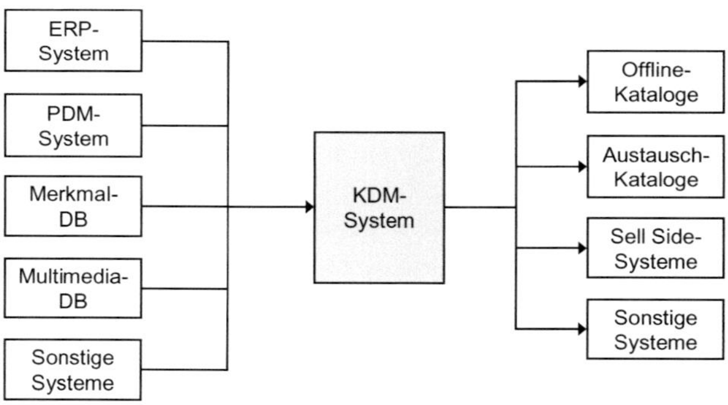

Abbildung 4-5: Positionierung des KDM-Systems im Szenario Supplier

4.3.2 Szenario Buyer

Im Szenario Buyer betreibt das Unternehmen ein oder mehrere einkaufsseitige Beschaffungssysteme (E-Procurement-Systeme), für die Lieferanten Produktkataloge bereitstellen müssen. Der Zugang zu den Katalogen kann auf drei Wegen erfolgen. Im ersten Fall überträgt der Lieferant die Katalogdaten an das einkaufende Unternehmen, das diese in ein KDM-System übernimmt. Dies entspricht dem Katalogdatenaustauschmodell. Der Grad der Integration der zwischenbetrieblichen Informationssysteme ist relativ gering, da lediglich Katalogdokumente unidirektional ausgetauscht werden. Im zweiten Fall, dem entfernten Katalogzugriff, ist der Integrationsgrad höher, weil bereits zwei Anwendungssysteme miteinander kommunizieren. Dennoch ist in beiden Fällen die Rückwirkung auf die innerbetriebliche Informationssystemarchitektur eher gering.

Einen Sonderfall stellt die Möglichkeit dar, daß Lieferanten ihre Katalogdaten bei den einkaufenden Unternehmen unmittelbar selbst pflegen können, ohne daß die Katalogdaten automatisiert auszutauschen sind. Dieser sogenannte Self-Service erlaubt den Lieferanten mindestens, über einfache Web-Anwendungen Produktdaten manuell zu erfassen und damit den Katalog zu pflegen. Sinnvoll sind diese Services bei kleinen Sortimenten und fehlenden, standardisierten Katalogdaten auf der Lieferantenseite. In fortgeschritteneren Self-Service-Systemen werden ausgewählte KDM-Funktionen für den Datenimport, die Datenaktualisierung und die Klassifizierung angeboten, d.h. das einkaufende Unternehmen öffnet Funktionen des eigenen KDM-Systems für ausgewählte Lieferanten. Diese Services lassen sich über web-basierte Lieferantenportale bereitstellen.[236]

Innerbetrieblich ist das KDM-System beim einkaufenden Unternehmen jenes Informationssystem, welches eingangsseitig Lieferantenkataloge verarbeitet und diese der Katalog-Engine des E-Procurement-Systems zur Verfügung stellt. Hierzu werden wie beim zwischenbetrieblichen Datenaustausch proprietäre oder standardisierte Übertragungsformate eingesetzt. Die Kopplung zwischen Katalog-Engine und Transaktionssystem ist dagegen enger und basiert häufig auf einem von dem E-Procurement- bzw. ERP-Softwarehersteller vorgegeben Format. Dieser automatisierte Datenaustausch darf jedoch nicht mit dem unternehmensübergreifenden Katalogdatenaustausch verwechselt werden, da dieser hinsichtlich der Art und des Umfangs der Katalogdaten weitergehende Anforderungen stellt.[237] Unter anderem benötigt das Transaktionssystem für die Generierung von Bestellungen von der Katalog-Engine nur jene produktbezogenen Daten, die die bestellten Produkte identifizieren und die zugrundeliegende Bestell- und Preiskondition bestimmen.

Das Transaktionssystem wiederum sorgt für die Übermittlung der erzeugten Bestelltransaktionen an das einkaufsseitige ERP-System. In diesem Kontext muß auf den Zusammenhang zwischen den Katalogdaten und den betrieblichen Materialdaten

---

[236] Vgl. Barking / König (2002), S. 27ff.

[237] Vgl. Hentrich (2001), S. 98.

hingewiesen werden. Ein Optimierungsansatz der Desktop Purchasing-Systeme liegt darin, den Pflegeaufwand der Materialstammdaten für einzukaufende C-Artikel derart zu minimieren, daß entsprechende Stammdaten in den betriebswirtschaftlichen Informationssystemen nicht mehr oder nur in einem deutlich geringerem Umfang vorgehalten werden. Die nicht in diesen Systemen verwalteten Produkte werden auch als nicht-kodierte Produkte bezeichnet.[238]

Die logische Positionierung des KDM-Systems bei einkaufenden Unternehmen verdeutlicht die eingangsseitige Verarbeitung von Katalogdaten, um diese für Transaktionssysteme nutzen zu können (Abbildung 4-6).

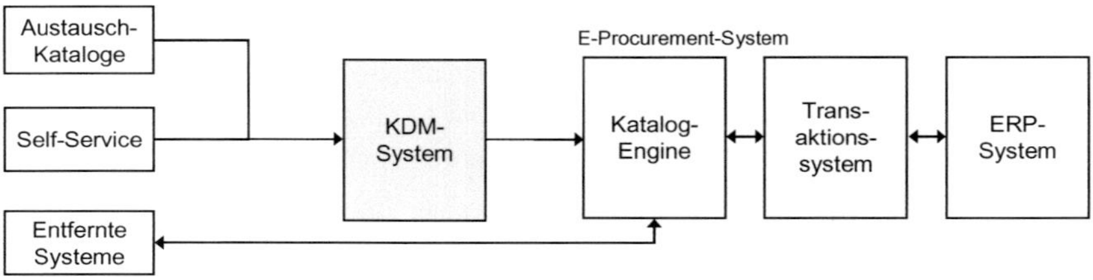

Abbildung 4-6: Positionierung des KDM-Systems im Szenario Buyer

4.3.3 Szenario Intermediär

Im Szenario Intermediär unterstützt das KDM-System die vermittelnden Aktivitäten dadurch, daß auf der Beschaffungsseite Lieferantenkataloge verarbeitet werden, die quasi den informationellen Rohstoff darstellen, um auf der Vertriebsseite über Aggregation, Modifikation und Anreicherung der Sortimentsfunktion des Intermediäres nachzukommen. Die Katalogdaten lassen sich im Großhandel den Stammdaten zuordnen, die in Warenwirtschaftssystemen verwaltet werden. Angesichts der zentralen Bedeutung der produktbeschreibenden Katalogdaten ist im Vergleich zu den anderen Szenarien der Integrationsgrad des KDM-Systems mit den betrieblichen Informationssystemen deutlich höher, da die notwendigen Verarbeitungs- und damit Datenmanagementfunktionen zum Teil bereits durch die betrieblichen IS abgedeckt werden. Dies gilt sowohl für Handelsunternehmen und deren Plattformen als auch für neue Marktplatz-Sssteme.

---

[238] Vgl. Dolmetsch (2000), S. 53f.

Die Beschaffungsseite eines Intermediäres ähnelt hinsichtlich der zwischenbetrieblichen Informationssysteme der von einkaufenden Unternehmen (Szenario Buyer). Folglich übertragen Lieferanten ihre Katalogdaten als Austauschkataloge, koppeln Sell Side-Systeme über den entfernten Katalogzugriff und nutzen Self-Service-Funktionen, die der Intermediär anbietet. Anzumerken ist, daß im Großhandel die Katalogübertragung als Stammdatenaustausch den größten Anteil besitzt. Entfernter Katalogzugriff und Self-Service sind dagegen neuere Verfahren, die vor allem für elektronische Marktplätze von Bedeutung sind.

Die Vertriebsseite eines Intermediäres umfaßt vergleichbar zu der eines Lieferanten in der Regel mehrere Kanäle und dementsprechend unterschiedliche Plattformen. In der Generalisierung, die dem Szenariokonzept zugrundeliegt, können alle Nutzungen aus dem Szenario Supplier übernommen werden, d.h. Offline- und Austauschkataloge, eigene Sell Side-Systeme, die auch über den entfernten Katalogzugriff an andere Systeme gekoppelt sind, sowie sonstige Anwendungsgebiete. Der Grund ist, daß jeder Intermediär am Markt als Lieferant auftritt und gezielt eine Komplementär- oder Konkurrenzposition zu den Herstellern einnimmt.

Die logische Positionierung des KDM-Systems (Abbildung 4-7) zeigt insgesamt die enge Beziehung zu den betrieblichen Informationssystemen und verdeutlich die vermittelnde Funktion zwischen den Katalogen der Beschaffungsseite und den unterschiedlichen Nutzungsformen der Vertriebsseite.

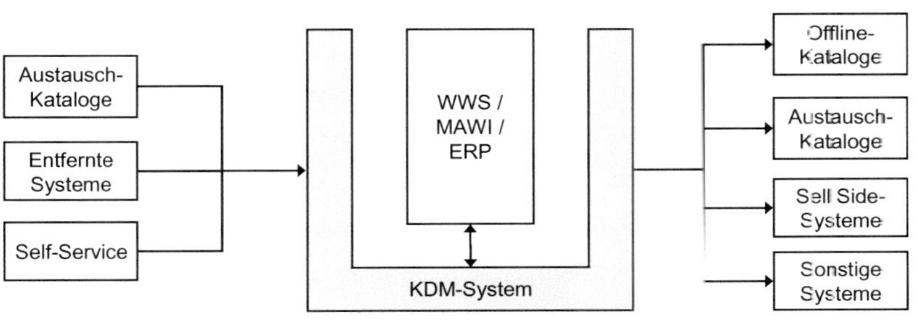

Abbildung 4-7: Positionierung des KDM-Systems im Szenario Intermediär

4.4 Differenzierung der Aufgaben

Die bislang zurückgestellte, nähere Betrachtung der Aufgaben des Katalogdatenmanagements kann mit Kenntnis der unterschiedlichen Anforderungen der drei

Szenarien erfolgen. Ziel ist es daher, die allgemeinen KDM-Aufgaben zu differenzieren. Dazu werden je Szenario jeweils einheitlich die strategischen Aufgaben gemäß den fünf KDM-Teilkonzepten und die operativen Aufgaben des Imports, der Bearbeitung und des Exports beschrieben.

4.4.1 Aufgaben im Szenario Supplier

Im Szenario Supplier bildet das *Inhaltskonzept* den Ausgangspunkt für alle weiteren Gestaltungsfragen, da es sich mit den für Lieferanten zentralem Objekt, den angebotenen Produkten, befaßt. Die Entwicklung und Strukturierung des Produktsortimentes und die Definition der dieser beschreibenden Daten ist eine originäre Aufgabe jedes Lieferanten. Insbesondere dient sie zur Positionierung und Differenzierung gegenüber Wettbewerbern.[239] Zugleich sind neben den eigenen Interessen die kundenseitigen Anforderungen zu kennen und zu erfüllen.

Die Kundenorientierung spiegelt sich in der Ableitung der Anforderungen an die Katalogdaten, die einzusetzenden Klassifikationssysteme und die zu verwendenden Übertragsformate wieder. Die Kundenanforderungen erstrecken sich nicht nur auf die Art und den Umfang der Katalogdaten, zum Beispiel daß alle Produkte mit standardisierten Artikelnummern, Produktabbildungen in bestimmter Größe, Qualität und Datenformat, Mengenstaffeln oder englischsprachigen Beschreibungstexten zu versehen sind, sondern beeinflussen auch den Grad der Kundenspezifität der Daten insgesamt. Kundenspezifität bedeutet, daß Daten in kundenindividuellen Ausprägungen zu liefern sind. Sie kann sich beispielsweise auf Preise, Bestelleinheiten, Identifikatoren, Bezeichner, Beschreibungstexte und Ordnungssysteme beziehen, aber auch den Umfang des Produktsortimentes betreffen oder zu Modifikationen standardisierter Übertragungsformate führen.

Hinsichtlich der Auswahl von Klassifikationssystemen besitzen Lieferanten in der Regel nur geringe Entscheidungsfreiheiten, vielmehr werden kundenseitig proprietäre oder standardisierte Systeme vorgegeben. Ein Ziel ist es daher, in der Lage zu sein, die Produkte gemäß den geforderten Systemen zu klassifizieren und über die zugehörigen Merkmalsleisten zu beschreiben. Ähnlich verhält es sich mit den Übertragungsformaten. Es sind die vom Markt geforderten bzw. akzeptierten Formate zu unterstützen. Unterliegen die Anforderungen zukünftig Veränderungen, so sind

[239] Vgl. Aberdeen Group (2001), S. 1f.

Strukturen zu schaffen, die entsprechende Anpassungen ermöglichen, um zum Beispiel ein zusätzliches Übertragungsformat anzubieten oder die Produkte gemäß der jeweils neuesten Version eines Klassifikationssystems zu spezifizieren.

Die Ausführungen zeigen, daß das KDM-Inhaltskonzept zu einem Gesamtmodell der Katalogdaten führt, welches den maximalen Umfang der Daten wiedergibt, der sich durch Aggregation der Unternehmens- und Kundenanforderungen ergibt. Das Inhaltskonzept läßt sich teilweise durch ein logisches Datenmodell formalisieren, in welchem über die zentralen Datenobjekte bis zu den Attributen die Typebene der Katalogdaten beschrieben wird. Darüber hinaus sind jedoch auch Festlegungen notwendig, die die Instanzebene betreffen (z.B. Sortiment, Klassifikationssysteme, Sprachen, Preistypen usw.). Außerdem ist das Inhaltskonzept als Bestandteil oder Kern eines unternehmensweiten Konzeptes zu verstehen, welches die Produkte zum Gegenstand hat, d.h. die Entwicklung kann nur in enger Abstimmung mit den weiteren Inhaltskonzepten durchgeführt werden, die in anderen Unternehmensbereichen als dem Vertrieb zu den gesamten, produktbeschreibenden Daten beitragen. Diese Abhängigkeit wird bestätigt durch den Entstehungsprozeß der Katalogdaten, die zeitlich und organisatorisch verteilt erstellt und verwaltet werden.

Das *KDM-Architekturkonzept* soll die relevanten Informationssysteme aufzeigen und eine integrierte und konsistente Datenverwaltung sicherstellen. Im Szenario Supplier weist es den größten Handlungsspielraum und die meisten Gestaltungsoptionen auf. Dies betrifft sowohl die Art und Anzahl der Informationssysteme, die von einem vollständig homogenen System bis hin zu nur lose gekoppelten Teilsystemen reichen kann, als auch die zwischen diesen bestehenden Abhängigkeiten. Diese entstehen durch die Segmentierung der Daten nach betrieblichen Aufgaben und organisatorischen Einheiten sowie beabsichtigter oder vermeidbarer Redundanzen, die sich unter anderem im Parallelbetrieb unterschiedlicher Systeme für gleiche Aufgaben oder Datenbereiche manifestiert. Die Architektur hat daher neben der Zuweisung von Aufgaben zu einzelnen Informationssystemen (in Form von Funktionen) den Datenaustausch zwischen den Systemen zu regeln.

Während die logische Zentralisierung und medienneutrale Datenhaltung als Handlungsziel schnell ersichtlich sind, zeigt sich bei den meisten Lieferanten die Ist-Situation wesentlich heterogener. Insbesondere kann nicht davon ausgegangen werden, daß mittels eines Architekturkonzeptes für das Katalogdatenmanagement die betriebliche Informationssystemlandschaft weitreichend beeinflußbar wäre, d.h. die Umsetzungswahrscheinlichkeiten solcher Lösungen sind nicht zuletzt unter

Wirtschaftlichkeitsaspekten teilweise geringer als erwartet, da zum Beispiel ERP-Systeme berührt werden. Aus diesen Gründen sind angepaßte Architekturen zu entwickeln, die in der Gegenüberstellung von Ist- und Sollzustand einen Verbesserungspfad aufzeigen sollen.

Im *KDM-Systemkonzept* wird das KDM-System hinsichtlich seiner Funktionen genauer spezifiziert und somit die Auswahl eines Standardproduktes oder die Entwicklung einer individuellen Individuallösung ermöglicht. Die Rolle des KDM-Systems ergibt sich aus der entwickelten Architektur und kann daher hinsichtlich des Funktionsumfangs und der zu unterstützenden Aufgaben sehr unterschiedlich ausfallen. Generell ist im Szenario Supplier der Aufgabenbereich des KDM-Systems jedoch größer als im Szenario Buyer, da das KDM-System eine zentrale Aufgabe bei der Verwaltung der produktbezogenen Daten im Unternehmen einnehmen kann, die sich in der Anzahl der zu beliefernden Informationssysteme, der Benutzer und der notwendigen Sichten- und Berechtigungskonzepte widerspiegelt. Weiterhin zeichnet sich das lieferantenseitige KDM-System dadurch aus, daß Daten aus anderen Systemen übernommen bzw. an diese weitergegeben werden müssen. Dazu werden vergleichbar mit dem zwischenbetrieblichen Katalogdatenaustausch Formate nicht-standardisierter und standardisierter Art eingesetzt.

Zu der strategischen Aufgabe der KDM-Systemgestaltung gehört schließlich die Konfiguration der beschafften bzw. entwickelten Systeme einschließlich ihrer Schnittstellen zu anderen Systemen, die Bestimmung eines etwaigen Anpassungsbedarfes sowie die Planung der Systemeinführung, zu der vor allem die Übernahme der vorhandenen Daten aus den bestehenden Systemen und gegebenenfalls die Ablösung dieser gehört.

In bezug auf die operativen Aufgaben des Katalogdatenmanagements, die maßgeblich im *KDM-Prozeßkonzept* gestaltet werden, stehen für Lieferanten die Bearbeitungs- und Exportprozesse im Vordergrund. Dagegen ist es ein erklärtes Ziel, jeden innerbetrieblichen Datenimport nach Möglichkeit durch eine gemeinsame Datenbasis zu vermeiden oder durch gekoppelte Systeme weitgehend zu automatisieren. Auch sind die dennoch notwendigen Importprozesse auf ausgewählte Teilbereiche der Katalogdaten zu beschränken, d.h. in der Regel werden keine vollständigen Kataloge zwischen den Informationssystemen ausgetauscht, sondern zum Beispiel nur Preisdaten zwischen ERP- und KDM-System. Da die innerbetrieblichen Datenaustauschbeziehungen vollständig im Gestaltungsbereich des Lieferanten liegen, können durch frühzeitige und enge Abstimmung zwischen Datenersteller und -nutzer die ansonsten im zwischenbetrieblichen Bereich üblichen Validierungs- und Freigabeschritte unterbleiben, so daß ein hoher Automatisierungsgrad erreicht wird.

Zentral ist dagegen die Verwaltung produktbezogener Daten. Sie gliedert sich ein in unternehmensweite Prozesse und Richtlinien für die Erstellung, Ergänzung, Modifikation und Löschung dieser Daten, die sich oft an dem Lebenszyklus der Produkte orientieren und softwareseitig durch Sichtendefinitionen unterstützt werden. Auch hier finden sich teilweise mehrstufige Prüfungs- und Freigabeprozesse, um eine hohe Datenqualität sicherzustellen. Im Gegensatz zu den Freigabeprozessen, die im zwischenbetrieblichen Datenaustausch eingefügt werden, resultieren sie jedoch aus der betrieblichen Arbeitsteilung, die durch PDM- und ERP-Systeme realisiert wird, bei gleichzeitiger Sortimentsverantwortung einzelner Produkt- oder Katalogmanager.

Als Teil der Bearbeitungsaufgaben ist die Klassifizierung von besonderer Bedeutung. In der Folge spricht man auch von Klassifizierungsprozessen. Ein Klassifizierungsprozeß ordnet ein Produkt einem oder mehreren Klassifikationssystemen zu und fügt die produktbeschreibenden Merkmale hinzu. Zu berücksichtigen ist, daß es sich hier nicht nur um Klassifizierungen handelt, die für Produktkataloge relevant sind, sondern sie auch sonstige, innerbetriebliche Ordnungszwecke erfüllen können.

Im Gegensatz zu den arbeitsteilig organisierten Verwaltungsprozessen lassen sich durch das KDM-System die Exportprozesse zentralisieren. Für die verschiedenen Informationssysteme und Katalognutzungen soll es einfach möglich sein, Exportkataloge zu konfigurieren und automatisch erstellen zu lassen. Die wesentliche Voraussetzung dafür wird bereits mit dem KDM-System geschaffen, so daß die Exportprozesse im Ablauf optimiert sind.

Abschließend definiert das *KDM-Kommunikationskonzept* die Art und Weise wie erstellte Kataloge an die Katalognutzer übertragen werden. Hier läßt sich einerseits auf den innerbetrieblichen Exportprozessen aufsetzen, die um die Kommunikation mit den Katalognutzern erweitert werden. Andererseits ist je nach Katalognutzer und Kommunikationsmedium speziellen Kundenanforderungen gerecht zu werden. Die Nutzerorientierung schlägt sich nicht nur in der Erfüllung der Inhalts- und Formatanforderungen, sondern auch in der Etablierung von Kommunikationsprozessen mit den Katalognutzern nieder, um diese während der Nutzung und insbesondere bei inhaltlichen und technischen Problemen zu unterstützen.

4.4.2 Aufgaben im Szenario Buyer

Die Aufgaben im Szenario Buyer werden maßgeblich durch die Verbesserungs- und Optimierungsziele der katalogbasierten Beschaffungssysteme determiniert. Im *KDM-Inhaltskonzept* schlägt sich dies in der zentralen Fragestellung wieder, welche Katalogdaten von den Lieferanten für die Durchführung der eigenen Beschaffungsprozesse benötigt werden. Sie bezieht sich hier allerdings nicht auf übergeordnete Entscheidungen, welche Lieferanten und Sortimente überhaupt in diese Beschaffungssysteme aufgenommen und wie die Katalogdaten ausgetauscht werden sollen (Katalogübertragung, entfernter Katalogzugriff oder Self-Service), sondern auf die Ausgestaltung der Lieferantenkataloge.

Hinsichtlich der Produktklassifikation ist festzulegen, welche Klassifikationssysteme benötigt werden, ob die Klassifikation für die Lieferanten verpflichtend und die Verwendung standardisierter Merkmalsleisten obligatorisch ist. Die weiteren, inhaltlichen Anforderungen erstrecken sich prinzipiell auf alle Katalogdatenbereiche. Allerdings sind zwei Restriktionen zu beachten, die den Handlungsspielraum deutlich reduzieren. Zum einen müssen die Katalogdaten durch die eingesetzten KDM-Systeme verarbeitet und in den Beschaffungssystemen entsprechend dargestellt werden können. Zum anderen sind die eigenen Anforderungen mit den in der Regel begrenzten Möglichkeiten der Katalogdatenaustauschformate abzugleichen.

Der Einsatz weniger oder nur eines standardisierten Austauschformates ist ein weiterer Baustein, um auf der Seite des einkaufenden Unternehmens Prozesse und Daten zu vereinheitlichen. Jedoch besteht keine vollständige Handlungsfreiheit, da die Fähigkeiten der Lieferanten, Kataloge gemäß diesen Standardformaten bereitzustellen, zu berücksichtigen sind. Dennoch sind Standardformate vielfach ein geeigneter Ausgangspunkt, um die inhaltlichen Anforderungen festzulegen. So lassen sich beispielsweise die syntaktischen Anforderungen formulieren. Sie sind durch solche Anforderungen zu ergänzen, die sich unter anderem auf den Sortimentsumfang und die Ordnungssysteme beziehen.

Durch die Vereinheitlichung der Anforderungen an Lieferantenkataloge können im Inhaltskonzept die Voraussetzungen für den Aufbau von Multi-Supplier-Katalogen geschaffen werden. Der effektive Einsatz von Multi-Supplier-Katalogen setzt voraus, daß sich Produkte unterschiedlicher Herkunftskataloge miteinander vergleichen lassen. Dazu sind neben der Eingliederung in ein gemeinsames Ordnungssystem auch vereinheitlichte Bezeichner, Beschreibungstexte und Merkmalsspezifikationen geeignet.

Im Unterschied zum Lieferantenszenario ist das *KDM-Architekturkonzept* durch eine einfachere Struktur gekennzeichnet, die zu weniger Systemen und Datenaustauschbeziehungen führt. Sie kann reduziert werden auf die primäre Funktion des KDM-Systems, Lieferantenkataloge zu verarbeiten und sie der Katalog-Engine eines Transaktionssystems bereitzustellen. Die Richtung des Datenaustausches ist unidirektional. Die integrierende Funktion des KDM-Systems ergibt sich aus der Verarbeitung der Kataloge unterschiedlicher Lieferanten und nicht wie im Szenario Supplier aus der Integration mehrerer Datenquellen für logisch zusammenhängende Daten.

Ein generelles Ziel des *KDM-Systemkonzeptes* im Szenario Buyer ist es, die operativen KDM-Aufgaben zu minimieren. Dieses Ziel wird durch drei Ansatzpunkte erreicht. Zunächst werden Katalogimportfunktionen benötigt, die alle angelieferten Katalogformate abdecken und den Importprozeß so gestalten, daß stets eine gesicherte Datenqualität erreicht wird.

Zweitens ist bereits durch die Anforderungen des Inhaltskonzeptes sicherzustellen, daß die betrieblichen Datenbearbeitungsfunktionen auf das notwendige Maß minimiert werden können, d.h. es sollten produktbezogene Daten manuell nur soweit nachgepflegt werden, als daß sie unbedingt notwendig sind. Dazu zählen vor allem jene Daten, die das Verhältnis zwischen Katalogdaten und den betrieblichen Materialdaten des ERP-Systems bestimmen und solche Daten, die für die Steuerung der Beschaffungsprozesse notwendig sind (z.B. Katalogsichten, Bestellgrenzen, Workflowregeln). Letztere betreffen bereits Aufgaben des Transaktionssystems und zählen hier nicht mehr zum Katalogdatenmanagement. Dagegen erfordert die Zusammenführung mehrerer Lieferantenkataloge zu einem Multi-Lieferantenkatalog zusätzliche KDM-Systemfunktionen.

Schließlich wird durch eine enge Kopplung des KDM-Systems an die Katalog-Engine des Transaktionssystems erreicht, daß die Katalogdaten einheitlich und automatisch in die operative Nutzung überführt werden, die Exportfunktionen also in den Hintergrund treten.

Stellt das KDM-System die benötigten Daten der Katalog-Engine weitgehend automatisiert zur Verfügung, so bedeutet dies nicht, daß die Exportfunktion entfällt. Vielmehr sind im *KDM-Prozeßkonzept* Anforderungen an die Schritte von der Fertigstellung eines Kataloges bis hin zur Übernahme in ein Produktsystem zu formulieren.

Um die Qualität eines solchen Produktkataloges zu sichern, sind inhaltliche Prüfungen vorzunehmen, die Teil eines Freigabeprozesses sind. Genauer betrachtet beginnt ein Freigabeprozeß bereits mit der Übernahme, also dem Import des Lieferantenkataloges in das KDM-System. Sind keine Nachbearbeitungen erforderlich, so schließt sich die Freigabe unmittelbar an. Aus diesem Grund sollten die Import- und Exportprozesse nicht getrennt, sondern als Bestandteile eines KDM-Prozesses behandelt werden. Ein Importprozeß umfaßt in der Regel auch syntaktische Überprüfungen, die gewährleisten, daß die Katalogdaten dem geforderten Übertragungsformat entsprechen und somit die Verarbeitung erst möglich ist.

Das *KDM-Kommunikationskonzept* regelt die Kommunikation mit den Lieferanten. Es läßt sich nach den drei Fällen Katalogübertragung, entfernter Katalogzugriff und Self-Service gliedern. Analog zur Vereinheitlichung der Kataloge auf inhaltlicher und syntaktischer Ebene ist es das Ziel, die Anzahl der Kommunikationsmedien und Übertragungsformate zu minimieren und die organisatorischen Regeln der Kommunikation zu standardisieren (Vermeidung bilateraler Abstimmungen). Damit läßt sich auf den Gestaltungsprinzipien der innerbetrieblichen Importprozesse aufsetzen.

4.4.3 Aufgaben im Szenario Intermediär

Die Aufgaben im Szenario Intermediär lassen sich als eine Kombination bzw. Auswahl der Aufgaben in den Szenarien Supplier und Buyer darstellen. Neben diesen Gemeinsamkeiten bestehen jedoch auch Unterschiede und abweichende Aufgabenschwerpunkte. Letzteres gilt im speziellen für den Intermediär Marktplatz, bei dem noch mehr als im Großhandel der Betrieb eines Transaktionssystems von zentraler Bedeutung ist.

Die Rolle des *KDM-Inhaltskonzept* ist vergleichbar mit dem Szenario Supplier, da der Intermediär die Anforderungen an Katalogdaten aus fachlicher Sicht und insbesondere den durch ihn zu schaffenden Mehrwert definiert, der durch Aggregation, Ergänzung und Umstrukturierung entsteht. Der Gestaltungsspielraum, um diese Kundenanforderungen zu erfüllen, ist prinzipiell sehr weit, jedoch wird dieser durch die Leistungsfähigkeit der Lieferanten und die Qualität der Lieferantenkataloge eingeschränkt. Anders als im Szenario Supplier ist hier die Katalogerstellung auf die Verfügbarkeit solcher Kataloge angewiesen.

Hinsichtlich der Übertragungsformate muß zwischen den Lieferantenkatalogen und den daraus erstellten Katalogen unterschieden werden. Die eingangsseitige

Anforderungsdefinition ist vergleichbar mit der im Szenario Buyer und der dort verfolgten Formatvereinheitlichung und -spezifikation. Anders als im Szenario Supplier werden Austauschkataloge und nicht innerbetriebliche Katalogdaten anderer Systeme importiert. Ausgangsseitig sind wie im Szenario Supplier die kundenseitigen Formatanforderungen zu erfüllen, so daß hier weniger von Vereinheitlichung gesprochen werden kann.

Im Bereich der Produktklassifizierung gilt es, die kundenseitigen Anforderungen zu erfüllen, d.h. es sind die eingeforderten Klassifikationssysteme zu unterstützen. Wiesen die Lieferantenkataloge die benötigten Klassifizierungen bereits auf, so können sie in die zu erstellenden Kataloge übernommen werden. Hier liegt auch ein Ansatzpunkt, den Aufbau des Intermediärkatalogs zu erleichtern, indem die Lieferanten bereits die Klassifizierung durchführen. Scheint eine solche Restriktion für klassische Intermediäre eher schwer durchzusetzen zu sein, so ist sie bei elektronischen Marktplätzen häufiger anzutreffen. In diesen Fällen gibt der Marktplatzbetreiber ein verbindliches Klassifikationssystem vor und wird gegebenenfalls darüber hinaus weitere zulassen.

Das *KDM-Architekturkonzept* weist wie im Szenario Supplier einen großen Handlungsspielraum auf, der vor allem die Bereiche Katalogimport und -erstellung betrifft. Der inhaltliche Zusammenhang von KDM- und ERP-System ist ebenso eng, da alle Produkte, die sich in den erstellten Katalogen wiederfinden, auch im ERP-System des Intermediäres gepflegt werden, um Transaktionen abwickeln zu können. Einzuschränken ist dies nur bei jenen Marktplätzen, die als Transaktionsplattform kein eigenes ERP-System besitzen, sondern die die ERP-Systeme von Lieferanten und Kunden über den Marktplatz und auszutauschende Geschäftsnachrichten miteinander verbinden. In diesen Fällen erfolgt eine Zuordnung der Katalogprodukte zu Äquivalenten in den jeweiligen ERP-Systemen.

Im *KDM-Systemkonzept* werden die weitreichenden Funktionen des KDM-System festgelegt. Sie betreffen eingangsseitig sowohl wie im Szenario Buyer den Import von Austauschkatalogen als auch wie im Szenario Supplier den Import von Katalogdaten aus anderen betrieblichen Informationssystemen. Damit verbunden sind auch entsprechende Aufwenungen für die Prüfung und Nachbearbeitung von importierten Daten. Dem kann nur durch eine Vereinheitlichung der Importformate entgegenwirkt werden, wie sie vorwiegend bei Marktplätzen anzutreffen ist.

Im Bereich der Katalogdatenbearbeitung ist der Funktionsumfang ebenfalls groß und vereinigt die Erstellungsfunktionen des Szenarios Supplier und die Aggregations- und Freigabefunktionen des Szenarios Buyer. Der Katalogexport muß prinzipiell alle Katalogdatennutzungen unterstützen, also die Weitergabe an Katalog-Engines und weitere Transaktionssysteme, die Erstellung von Austauschkatalogen in unterschiedlichen Zielformaten und die Datenbelieferung für die Herstellung von Offline-Katalogen. Dies entspricht wiederum der Obermenge der anderen Szenarien und führt zu einem hohen Grad an geforderter Exportflexibilität, der sich durch Vereinheitlichung und Konzentration auf wenige Formate verringern läßt. Ein solcher Ansatz würde die Konsolidierungsfunktion eines Intermediäres auf die Datenformate ausweiten. Realisiert wird dies beispielsweise durch branchenweite Stammdatenpools, die Katalogdaten nur in einem Zielformat bereitstellen.

Die Analogien der Szenarien spiegeln sich auch im *KDM-Prozeßkonzept* wieder (siehe Tabelle 4-6).

Prozeß	**Handel**	**Marktplatz**
Katalogimport	~Szenario Buyer ~Szenario Supplier	~Szenario Buyer
Katalogexport	~Szenario Supplier	~Szenario Buyer
Validierung und Freigabe	~Szenario Supplier	~Szenario Buyer
Bearbeitung	~Szenario Supplier ~Szenario Buyer	~Szenario Buyer
Klassifizierung	~Szenario Supplier	~Szenario Buyer

Tabelle 4-6: Analogien in der Prozeßgestaltung für Intermediäre

Für die Marktplatz-Intermediäre läßt sich eine sehr große Entsprechung zu dem Szenario Buyer feststellen. Im einzelnen werden Lieferantenkataloge verarbeitet (Katalogimport), die enthaltenen Produkte sind bereits klassifiziert (Klassifizierung), die Kataloge werden gemäß marktplatz- bzw. kundenspezifischen Anforderungen angereichert und aggregiert (Bearbeitung) und einem mehrstufigen Prüfungsverfahren unterzogen (Validierung und Freigabe) bevor sie in standardisierten Formaten an Katalog-Engines übergeben oder als Austauschkataloge verteilt werden (Katalogexport).

Für Handelsintermediäre stellt sich die Situation differenzierter dar und es überwiegen die Gemeinsamkeiten zum Szenario Supplier. Maßgebend für die KDM-

Prozesse im Handel sind der Umfang und die Qualität der Lieferantenkataloge sowie die Transformationen, die der Handel zur Erstellung der eigenen Kataloge ausführt.

Im ersten Fall werden klassifizierte Katalogdaten in Standardformaten angeliefert, die das Handelsunternehmen weitgehend übernimmt, Modifikationen auf die Preise und die Sortimentsstruktur beschränkt und ausgangsseitig die Kataloge zum Beispiel für E-Procurement-Systeme großer Kunden bereitstellt. Die zugehörigen Prozesse entsprechen offensichtlich dem Szenario Buyer und auch den Marktplätzen.

Im komplementären Fall liegen die Lieferantenkataloge nicht in einer solchen Qualität und Form vor und die Import-, Bearbeitungs- und Klassifizierungsprozesse sind aufwendiger. Ursächlich begründet sich dieser Mehraufwand jedoch nicht ausschließlich durch die Art der Lieferantenkataloge, sondern dieser ist oft eine Folge der strategischen Positionierung des Handelsunternehmens zwischen Lieferanten und Kunden. So ist die Katalogerstellung mehr als die Aggregation von Teilkatalogen und umfaßt typische Aufgaben, die sich auch im Szenario Supplier wiederfinden (Datenübernahme aus betrieblichen Informationssystemen, Stammdatenverwaltung, Klassifizierung, Katalogexport gemäß kundenspezifischer Anforderungen).

Das *KDM-Kommunikationskonzept* gewinnt im Szenario Intermediär dadurch an Bedeutung, daß die Komplexität der Lieferanten- und Kundenbeziehungen hinsichtlich der Katalogdatenverarbeitung in der Regel höher als bei Lieferanten und einkaufenden Unternehmen ist. Die Komplexität entsteht durch die Anzahl der Beziehungen und die Häufigkeit der Katalogdatenübertragungen. Im Vergleich der Szenarien verarbeiten Marktplätze in der Regel sehr viel mehr Lieferantenkataloge als einkaufende Unternehmen. Die Gestaltung der Datenaustauschprozesse mit den Lieferanten gehört daher zu den Kernkompetenzen von Marktplätzen. Als einen Baustein zur Lieferantenintegration bieten viele Marktplätze entsprechende technische Dienstleistungen an.[240] Die Möglichkeiten, durch Standardisierung von Medien, Formaten und Kommunikationsregeln und damit durch Restriktionen die Komplexität zu verringern, hängen jedoch unter anderem von der Markt- und Wettbewerbsstellung des Intermediäres ab.

---

[240] Vgl. Allweyer (2001), S. 43ff, und Kersten / Klein (2002), S. 14f.

Teil II: Entwicklung von Gestaltungskonzepten für die Informationssysteme im Katalogdatenmanagement

Die Gestaltung der Informationssysteme ist die zentrale strategische Aufgabe des Katalogdatenmanagements. Dazu kann naturgemäß auf Konzepte, Methoden und Werkzeuge der Informationssystemgestaltung im allgemeinen und des Datenmanagements im speziellen zurückgegriffen werden. Dies bezieht sich sowohl auf verfahrensorientierte Aspekte, die sich mit der Organisation der Informationssystemgestaltung – zum Beispiel durch Vorgehensmodelle, Entwicklungsmethoden und Einsatz formaler Beschreibungssprachen – befassen, als auch auf lösungs- oder ergebnisorientierte Aspekte, die die Gestaltung konkreter Informationssystemfunktionen betreffen.

Im folgenden wird die Gestaltung der Informationssysteme im KDM auf die ergebnisorientierten Aspekte konzentriert. Darunter ist zu verstehen, daß im Zentrum die Ergebnisse von Entwicklungs- und Konstruktionsprozessen und nicht die Prozesse selbst stehen. Für diese Vorgehensweise sprechen zwei Argumente. Erstens handelt es sich bei KDM-Systemen um einen relativ neuartigen *Informationssystemtyp.* Dieser weist zwar bezüglich seiner Konstitution Ähnlichkeiten zu anderen Informationssystemen auf, jedoch erscheint er hinsichtlich der betrieblichen Einordnung, den zugeordneten Funktionen und den dazu nötigen Komponenten selbst als Gestaltungsgegenstand interessant. Zweitens ist das Erfahrungswissen bezüglich der Gestaltung von KDM-Systemen aufgrund der relativen Neuartigkeit und der deshalb geringen Verbreitung in Unternehmen ebenfalls vergleichsweise gering ausgeprägt und nur schwer zu gewinnen. Dies unterscheidet die KDM-Systeme von anderen betrieblichen Informationssystemtypen, deren verfahrensorientierten Gestaltungsaspekte in der Wirtschaftsinformatik sehr viel stärker thematisiert werden. Dazu zählen beispielsweise die Entwicklung von Data Warehouse-Systemen, die Einführung betriebswirtschaftlicher Standardsoftware und die Konstruktion von Referenzinformationsmodellen.[241]

In Kapitel 4.2.3 sind fünf strategische Aufgabenbereiche des KDM eingeführt worden, die den Rahmen für die Gestaltung bilden und jeweils bestimmte Handlungsobjekte

[241] Vgl. z.B. von Maur / Winter (2002), Gronau (2001) und Becker / Knackstedt (2002).

fokussieren (Inhalt, Architektur, Informationssysteme, Prozesse und Kommunikation). Die Aufgabenbereiche sind zu konkretisieren und ihnen sind Gestaltungskonzepte zuzuordnen. Dies kann jedoch nicht schematisch und völlig sequentiell geschehen, da die Bereiche zahlreiche Interdependenzen aufweisen. Zusätzlich ist es notwendig von einzelbetrieblichen Anforderungen zu abstrahieren und generelle Gestaltungskonzepte zu entwickeln, die hier ausschließlich betrachtet und gemäß den drei KDM-Szenarien differenziert werden.

Die nachfolgende Analyse und Diskussion befaßt sich mit den elementaren Entscheidungs- und Gestaltungsfragen für KDM-Systeme. Hierzu werden zunächst verschiedene Architekturen für KDM-Systeme entwickelt (Kapitel 5), die den Zusammenhang der beteiligten Informationssysteme beschreiben. Ausgehend davon werden die Kernfunktionen von KDM-Systemen und die sie unterstützenden Datenmanagementkonzepte thematisiert, die in die drei aufeinander aufbauenden Bereiche *Verwaltung, Bearbeitung und Klassifizierung* unterteilt werden (Kapitel 6 bis 8). Bezugnehmend auf die strategischen Aufgabenbereiche des Katalogdatenmanagements liefert diese Vorgehensweise sukzessiv Beiträge zu dem Architektur-, dem KDM-System- und dem KDM-Prozeßkonzept.

5 KDM-Architekturen

Eine KDM-Architektur beschreibt die am Katalogdatenmanagement beteiligten Informationssysteme und die Datenflüsse zwischen diesen. In der Informationssystemgestaltung ist die Architektur im allgemeinen als Bauplan für ein zu entwickelndes oder vorhandenes System zu verstehen. Aus diesem Bauplan sollen insbesondere die Systemkomponenten und ihre Zusammenhänge hervorgehen. Konkrete Architekturen können abhängig von den Anwendungsanforderungen und den verfolgten Gestaltungszielen unterschiedliche Strukturen und Eigenschaften aufweisen. Dennoch lassen sich auch stark divergierende Architekturen anhand von generellen Merkmalen beschreiben. Eines dieser Merkmale ist der *Integrationsgrad*. Dieser gibt an, inwieweit eine Architektur die Integration von Daten und Funktionen unterstützt. Daten- und Funktionsintegration sind allgemeine Ziele der Gestaltung betrieblicher Informationssysteme und gerade für das Katalogdatenmanagement von Bedeutung.[242] Sie können wie in Tabelle 5-1 differenziert werden.[243]

	„die gleichen“ (Mehrfachverwendung)	**„dieselben“ (zentral, gemeinsam genutzt)**
Daten	„gleiche Daten“ (Datenaustausch ermöglichen)	„dieselben Daten“ (zentrale Datenhaltung, gemeinsamer Zugriff)
Funktionen	„gleiche Anwendungen“ (die gleiche Anwendung je gleiche Funktionen)	„dieselben Anwendungen“ (zentrale Anwendung für mehrere Funktionen)

Tabelle 5-1: Daten- und Funktionsintegration

Ein weiteres Merkmal einer Architektur ist der *Veränderungsgrad*, der ausdrückt, in welchem Maß sich die existierende Informationssystemlandschaft bei Umsetzung dieser Architektur verändert. Der Veränderungsgrad hängt damit nicht allein von der Architektur, sondern wesentlich von der Ist-Situation ab. Im weiteren werden unter

[242] Im folgenden bezieht sich die Datenintegration auf Anwendungsdaten, d.h Gegenstand des Datenaustausches und der Datenhaltung sind Katalogdaten. Anzumerken ist, daß bei der Funktionsintegration in *verteilten* Informationssystemen ein zusätzlicher Datenaustausch zwischen der Komponenten entsteht (u.a. für Funktionsaufrufe, Synchronisierung und Protokollierung).

[243] Vgl. Dippold et al. (2001), S. 10f. und die dort zitierte Literatur.

Bezugnahme auf den Integrations- und den Veränderungsgrad drei KDM-Architekturen entwickelt, die zum einen als Beschreibungsmodell für konkrete Architekturen dienen und zum anderen sich szenariospezifisch differenzieren lassen. Die Architekturen weisen einen zunehmenden Veränderungsgrad und parallel dazu einen ansteigenden Integrationsgrad auf. Damit stellen sie zugleich typische Entwicklungsstufen für das Katalogdatenmanagement in einem Unternehmen dar. Unterschieden werden additive, gekoppelte und integrierte KDM-Architekturen.

5.1 Additive KDM-Architektur

Eine additive KDM-Architektur liegt dann vor, wenn zu einer bestehenden Architektur eine oder mehrere Komponenten hinzugefügt werden, ohne daß sich die anderen Komponenten dadurch verändern. Durch die zusätzlichen Komponenten sollen bislang fehlende oder nur unzureichend erfüllte KDM-Aufgaben unterstützt werden. Die neuen Komponenten ergänzen somit die vorhandenen Informationssysteme, von denen sie benötigte Daten importseitig übernehmen.

Additive KDM-Architekturen sind kennzeichnend für viele Unternehmen, die aufgrund der entstandenen Anforderung, elektronische Produktkataloge für zwischenbetriebliche Nutzungen zu erstellen oder zu verarbeiten, spezielle Softwarewerkzeuge einführen. Diese Werkzeuge dienen vor allem für

- die Erfassung und Bearbeitung von Katalogdaten (Katalogerstellungswerkzeuge),
- die Klassifizierung von Produkten gemäß Standardklassifikationssystemen (Klassifizierungswerkzeuge)
- und den Datenexport in XML-basierte Standardübertragungsformate (Katalogexportwerkzeuge)

Es wird ersichtlich, daß die Werkzeuge auf die Erfüllung spezifischer B2B-Kataloganforderungen abzielen. Insgesamt werden durch derartige Architekturerweiterungen die Erstellungs-, Bearbeitungs- und Bereitstellungsprozesse für anderweitige Produktkataloge, insbesondere für Printkataloge, nicht verändert. Das gleiche gilt für die vorhandenen, katalogdatenhaltenden Informationssysteme, die für die genannten Werkzeuge lediglich als Datenquelle oder Datensenke fungieren. Voraussetzung ist allerdings, daß dies durch geeignete Import- und Exportfunktionalitäten bewerkstelligt werden kann.

Additive KDM-Architekturen lassen sich hinsichtlich ihres Beitrags zu der Daten- und Funktionsintegration wie in Tabelle 5-2 dargestellt bewerten. Erwartungsgemäß wird nur die Datenintegration durch Wiederverwendung bereits vorhandener Daten unterstützt. Eine Zentralisierung der Datenhaltung geht damit noch nicht einher. Im Gegenteil besteht bei jenen Werkzeugen, die selbst Katalogdaten halten, die Gefahr, daß eine zusätzliche Datenredundanz entsteht. Im Fall der Klassifizierungswerkzeuge könnten zum Beispiel Produktmerkmale gepflegt werden, die bereits in einem ERP-System vorhandenen sind. Noch kritischer sind datenhaltende Katalogerstellungswerkzeuge zu sehen, die die Erfassung neuer Produkte und die Veränderung vorhandener Produktdaten erlauben. Hier ist in der Regel eine Koordination mit dem ERP-System und den anderen, katalogerstellenden Informationssystemen nötig.

	„die gleichen“ (Mehrfachverwendung)	**„dieselben“ (zentral, gemeinsam genutzt)**
Daten	Ja, durch Datenaustausch Allerdings auch Gefahr neuer Redundanz	Nein, keine zentrale Datenhaltung
Funktionen	Möglich, z.B. unternehmensweiter Einsatz des gleichen Klassifizierungswerkzeugs	Nein, zusätzliche Anwendungen

Tabelle 5-2: Daten- und Funktionsintegration bei additiver KDM-Architektur

Szenario Supplier

Im Szenario Supplier dienen die Werkzeuge einer additiven Architektur unmittelbar der Erstellung elektronischer Produktkataloge für den zwischenbetrieblichen Einsatz. Gemäß der in Kapitel 4.3.1 eingeführten Positionierung des KDM-Systems übernimmt es damit nur die Aufgabe, solche Austauschkataloge zu erstellen. Die Weiterverwendung von erstellten Daten und Katalogen auch für innerbetriebliche Nutzungen und katalogbasierte Verkaufssysteme ist von dem Umfang und der Flexibilität der Exportfunktionen der Werkzeuge abhängig, jedoch in der Regel nicht oder nur sehr eingeschränkt möglich. Zum Beispiel werden häufig spezialisierte Werkzeuge eingesetzt, die bei der Klassifizierung nur vorgegebene Klassifikationssysteme – beispielsweise eCl@ss und UNSPSC – und beim Katalogexport nur ein Zielformat – beispielsweise BMEcat – unterstützen.

Eingangsseitig verarbeiten die Werkzeuge im Rahmen ihrer Importfähigkeiten Katalogdaten der vorhandenen Informationssysteme. Die Importfähigkeiten reichen von vorgegebenen Standardformaten bis zu individuell konfigurierbaren Importfiltern.[244] Bezüglich der PDM-Systeme und der Multimedia-Datenbanken ist allerdings anzumerken, daß diese ihre Daten in für die Werkzeuge nicht verarbeitungsfähigen Formaten bereitstellen und deshalb nicht Teil der Architektur sind (Abbildung 5-1).

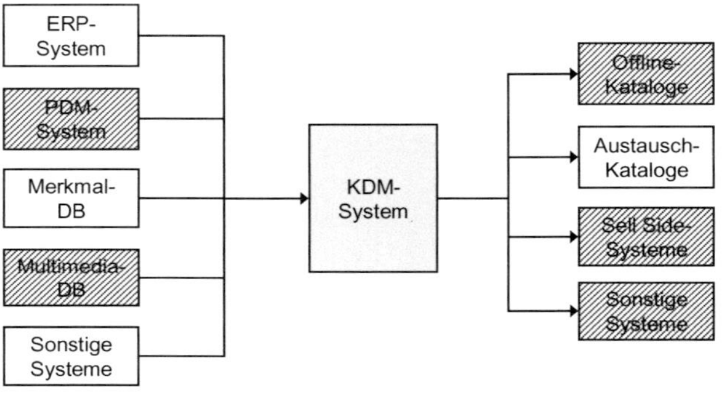

Abbildung 5-1: KDM-System bei lieferantenseitiger, additiver KDM-Architektur

Das dargestellte KDM-System ist noch eine Abstraktion von den Katalogdatenwerkzeugen. Diese ist aufzuheben, indem die Auswahl der Werkzeuge und ihr Verhältnis zueinander beschrieben werden. Die im Szenario Supplier relevanten Werkzeuge für die Katalogerstellung, die Klassifizierung und den Katalogexport unterscheiden sich ihren Funktionen, sie weisen aber auch eine entscheidende Gemeinsamkeit auf, die die Positionierung in KDM-Architekturen flexibel hält: Alle Werkzeuge sind in der Lage, Daten zu importieren, diese anschließend zu verändern und dann zu exportieren. Somit können sie durch serielle Anordnung miteinander kombinieren werden. Zum Beispiel lassen sich:

- Katalogdaten mit einem Katalogerstellungswerkzeug erfassen und mit einem Exportwerkzeug in ein Zielformat exportieren,
- Katalogdaten mit einem Klassifizierungswerkzeug (nach-)bearbeiten und mit einem Exportwerkzeug in ein Zielformat exportieren,

---

[244] Siehe Kapitel 7.4.

- Katalogdaten mit einem Katalogerstellungswerkzeug erfassen, mit einem Klassifizierungswerkzeug nachbearbeiten und mit einem Exportwerkzeug in ein Zielformat exportieren.

Das Verhältnis der verschiedenen Katalogwerkzeuge wird maßgeblich durch ihren Funktionsumfang bestimmt. Wie bereits gesehen, ist der Datenexport Bestandteil jedes Werkzeuges (so muß das Klassifizierungswerkzeug die klassifizierten Katalogdaten für die weitere Verwendung bereitstellen). Die Klassifizierungsfunktion kann wiederum Bestandteil der Datenbearbeitung sein. Insgesamt lassen sich das Exportwerkzeug durch das Erstellungs- oder auch das Klassifizierungswerkzeug und das Klassifizierungswerkzeug durch das Erstellungswerkzeug substituieren. Die daraus entstehenden Varianten lieferantenseitiger, additiver Architekturen und ihre Anwendungsbereiche faßt die Tabelle 5-3 zusammen.

	Katalog-erstellungs-werkzeug	**Klassi-fizierungs-werkzeug**	**Katalog-export-werkzeug**	**Anwendungsbereich**
1	Ja	Nein	Nein	Ein umfassendes Werkzeug integriert die Klassifizierung und den Katalogexport.
2	Nein	Ja	Nein	Bearbeitung ist beschränkt auf die Klassifizierung. Export der klassifizierten Katalogdaten bereits in den Zielformaten.
3	Nein	Nein	Ja	Keine Bearbeitungsfunktionen. Werkzeug dient nur zur Erzeugung der Katalogdokumente in den Zielformaten.
4	Ja	Ja	Nein	Katalogerstellung und anschließende Klassifizierung. Export der klassifizierten Katalogdaten bereits in den Zielformaten.
5	Ja	Nein	Ja	Katalogerstellungswerkzeug unterstützt nicht die benötigten Zielformate, daher separates Werkzeug für Export.
6	Nein	Ja	Ja	Bearbeitung ist beschränkt auf die Klassifizierung. Export durch separates Werkzeug.
7	Ja	Ja	Ja	Separate Werkzeuge für die Katalogerstellung, die anschließende Klassifizierung und den Datenexport.

Tabelle 5-3: Varianten lieferantenseitiger KDM-Systeme bei additiver Architektur

In konkreten KDM-Architekturen kann es über diese Varianten hinaus notwendig sein, die Werkzeuge nicht nur sequentiell anzuordnen, sondern für spezielle Kataloganforderungen mehrere Werkzeuge *parallel* einzusetzen. Dies heißt, daß für die Herstellung bestimmter Kataloge abweichend von der allgemeinen KDM-Architektur weitere Werkzeuge hinzugezogen werden. Beispielsweise unterstützt das in der

Variante 1 eingesetzte, umfassende Werkzeug eines der geforderten Zielformate nicht, so daß der Katalogexport der betreffenden Kataloge durch ein Exportwerkzeug übernommen werden muß. In diesem Fall setzt sich die KDM-Architektur aus den Varianten 1 und 5 zusammen.

Szenario Buyer

Im Szenario Buyer liegt eine additive KDM-Architektur dann vor, wenn der Katalog-Engine des E-Procurement-Systems ein oder mehrere Werkzeuge für die Zwecke des Katalogdatenmanagements hinzugefügt werden. Die Betonung liegt dabei auf der Hinzufügung, welche die Katalog-Engine durch vorgelagerte Funktionen ergänzt. Zu berücksichtigen ist, daß eine Katalog-Engine bereits KDM-relevante Funktionen übernehmen kann, die sich auf die Katalogverwaltung, jedoch weniger auf die Katalogbearbeitung beziehen. Mindestens muß die Katalog-Engine in der Lage sein, Katalogdaten in einem oder mehreren Formaten zu importieren. Der Funktionsumfang kann allerdings auch weitreichender sein und bis in die Kernaufgaben des operativen KDM hineinreichen.[245] In solchen Fällen sind additive Architekturen nicht mehr anzutreffen, da bereits ein höheres Integrationsniveau vorliegt.

Unabhängig von der Frage, welche KDM-Aufgaben durch die Katalog-Engine und welche durch ein eigenständiges KDM-System übernommen werden, ist es einkaufsseitig das Ziel, die operativen Aufgaben hinsichtlich Umfang und Aufwand zu minimieren. Wie im Zuge der Aufgabendifferenzierung gezeigt, wird dies unter anderem durch die Aufgabenverlagerung zu den Lieferanten erreicht.[246] Dies führt dazu, daß die Katalogerstellung durch Erfassung, Bearbeitung und Klassifizierung von Produkten nicht in die Zuständigkeit der Einkaufsseite fallen sollte. Vielmehr konzentriert sie sich auf die syntaktische und inhaltliche Prüfung von Lieferantenkatalogen, die Aggregation mehrerer Kataloge zu Multi-Lieferantenkatalogen und die Anreicherung der Katalogdaten um einkaufs- und damit kundenspezifische Daten. In der Konsequenz weist der Werkzeugtyp Katalogerstellung eine von dem Szenario Supplier abweichende Gewichtung der Funktionen auf und es entfällt das Klassifizierungswerkzeug.

Einkaufsseitige Katalogexportwerkzeug dienen dazu, Lieferantenkataloge bzw. die mit dem Katalogerstellungswerkzeug erzeugten Kataloge in das von der Katalog-

[245] Vgl. Dolmetsch (2000), S. 192ff.

[246] Vgl. Kapitel 4.4.2.

Engine geforderte Format zu überführen. Hier wird wieder sichtbar, daß die Komponenten einer einkaufsseitigen, additiven Architektur die vorhandene Katalog-Engine um benötigte Funktionen erweitern; in diesem Fall erhöht sich faktisch die Anzahl unterstützter Katalogformate durch die Vorschaltung eines Konverters.

Szenario Intermediär

Im Szenario Intermediär sind additive KDM-Architekturen insoweit zu differenzieren, als daß für Marktplatz-Intermediäre sich nicht die Frage stellt, ob die bestehende Architektur durch die Anforderung nach Verarbeitung elektronischer Kataloge verändert wird. Der Grund ist, daß Marktplätze von vornherein auf die Verarbeitung solcher Kataloge ausgelegt sind. Daher sind additive Architekturen bei Marktplätzen nur unter dem Gesichtspunkt des Integrationsgrads zwischen KDM- und Marktplatz-System zu betrachten. Zunächst soll jedoch auf den Intermediär Handel eingegangen werden, um anschließend den Marktplatzfall zu beschreiben.

Bei einem Handelsunternehmen liegt eine additive KDM-Architektur vor, wenn die bestehende WWS-/ERP-basierte Informationssystemlandschaft um spezielle Werkzeuge für die Herstellung elektronischer Kataloge erweitert wird. Dies entspricht weitgehend der additiven Architektur im Szenario Supplier. Die Auswahl und Kombination der drei Werkzeugtypen hängt dabei von dem Anteil der benötigten Erstellungs-, Klassifizierungs- und Exportfunktionen ab, die wiederum durch die Art der Lieferantenkataloge determiniert werden.[247]

Im Fall der Marktplatzunternehmen bestehen Parallelen zu dem Szenario Buyer: Die Komponenten der KDM-Architektur ergänzen die Katalog-Engine des Marktplatz-Systems um die fehlenden oder unzureichend ausgeprägten KDM-Funktionen. Auch hier kann auf das gesamte Spektrum der unterstützenden Werkzeuge zurückgegriffen werden, die die im Szenario Buyer beschriebene Gewichtung von bereitgestellten Funktionen aufweisen.

5.2 Gekoppelte KDM-Architektur

Eine gekoppelte KDM-Architektur liegt dann vor, wenn die Katalogdatenhaltung aus logischer Sicht zentralisiert und der Datenaustausch zwischen den Komponenten teilautomatisiert wird. Im Unterschied zur additiven Architektur werden die bereits

[247] Vgl. Kapitel 4.4.3.

vorhandenen Komponenten in die Gestaltung miteinbezogen und hinsichtlich der zugeordneten Funktionen verändert oder durch andere Komponenten abgelöst. Mit dem höheren Veränderungsgrad geht daher auch die Ausweitung auf alle katalogdatenrelevanten Bereiche einher. Dies heißt, daß nicht mehr ausschließlich die Erstellung bzw. Verarbeitung von elektronischen Produktkatalogen für zwischenbetriebliche Zwecke, sondern allgemein die Verwaltung produktbezogener Daten Gegenstand der KDM-Architektur ist. Dadurch wird es erstmals möglich, die Gestaltung des KDM an dem Lebenszyklus von Produkten auszurichten und die zugehörigen Produktmanagementprozesse zu unterstützen. Auch weisen gekoppelte Architekturen einen höheren Integrationsgrad zu den ERP-Systemen auf.

Der Begriff Kopplung charakterisiert eine wechselseitige Beeinflussung von zwei Systemen und hier zum einen das Verhältnis von ERP- und KDM-System, die beide abgegrenzte Funktionen übernehmen bzw. Daten verwalten. Zum anderen sind die Komponenten des KDM-Systems selbst enger gekoppelt und greifen auf gemeinsame Datenbestände zu. Bezogen auf die Daten- und Funktionsintegration wird damit neben des optimierten, innerbetrieblichen Datenaustausches die gemeinsame Nutzung zentral gehaltener Daten möglich (Tabelle 5-4).

	„die gleichen“ (Mehrfachverwendung)	**„dieselben“ (zentral, gemeinsam genutzt)**
Daten	Ja, durch Datenaustausch	Ja, durch zentrale Datenhaltung im KDM-System
Funktionen	Möglich, z.B. unternehmensweiter Einsatz des gleichen KDM-Systems	Möglich, abhängig von Anzahl und Funktionsumfang der Komponenten

Tabelle 5-4: Daten- und Funktionsintegration bei gekoppelter KDM-Architektur

Bei einer gekoppelten Architektur verliert das KDM-System den Werkzeugcharakter und wandelt sich zu einem umfassenden Informationssystem, welches als medienneutrale Datenbank alle Katalogdaten verwaltet und weitreichende Funktionen zur Verfügung stellt. In der Folge verringert sich die Anzahl der am KDM beteiligten Informationssysteme, die sich bei additiver KDM-Architektur noch erhöhte. Gleichwohl können einzelne Funktionen weiterhin durch spezialisierte Komponenten übernommen werden.

Szenario Supplier

Die Kopplung von ERP- und KDM-System im Szenario Supplier zeigt sich auf der inhaltlichen Ebene daran, daß die Datenhaltung zwischen den beiden System entsprechend dem Mengendiagramm aus Kapitel 2.1.4 organisiert wird (siehe dort die Abbildung 2-1). Demnach sind die Stammdaten, die entlang des Produktmanagementprozesses von der Produktidee bis zur Markteinführung entstehen, dem ERP-System zuzuordnen. Sie werden dem KDM-System übergeben, können dort jedoch nicht verändert werden. Ebenso werden neue Produkte stets im ERP-System initialisiert und zu einem bestimmten Zeitpunkt im Produktmanagementprozeß, nämlich zur Aufnahme in den elektronischen Katalog, erstmals an das KDM-System weitergegeben. Die Bewegungsdaten, also Preise und Verfügbarkeiten, werden in der Regel nur im ERP-System verwaltet, da sie sich über dort verwaltete Berechnungsvorschriften ergeben (Preisfindung). Sie werden häufig erst zum Zeitpunkt der Katalogerstellung an das KDM-System übermittelt und gehen dort in einen Exportprozeß ein.

Den KDM-Systemen können jedoch nicht nur solche Datenbereiche zufallen, die prinzipiell nicht durch ERP-Systeme abgedeckt werden (u.a. Multimediadaten, Synonyme, Artikelreferenzen, Marketingtexte, Mehrsprachigkeit), sondern es können bestimmte Materialdaten auch bewußt in die KDM-Systeme verlagert werden. Im Bereich der Klassifizierung und der merkmalsbasierten Produktbeschreibung lassen sich sehr unterschiedliche Wege beschreiten, die von den beiden Extrempositionen der vollständigen Verwaltung im ERP- oder KDM-System bis zu Mischformen reichen, die die Daten eines Datenbereiches nach inhaltlichen Kriterien aufteilen (Instanzebene). Zum Beispiel lassen sich die Standardklassifikationssysteme, die allein für die Katalogstrukturierung und nicht für innerbetriebliche Zwecke genutzt werden, in den Zuständigkeitsbereich des KDM-Systems einordnen, d.h. die Klassenzuordnung und die Produktbeschreibung gemäß standardisierter Merkmalsleisten erfolgen ausschließlich in diesem, während die auch für innerbetriebliche Zwecke verwendeten Klassifikations- und Kataloggruppensysteme im ERP-System verwaltet werden. Weiterhin können die Produktmerkmale auch unabhängig von den Klassifikationssystemen partitioniert werden, um zum Beispiel im KDM-System nur solche Merkmale hinzuzufügen, die speziell für elektronische Kataloge benötigt werden, d.h. alle anderen Merkmale, die bereits während des Produktmanagementprozesses entstanden sind, werden aus dem ERP-System übernommen und dürfen aus Konsistenzgründen nicht mehr im KDM-System verändert werden.

Als Ergebnis der inhaltlichen Katalogdatenabgrenzung zwischen ERP- und KDM-System entstehen Anforderungen an den Datenaustausch. Genauer handelt es sich um einen Datenaustausch von ERP- zu KDM-System. Die umgekehrte Richtung ist zu unterdrücken und in der Regel nicht notwendig, da sich die Katalogerstellung zeitlich in die Endphase des Produktmanagementprozesses einordnen läßt, d.h. sie fügt den Materialdaten zusätzliche Daten bei, die im Idealfall keine Rückwirkungen auf die sonstigen innerbetrieblichen, produktbezogenen ERP-Prozesse haben (Fertigung, Vertrieb, Auftragsabwicklung usw.). Eingangsseitig sollte das KDM-System bei einer gekoppelten Architektur in der Lage sein, den Import von Teilbereichen sowohl auf der Typebene (z.B. nur Stamm- oder Bewegungsdaten) als auch auf der Instanzebene (z.B. ERP-Ordnungssysteme, ERP-Merkmale) zu unterstützen sowie Änderungsdaten zu verarbeiten (analog zu dem ausgangsseitigen Dokumenttyp Katalogaktualisierung). Dann lassen sich Katalogdaten auch bei organisatorisch verteilten Produktmanagementprozessen ereignis- und zeitgesteuert austauschen.

Die Art der Kopplung läßt sich auf die weiteren Bestandteile der lieferantenseitigen Informationssystemlandschaft – soweit diese Katalogdaten verwalten – und die Komponenten des KDM-Systems erweitern. Dies gilt auch für das PDM-System, falls die bereitgestellten Daten einer der Formatgruppen CSV und XML entsprechen und inhaltlich von Relevanz sind. In den meisten Fällen wird der Beitrag des PDM-Systems jedoch nur in der Bereitstellung von Konstruktionszeichnungen, Produktstrukturdarstellungen und anderen Spezifikationen in Form von Multimediaobjekten liegen. Aus technischer Sicht entspricht dies den Multimediadatenbanken, die beispielsweise für die Verwaltung der Produktabbildungen und Betriebsanleitungen für unterschiedliche Medien und Nutzungen eingesetzt werden und damit als eine zu koppelnde Komponente des KDM-Systems anzusehen sind. Die Verwaltung dieser Objekte beruht auf den Metadaten, die die Objekte beschreiben (z.B. Dateiname, Format, Version, Erstellungsdatum usw.), und den Zuordnungen zu Produkten und Produktkategorien.

Ausgangsseitig ist bei einer gekoppelten KDM-Architektur der Katalogdatenexport nicht mehr auf wenige Formate für Austauschkataloge zu beschränken, sondern stellt Kataloge oder Teildaten für andere Informationssysteme in den benötigten, häufig proprietären Formaten zur Verfügung (z.B. für die Printkatalogerstellung durch einen Dienstleister). Dadurch ergibt sich insgesamt die in Abbildung 5-2 gezeigte Ausweitung der KDM-Architektur. Die Datenübernahme aus PDM-Systemen und Multimedia-Datenbanken bezieht sich wie beschrieben auf die Metadaten und ist daher gepunktet dargestellt.

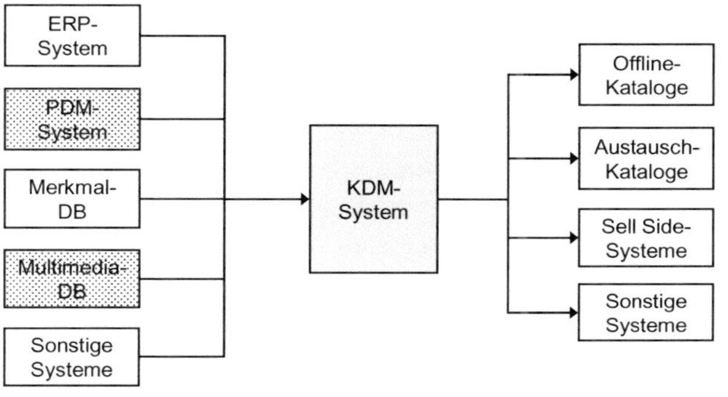

Abbildung 5-2: KDM-System bei lieferantenseitiger, gekoppelter KDM-Architektur

Der Einsatz spezialisierter Werkzeuge in einer lieferantenseitigen, gekoppelten KDM-Architektur wird tendenziell reduziert, da das datenhaltende KDM-System viele Funktionen, insbesondere die Produktklassifizierung, bereits übernehmen kann. Dennoch ist der Werkzeugeinsatz abhängig von der angestrebten Funktionsintegration, da mit der Ausdehnung des Gestaltungsbereiches auf alle katalogdatenrelevanten Bereiche auch die Erstellung von Printkatalogen unterstützt werden kann. In diesem Fall werden weitere Funktionen relevant, die sich jedoch häufig nicht ausreichend in KDM-Systeme integrieren lassen. Daher ist das KDM-System als eine Vorstufe anzusehen, die strukturierte Basisdaten für die Printkatalogerstellung liefert, die jedoch durch ein nachgelagertes Informationssystem übernommen wird.

Szenario Buyer

Im Szenario Buyer liegt eine gekoppelte KDM-Architektur dann vor, wenn erstens die Katalogdatenhaltung auf das KDM-System konzentriert und zweitens der Datenaustausch in Richtung Katalog-Engine automatisiert wird. In diesem Fall beschränkt sich die Katalog-Engine auf ihre originäre Aufgabe, elektronische Kataloge für die Benutzer eines Transaktionssystem zugänglich zu machen. Die Verwaltungsfunktionen in der Katalog-Engine beziehen sich nur auf *Anwendungsaspekte* elektronischer Kataloge, also beispielsweise die Sichtendefinition für Benutzergruppen, die abschließende Freigabe von Katalogen und das Monitoring der Katalognutzung. Diese Reduktion wird dadurch ermöglicht, daß die von dem KDM-System zur Verfügung gestellten Kataloge bereits technisch und inhaltlich geprüft sind und damit operativ genutzt werden können.

Aus Sicht der Architekturgestaltung ist im Unterschied zu den Szenarien Supplier und Intermediär das ERP-System nicht weiter von Bedeutung. Die Kopplungseigenschaft der Architektur leitet sich also nicht aus dem Verhältnis von KDM- und ERP-System, sondern aus dem Datenaustausch zwischen KDM-System und Katalog-Engine sowie szenarioübergreifend aus den Beziehungen zwischen den Komponenten des KDM-Systems ab. Der Datenaustausch von KDM-System zu Katalog-Engine kann aufgrund des in der Regel einheitlichen Formates und der Übermittlung stets vollständiger Kataloge bzw. von Katalogaktualisierungen effizient gestaltet werden.

Der Grad der Kopplung innerhalb des KDM-Systems ist nur dann relevant, wenn eine Komponentenstruktur vorliegt, d.h. wenn mindestens ein Werkzeug dem datenhaltenden System vor- oder nachgelagert ist. Die für das Szenario Buyer typischen Katalogbearbeitungsfunktionen werden häufig infolge der zentralen Datenhaltung bereits abgedeckt, so daß den Werkzeugen primär Konvertierungs- und Validierungsfunktionen obliegen.

Szenario Intermediär

Im Szenario Intermediär zeigt die Differenzierung nach Handelsunternehmen und Marktplätzen wiederum Parallelen zu den gekoppelten Architekturen im Szenario Supplier bzw. Buyer.

Im Fall der Handelsunternehmen wird in der ansonsten ERP-basierten Systemlandschaft die Katalogdatenhaltung weitgehend im KDM-System zentralisiert und der Datenaustausch zwischen den Komponenten des KDM-Systems, aber insbesondere zu dem ERP-System automatisiert und eng abgestimmt. Über die im Szenario Supplier beschriebenen Gestaltungskriterien hinaus ist zusätzlich die Verarbeitung von elektronischen Lieferantenkatalogen zu berücksichtigen. Insbesondere stellt sich aus Sicht des KDM der Produktmanagementprozeß bei Handelsunternehmen so dar, daß dieser nicht mit der innerbetrieblichen Erzeugung erster Produktstammdaten, sondern mit der Datenübernahme von den Lieferanten beginnt, soweit diese elektronische Artikeldaten bereitstellen. Wenn davon ausgegangen wird, daß alle Artikel im ERP-System zu verwalten sind, so ist eine Abstimmung des Datenimports in das ERP-System zu dem Datenimport in das KDM-System notwendig. Aufgrund der unterschiedlichen Importformate und des für die Katalogerstellung größeren Datenumfangs handelt es sich meistens um getrennte Importprozesse. Zum Beispiel reicht es für das ERP-System aus, ein Grundgerüst der Artikeldaten zu importieren, wozu

CSV-basierte Formate geeignet sind. Dazu zählen primär Identifikatoren, Bezeichner, lieferantenseitige Klassifizierungen sowie die Einkaufspreise. Dagegen verarbeitet das KDM-System umfangreichere Katalogdaten, die im Idealfall in einem XML-basierten Standardformat vorliegen. Die Gestaltung dieser Importprozesse hat sicherzustellen, daß hinsichtlich des Sortiments keine Abweichungen entstehen und sich die gemeinsamen Artikeldaten nicht widersprechen.

Die Abbildung 5-3 zeigt schematisch eine mögliche Realisierung einer gekoppelten KDM-Architektur für Handelsunternehmen. In dieser Architektur übermitteln Lieferanten Artikelstammdaten. Zusätzlich können sie über einen Self-Service den Import der Austauschkataloge selbst steuern und Katalogdaten im kundenseitigen System im Rahmen der eingeräumten Funktionen bearbeiten. Der Datenaustausch von ERP- zu KDM-System läßt sich bei der Verfügbarkeit hinreichender Lieferantenkataloge auf ein Minimum, also auf die kundenspezifischen Daten und insbesondere auf die Preisdaten reduzieren. Die rechte Seite des KDM-Systems entspricht dem Szenario Supplier. Auch kann das KDM-System ausgangsseitig um spezialisierte Werkzeuge ergänzt werden.

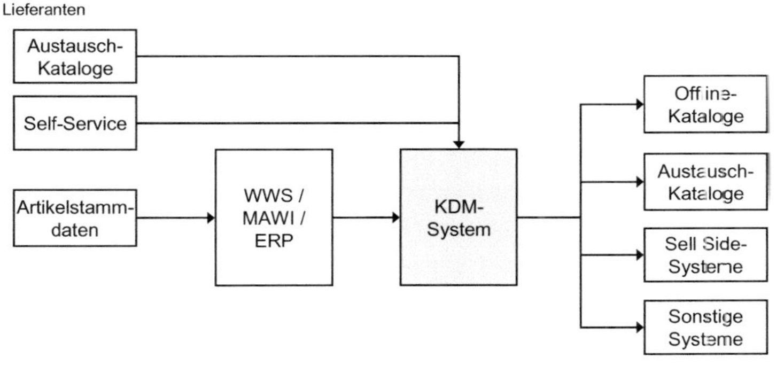

Abbildung 5-3: Beispiel gekoppelte KDM-Architektur für Handelsunternehmen

Für Marktplätze stellt sich die Situation auf der Katalogeingangsseite vergleichbar mit dem Szenario Buyer dar. An die Stelle des E-Procurement-Systems tritt das Marktplatz-System, welches zusätzlich zu dem lieferantenseitigen, entfernten Katalogzugriff auch selbst Zieladresse für Katalogzugriffe aus anderen Systemen, insbesondere aus E-Procurement-Systemen, sein kann. Außerdem kann der Marktplatz Kataloge an Kunden weitergeben. Diese beiden Faktoren sind in der Abbildung 5-4 wiedergegeben, die ansonsten der allgemeinen KDM-Architektur des Szenarios Buyer gleicht.[248]

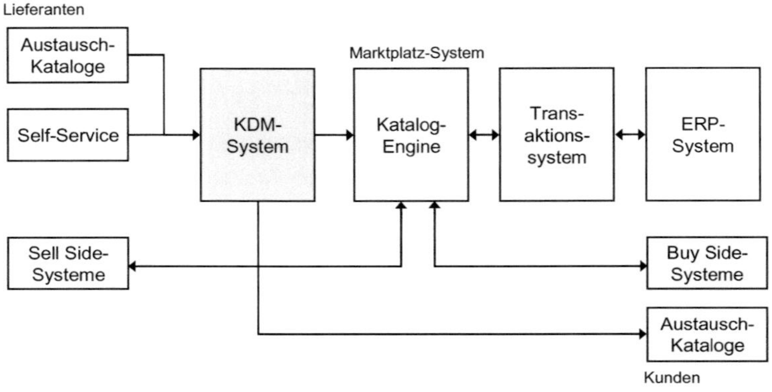

Abbildung 5-4: Beispiel gekoppelte KDM-Architektur für Marktplätze

Das Zentralisierungsmerkmal einer gekoppelten KDM-Architektur ergibt sich aus der Stellung des KDM-Systems, welches unabhängig von dem ERP-System Mittelpunkt des Katalogdatenaustausches ist. Die Automatisierung und Abstimmung des Datenaustausches zeigt sich an der engen Integration zwischen KDM-System und Katalog-Engine, wie sie im Szenario Buyer beschrieben worden ist. Ergänzend dazu stehen flexible Import- und Exportfunktionen zur Verfügung, um Austauschkataloge zu verarbeiten. Durch eine Beschränkung auf standardisierte Austauschformate lassen sich der notwendige Funktionsumfang begrenzen und die zugehörigen Import- und Exportprozesse vereinheitlichen.

5.3 Integrierte KDM-Architektur

Eine integrierte KDM-Architektur zeichnet sich dadurch aus, daß alle katalogdatenbezogenen Funktionen soweit möglich in einem Informationssystem zusammengefaßt und noch verbleibende Schnittstellen automatisiert werden. Voraussetzung ist die bereits bei gekoppelten Architekturen eingeführte Zentralisierung der Katalogdatenhaltung, die nun Basis für die Funktionsintegration ist (Tabelle 5-5). Dies

[248] Vgl. dazu Abbildung 4-6 in Kapitel 4.3.2.

bedeutet, daß für gleichartige Funktionen stets dieselbe Komponente zu verwenden ist. Insbesondere sind alle Bearbeitungsfunktionen in einer Komponente zusammenzufassen.

	„die gleichen" (Mehrfachverwendung)	**„dieselben" (zentral, gemeinsam genutzt)**
Daten	Ja, durch Datenaustausch	Ja, durch zentrale Datenhaltung im KDM-System
Funktionen	Möglich, z.B. unternehmensweiter Einsatz des gleichen KDM- und ERP-Systems	Ja, durch Zusammenfassung von Komponenten

Tabelle 5-5: Daten- und Funktionsintegration bei integrierter KDM-Architektur

Der höchste Integrationsgrad wird dann erreicht, wenn aus Benutzersicht die Katalogdatenverwaltung in dem Anwendungssystem vollzogen wird, welches die sonstigen, produktbezogenen Verwaltungsfunktionen bereitstellt. Dazu werden die Systemgrenzen zwischen ERP- und KDM-System durch eng aufeinander abgestimmte Datenverwaltungsfunktionen verringert bzw. aufgehoben. Letzteres führt zu der Erweiterung des Funktionsumfanges des ERP-Systems um spezifische KDM-Funktionen. In dieser funktionsorientierten Sichtweise ist jedoch nicht die tatsächliche, softwaretechnische Homogenität von ERP- und KDM-System ausschlaggebend, sondern inwieweit Komponenten und damit durch Software realisierte Funktionen gemeinsam genutzt werden (z.B. zentrale Merkmalsverwaltung).

Aus theoretischer Sicht sprechen mehrere, je nach Szenario unterschiedlich stark zu gewichtende Argumente für die (Wieder-)Eingliederung von KDM-Funktionen in ERP-Systeme. Zunächst legt die bereits für PDM- und ERP-Systeme charakteristische Ausrichtung der Funktionen an den Produktmanagementprozessen es nahe, die Anzahl der Schnittstellen durch ein drittes Informationssystem nicht weiter zu erhöhen. Gerade weil die vorgenannten Systeme und speziell das ERP-System bereits wichtige Datenverwaltungskonzepte für das Produktmanagement implementieren, ist es sinnvoll, diese zu nutzen und die vertriebsseitigen Funktionen zu ergänzen und auszuweiten. Konkret werden in ERP-Systemen betriebliche Organisationsstrukturen abgebildet, die auch für das KDM von Bedeutung sind. Hierzu zählen aufbauorganisatorische Aspekte (u.a. Mandanten, Werke, Abteilungen), das innerbetriebliche Rechnungswesen und Controlling (u.a. Buchungskreise, Kostenstellen-, Konten- und Kennzahlensysteme) und Berechtigungen bzw. Verantwortlichkeiten von Mitarbeitern. Außerdem weisen ERP-Systeme meistens ein in sich konsistentes Fachbegriffsmodell für die Bezeichnung der betrieblich relevanten Sachverhalte auf. Ein davon unabhängig entstandenes KDM-System wird Unterscheide aufweisen, die auch angesichts der Synonym- und Homonymproblematik dem Integrationsgedanken entgegenstehen könnten. Dieser Aspekt macht darauf aufmerksam, daß die Forderung nach einer einheitlichen Benutzeroberfläche sich nicht ausschließlich auf Bedienungsfunktionen und die Bildschirmgestaltung, sondern auch auf die terminologische Basis bezieht.

In Verbindung mit der unternehmensweiten Materialstammdatenverwaltung, der Workflowsteuerung, Berichtsfunktionen und einer einheitlichen Benutzeroberfläche werden verteilte Produktmanagementprozesse durch ERP-Systeme prinzipiell weitgehend unterstützt. Schließlich sind die produktbezogenen Daten eng mit den Transaktionsdaten der Auftragsbearbeitung integriert. Eine gleichermaßen ausgerichtete Integration des KDM-Systems würde erfordern, daß die betrieblichen Organisationsstrukturen in ähnlicher Weise abgebildet, Workflow- und Berichtsfunktionen bereitgestellt und KDM-Prozesse sowie die zugehörigen Prozeßverfolgungsdaten (u.a. Zustandsänderungen, Protokollierungen, Benachrichtigungen) mit dem ERP-System ausgetauscht werden.

Weitere Argumente für die „Verschmelzung“ von ERP- und KDM-System sind technischer Natur und entstehen aus der fortgeschrittenen Software- und Hardware-Infrastruktur. So zeichnen sich ERP-Systeme allgemein durch ihre hohe Zuverlässigkeit, Verfügbarkeit, Skalierbarkeit, Erweiterbarkeit und weiterer Eigenschaften aus, die Entscheidungen über die Auswahl und Gestaltung von betrieblichen Informationssystemen maßgeblich beeinflussen. Die Integration verspricht daher, diese Eigenschaften auf das KDM-System übertragen und so Leistungs- und Wirtschaftlichkeitsvorteile erzielen zu können.

Szenario Supplier

Im Szenario Supplier erlaubt die Funktions- und Datenintegration es, das Verhältnis von ERP-, PDM- und KDM-System neu zu bestimmen, indem ausgewählte Aufgaben der Stammdatenverwaltung in das KDM-System oder aber KDM-Funktionen in das ERP-System verlagert werden. Ein solches System ist nicht mehr auf das KDM beschränkt, sondern erfüllt die Anforderungen an Produktlebenszyklusmanagement-Systeme einschließlich der Vertriebsunterstützung. Da lieferantenseitig die Katalogdatenbearbeitung im Vordergrund steht, zielt die Integration auf eine verbesserte

Unterstützung der Produktmanagementprozesse ab, welche sich für die Benutzer im Idealfall in einem einzigen Anwendungssystem mit einheitlicher Benutzeroberfläche darstellen. Dieses stellt einen erweiterten Materialstammsatz zur Verfügung, der über definierte Sichten den Zugriff und die konsistente Verwaltung der Material-, Produkt- und Katalogdaten erlaubt.

Die Unterschiede zu einer gekoppelten KDM-Architektur zeigen sich an zwei Merkmalen. Erstens werden alle zuvor noch in Teilsystemen verbliebenen KDM-Funktionen in das KDM-System übernommen, so daß sich wie in Abbildung 5-5 wiedergegeben die Komponentenanzahl auf der linken Seite der Architektur reduziert (Entfall von Merkmal- und sonstigen Systemen). Zweitens wandelt sich der bislang unidirektionale Datenaustausch zwischen ERP- und KDM-System zu einem bidirektionalen. Darunter ist zu verstehen, daß im KDM-System ausgeführte Funktionen, insbesondere Katalogdaten- und Zustandsänderungen, in das ERP-System rückgekoppelt werden.

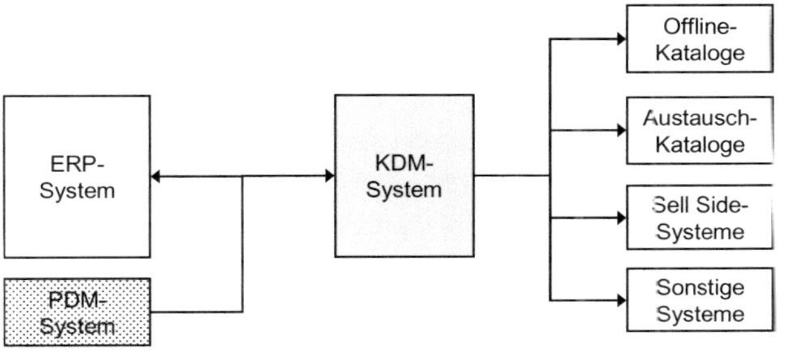

Abbildung 5-5: KDM-System bei lieferantenseitiger, integrierter KDM-Architektur

Die Realisierung lieferantenseitiger, integrierter KDM-Architekturen ist in der Regel nur möglich, wenn ERP- und KDM-System auf der Grundlage gemeinsamer Konstruktionsprinzipien entstehen, die Integration also durch die jeweiligen Softwareanbieter unterstützt wird. Dies gilt gerade für jene ERP-Systeme, für die ergänzend KDM-Systeme bzw. KDM-Funktionen durch den gleichen Softwareanbieter erhältlich sind. Somit stellen sie eine funktionale Erweiterung des ERP-Systems dar, die durch ähnliche Integrationskonzepte erreicht wird, wie sie beispielsweise für Supply Chain Management- und Customer Relationship Management-Systeme (SCM- und CRM-Systeme) angewendet werden. Hierzu gehören unter anderem der enge, proprietäre

Datenaustausch, gemeinsame Geschäftsobjekt- und Prozeßmodelle und eine mehrschichtige, wiederverwendungsorientierte Softwarearchitektur.

Szenario Buyer

Im Szenario Buyer betrifft die Funktionsintegration nicht das ERP-System, sondern die Katalog-Engine. Während bei der gekoppelten KDM-Architektur noch eine klare Abgrenzung zwischen KDM-System und Katalog-Engine angestrebt und dazu die Katalog-Engine auf die Anwendungsaspekte elektronischer Kataloge beschränkt worden ist, geht es bei einer integrierten KDM-Architektur um die Nutzung gemeinsamer Funktionen, die für beide Systeme von Bedeutung sind. Als Argumente können analog zum Szenario Supplier die Nachteile der Parallelität zweier Systeme angeführt werden, die sich hinsichtlich der Verwaltungskonzepte, der Abbildung betrieblicher Organisationsstrukturen, der Benutzeroberfläche und der verwendeten Fachbegriffe unterscheiden. Weiterhin gelten die Vorteile einer einheitlichen Software- und Hardwareinfrastruktur.

Realisiert werden können integrierte KDM-Architekturen durch die enge Verzahnung der Funktionen beider Systeme, so daß beispielsweise die Katalog-Engine um leistungsfähige KDM-Funktionen angereichert wird. In diesem Fall läßt sich der Datenaustausch zwischen beiden Systemen von standardisierten Austauschformaten auf ein enger abgestimmtes, proprietäres Format beschränken. Wie in Abbildung 5-6 dargestellt wird das KDM-System aufgrund des wechselseitigen Datenaustausches und der Einbindung in die Organisationsstruktur und die Administrationsprozesse des E-Procurement-Systems zu einem Bestandteil dessen.

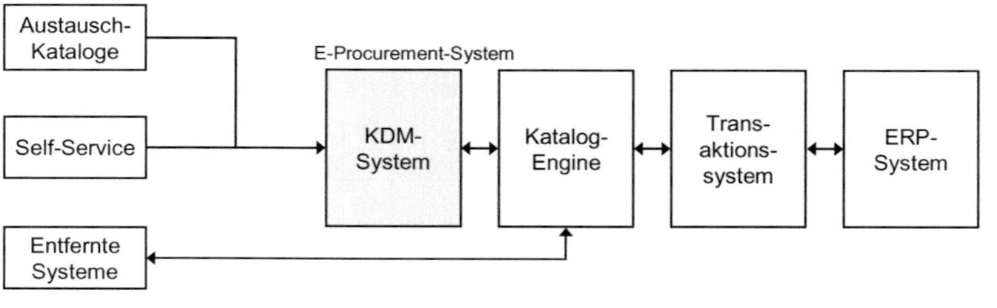

Abbildung 5-6: KDM-System bei einkaufsseitiger, integrierter KDM-Architektur

Szenario Intermediär

Für das Szenario Intermediär lassen sich für integrierte KDM-Architekturen die zuvor beschriebenen Entscheidungskriterien und -parameter übertragen, d.h. für die Handelsintermediäre trifft mit den bereits im Kontext der gekoppelten KDM-Architekturen erläuterten Anpassungen das Szenario Supplier und für die elektronischen Marktplätze das Szenario Buyer zu.

6 Katalogdatenverwaltung

An die Datenverwaltung in KDM-Systemen lassen sich zunächst ähnliche Anforderungen wie an andere Datenverwaltungssysteme stellen. Hierzu gehören unter anderem Konsistenz, Integrität und Redundanzfreiheit, die im wesentlichen durch das dem KDM-System zugrundeliegende Schema und die Datenzugriffsfunktionen sichergestellt werden. Weitere Anforderungen sind beispielsweise die Unterstützung des Mehrbenutzerbetriebes, die benutzerorientierte Protokollierung des Systemverhaltens und die Versionierung von Datenobjekten. Diesen Anforderungen ist gemein, daß sie nicht spezifisch für KDM-Systeme sind und deshalb hier nicht weiter behandelt werden sollen. Dagegen werden solche Anforderungen, die sich aus spezifischen Eigenschaften der Katalogdaten und ihrer Nutzung ableiten lassen, formuliert und zugeordnete Verwaltungskonzepte entwickelt.

6.1 Organisation der Katalogdatenverwaltung

Als eine charakteristische Eigenschaft von Katalogdaten ist in Kapitel 2.6.2 die Multi-Abhängigkeit identifiziert worden. Die Multi-Abhängigkeit besagt, daß sich die Gültigkeit eines Kataloges mindestens über die fünf Parameter Kunde, Zeitraum, Währung, Sprache und Verfügbarkeitsgebiet erschließt. Für das KDM bedeutet dies, daß der logische Zusammenhang der Katalogdaten so zu verwalten ist, daß für beliebige Mengen logisch zusammenhängender Katalogdaten solche Kataloge gebildet und anhand der Parameter spezifiziert werden können.

Kundenabhängigkeit bedeutet, daß im Prinzip alle Daten eines Kataloges nach den Kunden differenziert werden und sich die Instanzen je Kunde unterscheiden können. Eine Überprüfung der Katalogdatenbereiche läßt erkennen, daß in der Praxis die Kundenabhängigkeit tatsächlich sehr weit ausgeschöpft wird und sich für nahezu alle Kataloginhalte Argumente finden lassen, diese kundenspezifisch zu gestalten (z.B. Bezeichnung, Schlagworte, Klassifizierung, Merkmale, Bilder, Preise und Artikelreferenzen). Dennoch wird aus Aufwands- und Komplexitätsgründen der Grad der Kundenabhängigkeit in KDM-Systemen begrenzt.

Der Parameter Zeitraum verweist auf die zeitliche Gültigkeit von Katalogdaten, die durch auftretende Datenänderungen begrenzt ist. Die Zeitabhängigkeit bezieht sich sowohl auf die Stamm- als auch auf die Bewegungsdaten. Die Bewegungsdaten, also Preise und Verfügbarkeiten, sind per Definition Veränderungen ausgesetzt. Ihre zeitliche Gültigkeit läßt sich explizit angeben und die Änderungen werden periodisch oder ereignisgesteuert an die Katalognutzer übermittelt. Veränderungen der Stammdaten entstehen dagegen entlang des Produktlebenszyklus und ihre Aufnahme in Kataloge und Weitergabe an Katalognutzer sind mit dem Produktmanagementprozeß abzustimmen. Beispiele sind die Korrektur fehlerhafter Produktdaten, die Erweiterung des Umfangs der Produktdaten (Hinzufügung von Bildern, Schlagworten, Klassifizierungen usw.) und die Modifikation der Produktspezifikation aufgrund tatsächlich veränderter bzw. verbesserter Produkteigenschaften. Diese Katalogdatenänderungen werden in KDM-Systemen durch ein Versionsmanagement gehandhabt.

Die Parameter Währung, Sprache und Gebiet führen zu einer weiteren Differenzierung der Kataloginhalte. Betrifft die Währungsabhängigkeit nur die Preisdaten, so bezieht sich der Parameter Sprache bereits auf alle sprachabhängigen Kataloginhalte, die bei Verwendung von mehreren Sprachen in einem Katalog entsprechend zu differenzieren sind. Die Gebietsabhängigkeit kann sich wiederum theoretisch auf nahezu alle Kataloginhalte beziehen, sie wird aber analog zu der Kundenabhängigkeit durch KDM-Systeme stark eingeschränkt oder aufgrund ihrer vergleichsweise geringen Bedeutung nicht realisiert bzw. durch andere Instrumente erreicht. Ein solches Instrument ist die Erstellung einer vollständigen Kopie des Ausgangskataloges, die anschließend parameterspezifisch und in diesem Fall gebietsspezifisch angepaßt wird.

Während die Multi-Abhängigkeit auf den logischen Zusammenhang der Katalogdaten und die daraus resultierende Dimensionalität abstellt, verweist die strukturelle Komplexität auf den Umfang der Katalogdaten eines Kataloges. Aus Sicht der Gestaltung von KDM-Systemen ist insbesondere der Abdeckungsgrad bezüglich der Katalogdatenbereiche von Bedeutung, also welche Datenbereiche sich tatsächlich in einem Katalog wiederfinden. Dieser Abdeckungsgrad kann bis auf die Ebene einzelner Datenelemente bestimmt werden. Die Katalogdatenverwaltung in KDM-Systemen hat es daher zu ermöglichen, für Kataloge neben dem logischen Zusammenhang auch den Abdeckungsgrad festzulegen.

Insgesamt zeigt sich ein hoher Grad der Individualisierung und Differenzierung des fachlichen Inhaltes eines Kataloges. Um die entstehende Komplexität zu reduzieren wird in der Praxis oftmals an Stelle eines universellen Kataloges, der gemäß den Parametern des Multi-Abhängigkeitskonzeptes ausgestaltet ist, die Anzahl der Kataloge erhöht. Diese spezifischen Kataloge weisen eine deutlich geringere Komplexität auf, da sie weniger Abhängigkeiten realisieren. Zum Beispiel wird ein allgemeiner Katalog und davon ausgehend je Kunde ein Kundenkatalog erstellt. Die Kundenkataloge weisen untereinander zwar inhaltliche Übereinstimmungen auf, entstehen jedoch durch Instanzkopien des allgemeinen Kataloges. Nach dem Zeitpunkt des Kopierens sind sie unabhängig voneinander und Modifikationen am allgemeinen Katalog werden nicht in den Kundenkatalogen nachvollzogen. Ein zweiter Ansatz ist die Erstellung von Katalogen je benötigter Sprache, Währung oder Gebiet. Daneben sind noch Teilkataloge zu berücksichtigen, die einen definierten Sortimentsausschnitt aus dem Gesamtkatalog enthalten. Die verschiedenen Ansätze lassen sich miteinander kombinieren, indem beispielsweise zunächst ein Gesamtkatalog erstellt wird, der für die Produktion sprachspezifischer Kataloge herangezogen wird, die schließlich in Kundenkataloge überführt werden.

Das beschriebene, schrittweise Vorgehen besitzt gravierende Nachteile, wenn die Kataloge auf den Instanzkopien zuvor erstellter Kataloge beruhen. Insbesondere treten Konsistenz- und Redundanzprobleme auf. Es kann nicht mehr von einer Organisation der Katalogdatenverwaltung gesprochen werden, die einer integrierten Datenverwaltung gerecht werden würde. Außerdem wird ein weiterer Aspekt vernachlässigt, der sich aus der zwischenbetrieblichen Katalogdatenverwendung und dem Einsatz von Datenaustauschformaten ergibt. Kataloge unterscheiden sich nicht nur inhaltlich, sondern auch in dem genutzten Austauschformat und damit allgemein in ihrer Serialisierung, so daß auch ein und derselbe Katalog in unterschiedlichen Austauschformaten vorliegen kann oder zu erstellen ist. Dies bedeutet, daß eine weitere Differenzierungsstufe entsteht, die im Anschluß an die inhaltliche Katalogerstellung die Serialisierungsvorschrift betrifft.

Zeigt sich wie dargestellt die Komplexität der Katalogdatenverwaltung auf mehreren Ebenen, so liegt es nahe, diese voneinander abzugrenzen und über erkannte Beziehungen miteinander zu verbinden. Eine solche Vorgehensweise wird nachfolgend angewendet. Sie beruht auf drei zentralen Anforderungen:

- Die Serialisierung der Katalogdaten soll von der Verwaltung des logischen Zusammenhanges der Kataloge getrennt werden, um ein und denselben Katalog in unterschiedlichen Serialisierungen verarbeiten oder erstellen zu können.
- Der logische Zusammenhang der Katalogdaten soll von der Verwaltung der Produkte getrennt werden, um die Wiederverwendung von Produktdaten in unterschiedlichen Katalogen zu ermöglichen.

- Die Produktdatenverwaltung soll mandantenfähig sein, um die Wiederverwendung des KDM-Systems für mehrere Anwendungsbereiche zu gewährleisten.

Dadurch entsteht für die Organisation der Katalogdatenverwaltung das in der Abbildung 6-1 dargestellte Modell, welches die Ebenen Mandant, Produkt, Katalog und Import- bzw. Exportprofil umfaßt. Für jede Ebene können Anforderungen formuliert werden.

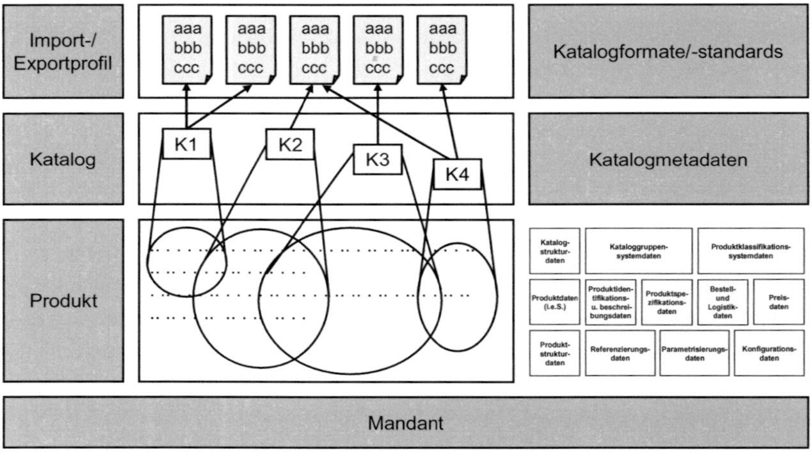

Abbildung 6-1: Ebenen der Katalogdatenverwaltung

Die Katalogdatenverwaltung kann bezüglich der identifizierten Ebenen je nach Szenario und Einsatzbedürfnissen verschieden realisiert werden. Insbesondere ist mit der Trennung in vier Ebenen zur Unterstützung der Wiederverwendung ein hoher organisatorischer und softwaretechnischer Aufwand verbunden, der insbesondere bei einer geringen Anzahl verschiedener Kataloge und überschneidungsfreier Sortimente unter Umständen nicht verhältnismäßig ist. Daher zeigt sich in der Praxis ein abgestuftes Leistungsspektrum gerade bei den lieferantenseitigen KDM-Systemen, die entsprechend die vier Ebenen der Katalogdatenverwaltung unterschiedlich weit unterstützen. Beispielsweise beschränkt sich die in der Abbildung 6-2 wiedergegebene Implementierung auf disjunkte Sortimente, d.h. jedes Produkt wird genau einem Katalog zugeordnet. Sie realisiert nicht alle Katalogdatenbereiche (keine Parametrisierung und Konfiguration) und ist nicht mandantenfähig, unterstützt jedoch mehrere Formate je Katalog.

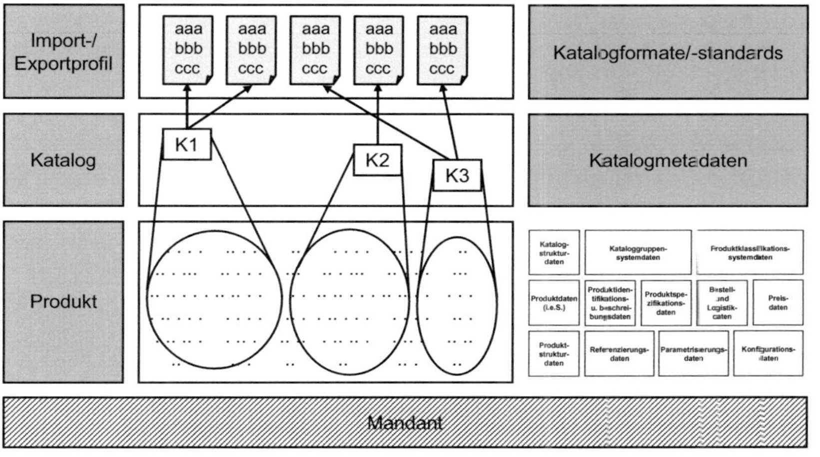

Abbildung 6-2: Beispiel Implementierung der Katalogdatenverwaltung

6.2 Verwaltung von Produkten

Die Verwaltung von Produkten orientiert sich an Konzepten der Materialstammdatenverwaltung in ERP-Systemen bzw. adaptiert diese Konzepte. Hierzu gehören die Sichtendefinition, die Differenzierung bestimmter Produktdaten in Abhängigkeit von Parametern, die Klassifizierung nach unterschiedlichen Gesichtspunkten und die Versionierung der Produktdaten.

Als Stammdaten sind Produktdaten zunächst unabhängig von ihrer Verwendung in einzelnen Katalogen organisiert. Die Struktur der Produktdaten ergibt sich im wesentlichen aus dem Katalogdatenbereichsmodell. Die Sichtendefinition gliedert die Produktdaten in mehrere, nicht-disjunkte Sichten und soll die Verwaltung der Produkte dadurch unterstützen, daß die jeweils relevanten Daten fokussiert und die nicht relevanten Daten ausgeblendet werden. Dadurch werden organisatorisch verteilte und zeitlich versetzte Aufgaben der Katalogdatenverwaltung unterstützt, indem organisatorische Einheiten den Sichten zugeordnet und Berechtigungen vergeben werden. Dies entspricht beispielsweise der Rolle von Fachbereichen der Materialstammdatenverwaltung im SAP R/3-System.[249]

[249] Vgl. Kapitel 2.1.2.

Die Differenzierung bestimmter Produktdaten in Abhängigkeit von Parametern, wie sie vor allem aufgrund mehrsprachiger und kundenspezifischer Daten notwendig wird, ist ebenfalls eine Adaption aus der Materialstammdatenverwaltung von ERP-Systemen. In diesen lassen sich bestimmte Materialdaten in Abhängigkeit von dem Lieferanten (Einkaufsinfosätze), den Kunden (Kunden-Material-Infosätze) und der organisatorischen Einheit (Werksmaterial) differenzieren. Wenn solche Abhängigkeiten im KDM-System abgebildet werden sollen, so sind die bestimmenden Parameter auszuwählen (Sprachen, Währungen) und selbst im KDM-System zu verwalten. Dies gilt auch für die Kunden- und Lieferantenstammdaten, die im Katalogdatenbereichsmodell den Katalogmetadaten zugeordnet sind (Katalogersteller und -empfänger). Diese ergänzenden Stammdaten sind aus einem ERP-System zu übernehmen oder separat von diesem im KDM-System zu verwalten.

Die Klassifizierung von Produkten über zuvor gebildete Klassifikations- bzw. Ordnungssysteme ist Kennzeichen jeder Materialstammdatenverwaltung und wird in KDM-Systemen aus zwei Gründen eingesetzt. Erstens wird sie in katalogbasierten Anwendungssystemen für den Katalogzugriff und die nachfolgende Bestellabwicklung genutzt.[250] Zweitens lassen sich über Ordnungssysteme Produktsortimente beschreiben und voneinander abgrenzen. Damit lassen sich auf der Produktebene grundlegende Strukturen des Produktspektrums bilden, die auf der übergeordneten Katalogebene übernommen und dort als ein Kriterium zur Bildung von Katalogen herangezogen werden können. Dazu ist es erforderlich, daß Produkte unabhängig von ihrer Katalogzugehörigkeit zugleich nach mehreren Ordnungssystemen beschrieben werden können. Solche Systeme sind gegebenenfalls aus dem Materialstamm zu übernehmen, im KDM-System selbständig zu erstellen und zu pflegen oder durch Dritte vorgegeben (Kunden bzw. Standardisierungsorganisationen).[251]

Die Versionierung von Produktdaten im KDM-System orientiert sich ebenfalls stark an der Materialstammdatenverwaltung. Sie soll sicherstellen, daß unterschiedliche Zustände des gleichen Produktdatensatzes voneinander abgegrenzt werden können. Zustandsänderungen sind zu unterscheiden in jene, die aufgrund veränderter physischer Produkteigenschaften (Produktspezifikation) eintreten, und solche, die bei unveränderter Produktspezifikation nur aufgrund einer geänderten Produktbeschreibung entstehen. Der erste Fall beschreibt Produktmodifikationen während des

[250] Vgl. Kapitel 2.3.2.

[251] Zu der Produktklassifizierung in KDM-Systemen siehe ausführlich Kapitel 8.1.

Produktlebenszyklus, die sich weiterhin auf das Ursprungsprodukt beziehen und nicht zu einer neuen Artikelnummer führen. Sie werden in der Regel im ERP-System vorgenommen. Für die Katalogerstellung ist es erforderlich, diese Zustandsänderungen zu übernehmen und den Katalognutzern transparent zu machen, indem beispielsweise die Produktbeschreibungsdaten entsprechende Hinweise enthalten.

Der zweite Fall bezieht sich dagegen auf im Zeitverlauf unterschiedliche Produktdaten des gleichen, unveränderten Produktes. Sie entstehen dann, wenn die Beschreibung aufgrund inhaltlicher Anforderungen – zum Beispiel seitens der Katalognutzer – verändert und erweitert wird. Die Versionierung ist hier ein Instrument, um Katalogdatenverwaltungsprozesse zu unterstützen, die schrittweise zu umfangreicheren und qualitativ verbesserten Produktdaten führen. In Verbindung mit zusätzlichen Statusinformationen läßt sich die erstmalige Katalogerstellung, die erstmalige Produktklassifizierung oder die Umklassifizierung zu einem neuen Klassifikationssystem als Projekt zusammenfassen, welches im Ergebnis zu einem Versionssprung führt. Status sind beispielsweise „in Bearbeitung", „gesperrt" und „freigegeben". Die Umsetzung der Versionierung kann unterschiedlich weit ausgelegt sein und betrifft unter anderem den Umfang der Protokollierung benutzerseitiger Datenänderungen sowie die Sicherung früherer Zustände bzw. die Anzahl gleichzeitig verfügbarer Versionen.

Unter Szenariogesichtspunkten läßt sich die Produktverwaltung derart charakterisieren, daß für die Szenarien Buyer und Intermediär (Marktplatz) der Umfang der Katalogbearbeitung geringer ausfällt und deshalb die Differenzierung der Produktdaten nach Parametern und die Versionierung nicht in dem gleichen Maß wie im Szenario Supplier zu implementieren sind. Dies leitet sich aus den szenariospezifischen Zielen der Verringerung bzw. Verlagerung der Katalogstammdatenverwaltung ab.

6.3 Verwaltung von Katalogen

Die Verwaltung von Katalogen erfolgt über den Katalogbegriff; demnach sind die Katalogmetadaten zu verwalten, die die logische Gültigkeit eines Kataloges spezifizieren. Je nach Unterstützungsgrad des Multi-Abhängigkeitskonzeptes werden dazu sichtenorientierte Differenzierungen eingeführt. Daneben ist der Zusammenhang der Katalogebene zu der Produktebene zu betrachten. Abgesehen von dem Ein-Katalogfall definiert sich der Katalogumfang in der Regel über die Zugehörigkeit der Produkte zu einem oder mehreren Ordnungssystemen. Dadurch lassen sich

Teilsortimente bilden, die den Katalogen zugeordnet werden und so deren Umfang bestimmen.

Die Katalogverwaltung gewinnt an Komplexität, wenn beispielsweise die Katalogdefinitionen untereinander in Beziehung zu setzen sind. Insbesondere werden hohe Anforderungen an Katalogsysteme gestellt, wenn eine Vielzahl unterschiedlicher Kataloge zu verarbeiten und ausgangsseitig Veränderungen der Kataloggültigkeiten durchzuführen sind:

- Unterstützung einer die Ebenen der Katalogdatenverwaltung übergreifenden Versionierung, die auf der Grundlage von Versionsänderungen der Produktebene zu höheren Katalogversionen führt.
- Unterstützung von Katalogaktualisierungen in Abstimmung mit der Versionierung durch Ermittlung der zu propagierenden Aktualisierungen an die verschiedenen Katalognutzer. Aktualisierungsdokumente sind nur dann zu erstellen, wenn sich eine Daten- bzw. Versionsänderung auf die Katalogdaten bezieht, die für den jeweiligen Katalognutzer aufgrund der Kataloggültigkeit relevant sind.
- Unterstützung des Versionsmanagements durch Archivierung früherer Versionen entsprechend den betrieblichen Anforderungen an den Zugriff auf diese (historischen) Daten.
- Unterstützung der Verwaltung mehrerer Kataloge durch Funktionen zum Kopieren, Zusammenfügen und Vergleichen von Katalogen bzw. der Daten ausgewählter Datenbereiche. Dadurch werden bereits Basisfunktionen für Multi-Lieferantenkataloge bereitgestellt.
- Unterstützung der Verwaltung von Multi-Lieferantenkatalogen durch Aggregationsfunktionen, die die eindeutige Produktidentifikation sicherstellen (z.B. Vergabe zusätzlicher Artikelnummer innerhalb eines Nummernkreis oder Hinzufügung von Prä- bzw. Suffixen zu den Lieferantenartikelnummern.)
- Unterstützung von gerichteten und unter Umständen mehrstufigen Beziehungen zwischen mehreren Katalogen, so daß Referenzkopien ermöglicht werden. Eine Referenzkopie übernimmt die Datenänderungen des Ausgangskataloges.
- Unterstützung von arbeitsteiligen Katalogfreigabeprozessen, die von der Katalogdefinition über die Datenbearbeitung bis zur Katalogdokumenterstellung reichen.

6.4 Verwaltung von Export- und Importprofilen

Die Verwaltung von Export- und Importprofilen umfaßt die Definition von Datenformaten und die Zuordnung zu Katalogen. Ein Exportprofil beschreibt demnach eine Serialisierungsvorschrift, nach der ein zugeordneter Katalog exportiert wird. Ein Importprofil beschreibt analog ein Datenformat, das beim Katalogimport anzuwenden sind, um einen auf der Ebene der Katalogverwaltung definierten Katalog tatsächlich in das KDM-System zu importieren. Durch die Trennung von Datenformatdefinition und Katalogzuordnung wird die Mehrfachverwendung des gleichen Datenformates für verschiedene Kataloge ermöglicht. Dies zeigt sich an den Standardaustauschformaten, von denen in KDM-Systemen in der Regel eine Auswahl bereits vorhanden sind, d.h. es sind entsprechende Formatdefinitionen bereits angelegt, die eingangs- und ausgangsseitig einzelnen Katalogen zugeordnet werden können.

Die Trennung in Katalog- und Profilverwaltung begründet sich aus der Anforderung, daß ein und derselbe Katalog in unterschiedlichen Serialisierungen zu verarbeiten oder zu erstellen ist. Eingangsseitig ergibt sie sich für die Szenarien Supplier und Intermediär (Großhandel) aus der integrierenden Rolle des KDM-Systems, welches unterschiedliche Datenquellen zusammenfaßt. Ausgangsseitig lassen sich dadurch sowohl unterschiedliche kundenseitige Formatanforderungen bezüglich des ansonsten gleichen Kataloges erfüllen als auch die verschiedenen Katalogdokumenttypen unterstützen (Katalog, Katalogaktualisierung).

Zur Definition von Datenformaten beinhalten KDM-Systeme entsprechende Formateditoren, mit denen sich vorwiegend CSV- und XML-basierte Formate frei definieren lassen. Im Fall der XML-Formate kann dazu auf die Spezifikationsinstrumente der Schemasprachen XML DTD und XSD zurückgegriffen werden, so daß eine weitreichende Formatdefinition ermöglicht wird, die auf den gleichen Sprachen basiert, die auch von den Standardaustauschformaten verwendet werden. Zum Beispiel können syntaktische und semantische Integritätsbedingungen eingefügt werden, die unabhängig von Katalogbearbeitungsfunktionen des KDM-Systems zur Gewährleistung einer geforderten Qualität des zu importierenden oder zu erstellenden Katalogdokumentes beitragen.

Die Zuordnung eines Datenformates zu einem Katalog kann bereits für die Erstellung eines Profils ausreichend sein. In diesem Fall sind keine weiteren Festlegungen notwendig. Allerdings lassen sich drei Tatbestände anführen, die dazu führen, daß benutzerseitig zusätzliche Profileigenschaften zu bestimmen sind:

1. Während die Katalogverwaltung auf dem Multi-Abhängigkeitskonzept beruht, unterstützt das zugeordnete Datenformat nicht alle Parameter der Kataloggültigkeit, d.h. das Datenformat ist im Vergleich zum KDM-System und dessen Schema weniger mächtig. Folglich sind beim Import mehrere Katalogdokumente zu verarbeiten und für einen vollständigen Export sind mehrere Katalogdokumente zu erstellen. Beispielsweise unterstützt das Exportformat keine mehrsprachigen Katalogdokumente, wohingegen der Katalog zweisprachig verwaltet wird. In diesem Fall sind zwei sprachspezifische Katalogdokumente zu erstellen, die anschließend durch das importierende System wieder zusammengeführt werden müssen. Wie die Tabelle 6-1 belegt, ist für die ausgewählten XML-Katalogstandards der Unterstützungsgrad tatsächlich sehr gering.

Katalogstandard **Kataloggültigkeit**	**BMEcat 1.2**	**cXML 1.2.011**	**OAGIS 8.0**	**xCBL 4.0**
Multi-Buyer	Nein	Nein	Nein	Nein
Multi-Supplier	Nein	Nein	Nein	Ja
Multi-Währungen	Ja	Nein	Nein	Ja
Multi-Gebiete	Nein	Nein	Nein	Nein
Multi-Sprachen	Nein	Ja	Ja	Ja
Multi-Zeiträume	Nein	Nein	Nein	Nein

Tabelle 6-1: Multi-Abhängigkeitskonzept in XML-Katalogstandards

2. Nicht alle Datenbereiche des zugeordneten Datenformates werden genutzt, da entweder eingangsseitig eine Partitionierung auf mehrere Datenformate erfolgt oder ausgangsseitig nicht alle Datenbereiche des KDM-Systems benötigt werden, d.h. das Datenformat ist im Vergleich zu den relevanten Teilbereichen des KDM-Systems mächtiger. Im Exportfall wird es damit möglich, den inhaltlichen Umfang des zu erstellenden Katalogdokumentes gezielt zu steuern und die nicht benötigten und die kundenseitig nicht unterstützten Datenbereiche auszuklammern. Dies trägt auch zur Reduzierung des Datenvolumens der Katalogdokumente bei. Beispielsweise wird dann auf die Übertragung eines Klassifikationssystems verzichtet, wenn dieses bereits im importierenden System vorhanden ist, da es sich um ein Standardklassifikationssystem handelt.

3. Standardaustauschformate werden im Rahmen der zugelassenen Möglichkeiten unternehmensspezifisch erweitert, ohne daß damit für die Profilverwaltung ein neues, wiederverwendungsfähiges Format definiert wird. Solche Erweiterungen beziehen sich auf das Hinzufügen benutzerdefinierte Datenelemente sowie die Definition von Integritätsbedingungen, die restriktiver als das Standardformat sind. Im Rahmen der Profildefinition ist es also notwendig, in den beiden genann-

ten Punkten eine gegebene Formatdefinition katalogspezifisch verändern zu können.

6.5 Unterstützung katalogbasierter Anwendungssysteme

Die Ausführungen zur Organisation der Katalogdatenverwaltung bezogen sich bislang ausschließlich auf das KDM-System. Darüber hinaus ist jedoch auch die Unterstützung katalogbasierter Anwendungssysteme in die Datenverwaltung einzubeziehen. Insbesondere ist der inhaltliche Zusammenhang zwischen den Katalogdaten des KDM-Systems und den operativ genutzten Katalogdaten in den Anwendungssystemen herzustellen und zu erhalten. Dies wird zum einen durch unternehmensweite Produktidentifikatoren und zum anderen durch integrierende Schemata, innerbetrieblichen Datenaustausch und abgestimmte Datenverwaltungsprozesse erreicht. Dennoch ist auf eine zusätzliche Dimension des inhaltlichen Zusammenhanges hinzuweisen, die sich aufgrund der Unterschiede katalogbasierter Anwendungssysteme ergibt.

Szenario Supplier

Im Szenario Supplier entstehen die Katalogdaten im Produktmanagementprozeß und gehen aus dem Materialstammdaten des ERP-Systems hervor, d.h. zu jedem Produkt des Produktkataloges existiert ein Pendant im ERP-System. Bei allen Transaktionen, die unter Nutzung des Kataloges ausgelöst werden, dienen die Produktidentifikatoren als Bezugspunkt. Nutzung heißt hier, daß Kunden Bestellungen erzeugen und diese dem Lieferanten in der Regel elektronisch übermitteln. Dies gilt für lieferantenseitige Verkaufssysteme und Austauschkataloge, die in Kundensystemen oder auf Marktplätzen zur Verfügung stehen. Die Bestellnachrichten sind zu verarbeiten und gehen in die betriebliche Auftragsbearbeitung und Dispositions- bzw. Produktionsentscheidungen ein. Diese Aufgabenbereiche weisen ansonsten keine weiteren, technischen und organisatorischen Schnittstellen zur Katalogdatenverwaltung auf.

Szenario Buyer

Im Szenario Buyer besteht ein inhaltlicher Zusammenhang zwischen den Produkten, die in den elektronischen Katalogen der Katalog-Engine enthalten sind, und dem einkaufsseitigen ERP-System, welches die aus dem E-Procurement-System erzeugten Bestellungen mindestens *wertmäßig* abbilden muß. Eine wertmäßige Abbildung bedeutet, daß die aus einer Bestellung resultierenden Auswirkungen auf das Rechnungswesen erfaßt werden. Bestellungen wirken sich auf das externe Rechnungswesen in Form von Verbindlichkeiten aus Lieferungen und Leistungen aus, denen zeitlich versetzt der Bezug entsprechender Leistungen gegenübersteht. Parallel mit diesen Buchungen auf Sachkonten werden in der Regel auch Objekte des internen Rechnungswesens angesprochen (Kostenstellen, Kostenarten und Kostenträger).

Eine darüber hinaus auch *mengenmäßige* Abbildung der Bestelltransaktionen setzt voraus, daß die in den einzelnen Bestellpositionen benannten Produkte in dem ERP-System mengenmäßig geführt werden. Davon kann jedoch oft nicht ausgegangen werden. Im Gegenteil ist gerade ein zentraler Optimierungsansatz der Desktop Purchasing-Systeme, den Umfang der Materialstammdaten von über Kataloganwendungen beschafften Produkten zu minimieren und vor allem für C-Artikel auf diese völlig zu verzichten. Die Gründe für ein solches Vorgehen liegen unter anderem in dem hohen Erstellungs- und Pflegeaufwand für Materialstammdaten und Einkaufsinfosätze in ERP-Systemen. Dieser ist bei einer großen Anzahl von Artikeln, mehreren Lieferanten je Artikel, geringen Bestellhäufigkeiten und -volumina im Verhältnis zu der Bedeutung dieser Artikel für den Beschaffungs- und Betriebserfolg kaum wirtschaftlich zu vertreten. Dazu sind die Katalogdaten der Katalog-Engine mit den Materialstammdaten des ERP-Systems abzugleichen, da zahlreiche Überschneidungen bestehen.[252] Insbesondere können die in den Katalogen der Katalog-Engine enthalten Produkte nicht nur direkt genau einem Artikel des ERP-Systems, sondern alternativ auch einem Aggregat zugeordnet werden, welches alle zugehörigen Transaktionen wertmäßig abbildet. Auf eine Bestandsführung für solche Artikel wird verzichtet.

Als Aggregate zur Aufnahme von Transaktionen verschiedener Artikel können Sammelartikel und Warengruppen eingesetzt werden. *Sammelartikel* werden im ERP-System gepflegt und gegebenenfalls nach den Lieferanten differenziert (Einkaufsinfosätze), jedoch nicht mengenmäßig geführt. Sammelartikel sind unabhängig von Kataloganwendungen ein verbreitetes Instrument zur Vereinfachung der Materialstammdatenverwaltung. Den Sammelartikeln des ERP-Systems werden im E-Procurement-System alle korrespondierenden Produkte der Katalog-Engine zugeordnet.

---

[252] Vgl. Dolmetsch (2000), S. 206-211.

Die Pflege eines Materialstammdatensatzes kann vollständig entfallen, wenn die Produkte der Katalog-Engine einer Warengruppe des einkaufsseitigen Warengruppensystems zugeordnet werden und dadurch die wertmäßige Abbildung ermöglicht wird. Die Waregruppen fassen verschiedene Materialien mit ähnlichen Eigenschaften zusammen, um innerbetriebliche Abläufe und Zuständigkeiten zu steuern. Die Warengruppen wiederum referenzieren jeweils ein Sachkonto des betrieblichen Kontensystems, so daß die wertmäßige Abbildung sichergestellt ist.

Sind die Produkte im Produktkatalog nach einem Klassifikationssystem klassifiziert, so können diese Informationen genutzt werden, um alle Produkte derselben Klasse automatisch einer Warengruppe des ERP-Systems zuzuordnen. In diesem Fall werden also die Klassen bzw. Gruppen zweier Ordnungssysteme in Beziehung gesetzt. Vorausgesetzt, daß sich auf diese Weise alle Klassen eindeutig zuordnen lassen, verringert sich der Aufwand für die Erarbeitung der Zuordnungen im Vergleich zu der direkten Zuordnung von Produkten zu Warengruppen. Dies gilt insbesondere für den Einsatz von Standardklassifikationssystemen. Ist eine Zuordnung zu dem innerbetrieblichen Warengruppensystem einmal erstellt, so kann diese für alle entsprechend klassifizierten Produktkataloge wiederverwendet werden.

Zusammenfassend ergeben sich zur Gestaltung des Zusammenhangs von Katalog-Engine und ERP-System für einkaufende Unternehmen vier Alternativen, die in der Abbildung 6-3 wiedergegeben sind:

- direkte Zuordnung von Produkten zu Materialstammsätzen (hier: P1-P3)
- Zuordnung von Produkten zu Sammelartikeln (hier: P4 und P5 zu M4)
- Zuordnung von Produkten zu Warengruppen (hier: P7-P8)
- Zuordnung von Katalogklassen zu Warengruppen (hier: K5 zu M8, wodurch P9 und P10 ebenfalls der Warengruppe M8 angehören)

Die Zuordnung ist für jeden Produktkatalog und jedes Produkt der Katalog-Engine vorzunehmen. Wie aus der Abbildung hervorgeht sind die Materialstammsätze und Sammelartikel jeweils einer Warengruppe zugeordnet. Jedoch wird dies bereits im Rahmen der einkaufsseitigen Stammdatenpflege festgelegt und fällt somit nicht in den Zuständigkeitsbereich des Katalogdatenmanagements. Die einem Materialstammsatz oder einer Warengruppe zugeordneten Produkte können ebenfalls gemäß einem oder mehreren Klassifikationssystemen der Katalog-Engine klassifiziert sein, ohne daß diese Informationen für die Zuordnung zu Äquivalenten im ERP-System herangezogen werden (hier: P1-P4, P7).

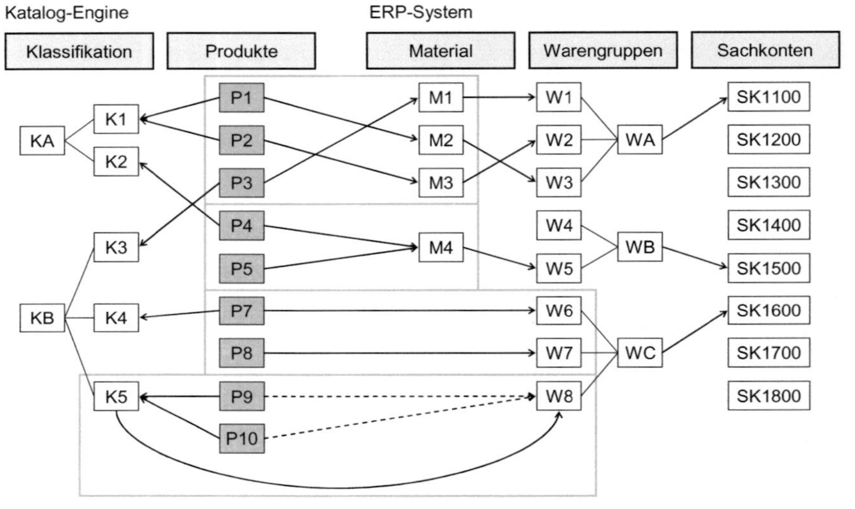

Abbildung 6-3: Zuordnungen zwischen Katalog-Engine und ERP-System

Die beschriebene Zuordnungsproblematik gewinnt an Komplexität, wenn das E-Procurement-System von mehreren, organisatorischen Einheiten genutzt wird, die eine abweichende Zuordnung von Produkten zu Materialstammsätzen oder Warengruppen erfordern. Organisatorische Einheiten in diesem Kontext sind sowohl unterschiedliche Einheiten innerhalb des gleichen Mandanten (Abteilungen, Werke, Buchungskreise), als auch solche aus verschiedenen Mandanten, die das gleiche E-Procurement-System und den gleichen Katalog nutzen. In letztem Fall sind die Zuordnungen je Mandant festzulegen.

Szenario Intermediär

Eine Multi-Mandantenumgebung ist auch charakteristisch für jene Marktplatz-Intermediäre, die zur Abwicklung von Bestelltransaktionen die Produkte der Marktplatzkataloge den Materialstammsätzen bzw. Warengruppen der ERP-Systeme der Marktplatzkunden zuordnen (siehe Abbildung 6-4).

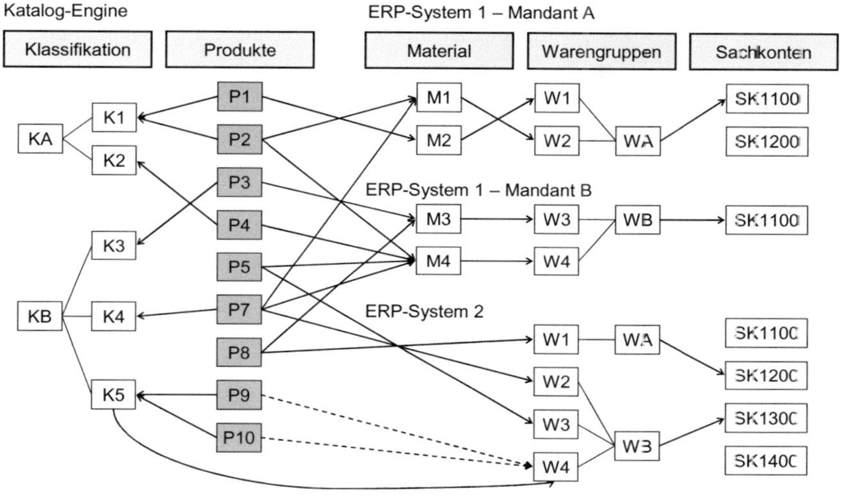

Abbildung 6-4: Zuordnungen in einer Multi-Mandantenumgebung

Je Kunde können an den Marktplatz wiederum mehrere ERP-Systeme und Mandanten angeschlossen sein, in denen die Zuordnungen nach organisatorischen Einheiten zu differenzieren sind. Im Beispiel wird das Produkt P7 in drei Mandanten aus zwei ERP-Systemen verwendet. Dazu erfolgt die Zuordnung zweimal direkt zu Materialstammsätzen und einmal zu einer Warengruppe.

An der Zuordnungsfrage wird insbesondere bei einer hohen Anzahl von Katalogen und Kunden wiederum der Nutzen von Standardklassifikationssystemen deutlich. Verwenden alle Kataloge das gleiche Klassifikationssystem, so ist die Zuordnung für jeden Kunden (bzw. Mandanten, Buchungskreis, Werk usw.) nur einmal vorzunehmen. Wird ein zusätzlicher Katalog für diese Kunden freigegeben, so entfällt weiterer Aufwand. Verwenden die Kunden selbst das Standardklassifikationssystem der Marktplatzkataloge als Warengruppensystem, so entfällt der Zuordnungsaufwand für den Marktplatz vollständig. In diesem Fall ist im kundenseitigen ERP-System einmalig die Zuordnung des Klassifikationssystems zu den Sachkonten zu erstellen, d.h. dieses System ergänzt das vorhandene innerbetriebliche Warengruppensystem, um die Beschaffung von entsprechend klassifizierten Gütern zu unterstützen.

7 Katalogdatenbearbeitung

Die Katalogdatenbearbeitung schließt alle Funktionen des KDM-Systems ein, die zuvor importierte Katalogdaten verändern oder um weitere Katalogdaten ergänzen. Der Umfang der Bearbeitungsfunktionen reicht von elementaren Funktionen des Hinzufügens, Änderns und Löschens von Datensätzen bis zur teil- und vollautomatisierten Datenbearbeitung. Im weiteren werden die besonderen Anforderungen der Katalogdatenbearbeitung herausgestellt, so daß Grundlagen für den Entwurf der zugehörigen KDM-Systeme geschaffen werden.

7.1 Objekttypen

Gegenstand der Katalogdatenbearbeitung sind Katalogdaten in ihrer Gesamtheit, wie sie durch das Katalogdatenbereichsmodell beschrieben werden. Dies heißt, daß je nach Datenbereich unterschiedliche Datenobjekte zu bearbeiten sind. So erfordern Daten des Objekttyps Produktspezifikation datensatzorientierte Editoren, mit denen sich Produktmerkmale pflegen lassen, während Daten des Objekttyps Ordnungssystem weitaus höhere Anforderungen stellen, da der konsistente Aufbau eines solchen Ordnungssystems ermöglicht werden muß. Insbesondere sind die Funktionen benutzerfreundlich zu gestalten. Für Klassifikationssysteme verlangt dies nach graphisch-interaktiven Editoren für die Erstellung und Modifikation der Klassenstruktur. Die Modifikation umfaßt auch die Aufteilung bzw. Zusammenlegung von Klassen und das Verschieben von Teilbäumen.

Das Beispiel zeigt, daß die Katalogdatenbearbeitung nicht ausschließlich datensatzorientiert erfolgen kann, sondern die Beziehungszusammenhänge der Katalogdaten zu berücksichtigen hat. Dies gilt speziell für die komplexer strukturierten Datenbereiche Bestell- und Preisdaten sowie für Produktbeziehungsdaten. Das KDM-System hat deshalb auf die verschiedenen Objekttypen hin angepaßte Bearbeitungsfunktionen bereitzustellen. Mit Bezugnahme auf das Katalogdatenbereichsmodell und die inhaltliche Struktur der Datenbereiche lassen sich je Objekttyp differenzierte Anforderungen an die Funktionen ableiten (Tabelle 7-1).

Neben den Bearbeitungsfunktionen, die zu benutzerseitigen, manuellen Datenänderungen führen, implementieren KDM-Systeme weitergehende Funktionen für die Suche, Validierung und Automatisierung.

Objekttyp	Bearbeitungsfunktionen
Ordnungssystem: Kategorie	Graphische Bearbeitung der Kategorienstruktur; Aufteilung und Zusammenfassung von Kategorien
Ordnungssystem: Merkmal	Detaillierte Definition von Merkmalen einschließlich Wertebereichen
Produkt	Datensatzorientierte Bearbeitung aller produktbezogenen Daten
Produktspezifikation	Definition eigener oder Verwendung vorgegebener Produktmerkmale; Pflege der Merkmalswerte gemäß Merkmalsdefinition
Produktpreis	Preisbearbeitung gemäß dem zugrundeliegenden Preismodell; Berechnung von Preisen über die bestimmenden Parameter
Artikelreferenz	Herstellung von Beziehungen zu anderen Produkten über Such- und Auswahlfunktionen
Produktvariante	Definition varianter Produktmerkmale; Inklusion bzw. Exklusion von Varianten
Produktkonfiguration	Definition von Stücklisten und Integritätsbedingungen
Multimedia	Datensatzorientiertes Bearbeitung der zugehörigen Metadaten

Tabelle 7-1: Objekttypen und Datenbearbeitungsfunktionen

Suchfunktionen übernehmen in KDM-Systemen zwei Aufgaben. Sie dienen zum einen der Recherche und unterstützen so die Datenbearbeitungsfunktionen. Neben den Produkten sind auch Kategorien und Multimediaobjekte Gegenstand dieser Suchfunktionen. Die Art der Suche kann sowohl datensatzorientiert über Suchparameter als auch hierarchisch ausgestaltet werden. Zum anderen kann über Suchfunktionen das Verhalten eines katalogbasierten Anwendungssystems simuliert werden. Dadurch ist es bereits im Rahmen der Katalogerstellung möglich, Kataloge hinsichtlich ihrer späteren Nutzung zu testen. Beispielsweise lassen sich die Freitextsuche und parametrische Suche sowie die Katalognavigation entlang des Ordnungssystems simulieren und anhand der Ergebnisse nachweisbare Aussagen über die Katalogqualität ermitteln (z.B. werden die Produkte wie gewünscht gefunden?).

Validierungsfunktionen helfen bei der Erfüllung syntaktischer und inhaltlicher Anforderungen an Katalogdaten, da sie diese entsprechenden Prüfungen unterziehen. Anders als die syntaktischen Vorgaben eines Katalogaustauschformates betten sie sich in die Katalogbearbeitungsprozesse ein und sind unabhängig von der Serialisierung durch Katalogdokumente. Die Verlagerung solcher Überprüfungen in die Katalogbearbeitung verspricht, bestimme Anforderungen bereits bei der Katalogdatenerstellung einzuhalten und damit die Datenqualität frühzeitig zu erhöhen. Im Unterschied zu jenen Integritätsbedingungen, die durch KDM-Systeme bereits kontinuierlich überwacht und deren Einhaltung gesichert werden, handelt es sich bei den hier genannten Überprüfungen um individuelle Integritätsbedingungen, die benutzerseitig definiert und anschließend durch das KDM-System überprüft werden. Die

Validierung führt zu Hinweisen auf bestehende Datenmängel, die benutzerseitig zu beheben sind (insbesondere unvollständige Produktdaten).

Automatisierungsfunktionen adressieren die Problematik, mehrere oder alle Datensätze des gleichen Objekttyps gleichzeitig zu bearbeiten. Dazu erlauben sie es, über Filterfunktionen zunächst die relevanten Datensätze zu selektieren und anschließend eine oder mehrere Operationen auf diesen Daten auszuführen. Dadurch wird der manuelle Bearbeitungsaufwand reduziert. Zusätzlich wird ein Beitrag zur Vereinheitlichung der Katalogdaten geleistet.

7.2 Rationalisierung

Die Nutzung von Katalogdaten in der Informationsphase von Kauf- und Verkaufsprozessen verlangt nach qualitativ hochwertigen Daten, die diese Prozesse und die zu treffenden Entscheidungen unterstützen. Ein Ansatz zur Erreichung dieser Datenqualität ist die sogenannte *Rationalisierung*. Unter der Rationalisierung wird allgemein die Durchführung von Maßnahmen zur Verbesserung eines bestehenden Zustandes verstanden. Bezogen auf Daten dient die Rationalisierung insbesondere zur Erhöhung von Eindeutigkeit, Klarheit, Richtigkeit, Standardisierungsgrad, Verständlichkeit und Vollständigkeit als wichtige Datenqualitätskriterien.[253] Die Rationalisierung wird auf konkreten Datenbeständen angewendet und überführt diese in einen neuen, verbesserten Zustand. Dazu werden Modifikationen auf der Instanzebene vorgenommen, das zugrundeliegende Schema bleibt jedoch unverändert.[254]

Der Prozeß der Rationalisierung läßt sich in drei Phasen gliedern. Ausgangspunkt jeder Rationalisierung ist die Definition von Datenfehlertypen, die den zu verbessernden Zustand begründen. Im zweiten Schritt werden die Fehlerinstanzen des Datenbestandes ermittelt. Schließlich wird für jede Instanz eine Rationalisierungsoperation ausgeführt, die den Fehler behebt. Für alle drei Phasen lassen sich verschiedene Strategien und Verfahren einsetzen, die sich hinsichtlich ihrer Leistungsfähigkeit

[253] Zu weiteren Datenqualitätskriterien und einem Überblick zum Datenqualitätsmanagement vgl. Helfert / Herrmann / Strauch (2001).

[254] In der englischsprachigen Literatur zum Datenmanagement wird die Rationalisierung häufig mit Data Cleaning, Data Cleansing oder Scrubbing bezeichnet. Im Kontext des Katalogdatenmanagements findet sich auch der Begriff Normalisierung; vgl. Hentrich (2001), S. 87ff.

(Fehlertypen und Erfolgsquoten), der eingesetzten Spezifikationssprachen und des Verfahrensaufwandes für Spezifikation und Ausführung unterscheiden.[255]

7.3 Zuordnungen

Wie im Kapitel 6 zur Organisation der Katalogdatenverwaltung dargestellt, spielen bei der Definition von Sortimenten und Katalogen die Beziehungen zwischen den Ebenen Produkt und Katalog eine zentrale Rolle. Folglich sind für die Datenbearbeitung entsprechende Zuordnungsfunktionen bereitzustellen. Allgemein sind solche Funktionen, die eine gerichtete Beziehung zwischen den Daten von zwei in der Regel unterschiedlichen Objekttyen herstellen, von hoher Bedeutung für KDM-Systeme. Diese läßt sich einerseits auf die strukturelle Komplexität der Katalogdaten zurückführen (Anzahl Objekttypen und Beziehungen) und andererseits mit den Anforderungen der Katalogdatenverwaltung und der Unterstützung von Automatisierungsfunktionen erklären. Automatisierung bedeutet hier, daß über die Zuordnung ein Zusammenhang entsteht, der für weitere Zwecke genutzt werden kann. Ein Beispiel sind Zuordnungen von Gruppen eines Kataloggruppensystems zu den Klassen eines Klassifikationssystems, um über den damit ausgedrückten Beziehungszusammenhang alle der Gruppe angehörenden Produkte automatisch zu klassifizieren.

Die relevanten Beziehungen und Zuordnungen lassen sich derart systematisieren, daß gemäß dem Datenbereichsmodell die Objekttypen wechselseitig gegenübergestellt und die nicht sinnvollen Beziehungen eliminiert werden. Als Ergebnis nennt Tabelle 7-2 für die wichtigsten Zuordnungsfälle jeweils die Art der Beziehung und den entstehenden Nutzen. Die Zuordnungsfälle betreffend Klassen und Merkmale werden im Kapitel 8 für die Gestaltung der Klassifizierungsfunktionen von KDM-Systemen wieder aufgegriffen.[256]

---

[255] Vgl. Maletic / Marcus (2000), S. 200ff.

[256] Siehe Kapitel 8.5.2 bzw. 8.1.2.

Zuordnung von	Beziehungsart	Zuordnung zu	Nutzen
Produkt	Artikelreferenz	Produkt	Cross Selling in Kataloganwendungen
Produkt	gehört zu	Gruppe	Manuelle Gruppenzuordnung
Produkt	gehört zu	Klasse	Manuelle Produktklassifizierung
Produkt	gehört zu	Kunde	Erstellung kundenspezifischer Kataloge
Gruppe	gehört zu	Kunde	
Klasse	gehört zu	Kunde	
Gruppe	ist äquivalent zu	Klasse	Automatische Produktklassifizierung
Klasse	ist äquivalent zu	Gruppe	Automatische Gruppenzuordnung
Klasse [System A]	ist äquivalent zu	Klasse [System B]	Automatische Umklassifizierung nach Klassifikationssystem B
Merkmal [System A]	ist äquivalent zu	Merkmal [System B]	Übernahme der Werte für Merkmalsleisten nach Klassifikationssystem B
Multimediaobjekt	gehört zu	Produkt	Mehrfachverwendung von Multimediadaten
Multimediaobjekt	gehört zu	Gruppe	
Multimediaobjekt	gehört zu	Klasse	

Tabelle 7-2: Zuordnungen zwischen Katalogdaten

7.4 Datentransformationen

Datentransformationen überführen Daten von einem Datenformat in ein anderes Datenformat. Im Unterschied zur Rationalisierung ist ihre Reichweite größer, insbesondere lassen sich Daten komplexer Struktur konvertieren. Dazu wird zwischen dem Quellformat und dem Zielformat ein *Mapping* erstellt, welches anschließend auf konkreten Datenbeständen ausgeführt werden kann. Datentransformationen werden im Datenmanagement für eine Vielzahl von Aufgaben eingesetzt. Zu nennen sind die Migration von Datenbeständen aus Legacy-Systemen, die Optimierung von Anfragen, die Integration heterogener Systeme, der Aufbau von Data Warehouse-Systemen und allgemein die unternehmensweite und -übergreifende Integration von Informationssystemen. Damit sind Datentransformationen zu einer Kernfunktion im Datenmanagement geworden, die durch den zwischenbetrieblichen Datenaustausch und angesichts der Parallelität von relationalen, objektorientierten und XML-basierten Datenmodellen verstärkt wird.[257]

Im Katalogdatenmanagement werden Datentransformationen in drei Bereichen eingesetzt (siehe Tabelle 7-3).

---

[257] Siehe einführend zu Datentransformationen das Sonderheft des *Bulletin of the IEEE Computer Society Technical Committee on Data Engineering*; vgl. IEEE Computer Society (1999).

Format Anwendungsbereich	Quellformat	Zielformat
Datenimport	Austauschformat des Importkatalogs	Schema des KDM-Systems
Datenexport	Schema des KDM-Systems	Austauschformat des Exportkatalogs
Datenkonvertierung	Austauschformat des Importkatalogs	Austauschformat des Exportkatalogs

Tabelle 7-3: Anwendungsbereiche von Datentransformationen im KDM

Erstens wird für den Import von Katalogdaten ein Mapping des Importformates zu dem Schema des KDM-Systems benötigt. Zweitens basiert der Export von Katalogdaten auf einem Mapping des Schemas des KDM-Systems zu dem Exportformat. Beide Anwendungsbereiche sind für alle KDM-Systeme relevant. Diese stellen in der Regel eine Menge von bereits definierten Mappings für gängige Austauschformate bereit, so daß solche Mappings nicht mehr durch den Anwender zu erstellen sind. In Ergänzung dazu erlauben KDM-Systeme die Definition anwenderspezifischer Mappings, insbesondere für die Verarbeitung nicht-standardisierter Datenformate. Diese Funktionalität findet sich auch im dritten Anwendungsbereich wieder, in welchem unmittelbar, d.h. ohne den Umweg über das integrierende Schema eines KDM-Systems, ein Mapping zwischen zwei Austauschformaten erstellt wird. Diese Mappings dienen der Konvertierung von Katalogdokumenten.

Das Mapping zu oder von dem Schema des KDM-Systems entspricht der Konvertierung über ein Intermediärformat. Dadurch entsteht eine Sternstruktur, die bei zunehmender Anzahl von Quell- und Zielformaten die Anzahl der zu erstellenden Mappings (Konverter) minimiert. Im Gegensatz dazu erfordert die direkte Konvertierung zwischen jeweils zwei Formaten bereits bei drei Formaten eine höhere Konverteranzahl, so daß die in Abbildung 7-1 dargestellte, vermaschte Netzstruktur entsteht.

Analog zu den Grundtypen von Netzwerktopologien läßt sich die Konvertierungsaufgabe auch durch eine Ringstruktur lösen, die das zu konvertierende Dokument solange in einer vordefinierten Richtung an die Ringknoten weitergibt, bis das Zielformat erreicht ist. Voraussetzung dazu ist, daß beim Durchlauf im Ring keine Informationsverluste auftreten.[258]

---

[258] Vgl. Wüstner / Hotzel / Buxmann (2002), S. 61-64.

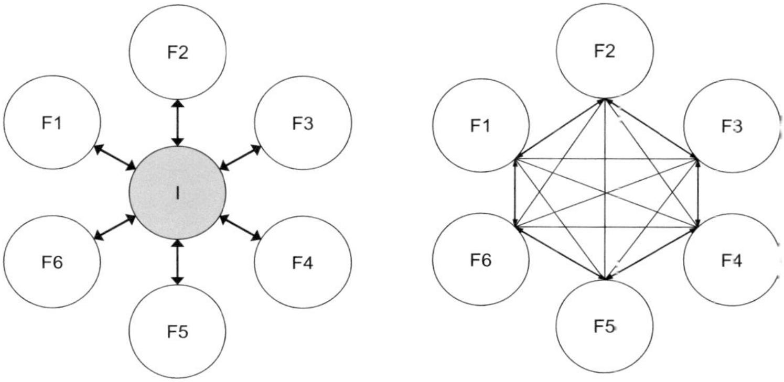

Abbildung 7-1: Konverterstrukturen Stern und Netz bei sechs Formaten

Die beschriebenen Zusammenhänge entsprechen dem Standardisierungsproblem und den auftretenden Netzeffekten. Entscheidungsparameter für die Konverterstruktur sind die Anzahl der Formate differenziert nach Quell- und Zielformaten, die Kosten für die Erstellung jedes Konverters, die Kosten je Konvertierung und die Anzahl der auszuführenden Konvertierungen je Periode. Darüber hinaus sind Varianten der Stern-, Netz- und Ringstruktur zu berücksichtigen.

In einer Sternstruktur ist das Mapping zwischen Format und Intermediärformat nur dann in beiden Richtungen zu definieren, wenn das Format sowohl Quell- als auch Zielformat ist. Analog dazu wird die Netzstruktur in dem Fall vollständig vermascht sein, wenn alle Formate zugleich Quell- und Zielformate sind. Die Ringstruktur läßt sich dadurch verändern, daß die Konvertierung nicht mehr nur in einer festen Richtung erfolgt. Somit wird der Ringdurchlauf auch in der umgekehrten Richtung ermöglicht. Außerdem lassen sich abweichend von dem Ring zusätzliche, direkte Verbindungen einfügen, so daß wieder eine Netzstruktur entsteht.

Die KDM-Szenarien stellen unterschiedliche Anforderungen. So ist im Szenario Supplier die wechselseitige Konvertierung zwischen den Standardformaten nicht erforderlich, da eingangsseitig keine Austauschkataloge verarbeitet werden. Dies gilt unter Einschränkungen auch für das Szenario Buyer, in welchem ausgangsseitig eine geringere Anzahl von Standardformaten als eingangsseitig zu unterstützen ist. Wenn Lieferantenkataloge beispielsweise in den Formaten BMEcat, cXML und xCBL vorliegen und das KDM-System Kataloge nur im Format BMEcat erstellt, so sind die Konvertierungsrichtungen BMEcat zu cXML, BMEcat zu xCBL, cXML zu xCBL und cXML zu xCBL nicht zu unterstützen. Das KDM-System im Szenario Intermediär wird dagegen tendenziell mehr Richtungen abdecken, so daß die Ringstruktur vervollständigt wird oder Netzstrukturen anzutreffen sind.

Unabhängig von der Frage, welche Konverterstruktur zu wählen ist, läßt sich die Dokumentkonvertierung zurückführen auf Datentransformationen, die an den Kanten der Konverterstruktur ansetzen und die unidirektionale Konvertierung zwischen zwei Formaten zum Gegenstand haben. Bei der Entwicklung und der Definition solcher Transformationen entstehen eine Reihe von Problemen, die zu strukturieren und zu beschreiben sind, um spezifische Anforderungen an die Mapping- bzw. Transformationskomponenten von KDM-Systemen ableiten zu können.

In der Literatur zu Datentransformationen bilden Ansätze zu deren automatisierten Entwicklung einen Schwerpunkt.[259] Da Datentransformationen zwar bei ihrer Ausführung konkrete Daten konvertieren, ihre Entwicklung jedoch auf den Formatdefinitionen und damit auf den zugrundeliegenden Schemata vorgenommen wird, spricht man auch von Schematransformationen oder Schema-Matching. Letzteres bringt zum Ausdruck, daß korrespondierende Konstrukte im Quell- und Zielschema zu identifizieren und in Beziehung zu setzen sind. Im weiteren steht jedoch die Komplexität der Entwicklung von Datentransformationen im Vordergrund. Gleichwohl liefert die Problembeschreibung auch Hinweise zu der Automatisierbarkeit.

Die gewählte Beschränkung begründet sich mit der strukturellen Komplexität von Katalogdaten, die dazu führt, daß die Qualität von Datentransformationen im KDM in einem hohem Maß durch die fachliche Kompetenz ihrer Entwicklung determiniert wird, d.h. die Mapping-Definition benötigt umfangreiches Domänenwissen. Solches Wissen läßt sich auch für die Automatisierung des Schema-Matching nutzen, indem zum Beispiel eine Taxanomie von Datenelementen erstellt wird, Synonyme für Datenelemente benannt und Nebenbedingungen für Instanzen definiert werden. Diese Schritte zählen zu den Vorarbeiten des Schema-Matching, welche im Fall der Automatisierung noch um die Konfiguration der Automatisierungsverfahren zu ergänzen sind.

Das manuell oder automatisiert entstandene Schema-Matching ist eine Menge von Datentransformationen, die zu überprüfen und in der Regel iterativ zu modifizieren

[259] Siehe hierzu die Untersuchung von *Rahm* und *Bernstein* zu sieben Forschungsprototypen; vgl. Rahm / Bernstein (2001). Außerdem vgl. Lee / Chu (2001), Su / Kuno / Rundensteiner (2001) und Varlamis / Vazirgiannis (2001).

und zu ergänzen sind. Die Überprüfung bezieht sich auf die syntaktische Gültigkeit (entspricht das Matching der zugrundeliegenden Transformationssprache?), die Vollständigkeit (werden alle Datenelemente des Quell- und Zielformates berücksichtigt?) und die Korrektheit (sind die Transformationen inhaltlich korrekt?).[260] Damit stellt sich die Entwicklung von Datentransformationen als Prozeß dar, der die Vorbereitung, die Definition, die Überprüfung und die Modifikation umfaßt.

7.4.1 Berücksichtigung von Schemaunterschieden

Der Bedarf nach Konvertierung von Daten entsteht durch Unterschiede der Schemata des Quell- und Zielformates. Solche Schemaunterschiede erstrecken sich auf alle Schema-Bestandteile, insbesondere auf die Strukturierung und die Benennung der Schemaelemente. Sollen die auftretenden Schemaunterschiede erfaßt und klassifiziert werden, so ist von den zugrundeliegenden Modellsprachen zu abstrahieren, d.h. die Klassifizierung sollte unabhängig von den spezifischen Eigenschaften relationaler und objektorientierter Datenbankmodelle sowie XML-, CSV- und EDI-basierter Formate sein. Dieser Weg wird auch bei der Konstruktion von Softwarewerkzeugen für Datentransformationen beschritten, indem diese Werkzeuge die in unterschiedlichen Modellsprachen vorliegenden Schemata in eine einheitliche, interne Repräsentation überführen.[261] Hierbei handelt es sich überwiegend um gerichtete Graphenmodelle und hierarchische Datenmodelle (insbesondere XML) sowie um hybride Formen, die relationale oder objektorientierte Datenmodelle erweitern.

Im weiteren wird zur Beschreibung der auftretenden Schemaunterschiede XML ausgewählt. Neben der Eigenschaft, den konzeptionellen Umfang des Graphenmodells weitgehend abzudecken, eignet sich XML für Datentransformationen innerhalb der Domäne Katalogdaten gut, da es für das Gros der Standardaustauschformate die Sprachbasis bildet.

Ist das Schema des KDM-Systems als Quell- oder Zielformat an einem Mapping beteiligt, so stellt sich dieses dem Benutzer als Auflistung von Tabellen und der zugehörigen Tabellenfelder dar. Die Tabellen bilden die verschiedenen Datenbereiche

---

[260] *Do et al.* vergleichen die Leistungsfähigkeit von sechs Forschungsprototypen zum automatischen Schema-Matching und beobachten für die Korrektheit Werte zwischen 48% und 82%; vgl. Do / Melnik / Rahm (2003), S. 233.

[261] Vgl. Abitebouly et al. (1999), S. 5f., Rahm / Bernstein (2001), S. 337, und Stonebraker / Hellerstein (2001), S. 554.

ab (Produkte, Produktpreise, Produktmerkmale usw.). Dies bedeutet, daß selbst komplexe, relationale KDM-Schemata sich für die Zwecke der Mapping-Definition als hierarchisch angeordnete Struktur darstellen lassen, die die Schemakomplexität für den Benutzer reduziert wird. Folglich wird die Mapping-Definition nicht unter Zuhilfenahme von Entity-Relationship-Diagrammen, sondern auf einer segmentierten, tabellenorientierten Repräsentation des KDM-Schemas vorgenommen. Eine solche Repräsentation läßt sich alternativ in eine XML-Darstellung überführen. Damit wird das KDM-Schema in die gleiche Repräsentation überführt, in der die XML-basierten Import- und Exportformate vorliegen. Daher läßt sich das Schema des KDM-Systems als weiteres XML-Austauschformat ansehen, welches allerdings wesentlich umfangreicher ist, weil es Bereiche enthält, die ausschließlich aus Gründen der Katalogdatenverwaltung entstehen.[262] Dies ist jedoch kein Hinderungsgrund, da diese Datenbereiche für den Mapping-Prozeß nicht relevant sind.

In Abhängigkeit von der Anzahl der Datenelemente, die im Quell- und Zielformat an einem Mapping beteiligt sind, können die vier Grundtypen 1:1-, 1:N-, N:1- und N:M-Mapping gebildet werden. Diese Typisierung basiert auf der Kardinalität des Mapping. Eine Mapping-Definition wird generell so vorgenommen, daß alle Datenelemente des Zielformates vollständig erfaßt werden, d.h. es wird untersucht, wie die Anforderungen des Zielformates erfüllt werden können. Die Entwicklungsreihenfolge kann sich jedoch auch an anderen, insbesondere inhaltlichen Kriterien orientieren.

1:1-Mapping

Beim 1:1-Mapping besteht eine Beziehung zwischen genau einem Datenelement des Quellformates zu genau einem Datenelement des Zielformates. Die zugehörige Datentransformation bildet den Informationsgehalt des Quell- auf das Zieldatenelement ab. Dieser Fall tritt dann auf, wenn ansonsten übereinstimmende Datenelemente des gleichen Datenobjektes unterschiedlich benannt sind oder sich in der Wertkodierung unterscheiden.

Bezogen auf XML-Dokumente ist außerdem die Einordnung der Datenelemente in die Dokumentstruktur von Bedeutung. Die Struktur erlaubt es, Datenelemente auf unterschiedlichen Hierarchieebenen anzuordnen. Vor allem die XML-Katalogstandards nutzen das Instrument der Hierarchisierung weitreichend, um logisch zusammenhängende Datenelemente eines Datenobjektes zu gruppieren. In der Folge dient ein

[262] Vgl. Kapitel 6.

relevanter Anteil der Tags nicht zur Aufnahme von Datenwerten, sondern zur Gruppierung von weiteren Tags, die wiederum Tags oder tatsächlich Datenwerte enthalten. Ferner ist zu beachten, daß auf allen Hierarchieebenen die Tags mit XML-Attributen angereichert werden können. Über Attribute werden die enthaltenen Tags bzw. Datenwerte typisiert und in ihrer Bedeutung näher beschrieben. Abweichend davon werden sie jedoch auch für die Übertragung von Datenwerten selbst herangezogen.[263] Unabhängig von den Entscheidungskriterien für die Verwendung von Tags und Attributen ist bei der Konvertierung der Fall zu berücksichtigen, daß der im Quellformat über eine Attribut wiedergegebene Sachverhalt sich im Zielformat als Tag darstellt (und umgekehrt).

Das folgende Beispiel demonstriert anhand von drei Tags eines Produktdatensatzes, der im Quellformat xCBL 4.0 vorliegt, die Konvertierung in das Zielformat BMEcat 1.2.

```
xCBL 4.0:     <Product>
                 <Action value="Add"></Action>
                 <ProductID Type="Supplier">2002471</ProductID>
                 <ProductName> Herkules 500 S</ProductName>
                 ...
              </Product>

BMEcat 1.2:   <ARTICLE mode="new">
                 <SUPPLIER_AID>2002471</SUPPLIER_AID>
                 <ARTICLE_DETAILS>
                    <DESCRIPTION_SHORT>Herkules 500 S</DESCRIPTION_SHORT>
                    ...
                 </ARTICLE_DETAILS>
                 ...
              </ARTICLE>
```

Abbildung 7-2: Beispiel XML-Daten für das 1:1-Mapping

Im Beispiel lassen sich folgende Ausprägungen des 1:1-Mappings feststellen:

- Dem Tag *Product* als Container für die Produktdatensätze entspricht in BMEcat der Container *ARTICLE*.
- Das Tag *Action* besitzt anstatt eines Datenwertes ein Attribut *value* mit der Belegung *Add*, die sich im Zielformat im Attribut *mode* des Tags *ARTICLE*

---

[263] Zum Beispiel gehört im Standard xCBL 4.0 zu der Definition von Produktmerkmalen das XML-Attribut *MaxSize*, mit dem eine Längenbeschränkung für alphanumerische Merkmale angegeben wird.

wiederfindet und dort mit dem Wert *new* kodiert ist. Das Mapping betrifft somit jeweils ein Attribut, die sich hinsichtlich ihrer Bezeichnung und ihres zulässigen Wertebereiches unterschieden und zudem auf verschiedenen Hierarchiestufen angeordnet sind.

- Das Tag *ProductID* besitzt einen Datenwert, der direkt auf das Ziel-Tag *SUPPLIER_AID* abgebildet werden kann. Dagegen existiert für das Attribut *Type* kein korrespondierendes Attribut im Zielformat, da dessen inhaltliche Bedeutung bereits durch das Ziel-Tag wiedergegeben wird.
- Das Tag *ProductName* besitzt ebenfalls einen Datenwert, der direkt auf ein Ziel-Tag (*DESCRIPTION_SHORT*) abgebildet werden kann. Allerdings befindet sich dieses auf einer tieferen Hierarchiestufe innerhalb des Containers *ARTICLE_DETAILS*.

Das 1:1-Mapping für XML-Daten läßt sich somit weiter systematisieren, indem die beeinflussenden Parameter und ihre Ausprägungen angeführt werden:

- Umfang des Datenelementes im Quellformat (Tag oder Tag+Attribut)
- Umfang des Datenelementes im Zielformat (Tag oder Tag+Attribut)
- Benennung der Elemente (identisch oder verschieden)
- Kodierung der Werte (identisch oder verschieden)
- Hierarchiestufe der Elemente (identisch oder verschieden)

Damit ergeben sich bereits für den einfachen Fall des 1:1-Mappings eine Reihe von Varianten, die in ähnlicher Form auch bei den Mappings höherer Kardinalität anzutreffen sind.

1:N-Mapping

Beim 1:N-Mapping besteht eine Beziehung zwischen genau einem Datenelement des Quellformates zu mehreren Datenelementen des Zielformates. Die zugehörige Datentransformation bildet den Informationsgehalt des Quelldatenelementes durch Verteilung oder Hinzufügung auf die Zieldatenelemente ab. Dieser Fall tritt vor allem dann auf, wenn das Zielformat einen vergleichsweise hohen Detaillierungsgrad aufweist. Zum einen gilt dies für das Mapping zu dem Schema eines KDM-Systems, welches per Definition einen hohen Gültigkeitsanspruch besitzen und folglich detaillierte Datenstrukturen aufweisen sollte. Zum anderen lassen standardisierte

Zielformate, die einen hohen inhaltlichen Abdeckungsgrad aufweisen, eine entsprechende Häufigkeit von 1:N-Mappings erwarten.

Die Verteilung des Informationsgehaltes auf mehrere Zieldatenelemente bedeutet, daß sich die Werte des Quelldatenelementes nach einer festgelegten Regel zerlegen und anschließend den Zielelementen zuweisen lassen. Anwendungsbeispiele sind unter anderem die Trennung von Anschrift in Straßenname und Hausnummer, von Telefonnummer in Vorwahl und Anschluß sowie von Personenname in Vor- und Nachname. Die entsprechenden Zerlegungsvorschriften lassen sich auf Basis der Formatvorgabe des Quelldatenelementes formulieren. Fehlen diese oder sind unterschiedliche Formate zugelassen, so ist während der Datentransformation durch eine Analyse der Datenwerte die Zerlegungsstelle zu ermitteln (z.B. Suche nach Trennzeichen).

Im folgenden Beispiel wird die im BMEcat-Format in dem Tag *Phone* abgelegte Telefonnummer auf vier Tags des cXML-Formates verteilt, welches separate Tags für die Landesvorwahl, die Gebietsvorwahl, die Anschlußnummer und die Durchwahl vorsieht, die über einen zusätzlichen Container *TelephoneNumber* zusammengefaßt werden (Abbildung 7-3).

```
BMEcat 1.2:      <PHONE>+49 201 183 4020</PHONE>

cXML 1.2.011:    <Phone>
                   <TelephoneNumber>
                     <CountryCode isoCountryCode="DE">049</CountryCode>
                     <AreaOrCityCode>201</AreaOrCityCode>
                     <Number>183</Number>
                     <Extension>4020</Extension>
                   </TelephoneNumber>
                 </Phone>
```

Abbildung 7-3: Beispiel XML-Daten für das 1:N-Mapping

Die Verteilung wird im Beispiel nur dadurch ermöglicht, daß im BMEcat-Standard ein Inhaltsformat für das Phone-Tag definiert ist, das als Trennzeichen jeweils Leerstellen verwendet. Bei der Transformation der Ländervorwahl nach cXML ist die Kodierung so zu verändern, daß führende Pluszeichen in führende Nullen umgewandelt werden. Weiterhin ist ein Attributwert zu erzeugen, der das mit der Ländervorwahl referenzierte Land gemäß der ISO-Norm 3166-1 benennt.

Die zuvor genannten Anwendungsfälle sind nicht besonders charakteristisch für Katalogdaten, da Adreßdaten zwar auch in elektronischen Katalogen verwendet werden, die produktbezogenen Daten jedoch von höherer Bedeutung sind. Hier können als Beispiele für typische Schemaunterschiede angeführt werden:

- Bei Produktmerkmalen werden im Quellformat Wert und Einheit zusammengefaßt (Beispiel: „15cm"), während diese im Zielformat getrennt sind.
- Bei Produktmerkmalen werden im Quellformat Merkmalsbezeichnung und Wert zusammengefaßt (Beispiel: „Farbe: schwarz"), während diese im Zielformat getrennt sind.
- Bei Produktpreisen werden im Quellformat Preis und Währung zusammengefaßt (Beispiel: „25.50EUR"), während diese im Zielformat getrennt sind.
- Bei Produktidentifikatoren vom Typ EAN wird im Quellformat ein dediziertes Tag benutzt, während im Zielformat der Typ in einem zusätzlichen Tag anzugeben ist.

Ein 1:N-Mapping liegt auch dann vor, wenn im Quellformat der Informationsgehalt eines Tags durch ein oder mehrere Attributwerte ergänzt wird und im Zielformat eine Verteilung auf zwei oder mehr Tags notwendig ist, da keine entsprechenden Attribute vorgesehen sind. Dieser Fall ist gerade auf die oben genannten Schemaunterschiede übertragbar, wenn beispielsweise der Merkmalswert in dem Tag und die Einheit in dem XML-Attribut enthalten sind. Analog dazu zeigt das nächste Beispiel die Transformation eines Produktpreises von cXML nach BMEcat, indem das *currency*-Attribut dem *CURRENCY*-Tag, das Money-Tag dem *PRICE_AMOUNT*-Tag und der *UnitPrice*-Container dem *ARTICLE_PRICE*-Container zugeordnet werden (Abbildung 7-4). Letzterer besitzt noch ein XML-Attribut für die Preistypisierung, so daß dieses immer zu belegen ist.

```
cXML 1.2.011:     <UnitPrice>
                     <Money currency="EUR">88.95</Money>
                  </UnitPrice>

BMEcat 1.2:       <ARTICLE_PRICE price_type="net_list">
                     <PRICE_AMOUNT>88.95</PRICE_AMOUNT>
                     <CURRENCY>EUR</CURRENCY>
                  </ARTICLE_PRICE>
```

Abbildung 7-4: Beispiel XML-Daten für das 1:N-Mapping

N:1-Mapping

Beim N:1-Mapping besteht eine Beziehung zwischen mehreren Datenelementen des Quellformates zu genau einem Datenelement des Zielformates. Die zugehörige

Datentransformation bildet den Informationsgehalt der Quelldatenelemente durch Konkatenation, Aggregation oder Selektion auf das Zieldatenelement abbilden. Komplementär zum 1:N-Mapping tritt dieser Fall vor allem dann auf wenn das Quellformat einen höheren Detaillierungsgrad besitzt. Zum Beispiel gilt dies für das Mapping von dem Schema eines KDM-Systems zu einem Austauschformat und insbesondere dann, wenn das Zielformat proprietärer Art und auf einen Einsatzzweck spezialisiert ist.

Die Anwendungsfälle des N:1-Mappings bei der Konvertierung zwischen Katalogformaten ergeben sich mindestens über die Umkehrung der zuvor beschriebenen 1:N-Mappings. Damit werden jedoch nur die Konkatenations- und die Selektionsoperationen abgedeckt. Konkatenation heißt, daß alle Elemente der linken Seite auf das Zielelement abgebildet werden können, indem die Werte in einer bestimmten Reihenfolge miteinander verknüpft werden. Die Werte können vor der Konkatenation einer Änderung der Kodierung unterliegen. Von einer Selektion kann gesprochen werden, wenn für das Mapping nicht alle Elemente der linken Seite herangezogen werden, da es im Zielformat keine Entsprechung gibt. Bei der Umkehrung des Beispiels aus Abbildung 7-4 trifft dies auf das Attribut *price_type* zu

Die Aggregationsoperation überführt den Informationsgehalt mehrerer Quelldatenelemente unter Anwendung einer Aggregationsvorschrift in ein Zieldatenelement. Sie wird für die Neuberechnung numerischer Werte – bei Katalogdaten insbesondere für Produktpreise, Lieferzeiten und Logistikmerkmale – genutzt. Besitzt das Quellformat beispielsweise ein stärker detailliertes Preismodell, so ist wie im nachfolgenden Beispiel der Produktpreis über die Komponenten des Preismodells zu berechnen: Während im BMEcat-Format zu den preisbestimmenden Faktoren unter anderem der Preistyp, der Umsatzsteuersatz und ein durchgerechneter Rabattfaktor zählen, sind diese Komponenten im cXML-Preismodell nicht vorhanden. Statt dessen handelt es sich bei cXML-Preisen immer um Bruttoendpreise. Deshalb ist der in der Abbildung 7-5 kodierte Produktpreis über die Formel *Money = ROUND ((PRICE_AMOUNT * PRICE_FACTOR) / (1 + TAX), 2)* neu zu berechnen.

```
BMEcat 1.2:      <ARTICLE_PRICE price_type="gros_list">
                    <PRICE_AMOUNT>80</PRICE_AMOUNT>
                    <CURRENCY>EUR</CURRENCY>
                    <TAX>0.16</TAX>
                    <PRICE_FACTOR>0.9</PRICE_FACTOR>
                 </ARTICLE_PRICE>

cXML 1.2.011:    <UnitPrice>
                    <Money currency="EUR">62.07</Money>
                 </UnitPrice>
```

Abbildung 7-5: Beispiel XML-Daten für das N:1-Mapping

N:M-Mapping

Beim N:M-Mapping besteht eine Beziehung zwischen mehreren Datenelementen des Quellformates zu mehreren Datenelementen des Zielformates. Die zugehörige Datentransformation bildet den Informationsgehalt der Quelldatenelemente durch eine komplexe Operation, die sich aus Teiloperationen vom Typ Verteilung, Hinzufügung, Konkatenation, Selektion oder Aggregation zusammensetzt, auf die Zieldatenelemente ab. Dieser Fall tritt vor allem dann auf, wenn die beiden Formate in Teildatenbereichen eine stark abweichende Dokumentstruktur aufweisen.

Die zuvor beschriebenen Datentransformationen haben sich immer auf *gleiche Objekttypen* bezogen, d.h. es wurden Mappings zwischen Preisen, Merkmalen, Adreßdaten, Produktdaten usw. definiert, ohne daß die zwischen den Datenbereichen bestehenden Beziehungen zu berücksichtigen gewesen sind. Diese inhaltlichen Beziehungen, wie sie etwa im Katalogdatenbereichsmodell erkennbar sind, spiegeln sich gerade in den Dokumentstrukturen der XML-Formate wieder, die anders als CSV-basierte Formate in der Lage sind, alle Katalogdatenbereiche in einer XML-Dokumentstruktur zu integrieren. Ein N:M-Mapping zeichnet sich nun dadurch aus, daß auf mindestens einer der beiden Seiten auf Datenelemente unterschiedlicher Objekttypen Bezug genommen wird.

Im folgenden Beispiel unterscheidet sich die Zuordnung von Produkten zu Produktgruppen dadurch, daß im Quellformat xCBL die Zuordnung Bestandteil der Produktdaten ist, sie im Zielformat BMEcat jedoch getrennt von den Produktdaten erfolgt (Abbildung 7-6). Wie aus dem XML-Code hervorgeht, besteht zwischen den Produktdaten *(ARTICLE)* und den Gruppenzuordnungen *(ARTICLE_TO_CATALOGGROUP-_MAP)* eine Beziehung, die über den Produktidentifikator *(SUPPLIER_AID* bzw. *ART_ID)* hergestellt wird. Damit werden die Anforderungen des N:M-Mappings erfüllt: Erstens weist die rechte Seite zwei unterschiedliche Objekttypen auf. Zweitens werden für die Datentransformation auf der linken Seite mehrere Datenelemente angesprochen.

```
xCBL 4.0:        <Product>
                    <ProductID>88021</ProductID>
                    <SchemaCategoryRefList>
                       <CategoryIDRef>50047463</CategoryIDRef>
                    </SchemaCategoryRefList>
                 </Product>

BMEcat 1.2:      <ARTICLE mode="new">
                    <SUPPLIER_AID>88021</SUPPLIER_AID>
                    ...
                 </ARTICLE>
                 <ARTICLE_TO_CATALOGGROUP_MAP>
                    <ART_ID>88021</ART_ID>
                    <CATALOG_GROUP_ID>50047463</CATALOG_GROUP_ID>
                 </ARTICLE_TO_CATALOGGROUP_MAP>
```

Abbildung 7-6: Beispiel XML-Daten für das N:M-Mapping

Die hier angewendete Operation ist vom Typ Verteilung, da die Datenelemente des einen Objekttypes im Zielformat auf mehrere Objekttypen verteilt werden. Sie kann ergänzt werden um

- Hinzufügung, wenn zusätzliche Zieldatenelemente gefüllt werden,
- Konkatenation, wenn mehrere Quelldatenelemente auf ein Zieldatenelement abgebildet werden,
- Aggregation, wenn eine Berechnungsvorschrift für die Zieldatenelementwerte existiert
- und Selektion, wenn nicht jedes Quelldatenelement eine Entsprechung im Zielformat besitzt.

Weitere Mapping-Anforderungen

N:M-Mappings sind allgemein dann notwendig, wenn sich die Schemata von Quell- und Zielformat grundlegend unterscheiden. Dies gilt insbesondere für die Verarbeitung partitionierter, CSV-basierter Katalogformate, die eine Verteilung auf mehrere CSV-Dateien mit unterschiedlichen Schemata vornehmen und beispielsweise Produkt-, Preis- und Merkmaldaten voneinander trennen. Der umgekehrte Fall, die Konvertierung eines XML-Dokumentes in mehrere, partitionierte CSV-Dateien kann ebenfalls auftreten. Die Ursache liegt in den geringen Fähigkeiten, komplexe Datenstrukturen abzubilden.[264] Die Partitionierung erfordert, daß beim Mapping der Zusammenhang der Teilformate erkannt und berücksichtigt wird, d.h. die in den Teilformaten enthaltenen Referenzen auf Identifikatoren der jeweiligen Objekttypen (insbesondere Produktidentifikatoren) dienen je nach Beziehungskardinalität für die Definition von Mapping-Regeln. Das folgende Beispiel soll dies verdeutlichen (Abbildung 7-7).

Als Quellformat liegt ein partitioniertes CSV-Format vor, welches Produktdaten und Produktmerkmale in zwei getrennten Dateien ablegt. Im Beispiel sind diese bereits in eine XML-Repräsentation überführt worden, die die Spaltenbezeichner aus dem CSV-Format für die Benennung der Tags übernimmt.

```
Quellformat 1:    <Produkt>
                     ...
                     <ID>100</ID>
                     <Bezeichnung>Ringschlüssel 8x10</Bezeichnung>
                     ...
                  </Produkt>

Quellformat 2:    <Produktmerkmal>
                     <ProduktID>100</ProduktID>
                     <Bezeichnung>Schlüsselweite 1</Bezeichnung>
                     <Wert>8</Wert>
                  </Produktmerkmal>

BMEcat 1.2:       <ARTICLE mode="new">
                     <SUPPLIER_AID>100</SUPPLIER_AID>
                     <ARTICLE_DETAILS>
                        <DESCRIPTION_SHORT>Ringschlüssel 8x10</DESCRIPTION_SHORT>
                        ...
                     </ARTICLE_DETAILS>
                     <ARTICLE_FEATURES>
                        <FEATURE>
                           <FNAME>Schlüsselweite 1</FNAME>
                           <FVALUE>8</FVALUE>
                        </FEATURE>
                     </ARTICLE_FEATURES>
                     ...
                  </ARTICLE>
```

Abbildung 7-7: Beispiel XML-Daten für partitioniertes Quellformat

---

[264] Vgl. Kapitel 3.1.1.

Eine weitere Dimension des Mappings entsteht durch instanzabhängige Zuordnungen. In diesen Fällen können die Zuordnungen nicht mehr allgemeingültig angegeben werden, da sie abhängig von den Werten der Quelldatenelemente sind. Dies bedeutet, daß erst bei der Ausführung der Datentransformation durch Auswertung des Datenelementinhaltes über die Zuordnung zu einem oder mehreren Zieldatenelementen entschieden werden kann. Die Datentransformation spricht also instanzabhängig die Zieldatenelemente an und wird gegebenenfalls wiederum instanzabhängig die Operationen Verteilung und Hinzufügung anwenden. Dies bedeutet für die hier verwendete Einteilung der Datentransformationen gemäß der Mapping-Kardinalität, daß ein auf der Instanzebene durchzuführendes 1:1-Mapping trotzdem als 1:N-Mapping anzusehen ist; analog dazu verhält es sich mit dem N:1- und N:M-Mapping. Das Beispiel in Abbildung 7-8 zeigt den 1:1-Fall.

```
xCBL 4.0:        <CATALOG_SCHEMA Type="Supplier">
                    ...
                    <SCHEMA_NAME>Tools</SCHEMA_NAME>
                    ...
                 </CATALOG_SCHEMA>

BMEcat 1.2:      <CLASSIFICATION_SYSTEM>
                    <CLASSIFICATION_SYSTEM_NAME>Tools</CLASSIFICATION_SYSTEM_NAME>
                    ...
                 </CLASSIFICATION_SYSTEM>

                 <CATALOG_GROUP_SYSTEM>
                    ...
                    <GROUP_SYSTEM_NAME>Tools</GROUP_SYSTEM_NAME>
                    ...
                 </CATALOG_GROUP_SYSTEM>
```

Abbildung 7-8: Beispiel XML-Daten für instanzabhängiges Mapping

Im Quellformat dient der Container *CATALOG_SCHEMA* für die Definition von Ordnungssystemen. Eine Differenzierung in Kataloggruppen- und Klassifikationssysteme ist nicht möglich. Genau diese wird jedoch für das Zielformat BMEcat benötigt, um entweder die Container *CATALOG_GROUP_SYSTEM* oder *CLASSIFICATION_SYSTEM* als Zieldatenelemente auszuwählen. Folglich ist der Inhalt der Quelldatenelemente auszuwerten, um die Entscheidung treffen zu können. Eine rein maschinelle Auswertung führt hier zu keinem Ergebnis, da nur eine textuelle Information über das Ordnungssystem vorliegt („Tools"). Erst durch zusätzliches, benutzerseitiges Wissen über die Art des Ordnungssystems kann die Datentransformation ausgeführt werden.

Die Betrachtung der Schemaunterschiede am Beispiel XML-basierter Datenformate zeigt die mit der Mapping-Kardinalität zunehmende Komplexität der zu entwickelnden und auszuführenden Datentransformationen. Maßgebende Einflußfaktoren sind der Detaillierungsgrad von Quell- und Zielformat und die generelle Dokumentstrukturierung. Bei relativ gut abgrenzbarer Domäne und ähnlicher Datenbereichseinteilung überwiegen deutlich die einfachen 1:1-Mappings und N:M-Mappings sollten eher selten auftreten. Dies wird für Katalogformate durch eine prototypische Datentransformationsentwicklung bestätigt, die die Konvertierung von BMEcat-Katalogen in die drei Formate cXML, eCX und xCBL zum Ziel hatte. So sind für cXML 48 1:1-, sechs 1:N- und ein N:1-Mapping, jedoch keine N:M-Mappings erforderlich. Für eCX lauten die Werte 21, 1, 0 und 0; für xCBL 64, 2, 0 und 3.[265]

7.4.2 Berücksichtigung von Repräsentationsunterschieden

Sind bei einer Datentransformation Datenwerte zu verändern, so beruhen diese Modifikationen auf unterschiedlichen Datentypen der korrespondierenden Datenelemente in Quell- und Zielformat. In den vorhergehenden Beispielen zu den vier Grundtypen des Mappings sind diese bereits mehrfach aufgetreten. Im einfachsten Fall des 1:1-Mapping sind beide Datenelemente identisch bezeichnet und unterscheiden sich auch nicht in der Kodierung der Datenwerte und damit der Repräsentation des gleichen Informationsgehaltes.

Kodierungsunterschiede werden vorwiegend durch Zeichenkettenoperationen und bei numerischen Werten durch Berechnungsvorschriften überbrückt. Sie reichen von einfachen Ausdrücken bis zu komplexen Regeln, die in Abhängigkeit von den Datenwerten verschiedene Operationen anwenden. Folglich sind die Mapping-Definitionen um solche Operationen zu ergänzen, d.h. die Zuordnung korrespondierender Datenelemente allein ist nicht ausreichend.

Weiters ist gerade für XML-Katalogdokumente der Standardisierungsgrad der verwendeten Datentypen von Bedeutung. Erstens werden die Datentypen für jedes Datenelement durch den jeweiligen Standard bereits vorgegeben und sind bei der Erstellung von Instanzen anzuwenden. Zweitens greifen die Katalogstandards häufig auf standardisierte Datentypen zurück. Dies gilt wie in Kapitel 3.2.2 beschrieben sowohl für die Basisdatentypen für Ganzzahlen, Fließkommazahlen, Zeichenketten,

[265] Vgl. Beul et al. (2003), S. 165.

Boolesche Werte und Datum-/Zeitangaben als auch für Aufzählungen (Neumerationen).

Ergänzend zu den standardisierten Enumerationen werden in vielen XML-Formaten weitere Aufzählungsdatentypen definiert, um spezifische Sachverhalte kurz und prägnant zu beschreiben, ohne die Semantik der Beschreibung vollständig über zugehörige Datenelemente explizit angeben zu müssen. Die Semantik der zulässigen Aufzählungswerte wird für das Format textuell festgelegt. Im XML-Dokument genügt anschließend die Angabe des Wertes, um die Bedeutung für den Dokumentempfänger eindeutig festzulegen. So liegt beispielsweise im vorhergehenden Fall aus Abbildung 7-5 dem XML-Attribut *price_type* des BMEcat-Tags *ARTICLE_PRICE* ein Aufzählungsdatentyp mit den fünf Werten *net_list*, *gros_list*, *net_customer*, *nrp* und *net_customer_exp* zugrunde, die außerdem noch unternehmensspezifisch durch eigene Werte vom Typ *udp_XXX* erweitert werden können (XXX als Platzhalter für die Erweiterung). Der Wert *gros_list* ist im BMEcat-Katalogstandard definiert als „(Einkaufs-)Listenpreis inklusive Umsatzsteuer".

Weichen im Quell- und Zielformat die Datentypen derart voneinander ab, daß sie unterschiedliche Aufzählungen erlauben, so sind diese durch die Datentransformation umzusetzen. Zum Beispiel seien im proprietären Quellformat die Landesangaben nicht gemäß ISO 3166-1 kodiert, sondern als Klartext angegeben („Deutschland" vs. „DE"). Dann ist ein Mapping zwischen den Aufzählungswerten des Quell- und Zieldatentyps zu erstellen. Ein solches Mapping läßt sich durch sogenannte Mapping- oder Referenz-Tabellen formalisieren, die die jeweiligen Zuordnungen enthalten. Neben den direkten Zuordnungen, die dem 1:1-Mapping entsprechen, sind auch die weiteren Fälle zu berücksichtigen, wenn beispielsweise im Zielformat weniger oder anders segmentierte Preistypen als im BMEcat-Standard vorgegeben sind. Folglich lassen sich die vier Grundtypen, die auf die Anzahl der am Mapping beteiligten Elemente abstellen, auf das Mapping zwischen Aufzählungsdatentypen übertragen. Anstelle von Datenelementen werden jedoch Datenwerte in Beziehung gesetzt.

7.4.3 Berücksichtigung von Informationsverlusten und -defiziten

Die bisherigen Ausführungen sind davon ausgegangen, daß sich Quell- und Zielformat nur strukturell unterscheiden, der durch die Schemata abgebildete Informationsgehalt jedoch nahezu identisch ist. Zumindest sind die Schemata so angelegt, daß für alle Datenelemente Mapping-Definitionen entwickelt werden können. Allerdings kann in der Praxis von der Erfüllung dieser Voraussetzungen nicht immer ausgegangen werden. Im Gegenteil ist gerade für die meisten proprietären und standardisierten Austauschformate für Geschäftsdokumente kennzeichnend, daß sie bestimmte Sachverhalte nicht abdecken und im Gegenzug anwendungs- oder branchenspezifische Sachverhalte berücksichtigen, die sich in anderen Austauschformaten nicht wiederfinden. Dies gilt auch für die XML-Katalogstandards, deren inhaltlichen Unterschiede bereits in Kapitel 3.5 aufgezeigt worden sind.

Wenn sich Quell- und Zielformat in ihrem Informationsgehalt unterscheiden, dann können bei der Dokumentkonvertierung relevante Informationsverluste und Informationsdefizite auftreten. Im ungünstigsten Fall wird die automatische Konvertierung sogar verhindert oder ist nur teilweise möglich. Daher ist es notwendig, im Rahmen der Mapping-Definition den Informationsgehalt der Formate zu untersuchen und zu vergleichen. Da der Informationsgehalt durch Datenelemente ausgedrückt wird, ist zu fragen, ob korrespondierende Datenelemente vorhanden sind und ob es sich um Pflicht- oder optionale Datenelemente handelt. Gemäß diesen Differenzierungsmerkmalen entstehen die in Tabelle 7-4 dargestellten sieben Fälle.

		Datenelemente im Zielformat		
		Pflicht	**Optional**	**Nicht vorhanden**
Datenelemente im Quellformat	**Pflicht**	Mapping	Mapping	Informationsverlust
	Optional	Informationsdefizit	Mapping	Informationsverlust
	Nicht vorhanden	Informationsdefizit	-	-

Tabelle 7-4: Typisierung von Datentransformationen

Aus der Typisierung von Datentransformationen nach dem Informationsgehalt lassen sich folgende Aussagen ableiten:

- Die Fälle, in denen im Quellformat enthaltene Informationen ebenfalls Bestandteil des Zielformates sind, werden vollständig durch Mapping-Definitionen abgedeckt.
- Ein Informationsverlust entsteht, wenn Informationen des Quellformates nicht durch das Zielformat wiedergegeben werden können. In Ergänzung zu den vier Grundtypen des Mappings läßt sich für die betroffenen Datenelemente ein 1:0-Mapping angeben. Besonders gravierend ist der Verlust dann, wenn es sich um Pflichtinformationen bzw. Pflichtdatenelemente handelt. Hier ist eine Konvertierung nicht mehr sinnvoll, da bereits Basisinformationen verloren gehen. Weniger schwer wiegt der Informationsverlust bei optionalen Datenelementen, da wenigstens die Pflichtbestandteile des Quellformates transformiert werden können. Die

Konvertierung muß akzeptieren, daß das Zielformat weniger mächtig als das Quellformat ist.

- Ein Informationsdefizit liegt vor, wenn Pflichtdatenelemente des Zielformates nur optional oder überhaupt nicht im Quellformat vorhanden sind. Für die Datenelemente des Zielformates läßt sich ein 0:1-Mapping angeben. Um die Dokumentkonvertierung zu ermöglichen, ist zu prüfen, ob die fehlenden Informationen dennoch in den Transformationsprozeß integriert werden können.

Die bei der Konvertierung von XML-Geschäftsdokumenten auftretende Informationsverluste können verschiedene Ursachen haben, die sich an Eigenschaften des Zielformates festmachen lassen.

Fehlende Datenelemente

Im Zielformat findet sich kein korrespondierendes Datenelement, welches den Informationsgehalt des Quelldatenelementes wiedergeben könnte. Beispielsweise unterscheiden sich wie zuvor in Abbildung 7-5 gezeigt die Schemata für Produktpreise in den Katalogstandards BMEcat und cXML erheblich. Während in cXML nur Endpreise angegeben werden können, umfaßt das BMEcat-Preismodell auch Mengenstaffeln, einen Rabattfaktor, die Kennzeichnung als Tagespreis und liefergebietsspezifische Preisdifferenzierungen. Alle diese Informationen gehen bei einer Konvertierung von BMEcat- zu cXML-Katalogdokumenten verloren.

Geringere Datenelementkardinalität

Im XML-Datenmodell besitzt jedes Datenelement eine Kardinalität, die ausdrückt, mit welcher Häufigkeit das Datenelement auftreten kann. Die Min-Kardinalität bestimmt die Mindestanzahl, die Max-Kardinalität die höchste Anzahl (0..1 bedeutet: das Element kann einmal oder keinmal auftreten; 1..N bedeutet: das Element muß mindestens einmal und kann mehrfach auftreten).

Im BMEcat/cXML-Beispiel tritt dieser Informationsverlust wiederum bei den Produktpreisen auf:[266] Während in cXML jedes Produkt nur einen Preis besitzt – das Datenelement *UnitPrice* hat die Kardinalität 1..1 – können mit dem BMEcat-Format mehrere Preise je Produkt übertragen werden (Kardinalität 1..N des Datenelementes *ARTICLE_PRICE*). Hier zeigt sich exemplarisch, wie die Berücksichtigung des

[266] Vgl. Abbildung 7-5.

Informationsgehaltes die Mapping-Definition erweitert. Das N:1-Mapping zwischen *ARTICLE_PRICE* und *UnitPrice* läßt sich korrekt definieren, es tritt jedoch möglicherweise ein Informationsverlust auf, und zwar dann, wenn in dem BMEcat-Katalogdokument Produkte mit mehreren Preisen enthalten sind.

Unzureichender Wertebereich

Informationsverluste können auch aufgrund unterschiedlicher Wertebereiche korrespondierender Datenelemente entstehen. Konkret ist der Wertebereich im Zielformat unzureichend, d.h. der Wertebereich im Quellformat ist größer. In Abhängigkeit von dem Datentyp zeigt sich dies in Form von:

- Längenbeschränkungen für Zeichenketten, die bei der Konvertierung möglicherweise abzuschneiden sind,
- geringerer Genauigkeit von numerischen Werten (Vor- und Nachkommastellen),
- geringerer Genauigkeit von Zeitangaben, beispielsweise für Lieferzeiten, die im Quellformat bis auf Stunden genau angegeben werden können, im Zielformat jedoch nur in ganzen Tagen und
- unzureichenden Aufzählungsdatentypen; beispielsweise werden Bestelleinheiten im Quellformat nach dem Standard UN/ECE Trade Facilitation Recommendation 20 kodiert, während das Zielformat nur eine Untermenge dieses Standards verwendet.

Informationsverluste können unter Umständen die Konvertierung von XML-Geschäftsdokumenten als nicht sinnvoll erscheinen lassen und damit verhindern, da wesentliche, für den Geschäftsprozeß notwendige Informationen verloren gehen würden. In diesem Fall ist das Zielformat nicht geeignet, die inhaltlichen Einsatzanforderungen zu erfüllen. Die Identifikation und Dokumentation der Informationsverluste ist daher ein wichtiger Baustein bei der Entwicklung von Datentransformationen, da auf diesem Weg nachprüfbare Aussagen über die inhaltliche Eignung des Zielformates abgeleitet werden können. Diese können helfen, Auswahlentscheidungen bezüglich der einzusetzenden Austauschformate zu treffen.

Im Gegensatz zu den Informationsverlusten erschweren oder verhindern Informationsdefizite die Konvertierung aus *syntaktischen* Gründen: Die im Quelldokument enthaltenen Informationen sind nicht ausreichend, um automatisiert ein gültiges

Zieldokument zu erstellen. Die Gültigkeit ist für XML-Dokumente dann gegeben, wenn das Dokument seiner formalen Spezifikation genügt.[267] Datentransformationen müssen daher sicherstellen, daß die erstellten Dokumente mindestens alle Pflichtdatenelemente des Zielformates aufweisen, da sonst gegen eine zentrale Bedingung der Gültigkeit verstoßen wird. Läßt sich für ein Pflichtdatenelement kein korrespondierendes Element im Quellformat identifizieren, so ist die Konvertierung nicht ohne weiteres möglich. Eine Lösung besteht darin, die fehlenden Informationen nicht aus dem Quelldokument abzuleiten, sondern vor der Ausführung der Datentransformation manuell oder automatisch hinzuzufügen. Im Beispiel der Katalogdaten ist diese Hinzufügung allerdings nur dann erfolgversprechend, wenn sie lediglich zu Beginn der Konvertierung und nicht für jeden Produktdatensatz vorzunehmen ist.

Die Behandlung und abschließende Behebung der Informationsdefizite läßt sich nach der Art der Erzeugung der einzufügenden Werte differenzieren.

Einfügung von Dummy-Werten

Ein Dummy-Wert wird ausschließlich zur Herstellung der Gültigkeit des Zieldokumentes eingefügt und besitzt selbst keinen auszuwertenden Informationsgehalt. Die Festlegung, daß ein Zieldatenelement mit einem solchen Wert belegt werden kann, ist von dem Zweck des Zieldatenelementes abhängig. Werden beispielsweise über dieses Element im importierenden KDM-System bzw. im katalogbasierten Anwendungssystem Funktionen gesteuert oder die Werte den Katalogbenutzern präsentiert, so kann ein Dummy-Wert zu Fehlsteuerungen bzw. Irritationen führen. Daher ist die Belegung mit Dummy-Werten vorher mit den Nutzern des Kataloges zu vereinbaren.

Am Beispiel der Lieferantenidentifikation (Katalogersteller) lassen sich die skizzierten Risiken demonstrieren. Während im BMEcat-Format das *SUPPLIER_ID*- Datenelement optional ist, verlangt das cXML-Format einen Identifikator. Für jene BMEcat-Katalogdokumente, denen der Lieferantenidentifikator fehlt, bietet sich zur Sicherung der Dokumentgültigkeit die Einfügung eines gleichbleibenden oder zufällig erzeugten Dummy-Wertes an. Damit ist aus Katalogerstellungssicht das Informationsdefizit behoben. Auf der Katalogempfängerseite könnte der Lieferantenidentifikator beispielsweise als standardisierter DUNS-Code für die automatische Zuordnung von Katalogen zu den Kreditoren- oder Debitorenstammdaten eines ERP-Systems dienen. In

---

[267] Vgl. Kapitel 3.1.3.

diesem Fall würde diese Zuordnung scheitern oder sogar zu einem falschen Ergebnis führen.

Einfügung von Vorgabewerten

Mit der Einfügung von auswertbaren, sinnvollen Vorgabewerten wird die Behebung von Informationsdefiziten unter den zuvor beschriebenen Einsatzanforderungen verbessert. Unter Vorgabewerten werden hier über einen Zeitraum für eine Organisation gleichbleibende Werte verstanden, die sich beispielsweise auf die Katalogmetadaten und produktbezogene Standardwerte beziehen. Ihre Verwendung ist mit den Anforderungen der Katalognutzer abgestimmt oder mindestens verträglich. Dazu werden die Vorgabewerte im KDM-System festgelegt. Sie dienen in gewissem Maß auch der Erhöhung der Katalogdatenqualität.

Mit produktbezogenen Standardwerten lassen sich auch Informationsdefizite bezüglich einer hohen Anzahl von Datensätzen beheben. Bestimmte Anforderungen des Zielformates – zum Beispiel die Angabe der Währung zu jedem Produktpreis und der Bestelleinheit zu jedem Produkt – lassen sich erfüllen, wenn Vorgabewerte – zum Beispiel EUR und C62 (falls es sich um ISO-codierte Werte handelt) – eingefügt werden.

Einfügung individueller Werte

Die Einfügung individueller Werte stellt den höchsten Eingriff dar, da vor oder während der Ausführung der Datentransformation benutzerseitige Eingaben erfolgen, um fehlende Informationen manuell nachzupflegen. Vor der Ausführung lassen sich Werte für die Katalogmetadaten ergänzen. Während der Ausführung bedeutet dagegen, daß für jeden Datensatz – speziell für jeden Produktdatensatz – Datenelemente mit fehlenden Werten zu ergänzen sind. Hier ist in Abhängigkeit von der Datensatzanzahl zu entscheiden, ob der manuelle Aufwand noch zu vertreten ist oder ob dieser in die Phase der Katalogdatenbearbeitung verschoben wird und damit unabhängig von der Datentransformationsausführung ist (nach dem Import bzw. vor dem Export).

7.4.4 Berücksichtigung von expliziter und impliziter Semantik

Die Erarbeitung von Mapping-Definitionen und die Feststellung von Informationsverlusten und -defiziten basiert auf der Analyse der Formatspezifikationen, soweit diese verfügbar und hinreichend sind. Zunächst muß für jedes Datenelement überprüft werden, welche Information es repräsentiert und ob diese im Zielformat relevant ist. Die inhaltliche Zuordnung erfordert daher eine genaue Kenntnis der Formate.

Die Berücksichtigung der expliziten Semantik, also vorliegender Informationen über die Bedeutung und Verwendung der Datenelemente, ist immer notwendig. Dazu wird auf die formale Spezifikation, die allerdings kaum die Semantik beschreibt, sondern die Syntax definiert, und die textuelle Spezifikation zurückgegriffen. Während für die XML-Katalogstandards beide Spezifikationsarten – wenn auch in unterschiedlicher Qualität und Reichweite – verfügbar sind[268] und Datentransformationen bezüglich dieser Formate vergleichsweise gut unterstützt werden, ist dies für proprietäre Formate oft nicht oder nur eingeschränkt der Fall. Damit wird insbesondere die eingangsseitige Verarbeitung solcher Katalogdaten erschwert.[269]

Die implizite Semantik ist der Anteil der zum Verständnis der Datenelementbedeutung notwendigen Informationen, der nicht formalisiert oder textuell vorliegt und daher nur durch zusätzliches Hintergrundwissen über das jeweilige Datenformat, das exportierende System, den Katalogersteller oder die Domäne abgeleitet werden kann, um die Bedeutung zu bestimmen oder zumindest Zweifel über die korrekte Formatinterpretation zu beseitigen. Die Berücksichtigung impliziter Semantik verlangt daher einen erhöhten Entwicklungsaufwand für die Mapping-Definitionen.

Die Mapping-Definitionen sind bei umfangreichen Formaten zu dokumentieren und gemäß den oben beschriebenen Kriterien zu klassifizieren. Dazu bieten sich der Aufbau und die schrittweise Vervollständigung von Mapping-Tabellen an, welche die Dokumentstruktur von Quell- und Zielformat gegenüberstellen. Zu den Inhalten einer solchen Beschreibung gehören die Elementbezeichner gemäß ihres Auftretens in der hierarchischen Dokumentstruktur, die Elementkardinalitäten und die Datentypen. Die Gegenüberstellung von Quell- und Zielformat erfolgt durch die Zuordnung korrespondierender Datenelemente, die Angabe der Mapping-Kardinalität und die Kennzeichnung, ob Informationsverluste bzw. -defizite auftreten. Je nach Ansatz und

---

268 Vgl. Kapitel 3.5.

269 Vgl. Ng / Yan / Lim (2000), S. 11f.

Bedeutung dieser geplanten Entwicklung von Datentransformationen kann so eine fundierte und vollständige Dokumentation entstehen, die anschließend von Nicht-Domänenexperten in Datentransformationswerkzeuge überführt oder unmittelbar in Skripte umgesetzt werden kann.

8 Produktklassifizierung

Im Katalogdatenmanagement nehmen die Produktklassifizierung und die ihr zugrundeliegenden Klassifikationssysteme eine besondere Stellung ein. Diese beruht zum einen auf dem Anwendungsnutzen, der durch klassifizierte Katalogdaten entsteht, und zum anderen auf den inhaltlichen und informationellen Anforderungen der Produktklassifizierung. Deshalb sind für diesen Gestaltungsbereich angepaßte Datenmanagementkonzepte zu entwickeln. Die Entwicklung beginnt mit der Erarbeitung der Anforderungen an die Klassifizierungsaufgabe, die zum größten Teil in den Entstehungsphasen der Katalogdaten anfällt, d.h. sie kann erstens dem Anwendungsszenario Supplier und zweitens dem Szenario Intermediär zugeordnet werden (Kapitel 8.1).

Neben der funktionalen Betrachtung sind die Klassifikationssysteme selbst zu thematisieren. Hierunter ist zu verstehen, daß die Entwicklung von Gestaltungskonzepten für die Erstellung, Bearbeitung und Weitergabe dieser nur dann Erfolg haben kann, wenn die Klassifikationssysteme in ihrer Struktur vollständig und allgemeingültig erfaßt werden. Es wird festzustellen sein, daß eine solche Strukturbeschreibung weit über den noch in Kapitel 2.3 skizzierten Aufbau von Klassifikationssystemen hinausgeht. Die Ableitung der Strukturelemente kann teilweise auf der Grundlage einer empirischen Untersuchung standardisierter Klassifikationssysteme erfolgen, weil erst sie den zusätzlichen Anwendungsnutzen hinsichtlich Produktsuche, -spezifikation und -vergleich erschließen (Kapitel 8.2). Dazu werden ausgewählte Standardklassifikationssysteme einer vergleichenden Analyse unterzogen (Kapitel 8.3). Sind die Strukturelemente erfaßt, ist zu untersuchen, inwieweit XML-Katalogstandards diese unterstützen, d.h. ob sich standardisierte Klassifikationssysteme zwischenbetrieblich austauschen lassen (Kapitel 8.4).

Handelt es sich bei der operativen Produktklassifizierung um eine größtenteils manuell auszuführende Aufgabe, so läßt sich eine Reihe von Verfahren anwenden, die die Automatisierung oder Teilautomatisierung dieser Tätigkeiten zum Ziel haben (Kapitel 8.5).

8.1 Grundlegende Anforderungen

Die Produktklassifizierung stellt zahlreiche Anforderungen an das betriebliche KDM-System, die im folgenden auf drei charakteristische Anforderungen reduziert werden können. Charakteristisch heißt, daß sie sich von allgemeinen Anforderungen an das Datenmanagement von Ordnungssystemen abheben. Wenn von Anforderungen gesprochen wird, dann schließen diese bereits grundlegende Gestaltungsaspekte mit ein bzw. lassen Rückschlüsse auf Gestaltungsoptionen zu. Im weiteren werden die Anforderungen Verarbeitung der Systemdefinitionen, Multi-Klassifizierung und Überprüfbarkeit der Klassifizierung behandelt.

8.1.1 Verarbeitung der Systemdefinitionen

Die Klassifizierung setzt voraus, daß das jeweilige Klassifikationssystem bekannt ist. Es muß in einer verarbeitungsfähigen Form vorliegen, so daß es in das KDM-System übernommen werden kann. Diese Rolle übernimmt die Systemdefinition, also strukturierte Daten, die das Klassifikationssystem vollständig beschreiben. Die Verarbeitung der Systemdefinitionen betrifft alle Arten von KDM-Systemen. Außerdem ist sie auch für katalogbasierte Einkaufs- und Verkaufssysteme – also für Transaktionssysteme – erforderlich. In diesen dienen sie zur Anzeige produktbezogener Klassifizierungsinformationen, da klassifizierte Produktdaten nur Referenzen auf Klassen- und Merkmalsdefinitionen sowie die eigentlichen Merkmalswerte enthalten. Die Trennung in Systemdefinitionen und Produktdaten, die auf die Systemdefinitionen verweisen, ist auch eine Grundlage für die Entwicklung der Katalogdatenbereiche in Kapitel 2.1.5 gewesen.

Die Verarbeitung der Systemdefinitionen bedingt, daß diese Daten zwischen den partizipierenden Unternehmen ausgetauscht werden. Als Teilmenge der Katalogdaten weist der Datenaustausch viele Gemeinsamkeiten zum allgemeinen Katalogdatenaustausch auf. Dennoch ist es notwendig, daß Klassifikationssystemdaten auch unabhängig von konkreten Produktkatalogen übermittelt werden können. Eine Systematisierung der Austauschbeziehungen legt dies offen. In Summa lassen sie sich durch das in Abbildung 8-1 dargestellte Modell wiedergeben, welches neun Austauschbeziehungen (AB) umfaßt.

In Ergänzung zu den drei KDM-Anwendungsszenarien ist zu berücksichtigen, daß Standardklassifikationssysteme durch neutrale Dritte (Standardorganisationen) bereitgestellt werden. Das Attribut *neutral* umschreibt hier, daß solche Organisationen selbst keine Produktkataloge erstellen, da sie nicht Produkte anbieten. Folglich publizieren sie lediglich die Systemdefinitionen (AB 1 bis 3). Ähnlich verhält es sich mit den unternehmensspezifischen Klassifikationssystemen, die Lieferanten (AB 6 und 8) oder Intermediäre (AB 7) in ihren Katalogen verwenden und den Katalognutzern zur Verfügung stellen. In umgekehrter Richtung können jedoch auch katalognutzende Unternehmen den Katalogerstellern ein dann verpflichtendes Klassifikationssystem vorgeben (Intermediär / Supplier: AB 4; Buyer / Intermediär: AB 5; Buyer / Supplier: AB 9).

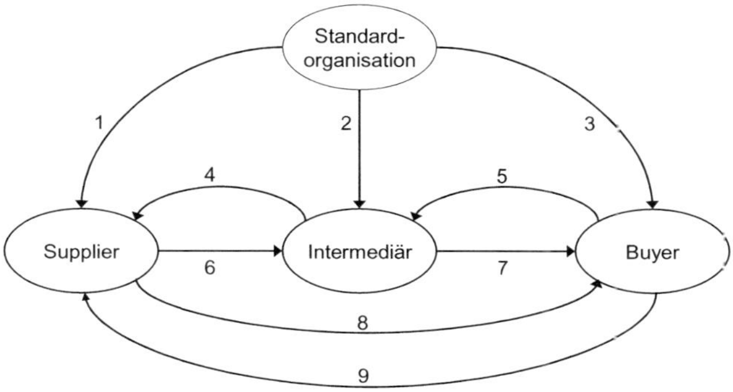

Abbildung 8-1: Klassifikationssysteme als Gegenstand des Datenaustausches

Es wird ersichtlich, daß sich der Austausch von Klassifikationssystemdaten über alle Teilnehmer des katalogbasierten Handels erstreckt und entweder Bestandteil elektronischer Kataloge ist oder separat von diesen erfolgt. Für standardisierte Klassifikationssysteme läßt sich der Übertragungsaufwand deutlich reduzieren, da diese bei jedem Teilnehmer nur einmal zu verarbeiten sind. Liegt zum Beispiel das Klassifikationssystem beim einkaufenden Unternehmen bereits vor, so können die Lieferantenkataloge auf die Übertragung dessen verzichten.

Im günstigsten Fall, wenn branchenweit oder darüber hinaus nur ein einziges Standardklassifikationssystem eingesetzt wird, ist seitens der Standardorganisation sicherzustellen, daß alle Marktteilnehmer mit den Systemdefinitionen versorgt werden, d.h. der Datenaustausch beschränkt sich auf die Austauschbeziehungen 1 bis 3. Insofern versprechen Standardklassifikationssysteme eine Vereinfachung des Datenaustausches. Die Realität sieht allerdings noch anders aus. Neben der Verbreitung proprietärer Klassifikationssysteme sind vereinzelt einkaufende Unternehmen dazu übergegangen, horizontal angelegte Standardklassifikationssysteme individuell zu verändern oder zu erweitern. In diesen Fällen müssen die kataloglieferndn Unternehmen ebenfalls ihre klassifizierten Produktdaten anpassen. Genauer gesagt müssen sie ein zusätzliches Klassifikationssystem unterstützen.

Schließlich erfordern Klassifikationssysteme analog zum allgemeinen Katalogdatenaustausch ebenfalls die Übertragung von Datenaktualisierungen. Zwei Gründe sprechen für diese Vorgehensweise. Zum einen wird der Aufwand der Übertragung und Verarbeitung deutlich reduziert, da die unveränderten Bereiche nicht Gegenstand dieser sind. Dieser Vorteil gilt gerade für die horizontalen Standardklassifikationssysteme, die mehrere Tausend Klassen- und Merkmalsdefinitionen umfassen. Wichtiger ist allerdings, daß erst durch die Aktualisierungsmitteilung die Veränderungen und Erweiterungen für die Anwender transparent gemacht werden. Auf dieser Grundlage können KDM-Systeme entsprechende Vergleichsfunktionen implementieren. Dadurch werden notwendige Um- und Nachklassifizierungsprozesse bereits durch den Datenaustausch unterstützt.

8.1.2 Multi-Klassifizierung

Die sogenannte Multi-Klassifizierung besagt, daß jedes Produkt gemäß einer beliebigen, erweiterbaren Anzahl unterschiedlicher Klassifikationssysteme klassifizierbar sein muß. Mit dieser Anforderung wird dem Umstand Rechnung getragen, daß je nach Branche, Kundengruppe und Marktbedürfnissen verschiedene Klassifikationssysteme eingesetzt werden. Das Spektrum reicht von unternehmensinternen Klassifikationssystemen über eigene, proprietäre Klassifikationssysteme für die Sortiments- und Katalogstrukturierung bis zu den Standardklassifikationssystemen horizontaler oder vertikaler Ausrichtung. In Ergänzung zu den grundlegend unterschiedlichen Klassifikationssystemen ist zu berücksichtigen, daß sich Klassifikationssysteme im Zeitablauf verändern, was sich in verschiedenen Versionen widerspiegelt. Dies gilt insbesondere für die Standardklassifikationssysteme, zu denen meistens in festen Zeitabständen aktualisierte Versionen veröffentlicht werden. Die Multi-Klassifizierung fordert also die Unterstützung mehrerer Klassifikationssysteme, die gleichzeitig auch in unterschiedlichen Versionen vorliegen können.

Ein Aspekt der Multi-Klassifizierung ist die Handhabung der Klassenzuordnungen. Die Anforderung lautet, daß jedes Produkt den Klassifikationssystemen zuzuordnen ist, welche für elektronische Produktkataloge verwendet werden. Diese extern genutzten Klassifikationssysteme sind zu unterscheiden von jenen, die allein für unternehmensinterne Zwecke eingesetzt werden und sich in der Regel an anderen Ordnungsprinzipien orientieren. Unter der Annahme, daß mindestens ein unternehmensinternes Klassifikationssystem vorhanden ist, läßt sich die direkte Zuordnung der Produkte zu den Klassen des Zielklassifikationssystems vermeiden. Bei der *indirekten* Klassifizierung wird statt dessen versucht, jede Klasse des internen Klassifikationssystems einer Klasse des Zielsystems zuzuweisen. In der Folge gehören alle Produkte der Ausgangsklasse auch der Zielklasse an. Diese Vorgehensweise ist allerdings nur dann erfolgreich, wenn tatsächlich nennenswerte inhaltliche Überschneidungen zwischen beiden Klassifikationssystemen existieren. Auch ist nicht davon auszugehen, daß die Zuordnungen in allen Fällen bis auf die unterste Hierarchieebene des Zielsystems vorgenommen werden können. Im Zweifelsfall sind höhere Ebenen zu referenzieren, die dann eine manuelle Detaillierung der Klassifizierung erfordern. Die skizzierte Vorgehensweise, die auf einem unternehmenseigenen Klassifikationssystem beruht, welches auch mit Referenzsystem bezeichnet werden kann, stellt einen ersten Schritt zur Automatisierung der Klassifizierungsaufgabe dar. Deshalb wird hier auf die näheren Ausführungen in Kapitel 8.4 verwiesen.

Die Multi-Klassifizierung erstreckt sich jedoch nicht nur auf die Zuordnung jedes Produktes zu Klassen, sondern sie gewinnt hauptsächlich durch die klassenspezifischen, produktbeschreibenden Merkmale an Komplexität. Im speziellen verlangt die Multi-Klassifizierung nach einem Verwaltungskonzept für die Produktmerkmale. Wenn ein Produkt anhand der vorgegebenen Merkmalsleisten von zwei oder mehr Klassifikationssystemen zu beschreiben ist, dann enthalten die Merkmalsleisten mit hoher Wahrscheinlichkeit Merkmale von gleicher Bedeutung. Sehr einfache Verwaltungskonzepte definieren die Merkmale je Klassifikationssystem separat und halten damit redundante Produktinformationen vor. Dagegen versuchen fortgeschrittene Ansätze, diese Redundanzen zu vermeiden und zu einer systemübergreifenden, integrierten Merkmalsverwaltung zu gelangen.

Schrittweise lassen sich Alternativen für die Merkmalsverwaltung entwickeln. Gemeinsamer Ausgangspunkt ist die Zusammenfassung der produktbeschreibenden Merkmale zu klassenspezifischen Merkmalsleisten. Dadurch wird erreicht, daß zu einem Produkt nur solche Merkmale gepflegt werden, die für diese Art von Produkt als sinnvoll erachtet werden. Somit entstehen unternehmensspezifische Merkmalsleisten, die für jedes Produkt die produktbeschreibenden Merkmale aufnehmen. Dies bedeutet, daß aus unternehmensinterner Sicht die Merkmalsleisten lediglich die einheitliche Spezifikation über gemeinsame Merkmale sicherstellen sollen. Die bei der Nutzung elektronischer Kataloge zusätzlichen Vorteile, die parametrische Suche und den qualifizierten Produktvergleich zu ermöglichen, sind nicht ausschlaggebend.

Isolierte Merkmalsverwaltung

Das einfachste Verwaltungskonzept übernimmt für jedes zu klassifizierende Produkt aus jedem Zielklassifikationssystem die relevante Merkmalsleiste und belegt alle enthaltenen Merkmale mit Werten. Wenn zum Beispiel in der Merkmalsleiste des Klassifikationssystems A acht Merkmale und des Klassifikationssystems B zehn Merkmale vorgegeben sind, dann werden für das Produkt insgesamt 18 Merkmale erfaßt. Mit dieser Vorgehensweise sind die Nachteile einer redundanten Datenverwaltung verbunden.

Da die Merkmale jedes Klassifikationssystem isoliert betrachtet werden, gehen bestehende Zusammenhänge in Form inhaltlicher Überschneidungen verloren, so daß bedeutungsgleiche Merkmale mehrfach zu pflegen sind. Bei Veränderungen der Produktspezifikation, die sich in Merkmalswertmodifikationen niederschlagen, sind diese Zusammenhänge wieder zu berücksichtigen, um Änderungsinkonsistenzen zu vermeiden. Weiterhin ist zu beachten, daß zwischen den Merkmalsbezeichnungen der verwendeten Klassifikationssysteme sowohl Homonym- als auch Synonymbeziehungen existieren können. Im ersten Fall besitzen zwei identisch benannte Merkmale eine unterschiedliche Bedeutung. Zum Beispiel könnte sich das Merkmal „Farbe" auf verschiedene Komponenten eines Produktes beziehen, d.h. allein aus dem Merkmalsnamen läßt sich die Semantik nicht eindeutig erschließen. Hier müßte auf eine weitergehende Erläuterung dieses Merkmals zurückgegriffen werden. Im zweiten Fall repräsentieren unterschiedlich bezeichnete Merkmale den gleichen Sachverhalt. Hier ist foglich die inhaltliche Übereinstimmung zu erkennen.

Zur Veranschaulichung der isolierten Merkmalsverwaltung zeigt die Tabelle 8-1, durch welche Merkmale ein Produkt des Typs Schlagmaulschlüssel gemäß den Standardklassifikationssystemen eCl@ss (Klasse: AAA314001) und proficl@ss (Klasse: AAA791c001) zu spezifizieren ist. Bei den eCl@ss-Merkmalen handelt es sich aus Darstellungsgründen um einen Ausschnitt. Die vollständige Merkmalsleiste umfaßt 17 Merkmale, während in proficl@ss nur die sechs angeführten Merkmale vorgesehen sind.

Merkmal-ID (intern)	Klassifikationssystem	Merkmal-ID (System)	Bezeichnung	Datentyp	Einheit
101	eCl@ss	CBB018001	Gewicht	NR2..4.2	Kilogramm
102	eCl@ss	CBA007001	Länge	NR2..2.4	Meter
103	eCl@ss	CBA002001	Maßnorm	X..30	-
104	eCl@ss	CAB043001	Maul, Dicke	NR2..1.4	-
105	eCl@ss	CBA136001	Oberflächenschutz	X..30	-
106	eCl@ss	CAA058001	Schlüsselweite	NR2..10.6	Meter
107	eCl@ss	CBA001001	Werkstoff Kurzname	X..20	-
108	eCl@ss	CAB046001	Werkzeug, Funkenfrei	X..30	-
201	proficl@ss	AAA801f001	Aussenmaß (b)	numerisch	Millimeter
202	proficl@ss	AAA081f001	Gesamtlänge	numerisch	Millimeter
203	proficl@ss	AAA003f001	Gewicht	numerisch	Gramm
204	proficl@ss	AAA802f001	Kopfdicke	numerisch	Millimeter
205	proficl@ss	AAA783f001	Maulstellung	numerisch	Winkelgrad
206	proficl@ss	AAA198f001	Schlüsselweite	numerisch	Millimeter

Tabelle 8-1: Beispiel isolierte Merkmalsverwaltung

Die grau markierten Merkmale sind in beiden Klassifikationssystemen als inhaltlich übereinstimmend anzusehen. Sie unterscheiden sich jedoch zum Teil in ihrer Bezeichnung (z.B. „Länge" vs. „Gesamtlänge"), den Datentypen (z.B. bezüglich der Genauigkeit numerischer Werte) und den Einheiten (z.B. „Meter" vs. „Millimeter"). Die beiden letzten Unterschiede sind von besonderer Bedeutung, da sie dazu führen, daß eine Merkmalsausprägung je nach Klassifikationssystem unterschiedlich darzustellen und gemäß den Vorgaben zu formatieren ist.

Das Beispiel zeigt bereits, daß Klassifikationssysteme zur Definition dieser Vorgaben ein divergierendes Vokabular einsetzen können. In eCl@ss orientieren sich die Datentypen an der Notation der Norm ISO 6093[270], wohingegen proficl@ss eine Menge eigener Datentypen festlegt, die natürlichsprachig bezeichnet sind. Auch können übereinstimmende Merkmale unterschiedlich stark typisiert werden. Die Typisierung reicht von der Angabe des Basisdatentyps – zum Beispiel „numerisch" bei proficl@ss – bis zur genauen Angabe der zulässigen Anzahl von Vor- und Nachkommastellen. Solche Unterschiede betreffen ebenfalls die Merkmalseinheiten. Neben dem Fall, daß zwei inhaltlich übereinstimmende Merkmale verschiedene Einheiten aufweisen,

[270] Vgl. ISO (1985). Beispielsweise repräsentiert der Datentyp „NR2..4.2" Dezimalzahlen variabler Länge mit bis zu vier Vor- und bis zu zwei Nachkommastellen; „X..30" steht für variable Zeichenketten, die maximal 30 Zeichen lang sind.

ist es möglich, daß numerische Merkmale ohne Einheit definiert sind. Im Beispiel gilt dies für das eCl@ss-Merkmal „Maul, Dicke". Die Folge ist, daß der Katalogersteller die Werte in der Einheit angeben wird, die dieser für plausibel hält und sie daher von der Interpretation anderer Marktteilnehmer und insbesondere der Katalognutzer abweichen könnte.

Merkmal-Mapping

Zuvor ist auf die typischen Redundanzprobleme der isolierten Merkmalsverwaltung hingewiesen worden. Sie verschärfen sich dann, wenn die Anzahl der Merkmalsdefinitionen aufgrund vieler Klassifikationssysteme und umfangreicher Merkmalsleisten relativ hoch ist. Ein weitergehendes Verwaltungskonzept adressiert daher die Redundanzproblematik, indem das unternehmensinterne Klassifikationssystem mit seinen Merkmalen grundsätzlich der Ausgangspunkt für jede Produktspezifikation nach weiteren Klassifikationssystemen ist.

Bereits im Referenzsystem vorhandene Merkmale können für andere Klassifikationssysteme wiederverwendet werden. Sie sind daher nicht mehrfach zu pflegen. Dazu werden auf Klassenebene die internen Merkmale den Merkmalen des Zielklassifikationssystems zugeordnet. Existiert eine solche Zuordnung, dann werden die Merkmalswerte für alle Produkte automatisch in die Merkmalsleiste des Zielklassifikationssystems übernommen. Im Beispiel der Abbildung 8-2 kann das interne Merkmal „Mauldicke" dem eCl@ss-Merkmal „Maul, Dicke" und dem proficl@ss-Merkmal „Kopfdicke" direkt zugeordnet werden, da die Einheiten jeweils übereinstimmen.

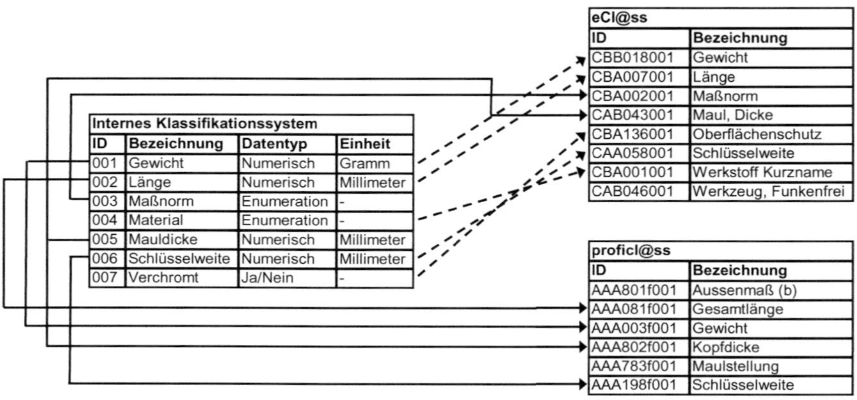

Abbildung 8-2: Beispiel Merkmal-Mapping

Insgesamt lassen sich fünf interne Merkmale auf der einen Seite zwei eCl@ss- und vier proficl@ss-Merkmalen auf der anderen Seite zuordnen. Nur die über das Referenzsystem hinausgehenden Merkmale sind je Produkt zusätzlich manuell zu erfassen. Voraussetzung für das Merkmal-Mapping ist jedoch nicht nur die inhaltliche Übereinstimmung, sondern ebenfalls die identische Formatierung der Merkmalswerte. Folglich können Unterschiede in der Darstellung (z.B. Zahlenformat) oder der Merkmalseinheit (z.B. „cm" statt „mm") die Zuordnung und damit die Wertübernahme verhindern. In diesen Fällen sind die Merkmale neu und somit wieder redundant zu erfassen. Solche Fälle sind im Beispiel mit strichlierten Pfeilen gekennzeichnet. Unter anderem verhindert bei dem Merkmal „Gewicht" eine divergierende Einheit das Mapping; im Fall des Merkmals „Verchromt" besteht ein inhaltlicher Zusammenhang zu dem eCl@ss-Merkmal „Oberflächenschutz", welches jedoch auf der Basis einer Enumeration und nicht als einfacher Ja/Nein-Wert definiert ist.

Merkmal-Pool

Mit dem Mapping von internen Merkmalen zu den Merkmalen der Zielklassifikationssysteme bei gleichzeitiger, separater Erfassung der nicht zuordnungsfähigen Merkmale sind noch nicht jene Redundanzen behoben, die zwischen den zusätzlichen Merkmalen mehrerer Zielklassifikationssysteme auftreten. Die Ursache liegt in dem weiterhin beschränkten Umfang der internen Merkmale. Hier setzt das Verwaltungskonzept Merkmal-Pool an, das unternehmensintern eine vollständige, erweiterbare Merkmalsmenge vorsieht. Motiviert wird dieser Ansatz dadurch, daß alle Produkteigenschaften, die sich durch Merkmale wiedergegeben lassen, für das Unternehmen und seine Kunden von Bedeutung sind oder zukünftig sein könnten. Sie sind redundanzfrei zu pflegen und für unterschiedliche Nutzungszwecke bereitzustellen. Einer dieser Zwecke ist die Verwendung in klassifizierten Produktkatalogen.

Definiert ein Klassifikationssystem bzw. die Merkmalsleiste ein Merkmal, welches im Merkmal-Pool noch nicht enthalten ist, so ist dieses aufzunehmen und der korrespondierenden, unternehmensinternen Merkmalsleiste hinzuzufügen. Im Resultat werden die Merkmalsleisten der Zielklassifikationssysteme durch unternehmensinterne Merkmale vollständig abgedeckt, d.h. sie referenzieren auf Klassenebene jeweils ein internes Merkmal und übernehmen auf Produktebene die Merkmalswerte. Dadurch reduziert sich der Klassifizierungsprozeß für neue Produkte auf die Erfassung der Merkmalswerte und die Bestimmung der Zielklasse. Insbesondere können beide Teilaufgaben zeitlich entkoppelt durchgeführt werden, da sich die produktbeschreibenden Merkmale häufig erst im Design- und Spezifikationsprozeß des Produktes ergeben. Wird später die Produktklasse des Zielsystems bestimmt, ist nur noch zu prüfen, ob alle relevanten Merkmale mit Werten belegt sind.

Für die Beispielklasse ergibt sich der in Tabelle 8-2 wiedergegebene Ausschnitt des Merkmal-Pools. Die jeweils zugeordneten Standardmerkmale werden im rechten Bereich referenziert. Die grau markierten Einträge kennzeichnen jene Merkmale, die das aus der Abbildung 8-2 übernommene, interne Klassifikationssystem um zusätzliche, bislang nicht berücksichtigte Merkmale erweitern.

Internes Klassifikationssystem				**Mapping**	
ID	**Bezeichnung**	**Datentyp**	**Einheit**	**eCl@ss-ID**	**proficl@ss-ID**
008	Aussenmaß (b)	Numerisch	Millimeter	-	AAA801f001
001	Gewicht	Numerisch	Gramm	-	AAA003f001
009	Gewicht	NR2..4.2	Kilogramm	CBB018001	-
002	Länge	Numerisch	Millimeter	-	AAA081f001
010	Länge	NR2..2.4	Meter	CBA007001	-
003	Maßnorm	X..30	-	CBA002001	-
004	Material	Enumeration	-	-	-
005	Mauldicke	NR2..1.4	Millimeter	CAB043001	AAA802f001
011	Maulstellung	Numerisch	Winkelgrad	-	AAA783f001
012	Oberflächenschutz	X..30	-	CBA136001	-
006	Schlüsselweite	Numerisch	Millimeter	-	AAA198f001
013	Schlüsselweite	NR2..10.6	Meter	CAA058001	-
007	Verchromt	Ja/Nein	-	-	-
014	Werkstoff Kurzname	X..20	-	CBA001001	-
015	Werkzeug, Funkenfrei	X..30	-	CAB046001	-

Tabelle 8-2: Beispiel Merkmal-Pool und Mapping zu Standardmerkmalen

Datentransformationen für Merkmalswerte

Der Aufbau eines umfassenden Merkmal-Pools verringert die Redundanz, setzt allerdings immer noch voraus, daß inhaltlich identische Merkmale ein übereinstimmendes Datenformat aufweisen. Folglich führen Darstellungsunterschiede weiterhin zu neuen Merkmalen und erhöhen den Umfang des Merkmal-Pools. Die Lösung liegt in der Erweiterung des Merkmal-Mappings um Datentransformationen, die die Merkmalswerte in ein Zielformat mit gegebenenfalls abweichender Einheit umwandeln. Solche Transformationen können auf die allgemeinen Transformationskonzepte aus Kapitel 7.4 zurückgreifen. Es handelt sich um 1:1-Mappings, bei denen Repräsentationsunterschiede zu berücksichtigen sind.[271] Gut geeignet sind solche Transformationen für numerische Merkmalswerte, da die Zielwerte über Formeln neu berechnet werden können. Schwieriger ist jedoch die Handhabung von Enumerationen, da die Mapping-Definition für jeden Aufzählungswert einen korrespondierenden Wert zu bestimmen hat. Dies gilt auch für die Zuordnung von Enumerationswerten zu numerischen Werten und den umgekehrten Fall.

Die Tabelle 8-3 demonstriert die Anwendung des Verwaltungskonzeptes. Im Ergebnis wird jede Produkteigenschaft nur noch durch ein Merkmal repräsentiert, so daß sich die Merkmalsanzahl von 15 auf zehn reduziert. Die drei eCl@ss-Merkmale „Gewicht", „Länge" und „Schlüsselwerte" unterscheiden sich von den internen Merkmalen durch die Verwendung der Basiseinheiten „Meter" bzw. „Gramm". Deshalb enthalten die Transformationsanweisungen eine Divisionsoperation (hier: DIV 1000), während bezüglich des Merkmals „Material" eine Regel die interne Enumeration auf die eCl@ss-spezifische Enumeration abbildet. Schließlich belegt eine weitere Regel das eC@lss-Merkmal CBA136001 mit dem Enumerationswert „verchromt", wenn das interne Merkmal „Verchromt" den Wert „Ja" aufweist. Die sonstigen Enumerationswerte – unter anderem „vernickelt", „eloxiert" und „gummiert" – sind nicht Gegenstand dieser Regel (Informationsdefizit im internen Klassifikationssystem).

Internes Klassifikationssystem				**Mapping und Datentransformationen**			
ID	**Bezeichnung**	**Datentyp**	**Einheit**	**eCl@ss-ID**	**eCl@ss-Trans.**	**proficl@ss-ID**	**Profi-cl@ss-Trans.**
008	Außenmaß (b)	Numerisch	Millimeter	-	-	AAA801f001	-
001	Gewicht	Numerisch	Gramm	CBB018001	DIV 1000	AAA003f001	-
002	Länge	Numerisch	Millimeter	CBA007001	DIV 1000	AAA081f001	-
003	Maßnorm	X..30	-	CBA002001	-	-	-
004	Material	Enumeration	-	CBA001001	REGEL	-	-
005	Mauldicke	NR2..1.4	Millimeter	CAB043001	-	AAA802f001	-
011	Maulstellung	Numerisch	Winkelgrad	-	-	AAA783f001	-
006	Schlüsselweite	Numerisch	Millimeter	CAA058001	DIV 1000	AAA198f001	-
007	Verchromt	Ja/Nein	-	CBA136001	REGEL	-	-
015	Werkzeug, Funkenfrei	X..30	-	CAB046001	-	-	-

Tabelle 8-3: Beispiel Datentransformationen für Standardmerkmale

[271] Vgl. Kapitel 7.4.2.

Abgeleitete Merkmale

Für den Fall, daß die Anwendung von Datentransformationen nur eingeschränkt möglich ist und einen relativ hohen Aufwand erfordert, der insbesondere bei der Verwendung mehrerer Zielklassifikationssysteme entsteht, ist über den Umfang des Merkmal-Pools selbst nachzudenken. Mit dem Konzept *abgeleiteter Merkmale* werden Merkmalstransformationen nicht mehr je Klassifikationssystem definiert, sondern sie führen zu einer Erweiterung des Merkmal-Pools um spezielle Merkmale, deren Werte auf Basis anderer Merkmale abgeleitet werden. Unterschieden werden statische Merkmale, die feste Werte aufnehmen, und abgeleitete Merkmale, die ein oder mehrere statische Merkmale referenzieren und deren Werte über eine Transformationsregel nutzen, um den Merkmalswert zu ermitteln. Zur Nutzung in Klassifikationssystemen genügt die einfache Zuordnung der benötigten Merkmale. In den Fällen, in denen eine Transformationsregel nicht formuliert werden kann, sind je Produkt die Merkmalswerte manuell zu pflegen.

Die Anwendung dieses Konzeptes hat zur Folge, daß – wie in der Tabelle 8-4 sichtbar wird – der Merkmal-Pool wieder umfangreicher wird. Im Gegenzug entfallen beim Mapping die für jedes Klassifikationssystem spezifischen Datentransformationen, da sie nun Bestandteil des Merkmal-Pools sind.

Internes Klassifikationssystem						**Mapping**	
ID	**Abgeleitet**	**Bezeichnung**	**Datentyp**	**Einheit**	**Transformation**	**eCl@ss-ID**	**proficl@ss-ID**
008	-	Außenmaß (b)	Numerisch	Millimeter	-	-	AAA801f001
001	-	Gewicht	Numerisch	Gramm	-	-	AAA003f001
501	001	-	Numerisch	Kilogramm	DIV 1000	CBB018001	
002	-	Länge	Numerisch	Millimeter	-	-	AAA081f001
502	002	-	Numerisch	Meter	DIV 1000	CBA007001	
003	-	Maßnorm	X..30	-	-	CBA002001	-
004	-	Material	Enum.	-	-	CBA001001	-
504	004	-	Enum.	-	REGEL	-	
005	-	Mauldicke	NR2..1.4	Millimeter	-	CAB043001	AAA802f001
011	-	Maulstellung	Numerisch	Winkelgrad	-	-	AAA783f001
006	-	Schlüsselweite	Numerisch	Millimeter	-	CAA058001	AAA198f001
506	006	-	Numerisch	Meter	DIV 1000	-	
007	-	Verchromt	Ja/Nein	-	-	CBA136001	-
507	007	-	Enum.	-	REGEL	-	
015	-	Werkzeug, Funkenfrei	X..30	-	-	CAB046001	-

Tabelle 8-4: Beispiel Merkmal-Pool mit abgeleiteten Merkmalen

8.1.3 Überprüfbarkeit der Klassifizierung

Die Klassifizierung ordnet Produkte in Hierarchien ein und beschreibt sie einheitlich. Voraussetzungen sind, daß sie inhaltlich korrekt durchgeführt wird und die syntaktischen Vorgaben des Klassifikationssystems eingehalten werden. Dies ist in der Regel durch die KDM-Systeme zu gewährleisten. Allerdings beschränkt sich die Überprüfbarkeit der Klassifizierung auf syntaktische Aspekte, d.h. ob ein Produkt der richtigen Klasse zugeordnet ist, kann nur durch Domänenexperten beurteilt werden. Auch läßt sich nicht verhindern, daß ein Merkmal zwar entsprechend dem Datentyp und Wertebereich mit einem syntaktisch richtigen Wert belegt wird, der inhaltlich jedoch falsch ist. Daher bezieht sich die Überprüfbarkeit im weiteren nur auf die syntaktische Konformität klassifizierter Produktdaten. Es ist zu untersuchen, inwieweit diese durch KDM-Systeme sichergestellt werden kann. Darüber hinaus ist die korrekte Anwendung eines Klassifikationssystems auch für die Kataloganwender von Interesse, die zum Beispiel im Rahmen eines Katalogimportprozesses die Güte der Klassifizierung überprüfen.

Zur Entwicklung der syntaktischen Eigenschaften kann einerseits auf den Strukturumfang von Klassifikationssystemen (Klassen- und Merkmalsdefinitionen) und andererseits auf die drei grundlegenden Datenmanagementziele Richtigkeit, Konsistenz und Vollständigkeit zurückgegriffen werden.[272]

Richtigkeit der Klassifizierung heißt, daß zunächst alle Produkte nur solchen Klassen zugeordnet werden dürfen, die in dem Klassifikationssystem enthalten und dafür vorgesehen sind. Letztere Anforderung ist dann relevant, wenn das Klassifikationssystem per Definition eine Zuordnung zu der untersten Hierarchieebene verlangt, d.h. es ist nicht zulässig, Produkte zu den Ästen der Baumstruktur zuzuordnen. Weiterhin müssen die Werte der klassenspezifischen Merkmale dem vorgegebenen Datentyp und dem zulässigen Wertebereich genügen.

Die Konsistenzforderung resultiert aus der eingangs beschriebenen Trennung in systemdefinierende und produktspezifizierende Daten. Die logischen Zusammenhänge zwischen beiden Bereichen entstehen ausschließlich durch die Referenzierung des Klassifikationssystems, seiner Klassen, Merkmale und gegebenenfalls vordefinierter Werte. Konsistenz bedeutet, daß alle Referenzen auf vorhandene Objekte verweisen müssen. Die vier referenzierbaren Objekttypen weisen untereinander

---

[272] Vgl. Kapitel 4.2.3.

Abhängigkeiten auf bzw. lassen nachgeordnete Konsistenzanforderungen entstehen. Erstens schränkt die Angabe des Klassifikationssystems die möglichen Klassen ein, da nur noch solche Klassen referenziert werden dürfen, die in dem angegebenen Klassifikationssystem enthalten sind. Zweitens werden auf Produktebene mit der Selektion der Klasse die Merkmalsleiste und damit die nutzbaren Merkmale determiniert. Drittens wird auf Merkmalebene mit der Bezugnahme auf eine Merkmalsdefinition die Menge der referenzierbaren Werte eingeschränkt, soweit es sich um eine Enumeration handelt und das Klassifikationssystem die erlaubten Ausprägungen vorgibt.

Die Vollständigkeit der Produktklassifizierung ist eine weitere Anforderung, die zugleich als quantitatives Gütekriterium genutzt werden kann, um Aussagen über den Umfang oder den Grad der Klassifizierung zu treffen. Vollständigkeit verlangt je nach Vorgaben des Klassifizierungssystems, daß jedes Produkt genau einer Klasse zugeordnet wird und daß die Produktspezifikation alle klassenspezifischen Merkmale umfaßt.

Die Kriterien zur Überprüfung der Klassifizierung sind differenziert nach den drei Zielen in der Tabelle 8-5 zusammengefaßt.

Datenziel **Objekttyp**	**Richtigkeit**	**Konsistenz**	**Vollständigkeit**
System	-	Systemidentifikator ist zulässig.	Alle Produkte sind dem System zugeordnet.
Klasse	Der Klasse dürfen Produkte zugeordnet werden.	Klasse ist in dem System enthalten.	Alle Produkte sind genau einer Klasse zugeordnet.
Merkmal	-	Merkmal ist in der Merkmalsleiste der Klasse enthalten.	Alle (Muß-)Merkmale der Merkmalsleiste sind je Produkt genutzt.
Wert	Wert liegt im Wertebereich des Merkmals.	Enumerationswert ist für das Merkmal zulässig.	Jedes Merkmal ist mit einem Wert belegt.

Tabelle 8-5: Kriterien zur Überprüfung der Klassifizierung

Die syntaktische Konformität der Klassifizierung läßt sich durch relativ einfache Überprüfungsroutinen ermitteln, die bei XML-basierten Katalog- und Klassifikationssystemdaten auch zum XML-Transformationssprachen erstellt werden können. Solche Prüfungen erweitern die Testmöglichkeiten, die auf Grundlage der formalen Spezifikationen der XML-Katalogstandards durchführbar sind. In Verbindung mit ergänzenden Fehlerberichten und statistischen Auswertungen läßt sich die formale Qualität klassifizierter Produktdaten ermitteln.

8.2 Struktur von Klassifikationssystemen

Die Beschreibung der Anforderungen an die Klassifizierung hat unterstrichen, daß Klassifikationssysteme elementarer Gegenstand des Katalogdatenmanagements und der KDM-Systeme sind. Sie werden in KDM-Systeme importiert, verwaltet und Dritten zur Verfügung gestellt. Dies gilt gleichermaßen für unternehmensspezifische und standardisierte Klassifikationssysteme. Um die Aufgaben der Klassifizierung erfüllen zu können, sind die Klassifikationssysteme sowohl inhaltlich als auch strukturell zu kennen und zu verstehen. Während die inhaltlichen Aspekte alleine durch Domänenwissen erfaßt und bewertet werden können, sind die strukturellen Aspekte wichtig für die Gestaltung von KDM-Systemen. Ein Ziel sollte es sein, strukturell unterschiedliche Klassifikationssysteme so zu beschreiben, daß sie allgemeingültig und vollständig handhabbar sind. Auf dieser Basis lassen sich dann die Klassifizierungskomponenten der KDM-Systeme entwerfen.

Zur Erreichung dieses Zieles können drei Ansatzpunkte gewählt werden. Zuerst sind reale Klassifikationssysteme, wie sie in der Unternehmenspraxis eingesetzt werden, zu analysieren, da sie den Status quo der Klassifikationssysteme darstellen. In Ergänzung dazu sind die in den Katalogstandards enthaltenen Schemata für Klassifikationssysteme zu berücksichtigen. Schließlich sind weitergehende Konzepte zu entwickeln, die über den Status quo und den Datenaustausch hinausgehen und die Verwaltung der Klassifikationssysteme unterstützen.

Im weiteren werden als Ergebnis dieses Entwicklungsprozesses die Strukturelemente, die auf der Grundlage einer empirischen Analyse ausgewählter Standardklassifikationssysteme und XML-Katalogstandards identifiziert worden sind, beschrieben. Anschließend läßt sich in umgekehrter Richtung überprüfen, welche Strukturelemente sich in den untersuchten Klassifikationssystemen und Katalogstandards wiederfinden.[273] Schließlich wird durch eine Gegenüberstellung der Untersuchungsergebnisse die Frage beantwortet, inwieweit die Katalogstandards in der Lage sind, Standardklassifikationssysteme zu übertragen.

---

[273] Die Ausführungen basieren auf Vorarbeiten zur Entwicklung eines Übertragungsformates für Klassifikationssysteme als Erweiterung bestehender XML-Katalogstandards; zu ihrer Vorbereitung vgl. Leukel / Schmitz / Dorloff (2002a), zu dem Übertragungsformat vgl. Leukel / Schmitz / Dorloff (2002c).

8.2.1 Systemdefinition

Die Systemdefinition dient dazu, ein Klassifikationssystem allgemein zu beschreiben, um die Verwaltung in KDM-Systemen zu unterstützen und den Anwendern nähere Informationen über die Art des Klassifikationssystems zur Verfügung zu stellen. Damit ähnelt die Systemdefinition den Katalogmetadaten. Es lassen sich zwei Gruppen von systemdefinierenden Daten bilden.

Die erste Gruppe umfaßt die allgemeinen Metadaten, die nicht nur für Klassifikationssysteme, sondern für Datenverwaltungsobjekte von genereller Bedeutung sind. Hierzu zählen Identifikatoren, Versionsangaben, unterschiedlich ausgelegte Bezeichner und Erklärungstexte sowie die Anzahl bzw. Angabe der Sprachen, in denen die sprachabhängigen Klassifikationsdaten vorliegen. Anzumerken ist, daß die genannten Bezeichner und Erklärungen selbst sprachabhängig sein können.

Die zweite Gruppe der für Klassifikationssysteme spezifischen Metadaten beschreibt die Struktur eines Klassifikationssystems. Unter Struktur wird hier verstanden, welche von der jeweiligen Domäne unabhängigen Elemente das Klassifikationssystem aufweist. Dadurch läßt sich die Frage beantworten, wie die Klassenhierarchie und die Merkmalsleisten modelliert werden. In Kapitel 2.3.2 sind bereits einige Kriterien eingeführt worden, mit denen sich Baumstrukturen beschreiben lassen. Hinsichtlich der Art der Eingliederung von Produkten in diese ist für Klassifikationssysteme die Möglichkeit der Mehrfachzuordnung auszuschließen. Die Zuordnungskardinalität ist also immer eins. Dagegen kann sich die Zuordnungsebene dahingehend unterscheiden, daß Zuordnungen nur auf der Blattebene oder auch zu Klassen höherer Ebenen zulässig sind. Ausgehend von der Wurzel kann die Anzahl der Ebenen für das gesamte Klassifikationssystem begrenzt sein. Weisen alle Teilbäume eine gleiche Tiefe auf, so handelt es sich um einen balancierten Baum. Die Ebenen selbst sind häufig mit einer sprachabhängigen Bezeichnung versehen (z.B. „Hauptgruppe“, „Untergruppe“), um so die Annäherung an immer konkretere Produktklassen kenntlich zu machen.

Neben jene Daten, die unmittelbar die Hierarchie beschreiben, treten zwei weitere Bereiche systemdefinierender Daten, die bereits die Klassen und Merkmale betreffen, jedoch für das gesamte Klassifikationssystem relevant sind. Der erste Bereich bezieht sich auf die Klassenidentifikatoren und gibt an, ob diese sich jeweils aus dem Pfad im Baum ergeben, der zu der Klasse führt, es sich also um einen zusammengesetzten, hierarchischen Code handelt (z.B. 05-12-23 auf der dritten Ebene). Folglich kann anhand des Klassenidentifikators unmittelbar auf die Eingliederung in die

Baumstruktur und auf die Vorgängerklasse geschlossen werden. Ob solche hierarchischen Identifikatoren verwendet werden, ist für das gesamte Klassifikationssystem festzulegen. Im anderen Fall läßt der Identifikator keinen Rückschluß auf die Positionierung der Klasse in der Hierarchie zu (z.B. AAA019c001), so daß es notwendig ist, die übergeordnete Klasse explizit anzugeben, damit KDM-Systeme die Baumstruktur aufbauen können.

Diesem Nachteil steht jedoch der Vorteil gegenüber, daß sich ein nicht-hierarchischer Identifikator auch bei einer Umstrukturierung der Klassenhierarchie, wie sie durch neue Versionen eines Klassifikationssystems auftreten können, nicht verändert. Dies ist gerade für die Anwender der Klassifikationssysteme von Bedeutung, die bei einem Versionswechsel die bestehende Klassenzuordnung aufrechterhalten können, solange die entsprechende Klasse nicht entfällt. Diesem Umstand tragen einige Klassifikationssysteme dadurch Rechnung, daß sie sowohl hierarchische als auch nicht-hierarchische Identifikatoren verwenden und den Anwendern empfehlen, die Klassenzuordnung ausschließlich über die nicht-hierarchischen Identifikatoren vorzunehmen und die hierarchischen Codes nur für die Katalognavigation zu nutzen.

Der zweite Bereich charakterisiert die Organisation des Merkmal-Pools. So wie KDM-Systeme für die Merkmalsverwaltung einen solchen Pool aufbauen können, definiert jedes Klassifikationssystem, welches Merkmalsleisten einschließt, ebenfalls einen Merkmal-Pool. Der Grund ist, daß nur dadurch die Merkmale weitgehend redundanzfrei definiert werden können. Zielsetzung eines Standardklassifikationssystems sollte es sein, die Anzahl der Merkmale zu minimieren. Insbesondere sollte verhindert werden, daß im Zeitablauf neue Merkmale in Teilbereichen unkontrolliert hinzugefügt werden, die in gleicher oder ähnlicher Form bereits vorhanden sind. Als ein spezielles Organisationsprinzip kann dazu die sogenannte Merkmalsvererbung angewendet werden.

Weiterhin gehören zu der Systemdefinition auch Angaben über die Organisation bzw. das Unternehmen, welches das jeweilige Klassifikationssystem erstellt oder verbreitet. Dazu werden Datenstrukturen verwendet, die typischerweise für die Beschreibung von Geschäftspartnern eingesetzt werden.

Insgesamt gibt die Systemdefinition im Sinne von Metadaten explizit an, welche strukturellen Eigenschaften ein Klassifikationssystem aufweist (Art der Baumstruktur und des Merkmal-Pools). Auf dieser Grundlage setzen Verwaltungsfunktionen der KDM-Systeme und Such- und Navigationsfunktionen der Kataloganwendungen auf.

Die KDM-Systeme benötigen diese Metadaten, um sicherzustellen, daß ein Klassifikationssystem hinsichtlich seiner Struktur konsistent verwaltet wird; zum Beispiel dürfen Struktureigenschaften nicht ohne weiteres verändert oder hinzugefügt werden, da sich dadurch die Systemdefinition insgesamt verändert – mit allen Auswirkungen auf die Klassen- und Merkmalsdefinitionen sowie die Nutzung des Klassifikationssystems.

8.2.2 Klassendefinition

Die Klassendefinition hat die Aufgabe, jede einzelne Klasse eines Klassifikationssystems vollständig zu beschreiben. Die Menge der Klassendefinitionen bildet den Inhalt des Klassifikationssystems.

Im Minimum umfaßt die Klassendefinition die Angabe eines Klassenidentifikators und einer Klassenbezeichnung. Bei den Klassenidentifikatoren ist wie zuvor erläutert zwischen hierarchischen und nicht-hierarchischen Identifikatoren zu unterscheiden. Erweiterungen können sich zum einen auf die Anzahl der Identifikatoren, Versionsangaben, Erläuterungen (z.B. Beschreibungstexte, Multimediaobjekte) und die Einordnung der Klasse in die Hierarchie (z.B. Referenzen zu Vater- oder Kind-Klassen, Klassenarten „Wurzel", „Knoten" und „Blatt") beziehen. Zum anderen führen erweiterte, klassenbezogene Strukturelemente zu einer Ausweitung der Klassendefinition. Hierzu gehört eine begrenzte oder beliebige Anzahl von Schlagworten (Synonyme) und im Fall von Merkmalsleisten die Angabe der klassenspezifischen Merkmale.

Die Art der Definition einer klassenspezifischen Merkmalsleiste hängt von den Strukturelementen ab, die für den Merkmal-Pool und die Verwendung der enthaltenen Merkmale eingesetzt werden. Insbesondere ist zu unterscheiden, ob bereits eine Referenzierung des jeweiligen Merkmals genügt. In diesem Fall wird die im Merkmal-Pool abgelegte Merkmalsdefinition vollständig in die Merkmalsleiste übernommen. Sie ist gültig für alle Klassen, deren Merkmalsleisten das Merkmal enthalten. Demgegenüber erlauben einige Klassifikationssysteme, die globale Merkmalsdefinition klassenspezifisch zu erweitern oder zu überschreiben. Dadurch werden Teile der Merkmalsdefinition zu einer Komponente der Klassendefinition.

Zuvor ist davon ausgegangen worden, daß sich ein Klassifikationssystem durch eine zusammenhänge Menge systemdefinierender Daten erschließt. Zu berücksichtigen ist jedoch, daß auf eine explizite Definition bestimmter Teilbäume verzichtet werden könnte und statt dessen auf eine externe Definition dieser Teilbäume verwiesen wird.

Dadurch werden *verteilte Klassifikationssysteme* unterstützt, die sich aus mehreren Subsystemen zusammensetzen. Vor allem bei horizontalen Klassifikationssystemen ist zu erwarten, daß bislang ungenügend abgedeckte Produktsegmente durch Einbindung vertikaler Klassifikationssysteme ersetzt werden. Für die Klassendefinition heißt dies, daß ein solcher Verweis aufzunehmen ist, der zum Beispiel die Web-Adresse (URL) angibt, an der die Systemdefinitionen in elektronischer Form – sei es in einem proprietärem oder standardisiertem Datenformat – abgerufen werden können.

8.2.3 Merkmalsdefinition

Die Merkmalsdefinition hat die Aufgabe, jedes Merkmal eines Klassifikationssystems vollständig zu beschreiben. Der Umfang der Merkmalsdefinition kann unterschiedlich ausfallen und von einer minimalen Definition (Identifikator und Bezeichner) bis zu einer sehr detaillierten Spezifikation reichen. Im Einzelfall wird der Definitionsumfang zum einen durch die Anzahl der Strukturelemente des Klassifikationssystems und zum anderen durch die Organisationsprinzipien des Merkmal-Pools determiniert.

Die Merkmalsdefinition im engeren Sinne beschreibt ein Merkmal so, so daß für die Nutzer des Klassifikationssystems die Informationen bereitstellt sind, um das Merkmal korrekt zu verstehen und betreffende Produkt konform beschreiben zu können. Neben ergänzenden Versionsangaben, Bezeichnern unterschiedlicher Ausrichtung und Erläuterungstexten werden in der Regel der Datentyp bestimmt, der zulässige Wertebereich gegebenenfalls weiter eingeschränkt und die Werteinheit angegeben. Hinsichtlich der benötigten Datentypen steht das gesamte Spektrum zur Verfügung, wie es auch im Rahmen der Datentypstandardisierung angesprochen worden ist.[274] Zusätzlich zu den Basisdatentypen und alphanumerischen Enumerationen sind jedoch auch spezielle Datentypen zu berücksichtigen, die numerische Wertebereiche als Aufzählungen definieren (z.B. Netzspannung: 110 oder 220, Einheit: Volt) und nicht-kontinuierliche Intervalle widerspiegeln (z.B. Ausgangsspannung: zwischen 6 und 24, Schrittweite 2, Einheit: Volt).

Daß die Merkmalsdefinition nicht nur Klassifizierungsprozesse unterstützt, zeigt sich an Strukturelementen, die insbesondere die Nutzung von Klassifikationssystemen in den Anwendungssystemen betreffen und maßgeblich die Darstellung klassifizierter

[274] Vgl. Kapitel 3.2.2.

Produkte in diesen beeinflussen: Durch Synonyme werden bedeutungsgleiche Merkmalsbezeichnungen definiert. Ein Formelzeichen gibt das mathematische Symbol an, welches beispielsweise in technischen Zeichnungen für das betreffende Produktmerkmal verwendet wird.

Außerdem helfen zusätzliche Daten, den Aufbau von Masken für die parametrische Suche, die Erfassung von Produktmerkmalen und die Darstellung von Merkmalen und Merkmalsausprägungen in KDM-Systemen und Kataloganwendungen zu optimieren:

- Die Merkmalsreihenfolge erlaubt es, bestimmte Merkmale mit einer höheren Priorität zu versehen und somit die Ausgabe zu steuern. Dies ist gerade für umfangreiche Merkmalsleisten von Bedeutung. Eine ähnliche Rolle übernimmt die Unterscheidung von Pflicht- und Kann-Merkmalen.
- Weiterhin können Merkmale zu logischen Gruppen zusammengefaßt werden, um die Menge der Produktmerkmale zusätzlich inhaltlich zu gliedern.
- Hinsichtlich des Wertebereiches lassen sich für Enumerationen über Wertreihenfolgen die häufig verwendeten Werte gegenüber anderen Werten präferieren. Diese werden dann zum Beispiel bei einer parametrischen Suche als Standardwerte in Suchmasken eingesetzt.

Die Ausführungen zeigen, daß bereits einzelne Merkmalsdefinitionen im höchsten Detaillierungsgrad umfangreich ausfallen können. Werden für ein Klassifikationssystem nun mehrere Tausend Merkmale definiert, so sind hinsichtlich des Merkmal-Pools Organisationsprinzipien notwendig, die eine konsistente und möglichst redundanzfreie Verwaltung ermöglichen. Redundanzen können insbesondere dadurch entstehen, daß Bestandteile einer Merkmalsdefinition immer wiederkehrend vorkommen. Redundanzen werden vermieden, indem wiederverwendbare Bestandteile separiert und bei einer Verwendung nur noch referenziert werden. So lassen sich Einheiten, Datentypen und Werte von der Merkmalsdefinition abtrennen. Diese Objekte werden wiederum anhand der üblichen Daten definiert (Identifikator, Bezeichner, Version). Auch können Daten hinzugefügt werden, um zum Beispiel auf externe Definitionen von Datentypen und Einheiten zu verweisen.

Von zentraler Bedeutung für die Organisation des Merkmal-Pools ist jedoch das Verhältnis von Klassen- und Merkmalsdefinition. Erst durch die Zuordnung eines Merkmals zu einer Klasse erlangt es seine Funktion, die der Klasse angehörenden Produkte zu beschreiben. Dieses Verhältnis nimmt zwei Dimensionen an. Die erste

Dimension bezieht sich auf den Zusammenhang zwischen den klassenspezifischen und klassenunabhängigen Bestandteilen der Merkmalsdefinition. Die zweite Dimension betrifft die Art der Zuweisung von Merkmalen zu Klassen im Kontext der Klassenhierarchie.

Das Prinzip des Merkmal-Pools legt es nahe, Merkmale nach Möglichkeit nur einmal zu definieren und anschließend beliebig oft zu verwenden. Die Merkmalsdefinition sollte daher *klassenunabhängig* erfolgen, um allgemeingültig zu bleiben. Diese Schlußfolgerung würde allerdings zu zwei Nachteilen führen. Zum einen verlangt die Allgemeingültigkeit, daß von klassenspezifischen Anforderungen abstrahiert werden muß; die Definition wird tendenziell wenig spezifisch sein, so daß zum Beispiel auf Wertebereichseinschränkungen zu verzichten ist. Zum anderen könnte die Allgemeingültigkeitsforderung dazu verleiten, nur wenige Merkmale wirklich klassenunabhängig zu definieren und statt dessen viele Merkmale in den Merkmal-Pool aufzunehmen, die nur von wenigen oder sogar nur von einer Klasse benötigt werden. Dies würde jedoch gerade die Vorteile eines Merkmal-Pools aufheben. Um diese Problematik zu lösen, lassen sich zwei Konzepte anwenden, die zudem miteinander kombiniert werden können.

Das *Vorlagenkonzept* nimmt eine exakte Trennung der klassenspezifischen und klassenunabhängigen Elemente der Merkmalsdefinition vor. Dies bedeutet, daß im Merkmal-Pool eine Grundmenge der definierenden Daten festgelegt wird, die dann auf Klassenebene – also in der Merkmalsleiste – durch weitere ergänzt wird. Welche definierenden Daten welchem Bereich zugeordnet werden, liegt im Entscheidungsbereich des Klassifikationssystemerstellers. Einige Abgrenzungen sind jedoch naheliegend. Zum Beispiel sind Merkmals- und Wertreihenfolgen meistens klassenspezifischer Natur. Dagegen ist die Merkmalsbezeichnung klassenunabhängig, da es sich sonst bereits um ein anderes Merkmal handeln würde.

In einer Modifikation des beschriebenen Konzeptes wird die exakte Trennung derart entschärft, als daß auf Klassenebene nicht nur definierende Daten hinzugefügt, sondern ebenso bestimmte Bestandteile der globalen Merkmalsdefinition überschrieben werden können. In dieser Interpretation dient die systemunabhängige Merkmalsdefinition als Vorlage, die klassenspezifisch angepaßt wird. Die Anpassung kann prinzipiell sowohl Erweiterungen und Einschränkungen als auch Redefinitionen umfassen (z.B. bezüglich des Wertebereiches).

Das *Vererbungskonzept* adressiert die Frage, wie Merkmalsleisten zusammengestellt werden. Gemäß der Klassifikationssystemdefinition sind den Klassen der untersten Hierarchieebene (Blattebene) produktbeschreibende Merkmale zugeordnet. In Verbindung mit der weit verbreiteten Anforderung, daß Produkte nur diesen Klassen zugewiesen werden können, ist es nicht notwendig, auch für höherliegende Klassen Merkmalsleisten zu definieren. In der Folge ist die Anzahl der Zuweisungen von Merkmalen zu Klassen sehr hoch. Insbesondere weisen die Merkmalsleisten von zwei benachbarten Klassen in der Regel einen beträchtlichen Anteil an Merkmalen auf, die beiden Klassen zugeordnet sind. Sie unterscheiden sich nur in den Merkmalen, die aufgrund echter, klassenspezifischer Anforderungen notwendig sind. Zum Beispiel hebt sich die Merkmalsleiste für Doppelmaulschlüssel von der für Ringmaulschlüssel einzig durch die Angabe der zweiten Schlüsselweite ab, während alle anderen Merkmale identisch sind (bei einem Ringmaulschlüssel sind beide Schlüsselweiten gleich). Dieser Sachverhalt kann auch dadurch ausgedrückt werden, daß der übergeordneten Klassen die gemeinsamen Merkmale zugeordnet werden. Von der Vaterklasse werden dann die Merkmale an die Kindklassen vererbt.

Im Vererbungskonzept werden also Merkmale an beliebigen Stellen der Klassenhierarchie eingeordnet und an alle nachfolgenden Klassen weitergegeben. Damit können bei der Erstellung und Wartung eines Klassifikationssystems verschiedene Wiederverwendungsvorteile ausgeschöpft werden. Diese erhöhen sich noch in Kombination mit dem Vorlagenkonzept. Merkmalsleisten lassen sich im Optimum auf ihren klassenspezifischen Gehalt reduzieren, indem einerseits allgemeine Merkmale auf höheren Ebenen zugewiesen werden, die dann bei Bedarf auf den tieferen Ebenen hinsichtlich ihres Wertebereiches konkretisiert werden. Andererseits werden zusätzliche Merkmale schrittweise entlang der Hierarchie hinzugefügt.

Die Abbildung 8-3 zeigt eine Klassenhierarchie, in der über alle vier Ebenen Merkmale zugeordnet werden. Auf der obersten Ebene ist als ein Merkmal, welches für alle Produkte von Bedeutung ist, das Gewicht definiert, während alle Handwerkzeuge das Merkmal Maßnorm besitzen. Auf der dritten Ebene wird für Schraubwerkzeuge das Merkmal Schlüsselweite definiert, da es für alle untergeordneten Klassen relevant ist. Die verschiedenen Arten von Schraubenschlüsseln benötigen schließlich weitere Merkmale, die somit erst auf der untersten Hierarchiestufe zugeordnet werden können.

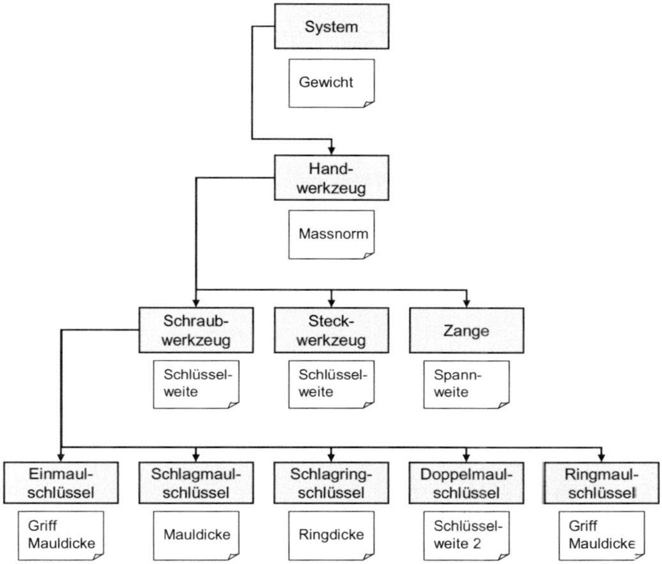

Abbildung 8-3: Beispiel Merkmalsvererbung in einer Klassenhierarchie

Je nach Anwendung des Vererbungskonzeptes lassen sich entweder nur weitere Merkmale schrittweise hinzufügen (siehe Beispiel) oder aber bereits vererbte Merkmale einer Klasse hinsichtlich ihrer Merkmalsdefinition erweitern (z.B. Festlegung des Datentyps) oder sogar redefinieren. Im letzten Fall werden beispielsweise Datentypen verändert, Wertebereiche eingeschränkt bzw. ausgedehnt oder die Merkmalsreihenfolge auf die Anforderungen der jeweiligen Klasse hin angepaßt.

Es bleibt festzuhalten, daß unabhängig von der Ausgestaltung des Merkmal-Pools und der Anwendung des Vorlagen- und Vererbungskonzeptes den Klassen eine Liste von Merkmalen zuzuweisen ist. Die Zuweisung wird durch die Festlegung weiterer Elemente der Merkmalsdefinition ergänzt. Es handelt sich also um einen Auswahl- und Konfigurationsprozeß, der im Ergebnis zu klassenspezifischen Merkmalsleisten führt.

8.3 Standardisierte Klassifikationssysteme

Klassifikationssysteme unterscheiden sich nicht nur inhaltlich, sondern auch strukturell. Die Kenntnis der Strukturelemente ist eine Voraussetzung, um Produkte korrekt klassifizieren und beschreiben zu können. Insbesondere gilt dies für die Standardklassifikationssysteme, die durch Dritte entwickelt und gepflegt werden. Für anwendende Unternehmen (Lieferanten, einkaufende Unternehmen, Intermediäre,) stellen diese Klassifikationssysteme Rahmenbedingungen dar, die nicht ohne weiteres beeinflußt werden können. Sie erfordern eine unternehmensseitige Adaption, da Standardklassifikationssysteme konträr zu den einzelbetrieblichen Differenzierungsstrategien stehen und als Gegenkonzept auf eine Wiedervereinheitlichung hinwirken. Dieser Normalisierungstrend reicht bis in die Produktmerkmale hinein, wenn unter anderem über restriktiv ausgelegte Enumerationen die Anzahl der Ausprägungen eingeschränkt wird. Zum Beispiel lassen sich in der Praxis sehr differenziert verwendete Farbangaben auf die Basisfarben begrenzen, so daß auch die Farbe „ultramarinblau“ auf den einheitlichen Wert „blau“ abzubilden ist.

Sind Auswahlentscheidungen bezüglich des einzusetzenden Klassifikationssystems zu treffen, so werden diese hauptsächlich durch die inhaltliche Qualität determiniert. Hierzu gehören unter anderem der logische Aufbau der Hierarchie, die Nutzbarkeit der Klassendefinitionen, der Umfang der Klassenmerkmale und die Eignung der Wertebereiche. Qualitätsverluste können beispielsweise dann entstehen, wenn der Hierarchie divergierende Abgrenzungskriterien zugrunde liegen oder Merkmalsleisten unvollständig sind, also wichtige Merkmale fehlen. Die Qualität kann jedoch nur unter Berücksichtigung der spezifischen Einsatzanforderungen der jeweiligen Branche, der zugehörigen Produktbereiche und der eingesetzten Anwendungssysteme erfaßt werden, d.h. sie ist anhand von objektiven Kriterien nur schwer oder überhaupt nicht zu ermitteln. Unter Datenmanagementgesichtspunkten ist es daher sinnvoll, sich auf die strukturellen Aspekte zu beschränken. Hier ist daher zu untersuchen, welche der zuvor ermittelten Strukturelemente in einzelnen Standardklassifikationssystemen realisiert werden.

Prinzipiell lassen sich Standardklassifikationssysteme anhand der gleichen Kriterien beschreiben und vergleichen, die in Kapitel 3.3 für die Analyse von XML-Katalogstandards herangezogen worden sind. Dies gilt sowohl für die Standardisierungsorganisation als auch für die Spezifikation und Dokumentation sowie die Marktstellung. Im folgenden wird auf eine umfassende Analyse, die damit stärker Entscheidungs- und Auswahlprozesse unterstützen würde, verzichtet. Statt dessen werden die Strukturelemente und zusätzlich die Art der Bereitstellung verarbeitungsfähiger Systemdefinitionen (Schema und Datenformat) in den Mittelpunkt des Interesses gestellt. Dazu sind zunächst relevante Standardklassifikationssysteme auszuwählen.

Standardklassifikationssysteme lassen sich generell in zwei Gruppen unterteilen. Auf der einen Seite stehen die horizontalen Klassifikationssysteme, die branchenübergreifend ein sehr weites Spektrum von Produkten zum Gegenstand haben. Ihre Anzahl ist relativ gering und es ist kaum zu erwarten, daß vollkommen neue Klassifikationssysteme entstehen werden. Ein Grund liegt in dem inhaltlichen und organisatorischen Aufwand, ein solches Klassifikationssystem zu entwickeln und es international auf breiter Basis einzuführen. Die beiden mit Abstand bekanntesten und wichtigsten Klassifikationssysteme sind eCl@ss und UNSPSC. Letzteres ist für einige Zeit in zwei Varianten verfügbar gewesen (UNDP- und ECCMA-Variante). Da UNSPSC nicht über Merkmalsleisten verfügt, ist als Ergänzung das Merkmalsystem EGAS entstanden.

Auf der anderen Seite sind die vertikalen Klassifikationssysteme zu nennen, die sich auf ausgewählte Produktbereiche beschränken und stärker auf spezielle Branchenanforderungen zugeschnitten sind. Die Anzahl vertikaler Klassifikationssysteme ist relativ groß. In der Tabelle 8-6 sind zehn vertikale und vier horizontale Systeme im Kurzprofil aufgeführt.

Standard	**Branche**	**URL**	**Region**	**Merkmale**
CPV	Öffentliche Beschaffung: EU	simap.eu.int/DE/pub/src/main5.htm	Europa	Nein
eCl@ss	-	www.eclass.de	D, Europa	Ja
EGAS	-	www.eccma.org/ega	Global	Ja
ETIM	Elektrogroßhandel	www.etim.de	D	Ja
GCI	Lebensmittelhandel	www.globalcommerceinitiative.org	Global	Ja
GMDN	Medizintechnik	www.gmdn.info	Global	Nein
NCS	Öffentliche Beschaffung: NATO	www.nato.int/structur/AC/135	Global	Ja
NIGP	Öffentliche Beschaffung: USA	www.nigp.com	USA	Ja
PI	Hausgeräte	www.ceced.org	Europa	Ja
proficl@ss	Bau, Haustechnik, Industriebedarf	www.proficlass.org	D	Ja
RNTD	Elektronische Komponenten	www.rosettanet.org	Global	Ja
SNITEM	Medizinprodukte	www.snitem.fr	FR	Nein
UNSPSC (ECCMA)	-	www.eccma.org	Global	Nein
UNSPSC (UNDP)	-	www.un-spsc.net	Global	Nein

Tabelle 8-6: Übersicht Standardklassifikationssysteme

Es sollen je zwei horizontale und vertikale Klassifikationssysteme ausgewählt werden. Neben eCl@ss und UNSPSC (einschließlich der EGAS-Ergänzung) sind dies die für den deutschsprachigen Raum in ihren Branchen bereits relativ weit verbreiteten Standards ETIM und proficl@ss. Ein weiteres Argument für diese Auswahl ist die Tatsache, daß sich alle drei deutschen Standardsysteme durch eine vergleichsweise hohe Anzahl realisierter Strukturelemente auszeichnen, so daß sie in der Summe nahezu als State-of-the-Art angesehen werden können.

Die nachfolgende Beschreibung der vier ausgewählten Klassifikationssysteme konzentriert sich auf die jeweiligen Besonderheiten und macht exemplarisch auf einige Probleme in der Handhabung von Klassifikationssystemen aufmerksam. Abschließend lassen sie sich einem detaillierten Vergleich unterziehen, der die unterstützten Strukturelemente gegenüberstellt, um so den konzeptionellen Entwicklungsstand der Systeme bewerten zu können.

8.3.1 eCl@ss 5.0

Das Klassifikationssystem eCl@ss wird von einem gleichnamigen Verein getragen, der seine Geschäftsstelle beim Institut der deutschen Wirtschaft (IWI) in Köln unterhält.[275] Dem Verein gehören große deutsche Industrieunternehmen an (u.a. Bayer, Degussa, Henkel, Volkswagen). Das eCl@ss-System geht auf eine Initiative der chemischen Industrie zurück, es positioniert sich jedoch spätestens seit 1996 (Version 2.0) horizontal. Zudem richtet sich eCl@ss verstärkt international aus. Dazu liegt es mittlerweile in wichtigen europäischen Sprachen vor (Englisch, Französisch, Italienisch, Spanisch und Tschechisch). Der langjährige Entwicklungs- und Reifeprozeß von eCl@ss hat dazu geführt, daß verbindliche organisatorische Regeln für die Einbringung von Änderungsvorschlägen, die Wartung bestehender und Aufnahme neuer Produktbereiche sowie die übergreifende Verwaltung des Merkmal-Pools existieren. Pro Jahr erfolgt eine umfangreiche Aktualisierung, die zu einem vollen Versionssprung führt (in 2003: Version 5.0), und eine eingeschränkte Aktualisierung, die bestehende Klassendefinitionen nur erweitert, jedoch keine Änderungen an der Hierarchie vornimmt.

Die eCl@ss-Hierarchie besteht aus vier Ebenen, die mit Sachgebiet, Hauptgruppe, Gruppe und Untergruppe bezeichnet werden. Produkte können nur den Untergruppen zugeordnet werden. Zusätzlich zu der Klassenhierarchie verfügt eCl@ss über Merkmalsleisten. Sie differenzieren sich in solche, die tatsächlich klassenspezifische Merkmale enthalten (SML: Standardmerkmalsleisten), und noch nicht weiter bearbeitete Merkmalsleisten, die daher nur ein vorläufiges Grundgerüst an allge-

[275] Im folgenden vgl. eCl@ss e.V. (2003).

meinen Merkmalen bilden (BML: Basismerkmalsleisten). Werden in späterer Versionen klassenabhängige Merkmale hinzugefügt, so wird die Basis- in eine Standardmerkmalsleiste umgewandelt.

Eine Auswertung der Klassen- und Merkmalanzahl sowie ihrer Beziehungen offenbart zunächst das quantitative Wachstum, welches eCl@ss von der Version 2.0 bis zu Version 5.0 genommen hat (Tabelle 8-7). Innerhalb dieser Entwicklung sind vier neue Sachgebiete hinzugekommen und die vorhandenen Sachgebiete teilweise vollkommen überarbeitet und detailliert worden.

Folglich haben sich die Anzahl der Hauptgruppen mehr als verdoppelt und der Untergruppen sogar verneunfacht. Die erreichte Detaillierung spiegelt sich in dem Verhältnis von übergeordneten zu untergeordneten Klassen wieder, insbesondere ist die vierte Ebene ausgebaut worden (durchschnittlich 5,2 Untergruppen je Gruppe im Vergleich zu 1,2). Einher mit dem Wachstum der Klassen geht die Zunahme der Synonyme (+315%) und Merkmale (+153% im Vergleich zu Version 3.0).

Version **Eigenschaft**	**eCl@ss 2.0**	**eCl@ss 3.0**	**eCl@ss 4.0**	**eCl@ss 4.1**	**eCl@ss 5.0**
Ebene 1: Sachgebiete	21	21	22	22	25
Ebene 2: Hauptgruppen	194	219	366	344	475
Ebene 3: Gruppen	1.853	1.978	2.725	2.384	3.935
Ebene 4: Untergruppen	2.185	2.522	10.190	12.565	20.379
Hauptgruppen je Sachgebiet	9,2	10,4	16,6	15,6	19,0
Gruppen je Hauptgruppe	9,6	9,0	7,4	6,9	8,3
Untergruppen je Gruppe	1,2	1,3	3,7	5,3	5,2
Synonyme	8.052	8.044	18.140	19.114	33.450
Merkmale	-	ca. 2.400	2.303	5.504	3.667
Merkmalzuweisungen zu Untergruppen	-	ca. 27.000	68.244	303.511	406.482

Tabelle 8-7: Klassen- und Merkmalswachstum in eCl@ss

Es fällt jedoch auch auf, daß mit Version 4.0 rund einhundert redundante Merkmale der Version 3.0 eliminiert werden konnten. Zudem werden die Merkmale in Version 4.0 wesentlich häufiger als in Version 3.0 verwendet (68 Tsd. vs. 27 Tsd.), ohne daß sich die Anzahl der Merkmale im selben Maß erhöht hätte. Diese Konsolidierung ist auch Kennzeichen der aktuellen Version, die die zuvor wieder stark angestiegene Merkmalsanzahl (+138%) um ein Drittel reduziert.

Die statistische Betrachtung zeigt, daß Klassifikationssysteme nicht nur strukturell, sondern auch auf der Instanzebene komplex sind. Dies resultiert in entsprechenden

Größenordnungen für Klassen und Merkmale, die von den Anwendern zu verarbeiten und zu verstehen sind, um Produkte klassifizieren zu können. In Verbindung mit der Anzahl der Strukturelemente, die in eCl@ss ebenfalls hoch ist, ergeben sich entsprechende Anforderungen an die Softwarewerkzeuge für die Verwaltung der Klassifikationssysteme und der zu klassifizierenden Produkte. Dies wird gerade an den Merkmalsleisten deutlich, die in Erweiterung zu der Unterscheidung von Basis- und Standardmerkmalsleisten wie folgt angelegt sind.

Basismerkmalsleisten können als eine *eingeschränkte* Realisierung des Vererbungskonzeptes angesehen werden, da sie einmal definiert und dann für das gesamte Klassifikationssystem verwendet werden, d.h. jede Klasse – hier jede Untergruppe – weist mindestens die Merkmale der Basismerkmalsleiste auf. Folglich sind der Wurzelklasse der eCl@ss-Hierarchie diese Merkmal einmalig zuzuordnen. In eCl@ss besteht die Basismerkmalsleiste aus den fünf Merkmalen „Hersteller-Artikelnummer", „Hersteller", „Produkt Typ", „Produkt Name" und „EAN Code". Diese Merkmale beschreiben noch keine physischen Produkteigenschaften, sondern besitzen einen kaufmännischen Charakter. Aus Sicht der Katalogdaten sind sie daher noch nicht den Produktspezifikationsdaten, also nicht den Produktmerkmalen zuzuordnen. Diese herstellerspezifischen Daten betreffen gemäß dem Datenbereichsmodell die Produktidentifikation und -beschreibung.

In der eCl@ss-Version 4.1 ist die skizzierte Merkmalsorganisation modifiziert worden, indem für bestimmte Teilbäume der Klassenhierarchie neue Basismerkmalsleisten definiert sind, die über die fünf systemweiten Basismerkmale hinausgehen. Konkret wird für die beiden Sachgebiete 38 und 39 (anorganische bzw. organische Chemieerzeugnisse) und damit für alle nachfolgenden Untergruppen eine nun 39 Merkmale umfassende Basismerkmalsleiste definiert. Für die drei Hauptgruppen 32-14, 32-15 und 32-16 (verschiedene Laborchemikalien) wird eine Basismerkmalsleiste mit 20 Merkmalen gebildet. In den jeweiligen Teilhierarchien finden sich auch wieder Standardmerkmalsleisten, die über den Umfang der BML hinausgehen.

Für die Version 4.1 ist festzuhalten, daß ein *vollständiges* Vererbungskonzept vorliegt, da Basismerkmalsleisten angepaßt für Teilhierarchien gebildet und die enthaltenen Merkmale bis zu den Untergruppen vererbt werden. In dieser Interpretation handelt es sich nicht mehr um Basismerkmalsleisten allgemeinen Charakters, sondern bereits um klassenspezifische Merkmalsleisten. Daher ist der Begriff BML, wie er in eCl@ss für die angesprochenen Teilbäume dennoch verwendet wird, wenig geeignet und wird für die folgende Analyse des Merkmal-Pools nicht mehr benutzt. Statt dessen wird einzig unterschieden, ob die Merkmalsleiste einer Untergruppe nur allgemeine oder spezifische Merkmale enthält. Im letzten Fall kann von spezifischen Merkmalsleisten gesprochen werden. Mit der Version 5.0 ist das Konzept der angepaßten Basismerkmalsleisten jedoch wieder aufgegeben worden.

Die ständige Zunahme der Anzahl der Untergruppen verlangt, daß neue zugehörige Standardmerkmalsleisten definiert werden. Dies geschieht in eCl@ss oft mit einer zeitlichen Verzögerung, d.h. SML werden nicht für alle neuen Untergruppen sofort eingeführt, sondern erst in einer späteren Version. Dadurch ist in den Versionen 4.0 und 5.0 der Anteil der Untergruppen, die über eine spezifische Merkmalsleiste verfügen, von 48% auf 11% bzw. von 52% auf 39% gesunken (siehe Tabelle 8-8). Für die Version 5.1 ist wieder mit einer Zunahme zu rechnen, da diese vorwiegend die Merkmalsleisten erweitern soll.

Version **Eigenschaft**	**eCl@ss 3.0**	**eCl@ss 4.0**	**eCl@ss 4.1**	**eCl@ss 5.0**
Ebene 4: Untergruppen	2.522	10.190	12.565	20.379
Spezifische Merkmalsleisten	ca. 1.200	1.107	6.515	7.906
Merkmale	ca. 2.400	2.303	5.504	3.667
Untergruppen mit spezifischen Merkmalsleisten	ca. 48%	11%	52%	39%
Merkmalzuweisungen zu Untergruppen	ca. 27.000	68.244	303.511	406.482
Durchschnittliche Anzahl Merkmale je Untergruppe	ca. 10,7	6,7	24,1	19,9

Tabelle 8-8: Merkmal-Pool in eCl@ss

Es bestehen in Version 5.0 über 400 Tsd. Merkmal-Untergruppen-Beziehungen im Vergleich zu nur 27 Tausend in der Version 3.0. Die im Merkmal-Pool definierten Merkmale werden also extensiv wiederverwendet, wobei jedoch nicht das Vorlagenkonzept genutzt wird, d.h. die Merkmale werden systemweit vollständig definiert und diese Definition kann nicht klassenspezifisch ergänzt oder modifiziert werden.

Mit der ausgeweiteten Merkmalsnutzung geht allerdings ein deutliches Anwachsen der Merkmalsleisten einher, welches in der Praxis zu Problemen führen kann. Die durchschnittliche Anzahl der Merkmale je Untergruppe beträgt 20. Vier von fünf spezifischen Merkmalsleisten weisen 25 oder mehr Merkmale auf. Die Spitze bildet die Klasse Bodenablaßventile (AAD661001) mit 266 Merkmalen. Sowohl die vollständige Beschreibung von Produkten als auch die Präsentation der Produktspezifikation in katalogbasierten Anwendungssystemen erweist sich als schwierig oder ist kaum durchführbar. Insbesondere werden durch den eCl@ss-Verein keine Hinweise gegeben, wie mit umfangreichen Merkmalsleisten umzugehen ist, d.h. es wird weder gefordert, daß bei der Klassifizierung stets alle Merkmale mit Werten zu belegen sind, noch werden besonders wichtige Merkmale hervorgehoben (Pflicht- vs. Kann-Merkmale, Merkmalsreihenfolgen). Solche Entscheidungen werden an die Systemnutzer delegiert, die gegebenenfalls bilaterale Vereinbarungen über den Umgang mit diesen Merkmalsleisten treffen.

8.3.2 UNSPSC 6.0315 und EGAS 1.0

Das Klassifikationssystem UNSPSC (United Nations Standard Products and Services Code) bildet in der Version 6.0315 den vorläufigen Schlußpunkt einer Entwicklung, in deren Ablauf fünf Klassen- und drei Merkmalsysteme entstanden sind. Diese Zeit war von einer zunehmenden Unsicherheit auf Seiten der Anwender gekennzeichnet, da parallel unterschiedliche Varianten mit zum Teil gleichem Namen und ähnlichem Anspruch entstanden waren.[276]

In seiner ersten Fassung ist UNSPSC im Rahmen des Entwicklungsprogrammes UNDP der Vereinten Nationen (United Nations Development Program) erstellt worden. Es basierte auf eigenen Vorarbeiten (UNCCS: United Nations Common Coding System) und dem kommerziellen Klassifikationssystem SPSC der Firma Dun & Bradstreet (D&B). Aufgrund von Rechtsstreitigkeiten zwischen den UN und D&B entstand ein UNSPSC-Derivat, welches von der ECCMA (Electronic Commerce Code Management Association) entwickelt wurde. Es basierte vollständig auf dem UNDP-UNSPSC, entwickelte sich dann aber durch schnelle Versionsfolgen weiter, so daß die inhaltlichen Unterschiede im Zeitablauf bedeutender wurden. Unabhängig davon begann die Firma Content Europe damit, für das UNDP-UNSPSC ein ergänzendes Merkmalsystem zu erstellen, welches den Namen UCEC (Universal Content Extended Classification) trug.[277] Den Bedarf nach Merkmalsleisten erkannte auch die ECCMA, die ihrerseits Merkmale für ihre UNSPSC-Variante zu standardisieren begann. Dieses Merkmalsystem heißt EGAS (ECCMA Global Attribute Schema).[278] Schließlich verständigte man sich Ende 2001 mit Content Europe, die daraufhin ihr UCEC-Projekt einstellte und zum Teil in EGAS einbrachte. Ein Jahr später legten

---

[276] Vgl. ausführlicher Manz (2002a), S. 39f., und Manz (2002b), S. 47.

[277] Vgl. UCEC (2001).

[278] Vgl. ECCMA (2001).

auch UNDP und ECCMA ihren Rechtsstreit bei.[279] Die ECCMA erkannte die Position von UNDP an und beide Organisationen bekundeten ihr Interesse an einer gemeinsamen Standardisierungsstrategie. Die im März 2003 veröffentlichte Version 6.0315 stellt hinsichtlich der Klassenhierarchie das nunmehr vereinheitlichte UNSPSC-System dar.[280] Auf die seitdem in kurzen zeitlichen Abständen veröffentlichten Aktualisierungen wird an dieser Stelle nicht weiter eingegangen, da sie sich nicht strukturell unterscheiden.[281]

Der skizzierte Entwicklungspfad hin zu dem vereinigten UNSPSC und dem Merkmalsystem EGAS ist in der Abbildung 8-4 zusammengefaßt.

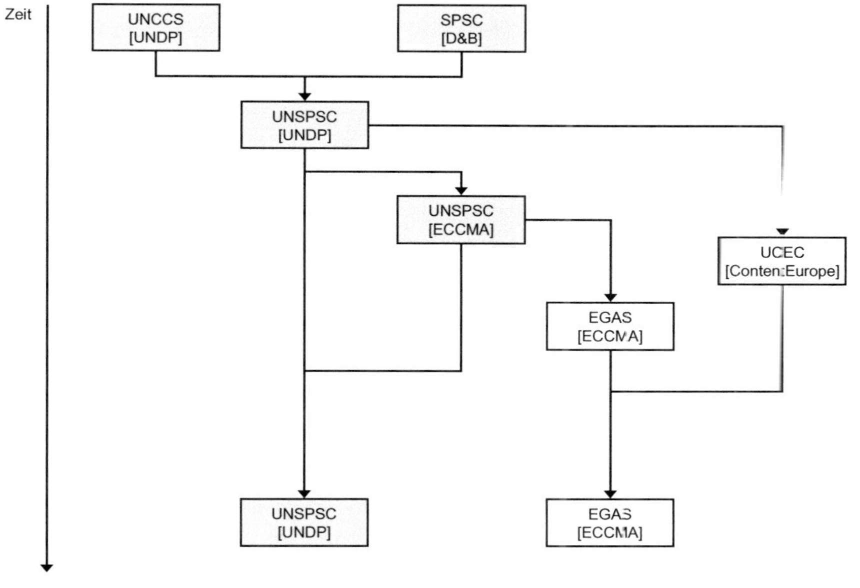

Abbildung 8-4: Entwicklungspfad von UNSPSC und EGAS

Der Entwicklungspfad verdeutlicht die vorherige Anmerkung, daß Klassifikationssysteme einem ständigen Wandel unterworfen sind, der Auswirkungen auf den Inhalt

[279] Vgl. UNDP (2002).

[280] Vgl. UNDP (2003).

[281] Die im Juni 2004 aktuelle Version trägt die Nummer 7.0401.

und die Struktur hat. Dies bedeutet, daß Klassifikationssysteme aus anderen hervorgehen, sich zusammenschließen oder eingestellt werden können. Bei der Fusion sind unter anderem die jeweils realisierten Strukturelemente anzupassen.

UNSPSC definiert eine vierstufige Klassenhierarchie mit den Ebenen *Segment, Family, Class* und *Commodity*. Eine fünfte Ebene ist für sogenannte *Business Functions* vorgesehen. Diese wird jedoch selten verwendet und widerspricht auch dem Klassifizierungsgedanken, da die Geschäftsfunktion, die ein Produkt übernimmt, unternehmensspezifisch ist. Auf allen Ebenen wird ein zweistelliger Code verwendet, so daß jede Commodity-Klasse durch einen achtstelligen Code eindeutig identifiziert wird (hierarchischer Identifikator). Die versionsübergreifende Identifikation geschieht durch einen achtstelligen, nicht-hierarchischen Identifikator.

An UNSPSC wird vor allem kritisiert, daß Merkmale zur Beschreibung der Produkte fehlen, die Struktur wenig an den Bedürfnissen der Lieferanten und Einkäufer ausgerichtet und die Strukturierung für vertikale Anwendungen zu flach ist.[282] Zudem fehlen Synonyme und die Klassenbezeichner sind kaum für die Katalognavigation geeignet, da sie häufig summarisch die enthaltenen Unterklassen beschreiben. Zum Beispiel wird ein Segment mit „Commercial and Military and Private Vehicles and their Accessories and Components" bezeichnet, während das vergleichbare Sachgebiet in eCl@ss kurz „Automotive technology" heißt. Insgesamt enthält UNSPSC ca. 18 Tsd. Commodity-Klassen für ein sehr weites Spektrum von Gütern. Gerade der Dienstleistungsbereich weist starke Parallelen zu der Klassifizierung von Unternehmen und Organisationen auf und ist kaum auf die Anforderungen der katalogbasierten Beschaffung zugeschnitten.[283] Außerdem hat im Zuge der Konkurrenz von UNDP und ECCMA die Internationalisierung von UNSPSC gelitten, so daß die nicht-englischsprachigen Versionen jeweils erst mit erheblicher zeitlicher Verzögerung freigegeben werden (u.a. Deutsch, Italienisch, Französisch, Japanisch und Spanisch).

Das Merkmalsystem EGAS wird als Ergänzung zu UNSPSC unabhängig entwickelt. Die Verbindung entsteht durch eine Zuordnung von EGAS-Merkmalen zu UNSPSC-Klassen. In der Version 1.0 enthält EGAS ca. 17 Tsd. Merkmalsdefinitionen. Jedes Merkmal ist über den sogenannten EGAI (ECCMA Global Attribute Identifier) eindeutig identifizierbar. Zusätzlich werden Merkmalsgruppen gebildet. Dazu wird jedes

---

[282] Vgl. z.B. Fensel et al. (2001), S. 57.

[283] Zum Beispiel enthält UNSPSC auch folgende Klassen: „Nightclubs", „Volunteer fire department services" und „War veterans social clubs".

Merkmal noch mit einer Merkmalsklassifikationsnummer versehen, die mit EGAC bezeichnet wird (ECCMA Global Attribute Classification). Diese Nummer beschreibt eine zweistufige Hierarchie bestehend aus der Merkmalsgruppen- und der Merkmalsebene. Die Tabelle 8-9 führt die 24 Merkmalsgruppen mit ihrem EGAC-Code auf und gibt an, wie viele Merkmale zu jeder Gruppe gehören. Aus Sicht der Produktklassifizierung für elektronische Kataloge sind analog zu eCl@ss auch betriebswirtschaftliche Merkmale vorgesehen (in der Tabelle grau hervorgehoben), die sich nicht auf Produkteigenschaften im engeren Sinne beziehen. Hierzu zählen Adreß- und Namensangaben zu Herstellern und Lieferanten (Gruppe 10, 11 und 12) sowie verschiedene Identifikatoren (Gruppe 13 und 14).

EGAC	Gruppe	Merkmale	EGAC	Gruppe	Merkm.
10.00000	Physical Address Component	46	22.00000	Location	539
11.00000	Name Component	21	23.00000	Material	788
12.00000	Electronic Address Component	20	24.00000	Measurement	3.269
13.00000	Administrative Component	55	25.00000	Method	615
14.00000	Business Identifiers	12	26.00000	Miscellaneous	2.327
15.00000	Color	180	27.00000	Quantity	1.647
16.00000	Design	196	28.00000	Screw thread	928
17.00000	Designator	324	29.00000	Shape	244
18.00000	Dimensions	9.464	30.00000	Standard	35
19.00000	Directional	95	31.00000	Style	426
20.00000	Heat treatment	3	32.00000	Surface treatment	159
21.00000	Indicator	3.687	33.00000	Type	2.274

Tabelle 8-9: Merkmalsgruppen in EGAS 1.0

Die Merkmalsdefinition umfaßt neben den elementaren Angaben EGAI, EGAC und Merkmalsbezeichnung nur administrative Informationen, d.h. Datum und Version, in welcher die Merkmale hinzugefügt oder gelöscht worden sind. Weitere Informationen fehlen, insbesondere sind die Merkmale noch nicht typisiert. Dadurch wird die Nutzbarkeit standardisierter Merkmale stark eingeschränkt, da seitens EGAS keine Vorgaben existieren, mit welchen Werten die Merkmale belegt werden sollen. Unter anderem wird die parametrische Suche kaum möglich sein, da einheitliche, lieferantenübergreifende Wertebereiche fehlen.

Hinsichtlich des Merkmal-Pools werden in EGAS weder das Vorlagen- noch das Vererbungskonzept realisiert. Folglich sind die Merkmale vollständig im Merkmal-Pool definiert und werden dann einzelnen Klassen der untersten Hierarchieebene zugeordnet.

Angesichts der eingeschränkten Strukturelemente in EGAS hat die ECCMA mit einer Weiterentwicklung ihres Merkmalsystems begonnen, die den Namen eOTD (ECCMA Open Technical Dictionary) trägt und mehrere Ziele verfolgt. Erstens sollen die Entwicklungsaktivitäten organisatorisch und technologisch besser unterstützt werden, indem eine entsprechende Plattform aufgebaut wird. Zweitens sollen sukzessiv die Merkmale typisiert und auch Enumerationen verwendet werden. Drittens wird für die Systemdefinitionen ein standardisiertes Austauschformat eingeführt, welches sich eng an die Norm ISO 13584 anlehnt. Bei dieser Norm handelt es sich um ein Referenzmodell für sogenannte Teilebibliotheken. Sie richtet sich vor allem an Hersteller und Kunden, die auf dieser Basis Daten über technische Komponenten einschließlich ihrer Konstruktionsdaten austauschen. Insofern ist die Norm ISO 13584, die auch unter der Bezeichnung PLIB (Parts Library) bekannt ist, kein originärer B2B E-Commerce-Standard. Insbesondere wird kein XML-basiertes Austauschformat spezifiziert, sondern ISO 13584 basiert auf dem STEP-Standard und wird mit der Sprache EXPRESS beschrieben.[284]

eOTD umfaßt ca. 60 Tsd. Klassen- und ca. 33 Tsd. Merkmalsdefinitionen, die zudem in sieben Sprachen vorliegen und zu Äquivalenten in UNSPSC, eCl@ss und fünf weiteren Klassifikationssystemen zugeordnet sind.[285] Die Klassendefinitionen bilden ein von UNSPSC unabhängiges Verzeichnis von Klassen, die nicht in eine hierarchische Beziehung zueinander gesetzt werden, d.h. eOTD-Klassen können verwendet werden, um spezifische Klassifikationssysteme zu erstellen, die sehr wohl eine Klassenhierarchie aufbauen. Analog dazu können die eOTD-Merkmale verwendet werden, um beliebige Klassifikationssysteme um Merkmalsleisten zu ergänzen.

Anders als EGAS basiert eOTD nicht mehr auf den Vorarbeiten aus UNSPSC, sondern adaptiert das NATO Codification System (NCS), welches für die Beschaffung und das Materialmanagement innerhalb der NATO und darüber hinaus in vielen weiteren Organisationen und Unternehmen aus NATO- und Nicht-NATO-Mitgliedsstaaten verwendet wird. Das NCS reicht zurück bis in die 50er und gilt gemeinhin als größter und erfolgreichster Stammdatenpool für Produktdaten. Es umfaßt sowohl ein Klassen- und Merkmalsystem als auch aufbereitete Produktdaten von Lieferanten.[286] Da die Entwicklung von eOTD und die Adaption von NCS noch nicht abgeschlossen

---

[284] Vgl. Pierra et al. (1998), S. 160ff., Pierra (2003), S. 243ff., und Pierra / Potier / Sardet (2000), S. 27ff. Zur Normenreihe vgl. ISO (1998b), ISO (2000a) und ISO (2003).

[285] Vgl. ECCMA (2004), S. 1ff.

[286] Vgl. NATO (2004).

sind, kann die zukünftige Positionierung und Bedeutung für den B2B E-Commerce schwer abgeschätzt werden. Im Gegensatz zu EGAS ist eOTD nicht kostenfrei verfügbar, sondern nur registrierten Mitgliedern zugänglich, die jährliche Gebühren zu entrichten haben. Aus diesem Grund wird eOTD nicht in die weitere Analyse horizontaler Klassifikationssysteme einbezogen.

8.3.3 ETIM 2.0

ETIM ist die Abkürzung für *Elektrotechnisches Informationsmodell* und verweist damit auf die Zielbranche, nämlich die Herstellung und den Handel mit elektrotechnischen Erzeugnissen im deutschsprachigen Raum. Institutionell wird ETIM von einem Verein getragen, dem neun Großhandelsunternehmen und Einkaufsgemeinschaften angehören. Zu den Produktbereichen zählen beispielsweise Kabel, Leuchten, Elektrowerkzeuge und Schaltanlagen. Neben der Entwicklung des Klassifikationssystems baut der ETIM-Verein einen branchenweiten Stammdaten-Pool auf, in welchem die multimedialen, klassifizierten Produktdaten der Lieferanten konsolidiert werden (ETIM-Clearing Center).[287] Aus Sicht der KDM-Szenarien entsteht hier ein neuer Intermediär, der sich jedoch auf Datenmanagementaufgaben beschränkt und keine Geschäftstransaktionen unterstützt. ETIM ist hinsichtlich der Standardisierungsorganisation und der realisierten Strukturelemente als charakteristisch für viele vertikale Standards anzusehen. Zum einen wird es von den wichtigsten Unternehmen und Verbänden der Zielbranche unterstützt und zum anderen ist es in bezug auf die Merkmalsleistenmodellierung weit fortgeschritten. Seit September 2003 ist ETIM auch in einer englischsprachigen Fassung erhältlich.

In ETIM wird eine zweistufige Klassenhierarchie aufgebaut, die in der Version 2.0 auf der ersten Stufe 50 sogenannte Artikelgruppen und unterhalb dieser 1.546 sogenannte Artikelklassen enthält. Nur den Artikelklassen werden Merkmale zugeordnet (kein Vererbungskonzept), die in einem Merkmal-Pool organisiert sind, der insgesamt 3.488 Merkmale bereitstellt. Als Organisationsprinzip wird das Vorlagenkonzept in seiner weitestgehenden Ausprägung genutzt. Dazu enthält die Merkmalsdefinition im Merkmal-Pool jeweils nur den Identifikator und die Bezeichnung. Alle weiteren Bestandteile der Merkmalsdefinition sind klassenabhängig und werden somit erst bei der Zuordnung des Merkmals zu den Artikelklassen festgelegt. Die Typisierung erfolgt mit Hilfe von vier proprietären Basisdatentypen für alphanumerische,

[287] Vgl. ETIM Deutschland e.V. (2002a).

ganzzahlige und logische Werte sowie Gleitkommazahlen. Längeneinschränkungen und Genauigkeitsangaben sind mit diesem Datentypsystem nicht möglich.

8.3.4 proficl@ss 2.0

Das Klassifikationssystem proficl@ss ist eine branchenübergreifende Initiative, in der Handel, Industrie und Verbände gemeinsam an Branchenstandards für die Klassifizierung von Produkten arbeiten. Die aktuelle Version 2.0 beschränkt sich allerdings auf die Bereiche Bauen, Haustechnik und Industriebedarf. Im Vergleich zu den horizontalen Standards eCl@ss und UNSPSC ist proficl@ss damit als vertikales Klassifikationssystem anzusehen, das stärker auf spezifische Branchenanforderungen eingehen und eine stärker differenzierte Klassenhierarchie definieren kann. Organisatorisch zeigen sich viele Parallelen zu ETIM. Entwickelt wird proficl@ss durch einen eingetragenen Verein, dem acht Handelskooperationen (u.a. E/D/E Einkaufsbüro Deutscher Eisenhändler GmbH und NORDWEST Handel AG) angehören und der durch über 40 fördernde Werkzeugunternehmen (Hersteller) unterstützt wird. Mit der Version 2.0 sind erstmals 192 Klassendefinitionen aus ETIM übernommen worden. Die Zusammenarbeit mit dem ETIM-Verein soll in Zukunft verstärkt werden.[288]

In proficl@ss wird eine Klassenhierarchie definiert, die je nach Teilbaum zwischen drei und zur Zeit sechs Ebenen besitzt, d.h. die Anzahl der Hierarchieebenen ist nicht einheitlich und auch nicht begrenzt. Sie soll so gering wie möglich gehalten, wie es die Branchenanforderungen zulassen.[289] Die Hierarchie enthält 4.242 Klassen mit 12.520 Klassensynonymen. Der Merkmal-Pool mit 4.560 Merkmalen ist nach dem Vorlagenkonzept organisiert, jedoch werden auch die Datentypen und für Neumerationen die Vorgabewerte klassenunabhängig festgelegt. Das Datentypsystem umfaßt drei Datentypen für alphanumerische, numerische und logische Werte, ohne daß Wertebereichseinschränkungen vorgenommen werden.

Bei den Merkmalen ist festzustellen, daß sowohl hinsichtlich des Typisierungsgrades als auch in bezug auf die Merkmalsbenennung noch Unzulänglichkeiten existieren. Zum Beispiel besitzen einige der Interpretation nach eindeutig als numerisch anzusehende Merkmale den allgemeineren, alphanumerischen Datentyp. Dies geht einher mit der Inklusion der Einheit in die Merkmalsbezeichnung, anstatt diese separat

---

[288] Vgl. proficl@ss International e.V. (2003).

[289] Vgl. Beckmann / Morlok (2002), S. 8.

zu definieren. Unter anderem zeigt sich dies an den Merkmalen „Höhe Aufsatzkranz in cm", „Länge in cm", „Breite in mm" und „Abwinkelung in Grad". Auch werden Präfixe und Suffixe nicht einheitlich verwendet (z.B. „Bohrbereich_max" vs. „max. Spannbereich"). Andere Merkmale sind mehrfach definiert (z.B. „max. Drehzahl" und „max. U/min"). Dies trifft jedoch nicht für alle Produktbereiche gleichermaßen zu, so daß hier offenbar Abstimmungsprobleme bei der systemweiten Organisation des Merkmal-Pools bestehen.

Für jene Produktbereiche, die sich mit den Sachgebieten von eCl@ss überschneiden, hat der proficl@ss-Verein ein Mapping der eigenen Klassen zu eCl@ss-Klassen (Version 4.0) erarbeitet. Dieses Mapping deckt ca. ein Drittel der Klassen ab und soll denjenigen Unternehmen helfen, die beide Klassifikationssysteme anwenden. Sind beispielsweise Produkte bereits gemäß eCl@ss klassifiziert, so lassen sie sich teilweise automatisch der entsprechenden proficl@ss-Klasse zuordnen. Allerdings werden diese Zuordnungen nicht öffentlich, sondern nur den Vereinsmitgliedern zur Verfügung gestellt.

8.3.5 Vergleich

Zur Erfassung des konzeptionellen Entwicklungsstandes der ausgewählten Standardklassifikationssysteme lassen sich diese anhand der jeweiligen Strukturelemente gegenüberstellen. Grundlage für diesen Vergleich sind die von den Standardisierungsorganisationen bereitgestellten System-, Klassen- und Merkmalsdefinitionen. Dazu sind die genutzten Datenformate zu untersuchen. Diese Formate unterscheiden sich nicht nur bezüglich der unterstützten Strukturelementen, sondern auch aufgrund verschiedener Schemata. Alle vier Klassifikationssysteme definieren proprietäre Datenformate, die teilweise durch konzeptuelle oder physische Schemata beschrieben werden (Entity-Relationship-Diagramme bzw. Tabellendiagramme).[290]

Bei den Systemdefinitionen wird auf die gängigen Datenformatgruppen zurückgegriffen. Konkret werden sowohl CSV-Formate als auch die den sonstigen Formaten zuzurechnenden Excel- und Access-basierten Formate (XLS, MDB) eingesetzt (siehe Tabelle 8-10).

[290] Siehe zum Beispiel das konzeptuelle und physische ETIM-Schema; vgl. Wäsch / Warneck / Morlok (2002), S. 2-6.

Standard Kriterium	eCl@ss 5.0	UNSPSC 6.0315 EGAS 1.0	ETIM 2.0	proficl@ss 2.0
Schema: Konzeptuell	Nein	Nein	Ja	Nein
Schema: Physisch	Ja	Nein	Ja	Ja
Datenformat: CSV	Ja	Nein	Ja	Ja
Datenformat: XLS	Nein	Ja	Nein	Nein
Datenformat: MDB	Nein	Nein	Ja	Ja
Datenformat: PDF	Nein	Nein	Nein	Ja
Datenformat: XML	Nein	Nein	Nein	Nein
Anzahl Tabellen	6	1 + 2	8	8

Tabelle 8-10: Datenformate von Klassifikationssystemen

In Ergänzung sind für proficl@ss PDF-Dateien verfügbar, die in Form von Datenblättern jeweils eine Produktklasse strukturiert beschreiben. Solche Dateien sind jedoch nicht für die Weiterverarbeitung in KDM-Systemen vorgesehen. In Abhängigkeit von der Anzahl der Strukturelemente und der Segmentierung der Daten reicht der Umfang der Datenformate von lediglich einer Tabelle (UNSPSC) bis zu acht Tabellen (ETIM und proficl@ss).

Hinsichtlich der Systemdefinition können die in Kapitel 8.2.1 erarbeiteten, grundlegenden Strukturelemente herangezogen werden. Dadurch entsteht die in der Tabelle 8-11 enthaltene Auswertung, die jeweils die Klassenhierarchie typisiert und die Organisationsprinzipien des Merkmal-Pools benennt.

Standard Kriterium	eCl@ss 5.0	UNSPSC 6.0315 EGAS 1.0	ETIM 2.0	proficl@ss 2.0
Ebenenanzahl	4	4	2	4-6
Ebenenbezeichner	Ja	Ja	Ja	Nein
Balancierter Baum	Ja	Ja	Ja	Nein
Zuordnung: Kardinalität	1	1	1	1
Zuordnung: Ebene	Blatt	Blatt	Blatt	Blatt
Hierarchische Klassen-ID	Ja	Ja	Nein	Nein
Merkmale: Vorlagen	Nein	Nein	Ja	Ja
Merkmale: Vererbung	(Nein)	Nein	Nein	Nein

Tabelle 8-11: Systemdefinition für Klassifikationssysteme

Zu beachten ist, daß sich das zuvor für eCl@ss identifizierte Vererbungskonzept, welches sich aus der Unterscheidung von Basis- und Standardmerkmalsleisten ergibt, nicht in den bereitgestellten Systemdefinitionen wiederfindet. Daher ist hier zu konstatieren, daß das Vererbungskonzept nicht angewendet wird. Dies zeigt sich im Datenformat derart, daß die Merkmale ausschließlich den Klassen der untersten Hierarchieebene (Untergruppen) zugeordnet werden, d.h. die aus logischer Sicht in den höher definierten Basismerkmalsleisten enthaltenen Merkmale sind bis auf die Untergruppenebene vererbt worden. Der Grund für dieses Vorgehen ist darin zu sehen, daß ansonsten die importierenden KDM-Systeme die Merkmalsvererbung explizit auflösen müßten, um zu demselben Ergebnis zu gelangen. Festhalten läßt sich, daß eCl@ss das Vererbungskonzept nur für die interne Verwaltung des Merkmal-Pools nutzt, es jedoch im Datenformat nicht verwendet wird.

Die Tabelle 8-12 beantwortet die Frage, wie die Klassen in den Klassifikationssystemen definiert werden (analog zu Kapitel 8.2.2). Erwartungsgemäß weist UNSPSC den geringsten Umfang auf. Alle Standards versehen die Klassen mit einer Versionierung, so daß deutlich wird, in welcher Version oder zu welchem Zeitpunkt eine Klasse eingefügt worden ist. Erläuternde Beschreibungstexte finden sich allerdings nur bei eCl@ss. Auch wird von der Möglichkeit, auf externe Beschreibungen über eine URL zu verweisen, nicht Gebrauch gemacht. Dies gilt ebenso für Multimediaobjekte.

Standard Kriterium	eCl@ss 5.0	UNSPSC 6.0315 EGAS 1.0	ETIM 2.0	proficl@ss 2.0
Identifikator: nicht-hierarchisch	Ja	Ja	Ja	Ja
Identifikator: hierarchisch	Ja	Ja	Nein	Nein
Versionierung	Ja	Ja	Ja	Ja
Bezeichnung	Ja	Ja	Ja	Ja
Beschreibung	Ja	Nein	Nein	Nein
Anmerkung	Ja	-	-	-
Kommentar	Ja	-	-	-
URL	Nein	Nein	Nein	Nein
Synonyme	Ja	Nein	Ja	Ja
Multimediaobjekte	Nein	Nein	Nein	Nein

Tabelle 8-12: Klassendefinition in Klassifikationssystemen

Am deutlichsten werden die Unterschiede der Klassifikationssysteme bei dem Umfang der Merkmalsdefinitionen (siehe Tabelle 8-13). Während in EGAS die Merkmalsdefinition als minimal zu charakterisieren ist, nutzen die anderen Klassifikationssysteme mehr Strukturelemente. Kein Klassifikationssystem enthält jedoch alle Elemente, vielmehr finden sich Merkmalsynonyme, -gruppen, Wertreihenfolgen und optionale Merkmale jeweils in nur einem Klassifikationssystem. Wiederum werden keine externen Referenzen in Form von URL gesetzt, um zum Beispiel auf relevante Normen hinzuweisen.

Standard Kriterium	eCl@ss 5.0	UNSPSC 6.0315 EGAS 1.0	ETIM 2.0	proficl@ss 2.0
Identifikator	Ja	Ja	Ja	Ja
Versionierung	Ja	Ja	Nein	Ja
Bezeichnung	Ja	Ja	Ja	Ja
Beschreibung	Ja	Ja	Nein	Nein
Anmerkung	Ja	Nein	Nein	Nein
Kommentar	Ja	Nein	Nein	Nein
Quellenangabe	Ja	Nein	Nein	Nein
URL	Nein	Nein	Nein	Nein
Synonyme	Ja/2	Nein	Nein	Ja
Merkmalsgruppe	Nein	Ja	Nein	Nein
Datentyp	Ja	Nein	Ja	Ja
Werte (für Enumerationen)	Ja	Nein	Ja	Ja
Wertreihenfolge	Nein	Nein	Ja	Nein
Einheit	Ja	Nein	Ja	Ja
Symbol	Ja	Nein	Nein	Nein
Muß vs. Kann	Nein	Nein	Nein	Ja
Reihenfolge	Nein	Nein	Ja	Ja

Tabelle 8-13: Merkmalsdefinition in Klassifikationssystemen

Je nach Anwendung und Reichweite des Vorlagenkonzeptes wird ein Teil der Merkmalsdefinition erst bei der Zuordnung des Merkmals zu einer Klasse bestimmt, so daß die Merkmalsdefinition klassenspezifisch ist. Daher ist für die angeführten Strukturelemente (ab Datentyp) zu klären, ob sie Bestandteil der Klassenzuweisung sind (Tabelle 8-14). Für EGAS ist dies zu verneinen, da die relevanten Strukturelemente völlig fehlen.

Standard Kriterium	eCl@ss 5.0	UNSPSC 6.0315 EGAS 1.0	ETIM 2.0	proficl@ss 2.0
Datentyp	Nein	-	Ja	Nein
Werte (für Enumerationen)	Nein	-	Ja	Nein
Wertreihenfolge	-	-	Ja	-
Einheit	Nein	-	Ja	Ja
Symbol	Nein	-	-	-
Muß vs. Kann	-	-	-	Ja
Reihenfolge	-	-	Ja	Ja

Tabelle 8-14: Klassenspezifische Merkmalsdefinition in Klassifikationssystemen

Dagegen zeigt sich bei eCl@ss, daß das Vorlagenkonzept nicht angewendet wird. Umgekehrt sind bei ETIM alle merkmaldefinierenden Daten klassenabhängig. Eine Mischform stellt proficl@ss dar, bei dem zwar der Datentyp bereits im Merkmal-Pool festgelegt wird, die Einheit und insbesondere die Merkmalspriorisierung (Reihenfolge, Muß vs. Kann-Merkmale) jedoch klassenunabhängig ist.

Als einen Einflußfaktor auf den Umfang der Datenformate ist zu Beginn auf die Segmentierung der Daten hingewiesen worden. So werden zum Teil Klassen, Merkmale und ihrer Beziehungen hinaus weitere Objekte explizit beschrieben. Dazu führen die Datenformate separate Tabellen ein. Sie beschreiben Klassensynonyme, Werte und Einheiten ausführlicher, indem sie mit Identifikatoren und Versionsangaben versehen sowie um Erläuterungen und externe Verweise ergänzt werden. Zum Beispiel wird in proficl@ss die Längeneinheit „Zentimeter“ sowohl durch ihre Langbezeichnung als auch durch die Kurzbezeichnung „cm“ und den Einheitencode „CMT‘ sowie eine Versionsangabe beschrieben. Die Nutzung dieser erweiterten Objektbeschreibungen ist in der Tabelle 8-15 dokumentiert.

Standard Kriterium	eCl@ss 5.0	UNSPSC 6.0315 EGAS 1.0	ETIM 2.0	proficl@ss 2.0
Klassensynonyme				
- Identifikator	Ja	-	Ja	Ja
- Versionierung	Nein	-	Nein	Ja
- Beschreibung	Ja	-	-	-
Einheiten				
- Identifikator	Nein	-	Ja	Ja
- Versionierung	Nein	-	Nein	Ja
- Bezeichner/Anzahl	Nein	-	Ja/1	Ja/2
- Beschreibung	Nein	-	Nein	Nein
- URL	Nein	-	Nein	Nein
- Einheitencode	Nein	-	Nein	Ja
Werte				
- Identifikator	Ja	-	Ja	Ja
- Versionierung	Ja	-	Nein	Ja
- Bezeichner/Anzahl	Ja/2	-	Ja/1	Ja/1
- Beschreibung	Ja	-	Nein	Nein
- Quellenangabe	Ja	-	-	-
- URL	Nein	-	Nein	Nein

Tabelle 8-15: Erweiterte Definitionen in Klassifikationssystemen

Die unterschiedliche Ausnutzung der zur Verfügung stehenden Strukturelemente hat nicht nur Auswirkungen auf den Entwurf von KDM-Systemen und katalogbasierten Anwendungssystemen, sondern schränkt auch die Interoperabilität der Klassifikationssysteme ein. Insofern bleibt abzuwarten sein, wie die zwischen dem ETIM- und dem eCl@ss-Verein getroffene Übereinkunft umgesetzt wird, die ETIM-Klassenhierarchie in zukünftige eCl@ss-Versionen zu integrieren.[291] Die bislang in eCl@ss nicht vorhandenen Merkmal- und Wertreihenfolgen erfordern lediglich eine Erweiterung des eCl@ss-Schemas, während die Adaption des Vorlagenkonzeptes tiefergreifende Änderungen verlangt, die die Organisation des Merkmal-Pools generell und damit alle eCl@ss-Sachgebiete betreffen würden.

8.4 Klassifikationssysteme im zwischenbetrieblichen Datenaustausch

Die Analyse ausgewählter Standardklassifikationssysteme und ihrer Strukturelemente hat offengelegt, daß die Abbildung von Klassifikationssystemen im Gegensatz zur Übertragung produktbezogener Klassifizierungsdaten weitaus komplexere Datenstrukturen erfordert. Insbesondere sollte es mit Hilfe der einzusetzenden Übertragungsformate möglich sein, Klassifikationssysteme vollständig zu übertragen. Dazu sind in den Formaten alle Strukturelemente zu berücksichtigen, um einen etwaigen Informationsverlust zu verhindern. Diese Anforderung erfüllen die von den Standardisierungsorganisationen verwendeten Datenformate, da die Systemdefinitionen selbstverständlich vollständig bereitgestellt werden. Allerdings handelt es sich hierbei um nicht-standardisierte Formate, die sich teilweise stark unterscheiden und insbesondere erfordern, daß die importierenden Informationssysteme über entsprechende Schnittstellen verfügen. Nur dann lassen sich die Systemdefinitionen weiterverarbeiten. Auch unterliegen die proprietären Datenformate einem Veränderungsprozeß, der seitens der Klassifikationsorganisatoren nur unzureichend kommuniziert und dokumentiert wird. Dies trifft beispielsweise auf eCl@ss zu, bei dem beim Übergang von der Version 4.0 zu 4.1 als Folge von Modellierungsfehlern Inkonsistenzen im Datenformat aufgetreten sind.[292] Mit der Version 5.0 ist das Datenformat bei ansonsten gleicher Tabellenanzahl durch die Hinzufügung von 25 neuen Datenelementen deutlich erweitert worden.

Eine Alternative zu den proprietären Formaten eröffnet sich durch die XML-Katalogstandards, die ebenfalls über Datenstrukturen zur Abbildung von Klassifikationssystemen verfügen. Für den Datenaustausch von Klassifikationssystemen bietet es sich daher an, diese Standardformate zu nutzen, da sie in der Regel bereits durch KDM-Systeme import- und exportseitig unterstützt werden. Die Eignung der XML-

[291] Vgl. ETIM Deutschland e.V. (2002b), S. 1.

[292] Zu den Inkonsistenzen vgl. Manz (2002c), S. 40.

Katalogstandards läßt sich durch den Vergleich mit den Anforderungen an die System-, Klassen- und Merkmalsefinitionen überprüfen. Hierzu werden wieder die in Kapitel 3.4.1 ausgewählten XML-Katalogstandards herangezogen. Die vergleichende Betrachtung ergänzt und detailliert damit deren inhaltliche Bewertung aus Kapitel 3.5.

8.4.1 Strukturelemente in XML-Katalogstandards

Im Bereich der Systemdefinition ist zunächst zu fragen, welche Eigenschaften eines Klassifikationssystems explizit durch Metadaten ausgedrückt werden können. Hierzu zählt neben allgemeinen Beschreibungsdaten insbesondere die Typisierung der Klassenhierarchie (siehe Tabelle 8-16). Zum Beispiel läßt sich in keinem Übertragungsformat angeben, ob die Klassen-ID als hierarchischer Code bereits die Einordnung in der Hierarchie angibt. In diesem Fall könnte auf Referenzen zwischen den Klassen verzichtet werden.

Weiters gibt die Tabelle Auskunft über die Organisationskonzepte des Merkmal-Pools. Das Vorlagenkonzept wird nur von BMEcat und OAGIS unterstützt. Dies bedeutet, daß in beiden Standards die Merkmale sowohl auf der Systemebene als auch spezifisch für einzelne Klassen definiert werden können. Eine Definition auf der Klassenebene überschreibt dabei die Festlegungen der Systemebene. Das Vererbungskonzept findet sich nur in cXML und xCBL wieder, bei denen Merkmale, die auf höheren Ebenen definiert sind, an die untergeordneten Klassen vererbt werden.

Katalogstandard Kriterium	BMEcat 1.2	cXML 1.2.011	OAGIS 8.0	xCBL 4.0
Identifikator	Ja	Ja	Ja	Ja
Bezeichnung	Ja	Ja	Ja	Ja
Beschreibung	Ja	Ja	Ja	Ja
Ebenenanzahl	Ja	Nein	Nein	Nein
Ebenenbezeichner	Ja	Nein	Ja	Nein
Balancierter Baum	Nein	Nein	Nein	Nein
Zuordnung: Kardinalität	Nein	Nein	Nein	Nein
Zuordnung: Ebene	Nein	Nein	Nein	Nein
Art der Klassen-ID	Nein	Nein	Nein	Nein
Merkmale: Vorlagen	Ja	Nein	Ja	Nein
Merkmale: Vererbung	Nein	Ja	Nein	Ja

Tabelle 8-16: Klassifikationssystemdefinition in XML-Katalogstandards

Die Möglichkeiten zur Klassendefinition sind in den vier Standards ebenfalls unterschiedlich ausgeprägt (siehe Tabelle 8-16). Synonyme können nur mit BMEcat übermittelt werden. Bei den Klassenidentifikatoren ist festzustellen, daß die Formate nur die Angabe jeweils *einer* ID erlauben.

Katalogstandard **Kriterium**	**BMEcat 1.2**	**cXML 1.2.011**	**OAGIS 8.0**	**xCBL 4.0**
Identifikator: nicht-hierarchisch Identifikator: hierarchisch	nur 1 ID	nur 1 ID	nur 1 ID	nur 1 ID
Versionierung	Nein	Nein	Nein	Nein
Bezeichnung	Ja	Ja	Ja	Ja
Beschreibung	Ja	Ja	Nein	Ja
Anmerkung	Nein	Nein	Nein	Nein
Kommentar	Nein	Nein	Nein	Nein
URL	Nein	Nein	Nein	Nein
Synonyme	Ja	Nein	Nein	Nein
Multimediaobjekte	Nein	Nein	Nein	Nein

Tabelle 8-17: Klassendefinition in XML-Katalogstandards

Die Überprüfung der Fähigkeiten zur Merkmalsdefinition orientiert sich an der Anforderung, daß es möglich sein muß, die Merkmalsleisten vollständig abzubilden. Damit kann aus logischer Sicht von dem Unterstützungsgrad hinsichtlich des Vorlagenkonzeptes und der Verteilung der Beschreibungselemente auf den systemweiten Merkmal-Pool und die klassenspezifischen Merkmalsleisten abstrahiert werden. Mit dem eingesetzten Übertragungsformat muß es im *Ergebnis* möglich sein, solche Merkmalsleisten vollständig zu beschreiben. Dazu können und werden unterschiedliche Wege beschritten. So „hängen" in cXML und xCBL die gesamten Merkmalsdefinitionen an den jeweiligen Klassen (kein Merkmal-Pool). Von mehr als einer Klasse genutzte Merkmale müssen mehrfach und damit redundant übertragen werden. Dagegen bietet OAGIS sowohl auf System- als auch auf Klassenebene das gleiche Instrumentarium zur Merkmalsdefinition an, so daß auch unterschiedliche Realisierungen des Vorlagenkonzeptes wiedergegeben werden können.[293] Weniger leistungsfähig bezüglich des Vorlagenkonzeptes ist BMEcat, das die Merkmalsdefinition im Merkmal-Pool auf die Elemente Identifikator, Bezeichnung und Beschreibung beschränkt und sich damit an ETIM anlehnt.[294] Außerdem ist in BMEcat das Vorlagenkonzept

293 OAGIS definiert einen komplexen Typ *Feature*, der auf der Systemebene (*ClassificationScheme*) und der Klassenebene (*ClassificationStructure*) verwendet wird.

294 BMEcat definiert auf der Systemebene den Container *CLASSIFICATION_SYSTEM_FEATURE_TEMPLATE*, während auf der Klassenebene der Container *CLASSIFICATION_GROUP_FEATURE_TEMPLATE* genutzt wird.

obligatorisch, d.h. auf Klassenebene ist immer auf zuvor definierte Merkmale zu verweisen.

Die Tabelle 8-18 vergleicht die Leistungsfähigkeit der Katalogstandards zur Definition von Merkmalen und übernimmt dazu die Kriterien aus der Tabelle 8-13. Die Gegenüberstellung ist – wie zuvor begründet – unabhängig von der Ausgestaltung des Vorlagenkonzeptes.

Katalogstandard **Kriterium**	**BMEcat 1.2**	**cXML 1.2.011**	**OAGIS 8.0**	**xCBL 4.0**
Identifikator	Ja	Ja	Ja	Ja
Versionierung	Nein	Nein	Nein	Nein
Bezeichnung	Ja	Ja	Ja	Ja
Beschreibung	Ja	Ja	Ja	Nein
Anmerkung	Nein	Nein	Nein	Nein
Kommentar	Nein	Nein	Nein	Nein
Quellenangabe	Nein	Nein	Nein	Nein
URL	Nein	Nein	Nein	Nein
Synonyme	Nein	Nein	Nein	Nein
Merkmalsgruppe	Nein	Nein	Nein	Nein
Datentyp	Ja	Ja	Nein	Ja
Werte (für Enumerationen)	Ja	Ja	Nein	Ja
Wertreihenfolge	Nein	Nein	Nein	Nein
Einheit	Ja	Ja	Ja	Ja
Symbol	Nein	Nein	Nein	Nein
Muß vs. Kann	Ja	Ja	Nein	Ja
Reihenfolge	Ja	Nein	Ja	Nein

Tabelle 8-18: Merkmalsdefinition in XML-Katalogstandards

Als letztes Untersuchungsobjekt verbleiben die Datenstrukturen zur Modellierung von Klassensynonymen, Einheiten und Werten. Wie die Ergebnisse in Tabelle 8-19 zeigen sind erweiterte Definitionen bislang nur in BMEcat vorgesehen, alle anderen Standards modellieren Synonyme, Einheiten und Werte weder durch zusätzliche Elemente noch separieren sie diese von der konkreten Nutzung für Klassen bzw. Merkmale.

Katalogstandard Kriterium	BMEcat 1.2	cXML 1.2.011	OAGIS 8.0	xCBL 4.0
Klassensynonyme				
- Identifikator	Nein	-	-	-
- Versionierung	Nein	-	-	-
- Beschreibung	Nein	-	-	-
Einheiten				
- Identifikator	Ja	Nein	Nein	Nein
- Versionierung	Nein	Nein	Nein	Nein
- Bezeichner/Anzahl	Ja/1	Ja/1	Ja/1	Ja/1
- Beschreibung	Ja	Nein	Nein	Nein
- URL	Nein	Nein	Nein	Nein
- Einheitencode	Nein	Nein	Nein	Nein
Werte				
- Identifikator	Ja	Nein	-	Nein
- Versionierung	Nein	Nein	-	Nein
- Bezeichner/Anzahl	Ja/1	Ja/1	-	Ja/1
- Beschreibung	Ja	Nein	-	Nein
- Quellenangabe	Nein	Nein	-	Nein
- URL	Nein	Nein	-	Nein

Tabelle 8-19: Erweiterte Definitionen in XML-Katalogstandards

8.4.2 Eignung der XML-Katalogstandards

Die Untersuchung von Standardklassifikationssystemen auf der einen Seite und Standardübertragungsformaten auf der anderen Seite hat hinsichtlich der genutzten Strukturelemente große Unterschiede aufgezeigt. Diese lassen vermuten, daß die Übertragung mit den besprochenen Formaten nur eingeschränkt möglich ist. Der Nachweis läßt sich dadurch führen, daß die Eignung der Standardformate anhand der ihm Rahmen der Untersuchung eingeführten Kriterien und konkret am Beispiel der Standardsysteme überprüft wird. Wird ein Strukturelement eines Klassifikationssystems nicht durch das Übertragungsformat unterstützt, so entsteht ein Informationsverlust, der je nach Relevanz den Einsatz des Klassifikationssystems einschränkt oder sogar verhindert.

Im Bereich der Metadaten ist es nicht unbedingt notwendig, daß diese beim Datenaustausch übertragen werden. Sie sind zwar für die Interpretation der systemdefinierenden Daten hilfreich, sie gehören jedoch nicht zu den Kerndaten. Dies zeigt sich daran, daß solche Metadaten für die Standardklassifikationssysteme nicht verfügbar sind. Statt dessen ergeben sie sich aus nicht-formalisierten Informationen über das jeweilige Klassifikationssystem. Bezogen auf die Übertragungsformate bleibt zu fordern, daß diese die Möglichkeit bieten, Metadaten hinzuzufügen, um die Verarbeitung in den importierenden Informationssystemen zu unterstützen. Wie im vorhergehenden Abschnitt in der Tabelle 8-16 dargestellt, sind diese Möglichkeiten bislang wenig ausgeprägt.

Den Kern der Klassifikationssysteme bilden die Klassen und die Merkmalsleisten. Es bietet sich an, die Leistungsfähigkeit der Katalogstandards differenziert nach diesen beiden Bereichen zu untersuchen. Der Grund ist, daß in den Anwendungsfällen, in denen auf eine standardisierte Produktbeschreibung gemäß den Merkmalsleisten verzichtet wird, die Übertragung der Klassendefinitionen ausreicht.

Die erste Frage lautet, ob die Standardformate in der Lage sind, die Klassenhierarchien abzubilden. Die Antwort geht aus der Tabelle 8-20 hervor. Während mit BMEcat die Klassen nahezu vollständig übertragen werden können, mangelt es cXML, OAGIS und xCBL an der Berücksichtigung der Klassensynonyme, so daß bei eCl@ss, ETIM und proficl@ss dieses wichtige Strukturelement verloren geht. Positiv zu vermerken bleibt, daß UNSPSC abgesehen von dem zweiten Klassenidentifikator mit allen vier Katalogstandards verlustfrei übertragen werden kann.[295]

Katalogstandard Klassifikationssystem	**BMEcat 1.2**	**cXML 1.2.011**	**OAGIS 8.0**	**xCBL 4.0**
eCl@ss 5.0	K: Identifikator 2 K: Anmerkung K: Kommentar	K: Identifikator 2 K: Anmerkung K: Kommentar K: Synonyme	K: Identifikator 2 K: Beschreibung K: Anmerkung K: Kommentar K: Synonyme	K: Identifikator 2 K: Anmerkung K: Kommentar K: Synonyme
UNSPSC 6.0315	K: Identifikator 2	K: Identifikator 2	K: Identifikator 2	K: Identifikator 2
ETIM 2.0	-	K: Synonyme	K: Synonyme	K: Synonyme
proficl@ss 2.0	-	K: Synonyme	K: Synonyme	K: Synonyme

Tabelle 8-20: Informationsverluste bei der Übertragung von Klassendefinitionen

Die zweite Frage führt zur Betrachtung der Merkmalsysteme (M) als Teil von Klassifikationssystemen. Sie schließt die erweiterten Definitionen für Einheiten (E) und Werte (W) mit ein (siehe Tabelle 8-21). Bei Einsatz von BMEcat treten die geringsten

[295] Mit den vier Katalogstandards läßt sich je Klasse nur ein Identifikator übertragen. Dies sollte in der Regel der nicht-hierarchische Identifikator sein, daher ist die zusätzliche Übertragung des in diesem Fall hierarchischen Identifikators nicht möglich.

Informationsverluste auf, allerdings kann auch dieser Katalogstandard keines der Merkmalsysteme vollständig übertragen. Dies scheitert bei dem ansonsten einfach strukturierten EGAS an den Merkmalsgruppen. Weitere Strukturelemente, die bislang nur in einem Klassifikationssystem Verwendung finden, führen zu allgemeinen Informationsverlusten (eCl@ss: Merkmalsynonyme, Merkmalsymbol, zweiter Wertbezeichner; ETIM: Wertreihenfolge).

Katalogstandard Klassifikationssystem	BMEcat 1.2	cXML 1.2.011	OAGIS 8.0	xCBL 4.0
eCl@ss 5.0	M: Anmerkung M: Kommentar M: Quellenangabe M: Synonyme M: Symbol W: 2. Bezeichner W: Quellenangabe	M: Anmerkung M: Kommentar M: Quellenangabe M: Synonyme M: Symbol W: Identifikator W: Bezeichner 1+2 W: Beschreibung W: Quellenangabe	M: Anmerkung M: Kommentar M: Quellenangabe M: Synonyme M: Datentyp M: Werte M: Symbol W: Identifikator W: Bezeichner 1+2 W: Beschreibung W: Quellenangabe	M: Beschreibung M: Anmerkung M: Kommentar M: Quellenangabe M: Synonyme M: Symbol W: Identifikator W: Bezeichner 1+2 W: Beschreibung W: Quellenangabe
UNSPSC 6.0315 **EGAS 1.0**	M: Gruppe	M: Gruppe	M: Gruppe	M: Beschreibung M: Gruppe
ETIM 2.0	M: Wertreihenfolge	M: Wertreihenfolge M: Reihenfolge E: Identifikator W: Identifikator	M: Datentyp M: Werte M: Wertreihenfolge E: Identifikator W: Identifikator	M: Wertreihenfolge M: Reihenfolge E: Identifikator W: Identifikator
proficl@ss 2.0	E: Bezeichner 2 E: Code	M: Reihenfolge E: Identifikator E: Bezeichner 2 W: Identifikator	M: Datentyp M: Werte M: Muß vs. Kann E: Identifikator E: Bezeichner 2 W: Identifikator	M: Reihenfolge E: Identifikator E: Bezeichner 2 W: Identifikator

Tabelle 8-21: Informationsverluste bei der Übertragung von Merkmalsdefinitionen

Über die aus fehlenden Datenelementen resultierenden Informationsverluste hinaus können weitere Verluste durch unzureichende Feldlängen entstehen. Dies heißt, daß in den Übertragungsformaten vorgesehene Feldlängenbeschränkungen dazu führen, daß Informationen abgeschnitten werden und damit verloren gehen. Hier erweisen sich gerade die im BMEcat-Standard durchgängig definierten Beschränkungen, die bereits bei dem Vergleich der formalen Spezifikation in Kapitel 3.5 positiv herausgestellt worden sind (siehe dort die Tabelle 3-11), als nachteilig. Zum Beispiel beträgt die maximale Länge von Klassen- und Merkmalsbezeichnungen sowie Klassensynonymen nur 60 Zeichen, wohingegen diese in eCl@ss bis zu 80 Zeichen lang sind. Die Begrenzung der Merkmalsbeschreibung auf 250 Zeichen wird von vielen eCl@ss-Merkmalen um das Mehrfache überschritten. Diese Probleme treten nicht bei OAGIS und xCBL auf, da sie die Datenelemente generell nicht über Facets typisieren. Dies gilt auch für cXML, da die verwendete Schemasprache DTD überhaupt keine Feldlängen kennt.

Zusammenfassend muß festgestellt werden, daß sich Standardklassifikationssysteme mit Hilfe der verfügbaren Katalogstandards nur unzureichend übertragen lassen. Insbesondere im Bereich der Merkmalsdefinitionen sind die Formate unterentwickelt und ihr Einsatz führt zu erheblichen Informationsverlusten. Auch lassen sich Unterschiede hinsichtlich des Vorlagen- und Vererbungskonzeptes sowie der Separierung der definitorischen Daten erkennen, die den Schluß nahelegen, daß die Entwicklung der Übertragungsformate sich wenig an den untersuchten Klassifikationssystemen ausrichtet. Am ehesten kann dies noch für den BMEcat-Standard vermutet werden, der einige Parallelen zu dem ETIM-Schema aufweist. Umgekehrt vertrauen die Standardklassifikationssysteme auf die Bereitstellung ihrer Daten in proprietären, nicht XML-basierten Formaten und überlassen die Verarbeitung dieser den Anwendern, die deshalb auf flexible Importfunktionen in ihren KDM-Systemen angewiesen sind.

8.4.3 Eignung der Norm ISO 13584

Angesichts der beschriebenen Defizite beim Einsatz von XML-Katalogstandards für die Übertragung von Klassifikationssystemen und der Problematik proprietärer Formate ist zu fordern, daß die jeweiligen Organisationen stärker als bislang erkennbar zusammenarbeiten, um gemeinsame Strukturmodelle und Datenformate zu entwickeln, die die Handhabung der Systemdefinitionen im Katalogdatenaustausch zu verbessern helfen. Seitens der Katalogstandards sind dazu spezielle Dokumenttypen bereitzustellen, mit denen sich Klassifikationssysteme auch unabhängig von einem elektronischen Produktkatalog übertragen lassen. Dies ist für die verfügbaren, XML-basierten Katalogstandards noch nicht der Fall, so daß Klassifikationssysteme immer an Katalogdokumente – und seien es „leere" oder Dummy-Kataloge – gebunden sind. Seitens der Klassifikationssysteme hat die ECCMA mit dem erwähnten eOTD einen ersten Schritt unternommen, die Struktur ihres Klassifikationssystems auf eine standardisierte Basis zu stellen und dazu die Festlegungen der ISO-Normenreihe 13584 zu adaptieren. Mit dieser Norm ist bereits seit längerem ein internationaler

Standard für die Beschreibung von Klassifikationssystemen verfügbar, der die Rolle eines Referenzmodells übernehmen könnte.[296]

Die ISO-Normenreihe 13584 besitzt genauso wie der nationale Vorläufer DIN 4000 und das Pendant der elektrotechnischen Industrie, die Norm IEC 61360[297], ihren Ursprung in dem konstruktions- und fertigungsnahen Produktdatenaustausch. Dies hat zur Folge, daß sich nur eine Untermenge der Strukturelemente, die in den *marktorientierten* Klassifikationssystemen zur Unterstützung von Kauf- und Verkaufsprozessen enthalten sind, in ISO 13584 wiederfinden. Andererseits werden einige zusätzliche Strukturelemente eingeführt, die bislang nicht in Standardklassifikationssystemen und XML-Katalogstandards enthalten sind. Um dies zu überprüfen, werden im folgenden die identifizierten Bestandteile von Klassifikationssystemen mit denen in ISO 13584 gegenübergestellt. Da in der Norm ein durchgängiges System definierter Begriffe verwendet wird, sollen zusätzlich die korrespondierenden deutschsprachigen Begriffe angeführt werden. Zum Beispiel heißen Produktklassen dort Gegenstandsgruppen und Klassifikationssysteme werden mit Referenzhierarchie bezeichnet. Diese Begriffe werden in der Norm unter anderem zur Bezeichnung sogenannter *Attribute* verwendet. Unter Attributen sind in ISO 13584 jedoch nicht etwa Produktmerkmale zu verstehen, sondern Datenelemente zur Beschreibung von Eigenschaften.

Zunächst ist festzustellen, daß Metainformationen nicht Gegenstand der Norm sind, d.h. die Art der Klassenhierarchie läßt sich nicht explizit beschreiben. Allerdings unterstützt ISO 13584 sowohl das Vorlagenkonzept als auch die Merkmalsvererbung. Generell erhalten Merkmale ihre Bedeutung erst im Kontext einer konkreten Klasse, insofern sind bis auf die Merkmalsbezeichnung alle definierenden Daten klassenabhängig (sogenannte gegenseitige Definition).[298] Um die Merkmalvererbung nach Möglichkeit weitreichend anzuwenden und sie auch für solche Teilbäume nutzen zu können, in denen einzelne Unterklassen das zu erbende Merkmal nicht besitzen, werden sichtbare und anwendbare Merkmale unterschieden. Ein sichtbares Merkmal muß folglich nicht in allen Unterklassen enthalten sein, es kann gleichwohl für parametrische Suchabfragen verwendet werden.[299]

---

[296] Vgl. ISO (1998b), ISO (2000a) und ISO (2003).

[297] Vgl. IEC (2002).

[298] Vgl. DIN (1998), S. 29f.

[299] Vgl. DIN (1998), S. 31ff.

Die Tabelle 8-22 beschreibt die Fähigkeiten zur Klassendefinition. Es fällt auf, daß viele Klasseneigenschaften durch mehrere Datenelemente beschrieben werden. So umfaßt die Versionierung drei Datums- und zwei Versionsangaben. Die Beschränkung auf lediglich zwei Synonyme je Klasse und Merkmal ist mit dem im Januar 2003 veröffentlichten *Technical Corrigendum 1* aufgehoben worden.[300]

Kriterium	**ISO 13584**	**Attribute**
Identifikator: nicht-hierarchisch	Ja	Kennung; Identifikation
Identifikator: hierarchisch	Nein	-
Versionierung	Ja	Datum der Urspungsdefinition; Datum der aktuellen Version; Datum der aktuellen Änderung Versionsnummer; Änderungsnummer
Interner Identifikator	Nein	-
Bezeichnung	Ja	Bevorzugter Name; Kurzbezeichnung
Beschreibung	Ja	Definition; Quellenangabe zur Definition
Anmerkung	Ja	Anmerkung
Kommentar	Ja	Kommentar
URL	Nein	-
Synonyme	Ja	Synonym zum bevorzugten Namen
Multimediaobjekte	Ja	Prinzipbild

Tabelle 8-22: Klassendefinition in ISO 13584

Ein ähnliches Bild zeigt sich bei der Merkmalsdefinition, die über die in Tabelle 8-23 enthaltenen Informationen noch weitere Angaben umfaßt, die damit das bislang identifizierte Instrumentarium erweitern.

---

300 Vgl. ISO (2003), S. 7.

Kriterium	ISO 13584	Attribute
Identifikator	Ja	Kennung; Identifikation
Versionierung	Ja	Datum der Urspungsdefinition; Datum der Definition; Datum der letzten Änderung; Versionsnummer; Änderungsnummer
Bezeichnung	Ja	Bevorzugter Name; Kurzbezeichnung
Beschreibung	Ja	Definition
Anmerkung	Ja	Anmerkung
Kommentar	Ja	Kommentar
Quellenangabe	Ja	Quellenangabe der Definition eines Datenelementtyps
URL	Nein	-
Synonyme	Ja	Synonym zum bevorzugten Namen
Merkmalsgruppe	Ja	Klasse des Datenelementtyps
Datentyp	Ja	Werteformat
Werte (für Enumerationen)	Ja	Wertebereich; Quelle für den Wertebereich; Wertekodierung
Wertreihenfolge	Nein	-
Einheit	Ja	Einheit
Symbol	Ja	Bevorzugtes Formelzeichen; Synonym zum bevorzugten Formelzeichen
Muß vs. Kann	Nein	-
Reihenfolge	Nein	-

Tabelle 8-23: Merkmalsdefinition in ISO 13584

Die Möglichkeit, Multimediaobjekte zu definieren, besteht auch für Merkmale. Daneben kann die inhaltliche Bedeutung durch eine Formel (nicht auswertungsfähig), die Bezugsebene mit den Ausprägungen „minimal", „nominal", „typisch" und „maximal" sowie durch Verweise auf Merkmale, die das Merkmal in seiner Gültigkeit determinieren, weiter spezifiziert werden (z.B. sei die elektrische Leitfähigkeit von der Umgebungstemperatur abhängig).

Schließlich verbleiben die erweiterten Definitionen für Klassensynonyme, Einheiten und Werte, die sich wie in Tabelle 8-24 darstellen. Einzig Enumerationswerte können durch weitere Angaben detailliert werden. Zur Kodierung von Einheiten sind die sogenannten SI-Einheiten zu verwenden. Hierbei handelt es sich um das international etablierte Einheitensystem *Système International d'Unités*, welches unter anderem in der Norm ISO 1000 beschrieben ist.[301]

---

[301] Vgl. BIPM (2000), S. 1, und ISO (1992).

Kriterium	ISO 13584	Attribute
Klassensynonyme		
- Identifikator	Nein	-
- Versionierung	Nein	-
- Beschreibung	Nein	-
Einheiten		
- Identifikator	Nein	-
- Versionierung	Nein	-
- Bezeichner/Anzahl	Ja/1	Einheit
- Beschreibung	Nein	-
- URL	Nein	-
- Einheitencode	Nein	-
Werte		
- Identifikator	Nein	-
- Versionierung	Nein	-
- Bezeichner/Anzahl	Ja/3	Wertebedeutung (=Bevorzugter Name, Kurzbezeichnung, Synonyme)
- Beschreibung	Nein	-
- Quellenangabe	Ja	Quellenangabe für den Wert
- URL	Nein	-

Tabelle 8-24: Erweiterte Definitionen in ISO 13584

Insgesamt zeigt sich, daß ISO 13584 weder als Obermenge noch als Untermenge der Strukturelemente von Klassifikationssystemen anzusehen ist. Positiv zu vermerken sind der im Vergleich zu den XML-Katalogstandards hohe Abdeckungsgrad und die Detaillierung in den Bereichen Identifikation, Versionierung, Bezeichnung und Beschreibung. Dies gilt gleichermaßen für Klassen und Merkmale. Jedoch ist ISO 13584 bezüglich der Frage, welche Datenelemente verpflichtend je Klasse und Merkmal anzugeben sind, sehr restriktiv und verlangt zahlreiche Pflichtangaben. Bei Klassen sind dies Identifikator, Bezeichner, Beschreibung sowie zwei Versions- und drei Datumsangaben. Damit geht die Normenreihe deutlich über die XML-Katalogstandards hinaus, die aus pragmatischen Gründen die Anzahl der Pflichtfelder gering halten (z.B. je Klasse nur ein Identifikator und die Bezeichnung). Auch läßt sich die verpflichtende Angabe der Klassenbeschreibung (Attribut Definition) durch viele Standardklassifikationssysteme nicht erfüllen; so fehlt dieses Strukturelement in UNSPSC, ETIM und proficl@ss, während solche Beschreibungen in eCl@ss bislang nur für weniger als 1% der Klassen vorhanden sind.

Für die Merkmalsdefinition fehlen dagegen die Merkmals- und Wertreihenfolgen sowie die Unterscheidung von Pflicht- und Kann-Merkmalen. Dennoch erscheinen die Informationsverluste bei der Abbildung von Standardklassifikationssystemen im

Vergleich zu den Katalogstandards als eher gering. Allerdings wird durch ISO 13584 kein XML-basiertes Übertragungsformat bereitgestellt.

Aufgrund der insgesamt zu konstatierenden eingeschränkten Eignung als Referenzmodell für den Datenaustausch von Produktklassifikationssystemen des B2B E-Commerce hat das DIN begonnen, unter der Bezeichnung *DIN V 4002: Merkmale und Referenzhierarchie zum Produktdatenaustausch* eine erweiterte Norm zu entwickeln, die den spezifischen Anforderungen des zwischenbetrieblichen Austausches von Klassifikationssystemen besser nachkommen soll.[302]

8.5 Ansätze zur Automatisierung der Produktklassifizierung

Unter der Automatisierung der Produktklassifizierung wird verstanden, daß Produktdaten mit Hilfe von automatisierten Verfahren gemäß einem vorgegebenen Ordnungssystem klassifiziert werden. Dadurch soll der Aufwand der ansonsten manuell durchgeführten Klassifizierung entscheidend verringert werden. Somit unterstützt ein KDM-System die Aufgabenträger bei der Produktklassifizierung, indem zum Beispiel Vorschläge für die Klassenzugehörigkeit erzeugt und zur Auswahl vorgelegt werden. Im höchsten Automatisierungsgrad werden die in einem Produktkatalog enthaltenen Produkte vollständig und ohne Benutzerinteraktion klassifiziert.

Zur Automatisierung der Produktklassifizierung kann auf Verfahren zurückgegriffen werden, die überwiegend dem *Information Retrieval (IR)* entstammen.[303] Diesen Verfahren ist gemein, daß sie sich domänenunabhängig mit der Frage befassen, wie aus einer Menge von semi-strukturierten Informationen über eine formulierte Anfrage gesuchte Informationen ermittelt werden können. Verfahrensunabhängig sind domänenspezifische Anforderungen zu berücksichtigen. Zunächst ist die Reichweite der Produktklassifizierung zu klären. Während in einem engeren Sinne nur die Zuordnung von Produkten zu Klassen zu automatisieren ist, kann sie auch auf die Beschreibung mit klassenspezifischen Merkmalen ausgeweitet werden.[304] Weiterhin können grundlegende Ansätze zur Automatisierung der Produktklassifizierung unterschieden werden, die zum Teil auf gleiche Klassifikationsverfahren zurückgreifen, sich jedoch anhand ihrer Anwendungsvoraussetzungen und Klassifizierungs-

[302] Vgl. DIN e.V. (2003), o.S.

[303] Zum Information Retrieval vgl. z.B. Baeza-Yates / Ribeiro-Neto (1999) und Fuhr (2001), S. 21ff.

[304] Vgl. Ng / Yan / Lim (2000), S. 10ff.

strategien abgrenzen lassen. Diese Ansätze werden im folgenden beschrieben. Insbesondere soll damit die Operationalisierung von allgemeinen Verfahren erhöht werden, da auf spezifische Anforderungen der Produktdaten eingegangen wird.

8.5.1 Klassifizierung über Produkteigenschaften

Die Klassifizierung über Produkteigenschaften befaßt sich mit den Produkteigenschaften auf der einen Seite und den Klassendefinitionen auf der anderen Seite. Sie versucht, zwischen beiden Ähnlichkeiten und Übereinstimmungen aufzudecken, um so eine Rangfolge der in Frage kommenden Zielklassen je Produkt zu bestimmen.

Das einfachste Klassifikationsverfahren vergleicht die Produkteigenschaften und die Klassendefinitionen direkt miteinander und schließt bei einer Übereinstimmung auf die Klassenzugehörigkeit. Dazu lassen sich die Produktbezeichnungen und die Klassenbezeichnungen heranziehen. Ein solches Vorgehen führt jedoch nicht zu nennenswerten Ergebnissen. So berichten *Ding et al.* etwa von 0,2% korrekt klassifizierter Produkte für das Klassifikationssystem UNSPSC.[305] Die Ursachen liegen zum einem in der prinzipiell unterschiedlichen Benennung der Objekte. Während Produktbezeichnungen in der Regel lieferantenspezifische Produkt- und Markennamen enthalten und häufig die Zugehörigkeit zu einer bestimmten Produktkategorie nicht explizit wiederholen (z.B. „Futura 500-18" statt „Doppelringschlüssel Futura 500-18") sind die Klassenbezeichnungen gerade lieferantenneutral gehalten. Auch liegen den Produktkatalogen und den Klassifikationssystemen je nach Branche, Marktsegment und Kundengruppe unterschiedliche, spezifische Vokabulare zugrunde. Zum anderen sind sowohl die Produkteigenschaften als auch die Klassendefinitionen wesentlich weiter zu fassen, da sie sich nicht auf ein Paar von Datenelementen beschränken (hier: Produkt- und Klassenbezeichnung).

Relevante Klassifikationserfolge können erst beim Einsatz hinsichtlich ihres Erfolges erprobter Verfahren des Information Retrieval erzielt werden. Ein zentrales Konzept des Information Retrieval ist die Dokumentenorientierung. Demnach läßt sich die Klassifizierung allgemein als Suchproblem bezüglich einer Menge semi-strukturierter Informationen, die als Dokumente vorliegen, ansehen. Analog dazu stellt das zu klassifizierende Produkt die Suchanfrage, das Klassifikationssystem die Menge der

[305] Vgl. Ding et al. (2002), o.S.

Dokumente und jede Klasse ein Dokument dieser Menge dar. Die Suchanfrage umfaßt die Informationen, durch die ein Produkt beschrieben wird.

Ein klassisches IR-Verfahren ist das Vektorraummodell (VRM), welches die Suchanfrage und die Dokumente durch Vektoren dargestellt.[306] Die Vektoren entstehen durch zuvor bestimmte Merkmale und deren Werte (Vektorenmerkmale). Die Ähnlichkeit zwischen Suchanfrage und einem Dokument läßt sich so über Winkel zwischen den Vektoren ausdrücken. Bei Anwendung der Kosinus-Funktion wird der Winkel auf das Intervall 0 bis 1 abgebildet und es entsteht ein Ähnlichkeitsmaß. Nimmt dieses den Wert eins an, so liegt eine vollständige Übereinstimmung zwischen Suchanfrage und Dokument vor.

Seinen Ursprung besitzt das Vektorraummodell in der automatisierten Indizierung von Texten. Es bildet die Vektorenmerkmale daher über das Auftreten von bestimmten Wörtern oder allgemeiner von Termen. Die Anwendung des Vektorraummodells auf Klassifizierungsaufgaben erfordert in der Regel eine Reihe von Festlegungen, die den Erfolg determinieren.[307] Die für die Produktklassifizierung maßgebenden Faktoren werden im folgenden erläutert und die gegebenenfalls notwendigen Anpassungen beschrieben.

Merkmalsauswahl

Die Auswahl der Merkmale ist entscheidend für den Klassifizierungserfolg, da das Ähnlichkeitsmaß im VRM schließlich auf Merkmalen basiert. Der Merkmalsbegriff bezieht sich hier auf das Vorkommen von Termen und darf nicht mit Produktmerkmalen gleichgesetzt werden. Es sind solche Terme heranzuziehen, die einen hohen Beitrag für die Erkennung von Gemeinsamkeiten und Unterschieden leisten können. Diesen Beitrag leisten im allgemeinen nicht alle Terme einer Dokumentmenge. Erstens sind die gerade sehr häufig auftretenden Terme wenig charakteristisch für einzelne Dokumente, da sie nahezu in allen Dokumenten vorkommen. Zweitens sind die sehr selten auftretenden Terme zwar spezifisch für einzelne Klassen, ihre geringe Häufigkeit reduziert jedoch ihren Beitrag zum gesamten Klassifikationsproblem. Daher sind bevorzugt solche Merkmale auszuwählen, die eine mittlere Häufigkeit aufweisen und dennoch gut zur Unterscheidung von Dokumenten geeignet sind.

---

[306] Vgl. Salton / Yang / Wong (1975), S. 613ff.

[307] Zur Anwendung des Vektorraummodells auf die Klassifizierung web-basierter Informationsangebote vgl. Teuteberg (2001), S. 97-120.

Bei der Produktklassifizierung ist prinzipiell zu fragen, wonach Merkmale ausgewählt werden können. Zunächst liegt mit dem Klassifikationssystem bereits ein fester Merkmalsraum vor, der zudem hinsichtlich der Anzahl der Terme sehr groß ist. Die Terme ergeben sich aus der Extrahierung aller Wörter der Klassendefinitionen. Hier können mehrfach enthaltene Terme ignoriert werden und zusätzliche Terme durch mehrere Worte umfassende Klassenbezeichner notwendig werden. Insgesamt wird bei den horizontalen Standardklassifikationssystemen die Anzahl der Terme mehrere Zehntausend betragen und damit einen relativ großen Merkmalsraum bilden.

Jede Reduzierung des Merkmalsraumes entfernt einen vorgegebenen Term und damit möglicherweise einen wichtigen Begriff des Klassifikationssystems. Deshalb dürfen nur solche Terme vernachlässigt werden, die keinen relevanten Klassifizierungsbeitrag leisten. Dazu kann zum Beispiel auf Stopwortlisten und Korrelationsanalysen zurückgegriffen werden. Eine Stopwortliste führt solche Terme auf, die klassenunabhängiger Natur sind. Im Bereich der Textklassifikation sind dies Artikel und Binde- oder Füllwörter. Übertragen auf die Produktklassifikation sind in die Stopwortlisten alle als unspezifisch angesehenen Wörter aufzunehmen. Dies kann in der Regel nur explizit durch Domänenexperten und deren Wissen über das jeweilige Produktsortiment erfolgen.

Die Korrelationsanalyse identifiziert solche Termpaare, die in den Dokumenten der gleichen Klasse häufig auftreten. Bei zwei stark korrelierenden Termen ist zu überprüfen, ob eines der Merkmale entfernt werden soll, da der Unterscheidungsbeitrag statistisch gesehen bereits durch das andere Merkmale erbracht wird und es somit redundant ist. Bei redundanten Merkmalen besteht weiterhin die Gefahr, daß eine Dokumenteigenschaft – hier: Produkteigenschaft – überbetont wird, wenn alle Merkmale gleichgewichtet in den Merkmalsvektor eingehen.

Merkmalsskalierung

Die Merkmalsskalierung hat die Aufgabe, die Ausprägungen der Merkmale für beliebige Untersuchungsdokumente auf einen einheitlichen Wertebereich abzubilden. Da im VRM nur das Vorkommen von dem Nichtauftreten eines Terms unterschieden wird, erfolgt eine Normierung der Merkmale auf den Wertebereich 0 bis 1, wobei der Wert 1 anzeigt, daß der Term vorkommt, und der Wert 0, daß der Term nicht auftritt.

Darüber hinaus werden im VRM in der Regel abgestufte Wertkodierungen in Abhängigkeit von der Position des Terms in dem Untersuchungsdokument eingeführt (z.B. 0; 0,25; 0,5; 0,75; 1), wodurch eine Gewichtung der Termvorkommnisse möglich wird, die Rücksicht auf die Struktur der Dokumente nimmt. Übertragen auf die Produktklassifizierung lassen sich so Termvorkommnisse in der Produktbezeichnung und -beschreibung höher gewichtet werden als solche in anderen, produktbezogenen Katalogdaten.

Datenbasis

Die Datenbasis des Vektorraummodells umfaßt die Bestandteile der Dokumente, die auf Vorkommnisse von Termen hin zu untersuchen sind. Übertragen auf die Produktklassifizierung wird sie aus einer Untermenge der Produktdaten des Katalogdatenbereichsmodells gebildet. Sie ist eine Untermenge deshalb, da einerseits bestimmte Produktdaten prinzipiell keine Terme, sondern kodierte Informationen enthalten (z.B. Artikelnummer, Bestelleinheit, Preis, Preistyp) und andererseits bestimmte Produktdaten zwar textuelle Informationen enthalten, diese jedoch keinen Beitrag zur Produktklassifizierung leisten können (z.B. Herstellername).

Die Überprüfung der Datenbereiche und Datenelemente auf enthaltene Produktinformationen, die einen Beitrag zur termbasierten Produktklassifizierung leisten können, führt zu dem in der Tabelle 8-25 wiedergegebenen Ergebnis.

<table>
<tr><th>Relevante Datenelemente</th><th>Nicht relevante Datenelemente (Beispiele)</th></tr>
<tr><td>Artikelbezeichnung kurz</td><td rowspan="9">Artikelnummer, Alternative Artikelnummer, EAN, Multimediaobjekte, Reihenfolge, Herstellername, Herstellerartikelnummer, Kundenartikelnummer, Merkmalsbezeichnung, Merkmalswert, Merkmalseinheit, Datentyp, Wertebereich, Ordnungssystem, Systemtyp, Bestelleinheit, Enthaltene Einheit, Enthaltene Menge, Mindestbestellmenge, Bestellmengenintervall, Herkunftsland, Einfuhrgenehmigung erforderlich, Lieferzeiteinheit, Lieferzeit, Verpackungsmaterial, Gefahrgutklassensystem, Gefahrgutklasse, Warengruppe Kunde, Preis, Liefergebiet, Kunde, Rahmenvertrag, Preistyp, Zeitraum, Währung</td></tr>
<tr><td>Artikelbezeichnung lang</td></tr>
<tr><td>Schlagworte</td></tr>
<tr><td>Artikeltext Print</td></tr>
<tr><td>Artikeltext Online</td></tr>
<tr><td>Herstellerartikelbezeichnung</td></tr>
<tr><td>Kundenartikelbezeichnung</td></tr>
<tr><td>Kundenartikeltext</td></tr>
<tr><td>Kategorie-ID [bzw. Kategoriebezeichnung des referenzierten Ordnungssystem]</td></tr>
</table>

Tabelle 8-25: Datenbasis der Produktklassifizierung

Die Ausweitung der Datenbasis über die ansonsten naheliegenden Datenelemente Artikelbezeichnungen und Artikeltexte hinaus verursacht in Verbindung mit der Gewichtung bzw. Skalierung der Merkmale (Datenelemente) einen erhöhten Verfahrensaufwand. Sie kann jedoch den Klassifizierungserfolg entscheidend verbessern helfen. Zur Erprobung und Optimierung der Verfahrensparameter Merkmalsauswahl, Merkmalsskalierung und Datenbasis sind daher empirische Überprüfungen mit realen Katalogdaten notwendig. Das generelle Problem der unterschiedlichen Benennung von Klassen in standardisierten, herstellerunabhängigen Klassifikationssystemen auf der einen Seite und lieferantenspezifischen Katalogdaten auf der anderen Seite wird dadurch noch nicht behoben. Weisen die beiden Vokabulare innerhalb derselben Domäne solche prinzipiellen Unterscheide auf, so ist eine Verbindung zwischen diesen herzustellen und in das Klassifikationsverfahren zu integrieren. Konkret kann der Klassifikationserfolg des Vektorraummodells durch Hinzuziehung einer Trainings- oder Lernmenge erhöht werden.

Die Trainingsmenge enthält bereits korrekt klassifizierte Produktdaten und dient zur Extraktion zusätzlicher Terme, die damit die Termmenge des Klassifikationssystems um Terme korrespondierender Produktdaten ergänzen, d.h. die Klassendefinition wird um produktdatenbezogene Terme erweitert. Diesen Ansatz verfolgen auch *Ding et al.* mit dem Forschungsprototypen GoldenBullet, der für verschiedene UNSPSC-Szenarien bei einer Aufteilung der Produktdaten in 60% vorklassifizierte Trainingsdaten und 40% zu klassifizierende Testdaten zu einem Klassifikationserfolg von 60% führt. Die zehn Klassen mit der höchsten Ähnlichkeit stimmen zu 78% mit der Zielklasse überein.[308] Damit liegt der Erfolg zwar deutlich über dem des einfachen Produkt- und Klassenvergleiches, allerdings ist er stark von der Trainingmenge abhängig, d.h. bei erstmaliger Anwendung, die charakteristisch für lieferantenseitige Klassifizierungsaufgaben ist, wird das Verfahren zu weniger nennenswerten Ergebnissen führen. Dagegen verspricht der Einsatz bei Intermediären über die permanente Erweiterung und Optimierung der Termmengen einen stetig zunehmenden Klassifizierungserfolg.

Weitere Klassifikationsverfahren

Neben dem Vektorraummodell sind als weitere Klassifikationsverfahren die k-Nearest-Neighbor-Klassifikation und die Naive-Bayes-Klassifikation anzuführen. *Ding et al.* haben für die gleichen Testszenarien Klassifizierungserfolge von 45% bzw. 78% ermittelt. Außerdem beschreiben sie zwei Verfahrensmodifikationen, die die vorklassifizierten Produkte als zusätzliche, eigenständige Klassen und nicht als Erweiterung der vorhandenen Klassendefinitionen ansehen und die Klassifikation hierarchisch vornehmen, so daß jede Hierarchieebene einzeln als Klassifikations-

[308] Vgl. Ding et al. (2002), o.S.

problem aufgefaßt wird. Die Klassifikationserfolge verringern sich jedoch durchgängig.

Einen weiteren, ebenfalls auf der Naive-Bayes-Klassifikation beruhenden Ansatz, entwickeln *Agrawal* und *Srikant*, die kritisieren, daß die lernenden Verfahren ein eventuell vorhandenes Ordnungssystem des zu klassifizierenden Kataloges und die daraus ableitbaren Informationen ignorieren.[309] Der Informationsgewinn, daß alle Produkte, die derselben Klasse des vorliegenden Ordnungssystems angehören, sich in gewisser Weise bereits ähnlich sind, wird in das Klassifikationsverfahren integriert und führt zu signifikanten Verbesserungen gegenüber der standardmäßigen Naive-Bayes-Klassifikation. Allerdings beziehen sich die Tests nicht auf Produktklassifikationssysteme, sondern auf Webverzeichnisse, die Webdokumente hierarchisch gruppieren.

Die Klassifikationsverfahren lassen sich theoretisch auch auf die Produktmerkmale als formalisierte Repräsentation der Produkteigenschaften beziehen. In dieser Interpretation sind Ähnlichkeiten nicht mehr zwischen termbasierten Klassen- und Produktbeschreibungen, sondern zwischen den Produktmerkmalen einschließlich ihrer Werte auf der einen Seite und den Merkmalsleisten des Klassifikationssystems auf der anderen Seite aufzudecken. Von *Naumann et al.* wird dieser Ansatz verfolgt, die sich zudem mit der Merkmalskalierung und -gewichtung auseinandersetzen und den Verfahrenseinsatz für die Suche nach und die Klassifikation von Industriemaschinen beschreiben.[310] Es sind jedoch zwei Anwendungsvoraussetzungen festzustellen, die die praktische Eignung stark einschränken.

Erstens müssen die Produkte über separat zugreifbare Merkmale, die sich durch die Klassenzugehörigkeit zu einem beliebigen Klassifikationssystem ergeben, beschrieben werden. Diese Vorklassifizierung ist deshalb wichtig, damit zumindest im Kontext des Kataloges einheitliche Merkmalsdefinitionen den Merkmalen zugrundegelegt sind. Ansonsten würden unterschiedliche Benennungen, Wertebereiche und Einheiten im Ausgangkatalog bereits die Ähnlichkeitsbestimmung erheblich erschweren. Zweitens erfordert eine Klassifizierung entlang der Produktmerkmale, die über die Merkmalsbezeichnungen als Terme hinausgeht, daß sich die Klassenzugehörigkeit aufgrund der Merkmalswerte ableiten läßt. Dies ist gerade für die Standard-

---

[309] Vgl. Agrawal / Srikant (2001), S. 603ff.

[310] Vgl. Naumann et al. (2003), S. 405ff.

klassifikationssysteme nicht der Fall. Diese geben je Klasse eine Merkmalsleiste vor, definieren jedoch nicht klassenspezifische Werte, die von allen zugeordneten Produkten *erfüllt* werden müssen. Insgesamt eignet sich daher eine merkmalsbasierte Automatisierung der Klassifizierung nur für sehr wenige Einsatzfälle, die die genannten Voraussetzungen erfüllen.

8.5.2 Klassifizierung über Ordnungssysteme

Der Klassifizierung über Ordnungssysteme setzt voraus, daß die zu klassifizierenden Produkte bereits einem beliebigen Ordnungssystem zugeordnet und gemäß einem anderen Klassifikationssystem zu klassifizieren sind. Der Ansatz zielt darauf ab, einzelne Zuordnungen von Produkten zu Klassen zu vermeiden und an deren Stelle Beziehungen zwischen den beiden Ordnungssystemen zu definieren. Über solche Beziehungen wird dann die Zielklasse abgeleitet. Dieser Ansatz beschreibt insbesondere den Fall, daß im Produktkatalog ein lieferantenspezifisches Ordnungssystem verwendet, jedoch ein Standardklassifikationssystem zu unterstützen ist. Der Vorgang wird auch mit Umklassifizierung bereits klassifizierter Produktdaten bezeichnet. Im Ergebnis ist ein Mapping zwischen den Klassen von zwei Ordnungssystemen zu erstellen. Über die Klassifizierung von in Katalogen enthaltenen Produkten hinaus läßt sich so die Problematik der Integration unterschiedlicher Klassifikationssystemen und insbesondere der Standardklassifikationssysteme adressieren.[311]

Die Datenbasis besteht aus zwei Klassifikationssystemen und den zugehörigen System- und Klassendefinitionen. In Analogie zu den Datentransformationen aus Kapitel 7.4 können Mappings zwischen dem Quell- und dem Zielklassifikationssystem erstellt werden. Ein Mapping ist eine Zuordnung von Klassen des Quellsystems zu Klassen des Zielsystems. Dabei entstehen infolge der Zuordnungskardinalitäten, d.h. über die Anzahl der beteiligten Klassen im Quell- und Zielsystem, die in der Tabelle 8-26 beschriebenen sechs Mapping-Typen.

---

[311] Vgl. Schulten (2001), S. 86ff.

Kardinalität	Definition	Produktklassifizierung
1:1	Einer Klasse im Quellsystem entspricht genau eine Klasse im Zielsystem.	Automatisch
1:N	Einer Klasse im Quellsystem entsprechen mehrere Klassen im Zielsystem.	Automatisch; Zielklasse ist manuell aus der Menge N auszuwählen
N:1	Mehrerer Klassen im Quellsystem entspricht genau eine Klasse im Zielsystem	Automatisch
N:M	Mehrerer Klassen im Quellsystem entsprechen mehrere Klassen im Zielsystem; das Mapping ist nicht weiter zerlegt.	Automatisch; Zielklasse ist manuell aus der Menge N auszuwählen
1:0	Der Klasse im Quellsystem entspricht keine Klasse im Zielsystem.	Klassifizierung ist nicht möglich
0:1	Die Klasse im Zielsystem entspricht keiner Klasse im Quellsystem.	(nicht relevant)

Tabelle 8-26: Mapping-Typen zwischen Produktklassen

Die Abbildung 8-5 demonstriert die Anwendung der Mapping-Typen anhand des Mappings der eCl@ss-Klasse Bohrer zu dem Äquivalent in proficl@ss.

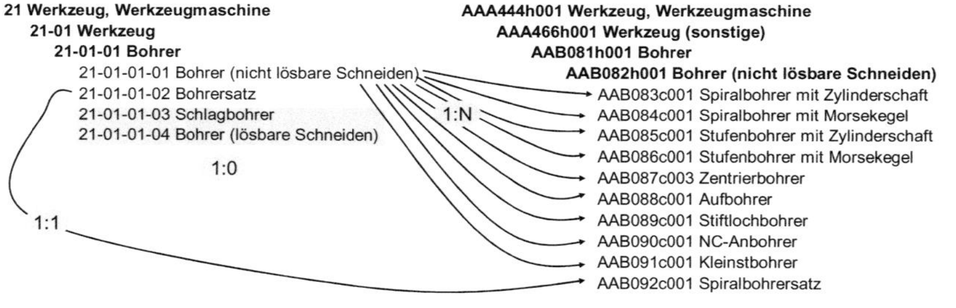

Abbildung 8-5: Beispiel Mapping zwischen eCl@ss 4.1 und proficl@ss 1.2

Es zeigt sich erwartungsgemäß im Zielklassifikationssystem ein höherer Detaillierungsgrad, so daß die Untergruppe 21-01-01-01 auf neun proficl@ss-Klassen abzubilden ist (1:N-Mapping). Eine weitere Untergruppe (Bohrersatz) kann genau einer proficl@ss-Klasse zugeordnet werden (1:1-Mapping), während es für die Untergruppen 21-01-01-03 und 21-01-01-03 keine Entsprechungen in proficl@ss gibt (1:0-Mapping).

Dieses Beispiel ist insofern repräsentativ für viele Mappings, als daß im vertikalen Zielsystem bestimmte Sachverhalte differenzierter modelliert werden. Es sind jedoch nicht alle Sachverhalte des horizontalen Quellsystems auch Gegenstand des Zielsystems, so daß eine Umklassifizierung überhaupt nicht möglich ist. Umgekehrt wird das vertikale Klassifikationssystem auch Klassen enthalten, denen sich keine

Quellklassen zuordnen lassen (0:1-Mapping). Diese ergeben sich am Ende des Mapping-Prozesses, wenn deutlich wird, welche Zielklassen keine Zuordnungen besitzen.

Mit dem Mapping-Typ N:M wird zum Ausdruck gebracht, daß dem Quell- und Zielsystem zwei unterschiedliche Strukturierungsansätze zugrunde liegen, d.h. die Klassenbildung basiert auf grundsätzlich verschiedenen Kriterien; beispielsweise bei horizontalen vs. vertikalen Klassifikationssystemen. Insbesondere tritt dieser Typ jedoch bei dem Mapping zwischen anwendungs- und eigenschaftsorientierten Klassifikationssystemen auf.

In der Abbildung 8-6 ist der Fall dargestellt, daß im Quellsystem Bohrer nach ihrem Anwendungsbereich, im Zielsystem jedoch nach dem Durchmesser differenziert werden. Die Umklassifizierung müßte hier auf der Instanzebene, d.h. für jedes Produkt in Abhängigkeit von dem jeweiligen Durchmesser, die Zielklasse auswählen. Alternativ läßt sich jedes N:M-Mapping auch in einzelne 1:N-Mappings – hier: sechs Mappings – zerlegen. Die Zerlegung wird zudem Nebenbedingungen offenlegen. Im Beispiel sind unter anderem Steinbohrer nicht sinnvoll der Klasse Kleinstbohrer zuzuordnen. Dennoch erlangt das N:M-Mapping eine gewisse Berechtigung, da dadurch ein zusätzlicher Zusammenhang zwischen höheren Klassen ausgedrückt werden kann.

1-5-2 Bohrer (nicht lösbare Schneiden)		**AAA040 Bohrer (nicht lösbare Schneiden)**
1-5-2-1 Holzbohrer		AAA901 Kleinstbohrer
1-5-2-2 Keramikbohrer		AAA902 Bohrer 1-10 mm
1-5-2-3 Kunststoffbohrer	N:M	AAA903 Bohrer 11-20 mm
1-5-2-4 Stahlbohrer		AAA904 Bohrer 21-30 mm
1-5-2-5 Stahlbetonbohrer		AAA905 Bohrer 31-40 mm
1-5-2-6 Steinbohrer		AAA906 Bohrer 41-50 mm
		AAA906 Bohrer über 50 mm

Abbildung 8-6: Beispiel N:M-Mapping zwischen Klassifikationssystemen

Die Mapping-Kardinalität, die die Anzahl der an einem Mapping beteiligten Klassen angibt, läßt in der Regel Rückschlüsse auf den inhaltlichen Zusammenhang zu. Dieser ist jedoch noch nicht weiter spezifiziert. Durch zusätzliche Informationen über den Beziehungstyp läßt sich die Umklassifizierung unterstützen:

- Der Beziehungstyp *Oberklasse* sagt aus, daß die Zielklasse inhaltlich weiter gefaßt ist und damit eine Oberklasse für die Quellklasse ist.
- Der Beziehungstyp *Unterklasse* sagt aus, daß die Zielklasse inhaltlich enger gefaßt ist und damit eine Unterklasse für die Quellklasse darstellt.

- Der Beziehungstyp *Identität* sagt aus, daß sich Quell- und Zielklasse inhaltlich genau entsprechen.
- Der Beziehungstyp *Sonstige Beziehung* sagt aus, daß der inhaltliche Zusammenhang zwischen Quell- und Zielklasse sonstiger Art oder nicht weiter angegeben ist. Diese Beziehungsart ist insbesondere dann zu verwenden, wenn nicht zweifelsfrei über Oberklasse, Unterklasse oder Identität entschieden werden kann.

Der Nutzen der Beziehungstypen entsteht vor allem bei Mappings auf höheren Hierarchieebenen. Im Bohrer-Beispiel läßt sich so angeben, ob bei einem 1:1-Mapping zwischen zwei Klassen tatsächlich übereinstimmende Produktbereiche vorliegen:

- Die eCl@ss-Klasse „Bohrer“ sei Oberklasse für die Klasse „Bohrer“ eines vertikalen Zielklassifikationssystems, welches darunter nur Bohrer im Rahmen der Leiterplattenbestückung subsummiert (z.B. keine Schlagbohrer).
- Die eCl@ss-Klasse „Bohrer“ sei Unterklasse für die Klasse „Werkzeug“ eines vertikalen Zielklassifikationssystems, welches Werkzeuge nicht weiter differenziert, da sie nicht zum Kernbereich dieses Klassifikationssystems gehören.
- Die eCl@ss-Klasse „Bohrer“ sei inhaltlich mit der gleichnamigen Klasse eines vertikalen Zielklassifikationssystems identisch, welches ansonsten nur unterschiedliche Differenzierungen aufweist.
- Die eCl@ss-Klasse „Bohrer“ weise einen inhaltlich Zusammenhang zu der Klasse „Spiralbohrer“ eines horizontalen Zielklassifikationssystems auf. Der Zusammenhang ist noch nicht weiter geklärt und muß näher untersucht werden.

In Verbindung mit der Mapping-Kardinalität wird eine detaillierte Beschreibung der Beziehungszusammenhänge ermöglicht, wie sie in der Tabelle 8-27 zusammengefaßt sind (zusätzlich: Sonstige Beziehung).

Liegen Mappings einschließlich der Beziehungstypen für ein Klassifikationssystem in formalisierter Form vor, so lassen sich einerseits bestimmte Mappings aufgrund logischer Interdependenzen automatisch ableiten. Insbesondere lassen sich Mappings für die Klassen der höheren Hierarchiestufen ermitteln, wenn die manuell bestimmten Mappings für die Elementarklassen vorliegen. Andererseits sind Konsistenzprüfungen durchführbar, um logische Widersprüche aufzudecken. Werden solche Ableitungen und Prüfungen in Softwarewerkzeuge für die Entwicklung von Mappings integriert, dann kann der Entwicklungsprozeß unterstützt und vereinfacht werden.

Beziehungstyp Kardinalität	Oberklasse	Unterklasse	Identität
1:1	Die Zielklasse ist inhaltlich weiter gefaßt als die Quellklasse.	Die Zielklasse ist nicht in der Lage, den Gegenstandsbereich der Quellklasse vollständig abzudecken.	Die inhaltliche Abdeckung ist identisch.
1:N	Die Summe der Zielklassen ist inhaltlich weiter gefaßt als die Quellklasse.	Die Summe der Zielklassen ist nicht in der Lage, den Gegenstandsbereich der Quellklasse vollständig abzudecken.	Die inhaltliche Abdeckung ist identisch; das Zielsystem differenziert jedoch den Gegenstandsbereich der Quellklasse.
N:1	Die Zielklasse ist inhaltlich weiter gefaßt als die Summe der Quellklassen.	Die Zielklasse ist nicht in der Lage, den Gegenstandsbereich der Summe der Quellklassen vollständig abzudecken, allerdings sind die Quellklassen auch keinen weiteren Zielklassen zugeordnet.	Die Summe der Quellklassen entspricht inhaltlich genau der Zielklasse.
N:M	Die Summe der Zielklassen ist inhaltlich weiter gefaßt als die Summe der Quellklassen.	Die Summe der Zielklassen ist nicht in der Lage, den Gegenstandsbereich der Summe der Quellklassen vollständig abzudecken.	Die Summe der Quellklassen entspricht inhaltlich genau der Summe der Zielklassen; die Unterschiede beruhen nur auf den Differenzierungskriterien.

Tabelle 8-27: Mapping-Kardinalitäten und Beziehungstypen

Die zuvor beschriebenen Prinzipien lassen sich für die automatisierte Ermittlung der Mappings einsetzen. Die Klassifikationssysteme werden hierbei als Schemata angesehen, zwischen denen *terminologische Beziehungen* bezüglich der Benennung der Schemaelemente (hier: Klassen) aufzudecken sind. Eine Implementierung ist das MOMIS-System.[312] Es verfolgt einen zu den Beziehungstypen verwandten Ansatz, indem die in dem ODMG-Standard ODL[313] definierten Beziehungen *synonym of*, *broader term*, *narrower term* und *related term* automatisch abgeleitet werden sollen. Diese Beziehungen entstehen jedoch unter rein terminologischen Aspekten, während die vier zuvor beschriebenen Beziehungstypen sich auf die Semantik der Produktklassen beziehen. Zur Herleitung der Beziehungen können eingesetzt werden:

- Beziehungen innerhalb eines Klassifikationssystem, die sich bereits aufgrund der hierarchischen Ordnung ergeben,
- ermittelte Beziehungen aufgrund lexikalischer Vergleiche mit Einträgen in der Begriffsbibliothek *WordNet*,

[312] Im folgenden vgl. Bergamaschi / Guerra / Vincini (2002), S. 861ff.

[313] ODMG: Object Data Management Group, ODL: Object Definition Language; vgl. ODMG (2004), o.S.

- manuell erstellte Beziehungen aufgrund des Domänenwissens von Experten und
- Konsistenzprüfungen und Ableitungen neuer Beziehungen (Inferenzen).

Über die Korrektheit der mit dem MOMIS-System ermittelten Mappings zwischen eCl@ss und UNSPSC liegen keine statistischen Angaben vor. Allerdings ist anzumerken, daß die systemdefinierenden Daten von eCl@ss und UNSPSC aufgrund ihrer geringen formalisierten Semantik wenig dazu beitragen, daß bereits über die Hierarchie hinreichend spezifizierte Beziehungen ermittelt werden können. Der Grund dafür ist, daß die Standardklassifikationssysteme keine semantischen Informationen über die Klassenbildung bereitstellen, sondern nur Beziehungen des Typs „ist Unterklasse zu Oberklasse" definieren. Dies gilt für alle in Kapitel 8.3 genannten Standardklassifikationssysteme.

8.5.3 Klassifizierung über Referenz-Mappings

Im Unterschied zu den zuvor beschriebenen Ansätzen nimmt der dritte Ansatz die Produktklassifizierung weder auf der Basis von Produktbeschreibungen vor, noch werden Verfahren angewendet, die Ähnlichkeiten zwischen Klassen unterschiedlicher Klassifikationssysteme ermitteln. Vielmehr basiert dieser Ansatz einzig auf zuvor bereits bekannten Mappings zwischen zwei oder mehreren Klassifikationssystemen. Ein Mapping gilt als Referenz-Mapping, wenn es von einer relevanten Anzahl von Produkten oder Lieferanten verwendet und somit akzeptiert wird. Kandidaten für Referenz-Mappings lassen sich durch die systematische Analyse von Katalogdaten ermitteln und über Schwellenwerte als solche bestätigen.

Der Erfolg dieses Klassifizierungsverfahrens hängt entscheidend von der Anzahl der zugreifbaren Kataloge und der enthaltenen Produkte ab. Damit bietet sich sein Einsatz für große Marktplätze und Katalogdienstleister an, die aufgabenbedingt eine entsprechende Anzahl von Katalogen eingangsseitig verarbeiten. Über die Auswertung der vorliegenden Klassifizierungsdaten lassen sich Mappings erkennen und so Mehrwerte erzeugen, die Marktplätze und Dienstleister für ihre Leistungserbringung nutzen können, indem sie beispielsweise automatische Umklassifizierungen auf Basis der Referenz-Mappings als Zusatzdienstleistung anbieten.

Wenn Lieferant A ein Produkt in die Klasse S1 des Klassifikationssystems S und zugleich in die Klasse T1 des Klassifikationssystems T einordnet (duale Klassifizierung), dann besteht ein inhaltlicher, aber noch nicht weiter bestimmter Zusammenhang zwischen den Klassen S1 und T1. Zeigt sich dieser Zusammenhang für alle

Produkte der Klasse S1 des Lieferanten A und werden nur diese Produkte der Klasse T1 zugeordnet, so ist zumindest für diesen Lieferantenkatalog ein 1:1-Mapping festzustellen. Werden auch Produkte anderer Klassen der Zielklasse T1 zugeordnet, dann liegt ein N:1-Mapping vor. Insgesamt lassen sich über diese Katalogdatenanalyse alle der in Kapitel 8.5.2 eingeführten Mapping-Typen ableiten. Die Analyse legt jene Mappings offen, die der Lieferant bei der Katalogerstellung angewendet hat. Hinsichtlich der Beziehungstypen können jedoch keine Spezifizierungen abgeleitet werden, da dazu zusätzliches Domänenwissen notwendig wäre, welches über die Klassifizierungsdaten hinausgeht.

Die für einzelne Kataloge ermittelten Mappings sind von noch vergleichsweise geringer Gültigkeit. Diese ist zudem von der Anzahl der das Mapping stützenden Produkte abhängig. Folglich ist für die Produktanzahl ein Schwellenwert zu definieren, um die durch wenige und im Extremfall nur durch ein Produkt begründeten Mappings nicht zu stark zu gewichten. Ansonsten könnten bereits wenige und im Extremfall eine einzige fehlerhafte Zuordnung zu einem falschen Mapping führen. Weiters sind die aus einzelnen Katalogen ermittelten Mappings auf der Ebene des Katalogerstellers zu aggregieren, so daß identische Mappings aus unterschiedlichen Katalogen des gleichen Lieferanten nicht mehrfach in die Konsensbildung über Referenz-Mappings eingehen. Dadurch wird unterstrichen, daß sich die Referenzeigenschaft aus der Akzeptanz durch eine relevante Menge von Unternehmen und nicht aus der unternehmengsunabhängigen Anzahl von Katalogen ergibt.

Die praktische Relevanz der Klassifizierung über Referenz-Mappings ist im Vergleich zu den anderen Verfahren als geringer anzusehen, da sie die Verfügbarkeit von Katalogen mit dualer Klassifizierung voraussetzt. Solche Kataloge sind weniger häufig anzutreffen, da sich viele Lieferanten zunächst auf die Unterstützung des für ihre Anforderungen wichtigsten Klassifikationssystems beschränken. Andererseits ist angesichts der Bedeutung und Konkurrenz der horizontalen Standards eCl@ss und UNSPSC die wechselseitige Umklassifizierung prädestiniert für die Ableitung von Referenz-Mappings. Dies heißt, daß für Marktplätze und Katalogdienstleister die Wahrscheinlichkeit, solche dual klassifizierten Kataloge zu erhalten, als bedeutend höher anzusehen ist als dies für andere Klassifikationssystempaare der Fall wäre – insbesondere für Paare von horizontalen und vertikalen Klassifikationssystemen. Für die vertikalen Systeme ist damit zu rechnen, daß sie im Zuge von Konsolidierungs- und Integrationsschritten vermehrt Referenz-Mappings zu horizontalen Klassifikationssystemen bereitstellen werden.

9 Erweiterung des betrieblichen Katalogdatenmanagements zu einem zwischenbetrieblichen Katalogdatenmanagement

Die im Teil I dieser Arbeit entwickelte Konzeption eines betrieblichen Katalogdatenmanagements und die bislang im Teil II entwickelten Gestaltungskonzepte basieren auf einer einzelbetrieblichen Sichtweise, die strategische und operative Aufgaben anhand von drei Anwendungsszenarien differenziert. Diese Sichtweise wird durch die Annahme motiviert, daß die Gestaltungsaufgaben und damit die Anforderungen an KDM-Systeme in hohem Maße durch die Stellung des jeweiligen Unternehmens in zwischenbetrieblichen Lieferketten determiniert werden. Die Darstellung in den vier vorangegangenen Kapiteln hat diese Annahme zur Grundlage genommen, um differenzierte KDM-Architekturen zu entwickeln und bezüglich der Funktionen der KDM-Systeme unterschiedliche Schwerpunkte zu erkennen. Zugleich sind jedoch auch die Interdependenzen der Szenarien zutage getreten, die sich durch die Notwendigkeit des Datenaustausches ergeben. So setzen die Importprozesse einkaufender Unternehmen auf den Exportprozessen der Lieferanten auf. In umgekehrter Richtung stellen einkaufende Unternehmen Anforderungen an die Lieferantenkataloge, die die Lieferanten nicht nur operativ erfüllen, sondern nach Möglichkeit bereits bei der Gestaltung ihres KDM berücksichtigen sollten, d.h. sie gehen – soweit sie bekannt oder ermittelbar sind – als externe Anforderungen in die Entwicklung der Inhalts-, Architektur-, System-, Prozeß- und Kommunikationskonzepte des KDM ein.

Zur Durchführung des Katalogdatenaustausches ist in der Regel ein relevanter Koordinations- und Kommunikationsaufwand zwischen den katalogerzeugenden und katalogverarbeitenden Unternehmen erforderlich. Gerade in der Initialisierungsphase, also bei der erstmaligen Etablierung des Austausches zwischen den beteiligten Partnern, besteht ein hoher Abstimmungsbedarf hinsichtlich der Syntax, den Inhalten und der Qualität der zu übertragenden Katalogdaten. Die Gründe liegen unter anderem in den unterschiedlichen Inhalts- und Kommunikationskonzepten. Dieser Aufwand entsteht trotz des Einsatzes standardisierter Katalogformate.

Mit dem Begriff *zwischenbetriebliches Katalogdatenmanagement* soll den Unterschieden, Interdependenzen und Abstimmungsbedarfen der Anwendungsszenarien Rechnung getragen werden. Dazu werden im weiteren solche Bereiche analysiert, die über die einzelbetriebliche Perspektive hinaus gemeinsam von zwei Unternehmen (bilateral) oder einer größeren Anzahl Unternehmen (multilateral) gestaltet werden können. Das zwischenbetriebliche KDM kann als eine Weiterentwicklung des betrieblichen KDM angesehen werden, da es den Aufbau von KDM-Systemen auf der katalogerstellenden und der katalogimportierenden Seite voraussetzt und explizit auf die Verbesserung der Austauschprozesse abzielt. Die Verbesserung bezieht sich auf wichtige Eigenschaften zwischenbetrieblicher Prozesse wie Automatisierungsgrad, Durchlaufzeit, Fehlerhäufigkeit, Transparenz und Flexibilität. Zur Prozeßverbesserung werden daher zunächst Ansatzpunkte identifiziert und zugehörige Instrumente beschrieben (Kapitel 9.1). Darauf aufbauend wird untersucht, wie die Interoperabilität zwischen KDM-Systemen erhöht werden kann (Kapitel 9.2). Abschließend wird der Entwicklungsstand ausgewählter XML-Katalogstandards bezüglich dieser Interoperabilitätsanforderungen untersucht.

9.1 Instrumente des zwischenbetrieblichen Katalogdatenmanagements

Die Instrumente des zwischenbetrieblichen KDM sollen die Austauschprozesse verbessern und automatisieren helfen. Dazu können die nachstehenden Ansätze Katalogprozeßabstimmung, Katalogspezifikation und Katalogzertifizierung verfolgt werden, die sich durch ihren zunehmenden Formalisierungsgrad unterscheiden.

9.1.1 Katalogprozeßabstimmung

Die Katalogprozeßabstimmung betrifft die Aufgabenbereiche, die dazu beitragen, die zwischenbetrieblichen Austauschprozesse zu gestalten, Kommunikationsmedien und Übertragungsformate zu bestimmen und die eigentliche Katalogdatenübertragung zu regeln. Während die unilaterale Vorgabe von Regeln für die Katalogdatenübertragung ausschließlich dem betrieblichen KDM zuzurechnen ist (KDM-Kommunikationskonzept), soll von zwischenbetrieblicher Abstimmung gesprochen werden, wenn solche Regeln *gemeinsam* entwickelt und definiert werden oder sich die beteiligten Unternehmen auf die Übernahme branchenweiter oder branchenübergreifender Regeln verständigen.

Gegenstand der Katalogprozeßabstimmung sind typische Prozeßparameter wie:

- unterstützte Katalogprozesse und Dokumenttypen,
- unterstützte Kommunikationswege (einschließlich technischer Rahmenbedingungen),
- unterstützte Übertragungsformate (insbesondere XML-Katalogstandards),

- die den Dokumentenaustausch begleitenden Kommunikationsprozesse zwischen Aufgabenträgern der beteiligten Unternehmen und gegebenenfalls beauftragter Dienstleister,
- Verteilung der syntaktischen und inhaltlichen Validierungsaufgaben auf die beteiligten Unternehmen,
- Versionierung der auszutauschenden Dokumente,
- Reaktionszeiten auf Prozeßzustandsveränderungen
- und Eskalationsregeln bei Auftreten von Prozeßabweichungen.

Zusammenfassen lassen sich die getroffenen Katalogprozeßabstimmungen in Form von Leitfäden, die textuell und semi-formal die Katalogaustauschprozesse beschreiben.[314] Aufgrund des hohen Anteils derjenigen Prozeßparameter, die die lieferantenseitige Katalogerstellung beeinflussen, werden diese Leitfäden oft mit Lieferantenhandbuch bezeichnet.

Über die unmittelbar die operative Katalogdatenübertragung betreffenden Aspekte hinaus kann sich die Katalogprozeßabstimmung jedoch auch auf die Bereitstellung von Softwarewerkzeugen, die Vermittlung notwendigen Wissens über das Katalogdatenmanagement und die gegenseitige Unterstützung bei Auswahl- und Gestaltungsentscheidungen zu beschaffender KDM-Systeme erstrecken. Aus Sicht des Szenarios Buyer leistet das zwischenbetriebliche KDM somit einen Beitrag zum Lieferantenmanagement bzw. zur Lieferantenentwicklung.[315]

9.1.2 Katalogspezifikation

Die Katalogspezifikation befaßt sich mit den in der Katalogprozeßabstimmung nur als Black-box betrachteten Dokumenten des Katalogdatenaustausches. Ziel der Katalogspezifikation ist es, die Anforderungen an Inhalt und Syntax der Katalogdokumente so festzulegen, daß die zwischenbetrieblichen Datenaustauschprozesse reibungslos durchgeführt und Validierungsschritte seitens der Katalogersteller oder -empfänger reduziert werden können. Damit stellt sie eine Verbindung der KDM-Inhalts- und Kommunikationskonzepte von Katalogersteller und Katalogempfänger her.

---

[314] Vgl. z.B. Osterloh et al. (2001).

[315] Vgl. Tanner (2004), S. 34.

Voraussetzung der Katalogspezifikation ist der Einsatz standardisierter oder zumindest definierter Austauschformate. In Orientierung an dem Schichtenmodell der E-Business-Standardisierung lassen sich die einzelnen Festlegungen gliedern. Die Beschreibung der unterstützten Katalogprozesse als Folge von Dokumenttypen gehört zu der Katalogprozeßabstimmung. Dokumenttypen sind dagegen der Katalogspezifikation zuzuordnen. Für jeden unterstützten Dokumenttyp ist dessen Nutzung festzulegen, die auch die Modifikation der Dokumenttypen zur Folge haben kann. Hauptgestaltungsgegenstand der Katalogspezifikation ist deshalb das je Dokumenttyp verwendete Vokabular. Es lassen sich fünf Typen zwischenbetrieblicher Festlegungen abgrenzen:

1. Mit der *Umwandlung von Kann- zu Muß-Datenelementen* werden die Mindestanforderungen an gültige Katalogdokumente erhöht, die diese Datenelemente aufweisen müssen. Dadurch lassen sich unter anderem inhaltliche Anforderungen wiedergeben. Beispielsweise läßt sich für Kataloge festlegen, daß sie Multimediadaten, Herstellerbezeichnungen und EAN-Artikelnummern je Produkt enthalten.
2. Mit der *Angabe nicht unterstützter Datenelemente* wird ausgedrückt, daß das importierende System solche Daten nicht verarbeitet und bei Auftreten in Katalogdokumenten ignorieren wird (z.B. Konfigurationsdaten, da die importierende Kataloganwendung keine Konfigurationskomponente enthält). Für die Katalogersteller bietet dies die Möglichkeit, die zwar durch das Datenformat vorgesehenen, aber von ihnen nicht bereitgestellten Daten zu kennzeichnen und so den Katalogempfängern mitzuteilen, daß die zu verarbeitenden Katalogdokumente diese Daten nicht enthalten.
3. Über die *Definition individueller Erweiterungen* des Übertragungsformates läßt sich festlegen, daß ein zugrundeliegendes Standardformat modifiziert wird. Weisen die auszutauschenden Katalogdokumente dagegen Erweiterungen auf, die nicht im Rahmen der Katalogspezifikation beschrieben worden sind, so sind diese Erweiterungen von den Beteiligten zu ignorieren.
4. Durch die *Einschränkung der Wertebereiche von Datenelementen* werden inhaltliche Vorgaben ermöglicht, indem die zur Verfügung stehenden „Spielräume“ des Übertragungsformates verringert werden. Die Einschränkung bezieht sich vor allem auf Datenelemente des Datentyps Enumeration. Die Vereinbarung nur zugelassener Enumerationswerte stellt beispielsweise die korrekte Verwendung von Preistypen, Artikelreferenzen und standardisierten Bestelleinheiten sicher. Ein weiterer Fall ist die Wertebereichseinschränkung durch eine engere

Begrenzung von Zeichenketten und numerischen Werten. Dadurch lassen sich auch technische Restriktionen der importierenden Systeme festhalten. So kann auf das eventuelle Abschneiden überlanger Feldinhalte hingewiesen werden, welches möglicherweise zu Fehlfunktionen führt (z.B. bei Artikelnummern).

5. Schließlich beschreiben *Inhaltsvorgaben* die Befüllung von Datenelementen unabhängig von ihrem Datentyp. Dies erlaubt es, für jedes Datenelement den erwarteten Informationsgehalt festzulegen, um beispielsweise die Klassifizierung gemäß eCl@ss 5.0, die Angabe spezieller, nicht standardisierter Produktmerkmale und die Übertragung von Produktabbildungen in der Größe 320x200 Punkten und im Format JPG festzulegen.

In der beschriebenen Form unterstützt die Katalogspezifikation insbesondere die Katalogerstellungsprozesse, da sie – oftmals unter Bezugnahme auf einen Katalogstandard – die auszutauschenden Kataloginhalte detaillierter festlegt und als Anforderungs- oder Checkliste eingesetzt werden kann. Zur Dokumentation eignen sich unter anderem nach inhaltlichen Gesichtspunkten gegliederte Beschreibungen oder stärker strukturierte, verzeichnisorientierte Darstellungen. Im letzteren Fall kann die Bezugnahme auf ein Standardübertragungsformat soweit führen, daß die Formatdokumentation modifiziert und mit entsprechenden Hinweisen versehen wird. Dieses Vorgehen hat beispielsweise der vertikale Marktplatz covisint für das bevorzugte Übertragungsformat BMEcat gewählt. Die BMEcat-Dokumentation wurde mit textuellen, graphischen und farblichen Hinweisen versehen und um die für covisint nicht weiter relevanten Bereiche gekürzt. Dadurch verringerte sich der Dokumentationsumfang von 166 auf nur noch 59 Seiten, so daß für die Lieferanten eine kompakte und auf die Anforderungen von covisint zugeschnittene Dokumentation vorliegt.[316]

9.1.3 Katalogzertifizierung

Die Katalogzertifizierung untersucht Katalogdokumente hinsichtlich der syntaktischen Anforderungen des Austauschformates und zusätzlichen, inhaltlichen Anforderungen der Katalogspezifikation. Mit der Ausstellung eines Zertifikates wird dokumentiert, daß das Katalogdokument den gestellten Anforderungen entspricht. Die Weiterverarbeitung zertifizierter Katalogdokument in importierenden Systemen wird erleichtert. In diesen Systemen können unter anderem aufwendige Prüfungen entfallen oder auf

[316] Vgl. covisint (2003).

solche reduziert werden, die über die dem Zertifikat zugrundeliegenden Kriterien hinausgehen.

Die Katalogzertifizierung ist im allgemeinen eng mit der Einhaltung der Anforderungen eines Standardaustauschformates verbunden, sie kann sich aber auch auf proprietäre Formate oder Adaptionen von Standards beziehen. Prüfstellen für Katalogdokumente sind für Standardformate folglich die Standardisierungsorganisationen und für sonstige Formate die jeweiligen Anwender bzw. Dienstleister. Die Zertifizierung ist seitens einkaufender Unternehmen und elektronischer Marktplätze ein Mittel, die Einhaltung der Format- und Katalogspezifikationen sicherzustellen und nicht zertifizierte Kataloge abzuweisen.

Zertifizierungswerkzeuge untersuchen Katalogdokumente hinsichtlich der gestellten Anforderungen, erstellen Untersuchungsberichte und ermitteln den Grad der Anforderungserfüllung. Die Überprüfung der Anforderungen läßt sich in zwei Bereiche gliedern:

- Die Anforderungen sind durch die formale Spezifikation des verwendeten Übertragungsformates vorgegeben: Für XML-basierte Katalogformate legen die formalen Spezifikationen bereits viele syntaktische Anforderungen fest. Sie lassen sich durch die Dokumentvalidierung, die auch Bestandteil von vielen XML-Softwarewerkzeugen ist, überprüfen. Auftretende Formatverletzungen werden in den Zertifizierungsbericht übernommen, um Hinweise zur Fehlerbehebung zu geben. Ein Verstoß gegen die formale Spezifikation verhindert die Ausstellung des Katalogzertifikates.
- Die Anforderungen sind nicht formal spezifiziert: Hier orientiert sich die Zertifizierung an den fünf Typen zwischenbetrieblicher Festlegungen der Katalogspezifikation (siehe vorheriger Abschnitt). So ist es möglich, die konkrete Nutzung und Modifikation von standardisierten Datenaustauschformaten in die Zertifizierung - einzubeziehen.

Die Anforderungsüberprüfung basiert auf einer Analyse aller Datenelemente des zu prüfenden Katalogdokumentes. Für alle Datenelemente sind somit die Vorkommenshäufigkeit, die Wertebereichskonformität und gegebenenfalls die Erfüllung inhaltlicher Vorgaben zu prüfen. Je nach der im Datenformat festgelegten Elementkardinalität und des Datentypes lassen ergänzende, statistische Auswertungen erstellen, die den Erfüllungsgrad angeben:

- Für Muß-Elemente wird die relative Anzahl der Datensätze ermittelt, die das Element aufweisen. Mit dem Attribut relativ wird zum Ausdruck gebracht, daß der ermittelte Wert in Abhängigkeit von dem Kontext zu sehen und der Bezugsgröße gegenüberzustellen ist (z.B. Produkte, Merkmale, Preise, Klassen). Die relative Häufigkeit muß 100% erreichen.
- Für Kann-Elemente wird ebenfalls die relative Anzahl der Datensätze ermittelt, die das Element aufweisen. Die relative Häufigkeit wird zwischen 0 und 100% liegen und kann für viele Datenelemente als ein Qualitätskriterium aufgefaßt werden (z.B. Anteil der Produkte, die mit mindestens einem Schlagwort versehen sind).
- Für Elemente mit N-Kardinalität wird eine Verteilungstabelle mit der Anzahl der Datensätze erstellt, die das Element keinmal, einmal, zweimal und so weiter aufweisen (z.B. Anzahl der Preise je Produkt).
- Für Elemente mit Datentyp Enumeration wird die relative Anzahl der Datensätze ermittelt, die den definierten Wertebereich einhalten. Zusätzliche zeigt eine Verteilungstabelle die Nutzung der zulässigen Enumerationswerte (z.B. Verteilung der Preistypen).
- Für Elemente mit Datentyp Zeichenkette wird die relative Anzahl der Datensätze berechnet, die die Längenbeschränkung einhalten. Zusätzlich lassen sich statistische Größen bezüglich der Zeichenkettenlängen hinzuziehen (z.B. Minimum, Maximum, Mittelwert, Median, Verteilungstabelle).
- Für Elemente mit Datentyp Datums-/Zeitangaben wird die Plausibilität vergangenheits- und zukunftsbezogener Daten überprüft (z.B. Katalogerstellungsdatum in der Vergangenheit; Kataloggültigkeit endet in der Zukunft). Weiterhin lassen sich nicht-leere und überschneidungsfreie Zeitintervalldefinitionen überprüfen (z.B. Intervallanfang liegt vor Intervallende; zwei zeitlich befristete Preise des gleichen Produktes überdecken sich nicht).

Wie bereits durch die Zeitintervalle angedeutet, sind für die Einhaltung von Integritätsbedingungen die Datensätze und Teildatenbereiche in ihrem Zusammenhang zu betrachten. In Kapitel 8.1.3 sind für die Produktklassifizierung solche Anforderungen an die Richtigkeit, Konsistenz und Vollständig bereits operationalisiert worden. Sie können in die Katalogzertifizierung übernommen werden.

9.2 Interoperabilität von KDM-Systemen

Das Paradigma der sinnvollen Automatisierung führt allgemein zu einer System-zu-System-Kommunikation. Übertragen auf den Katalogbereich bedeutet dies, daß die beteiligten Informationssysteme, die Katalogdaten erstellen, importieren und weitergeben, zwischenbetrieblich und automatisiert kommunizieren. Von diesem Ziel sind die heute eingesetzten KDM-Systeme noch relativ weit entfernt. Insbesondere wird kaum zweiseitig kommuniziert, sondern es werden in der Regel lediglich Nachrichten an KDM-Systeme übertragen, ohne daß diese situationsabhängig antworten. Im weiteren wird geprüft, welchen Beitrag der Katalogdatenaustausch über den Status quo hinaus leisten kann, um die Katalogaustauschprozesse zu verbessern und die Interoperabilität von KDM-Systemen herzustellen.[317] Zur Beantwortung der Frage ist ein Blick auf die charakteristischen Unterschiede von B2B- und B2C-Geschäftsbeziehungen hilfreich. Sie lassen sich auf drei Aussagen konzentrieren: Der Datenaustausch ist essentiell, die Geschäftsdaten sind vielschichtig und komplex und die Steuerungsmechanismen reichen von einseitig dominierten bis zu partnerschaftlichen Beziehungen.[318]

Diese Aussagen können zur Entwicklung von Interoperabilitätskonzepten genutzt werden, indem drei zugehörige Ansatzpunkte oder Entwicklungsbereiche definiert werden. Die erste Aussage verlangt nach der Erstellung eines erweiterten Prozeßmodells. Dieses soll von KDM-Systemen für den Nachrichtenaustausch verwendet werden und ist im Unterschied zum herkömmlichen Katalogaustausch als Request-Response-Modell ausgelegt. Die zweite Aussage entspricht der strukturellen Komplexität und verlangt nach erweiterten Möglichkeiten zur *formalen* Katalogspezifikation. Formal bedeutet hier, daß Inhalt und Syntax der auszutauschenden Katalogdokumenttypen so beschrieben werden, daß sie als Metadaten von den KDM-Systemen verarbeitet werden können. Damit wird das in Kapitel 9.1.2 eingeführte Instrument der Katalogspezifikation genutzt und erweitert. Die dritte Aussage führt zur Übertragung des Instruments der partnerschaftlichen Gestaltung der Katalogaustauschprozesse auf die Katalogvalidierung.

---

[317] Zu Vorüberlegungen der nachfolgenden Interoperabilitätsbetrachtungen vgl. Leukel / Schmitz / Dorloff (2002d).

[318] Vgl. Olsen (2000), S. 30.

9.2.1 Erweiterung des Prozeßmodells

Das Prozeßmodell sollte in Hinblick auf die Automatisierungsziele prinzipiell alle katalogrelevanten Kommunikationsbeziehungen zwischen den beteiligten Unternehmen abdecken und für diese Prozesse und Dokumenttypen definieren. Eine Anforderung an dieses Prozeßmodell ist die Unabhängigkeit von Geschäftsmodell und Framework. Geschäftsmodellunabhängigkeit bedeutet, daß sich sowohl direkte Marktbeziehungen von Lieferanten zu einkaufenden Unternehmen als auch Intermediär-Beziehungen abbilden lassen. Framework-Unabhängigkeit bedeutet, daß jene Kommunikationsaspekte nicht modelliert werden, die gemäß dem Schichtenmodell der E-Business-Standardisierung in den Aufgabenbereich des Frameworks gehören. Dazu zählen unter anderem Empfangsbestätigungen für erhaltene Nachrichten und die Ausnahmebehandlung bei nicht erhaltenen Antworten auf gestellte Anfragen.

Katalogdaten sind Gegenstand der Informationsphase von Geschäftstransaktionen. Während in den nachgelagerten Phasen Vereinbarung und Durchführung die Abfolgen ausgetauschter Geschäftsnachrichten häufig umfangreich sind (z.B. Angebot, Auftrag, Auftragsbestätigung, Lieferschein, Rechnung, Zahlung), sind im Katalogbereich die Nachrichtenfolgen kürzer, d.h. die Abhängigkeiten zwischen den einzelnen Nachrichten sind geringer. Häufig handelt es sich um eine lediglich zweiphasige Request-Response-Kommunikation. Dies zeigt sich an den in Kapitel 3.2.5 eingeführten Katalogaustauschprozessen, die auf nur drei Dokumenttypen beruhen. Anlässe zur Erweiterung des Prozeßmodells ergeben sich aus mehreren Gründen.

Sicherung der Katalogdatenaktualität: Über die Möglichkeiten der Kataloganforderung hinaus ist es erforderlich, daß zusätzliche oder aktualisierte Kataloginhalte seitens der Katalognutzer nachgefragt werden, die der Katalogersteller in einer definierten Zeitspanne übermitteln soll. Dadurch wandelt sich die bisher asynchrone Kommunikation zu einem synchronen Datenaustausch, der in der Regel innerhalb der gleichen Sitzung abgeschlossen wird. Sie betrifft insbesondere die Abfrage zeitveränderlicher Daten wie Preise und Verfügbarkeiten. Allgemein wird eine solche Nachricht mit *Request for Quotation (RfQ)* und die Antwortnachricht mit *Quotation* bezeichnet. Die Synchronität wird unter Umständen dadurch aufgehoben, daß die Antwortnachricht erst durch einen manuellen Eingriff des Katalogerstellers erfolgt, der beispielsweise die Anfrage genauer prüft und sie ablehtn, annimmt oder modifiziert. Diese Antwortmöglichkeiten gelten jedoch auch für den automatisierten, synchronen Fall.

Erweiterung des Katalogdatenumfangs: In jeder Katalogaustauschbeziehung treffen die Beteiligten Annahmen oder Regelungen über die auszutauschenden Katalogdaten; beispielsweise durch das Instrument der Katalogspezifikation. Diese Festlegungen lassen sich in den Datenaustausch dadurch einbeziehen, daß sie zum Beispiel als zusätzliche Metadaten in die Dokumenttypen integriert werden. In dieser Form sind sie für KDM-Systeme auswertungsfähig, die daraufhin der Katalogspezifikation genügende Dokumente erstellen bzw. die Konformität eingehender Dokumente überprüfen können.

Rückmeldung des Katalogdatenimports: Mit der Katalogübertragung sind die meisten Katalogaustauschprozesse hinsichtlich ihres automatisierten Anteils bereits abgeschlossen, ohne daß die Katalogersteller über die nachfolgenden, nutzerseitigen Vorgänge und insbesondere deren Ergebnisse informiert werden. Hier setzt der zusätzliche Dokumenttyp Katalogimportantwort an, dessen Aufgabe es ist, den Katalogersteller qualifiziert über das Ergebnis des Katalogimports zu informieren. Im Fehlerfall wird der Katalogersteller durch Fehlermeldungen und Hinweise zu den Fehlerursachen unterstützt. Im Idealfall ist das katalogerstellende System in der Lage, den erhaltenen Importbericht zu verarbeiten und die festgestellten Fehler selbständig zu korrigieren.

9.2.2 Formalisierung der Katalogspezifikation

Die formale Katalogspezifikation überführt die mit dem Instrument der Katalogspezifikation beschriebenen Anforderungen an Katalogdokumente in eine maschinell verarbeitungsfähige Darstellung. Dazu stehen zwei Alternativen zur Verfügung.

Der erste und naheliegende Realisierungsansatz ist die Nutzung der für das jeweilige Austauschformat verfügbaren, formalen Spezifikationssprache, d.h. bei XML-basierten Formaten wird eine XML-Schemasprache verwendet, um die Anforderungen an gültige Dokumente zu spezifizieren. Wird beispielsweise von zwei oder mehr Beteiligten eine solche Spezifikation gemeinsam erstellt oder vereinbart, dann kann sie sowohl von dem katalogerstellenden Unternehmen als auch von dem katalognutzenden Unternehmen für die Validierung der erstellten Katalogdokumente verwendet werden. Auch läßt sich die Schemadatei den auszutauschenden Dokumenten jeweils beifügen.

Die Untersuchung der beiden wichtigsten XML-Schemasprachen XML DTD und XSD hinsichtlich der fünf Anforderungstypen zur Katalogspezifikation ergibt das in Tabelle 9-1 wiedergegebene Bild.

Schemasprache Anforderungstyp	XML DTD	XSD
1. Umwandlung von Kann- zu Muß-Datenelementen	Ja, durch Erhöhung der Min-Kardinalität	Ja, durch Erhöhung der Min-Kardinalität
2. Angabe nicht unterstützter Datenelemente	Nicht möglich	Nicht möglich
3. Definition individueller Erweiterungen	Ja, durch Hinzufügung von Elementdefinitionen (falls Format dies erlaubt)	Ja, durch Hinzufügung von Elementdefinitionen (falls Format dies erlaubt)
4. Einschränkung der Wertebereiche von Datenelementen	Nicht möglich, da Datentypen fehlen. Für XML-Attribute können Enumerationswerte beschränkt werden.	Ja, durch Enumerationen, Pattern und Facets
5. Inhaltsvorgaben	Nicht möglich.	Teilweise; nur im Rahmen der Wertebereichseinschränkung

Tabelle 9-1: Formale Katalogspezifikation mit XML-Schemasprachen

Erwartungsgemäß ist die Schemasprache XSD aufgrund ihres Datentypmodells leistungsfähiger als XML DTD. So lassen sich insbesondere Einschränkungen von Wertebereichen vornehmen, wodurch teilweise Inhaltsvorgaben realisiert werden können. Die Angabe nicht unterstützter Datenelemente ist jedoch mit beiden Schemasprachen nicht möglich.

Der zweite Realisierungsansatz geht einen Schritt weiter und erfordert die Erweiterung der jeweiligen Katalogdokumenttypen um zusätzliche Metadaten, die den Katalogdatenumfang hinsichtlich folgender Aspekte beschreiben:

- *Abdeckung des Katalogprozeßmodells*: Wenn ein Lieferant seinen Katalog gemäß eines Standardformates übertragt, so kann nicht darauf geschlossen werden, daß das lieferantenseitige KDM-System alle Dokumenttypen des zugrundeliegenden Prozeßmodells verarbeiten und erzeugen kann. Dies gilt ebenso für das kataloganfordernde Unternehmen. Die unterstützten Dokumenttypen sind daher in den Metadaten anzugeben.
- *Kataloggültigkeit*: Hiermit bestimmt der Katalogersteller gemäß dem die Multi-Abhängigkeitskonzept die Gültigkeit des Katalogdokumentes durch Angabe von Lieferant, Kunde, Zeitraum, Währung und Sprache. In umgekehrter Richtung formuliert der Katalogempfänger Vorgaben hinsichtlich der Gültigkeit des erwarteten Katalogs.

- *Syntaktische Anforderungen* entsprechen der Katalogspezifikation und umfassen die Umwandlung von Kann- zu Muß-Datenelementen, Angabe nicht unterstützter Datenelemente, Definition individueller Erweiterungen und Einschränkungen der Wertebereiche von Datenelementen. Da bis auf die nicht unterstützten Datenelemente alle Anforderungen mit der Schemasprache XSD formal beschrieben werden können, erfolgt die Angabe durch diese Sprache, d.h. nicht der Metadatenbereich des Katalogdokumentes, sondern die zugehörige Schemadatei wird um diese Anforderungen erweitert.
- *Inhaltsvorgaben* erzielen den eigentlichen Mehrwert der Metadatenerweiterung. Zu unterscheiden ist die Vorgabe eines Satzes spezifischer Datenelemente für ausgewählte Inhaltsvorgaben (z.B. erwartetes bzw. unterstütztes Klassifikationssystem) von einem generischen Modell, das es erlaubt, Anforderungen an beliebige Datenelemente des verwendeten Übertragungsformates zu formulieren.

Die beiden Ansätze zur Erweiterung des Katalogprozeßmodells und zur formalen Katalogspezifikation wirken beim Datenaustausch zusammen, indem die auszutauschenden Dokumente das Instrument der Katalogspezifikation nutzen. So können die Request-Nachrichten genau bestimmen, welche Katalogdaten zurückgeliefert werden sollen. In den Antwortnachrichten wird der Katalogersteller die Vorgaben der Kataloganforderung wiederholen und gegebenenfalls um weitere Aspekte ergänzen. Dadurch kann der Katalogempfänger über einen Vergleich seiner vorgegebenen Spezifikation mit der zurückerhaltenen Spezifikation nachvollziehen, ob der Katalogersteller alle Anforderungen akzeptiert und bei festgestellten Abweichungen gegebenenfalls in den Prozeß eingreifen.

9.2.3 Dokumentation von Importfehlern

Abschließend verbleibt die Fehlerbehandlung im Rahmen der Katalogvalidierung. Dieser Bereich, der durch den Dokumenttyp Katalogimportantwort abgedeckt wird, ist deshalb gesondert herauszustellen, da sich hier die Kommunikation der beteiligten KDM-Systeme am engsten vollzieht. Ziel ist es, den Katalogersteller über das Ergebnis des Katalogimportes qualifiziert zu informieren. Im Idealfall importiert das katalogerstellende System den Importbericht und ist in der Lage, bestimmte Fehlertypen direkt zu beheben oder durch manuelle Eingriffe beheben zu lassen. Ein Importbericht enthält dazu folgende Informationen:

- Welcher Katalog wurde importiert? (Identifizierung gemäß dem Multi-Abhängigkeitskonzept)
- Wie wurde der Katalog importiert? (Unternehmen, Softwaresystem, Kontaktperson)
- Wann wurde der Katalog importiert? (Beginn- und Endzeit)
- Wie ist der Gesamtstatus des Katalogs? (z.B. importiert ohne Fehler, importiert mit Fehlern, Import abgebrochen)
- Welche Ereignisse sind während des Imports aufgetreten (Importmeldungen)?

Der Art nach sind verschiedene Importmeldungen zu unterscheiden, die von Hinweisen über Warnungen bis hin zu schwerwiegenden Fehlern reichen, die zum Abbruch des Imports geführt haben. Während zum Beispiel das Fehlen von angeforderten Multimediadaten nicht zur zuletzt genannten Kategorie zählt, muß auf Verletzungen der Syntax des Standards (z.B. falscher Datentyp, fehlende Muß-Elemente) besonders hingewiesen werden.

Die Meldungsliste repräsentiert insgesamt das Ergebnis der syntaktischen und semantischen Validierung des Katalogdokumentes, wie sie teilweise unter Einsatz der formalen Spezifikation des jeweiligen Austauschformats durchgeführt werden können. Im Sinne eines aussagekräftigen Berichts sollte eine Fehlerstatistik erstellt und zu jedem Fehler die Fehlertyp- und Zeilenangabe im (XML-)Dokument sowie erklärende Hinweise zur Fehlerursache übermittelt werden. Diese Informationen können die KDM-Systeme nutzen, um sie für die automatische Fehlerkorrektur zu verwenden oder den Katalogbearbeitern bereitzustellen, um Fehler manuell zu beheben (z.B. durch Hinzufügung fehlender Daten und Korrektur fehlerhafter Daten).

9.3 Interoperabilitätskonzepte in XML-Katalogstandards

Auf der Grundlage der zuvor entwickelten Instrumente zur Verbesserung des Katalogdatenaustausches lassen sich die verfügbaren Katalogstandards dahingehend untersuchen, ob und welche Konzepte sie bereits unterstützen. Die Auswahl beschränkt sich wiederum auf die in Kapitel 3.4.1 ausgewählten XML-Katalogstandards. Zuerst sind die bereitgestellten Dokumenttypen hinsichtlich des erweiterten Katalogprozeßmodells zu überprüfen (Tabelle 9-2).

Katalogstandard Dokumenttyp	BMEcat 1.2	cXML 1.2.011	OAGIS 8.0	xCBL 4.0
Katalog	Ja	Ja	Ja	Ja
Katalogaktualisierung	Ja	Ja	Ja	Ja
Kataloganforderung	Nein	Ja	Ja	Nein
Katalogaktualisierungsanforderung	Nein	Nein	Ja	Nein
Request for Quotation	Ja	Nein	Ja	Ja
Quotation	Ja	Nein	Ja	Ja
Katalogimportantwort	Nein	Ja	Nein	Nein

Tabelle 9-2: Dokumenttypen in XML-Katalogstandards

Festzustellen ist, daß der OAGIS-Standard mit sechs Dokumenttypen die größte Abdeckung des Katalogprozeßmodells aufweist, jedoch kein Standard dieses vollständig umsetzt. Weiterhin fällt auf, daß die drei anderen Katalogstandards keine Dokumenttypen für Kataloganforderungen und Katalogaktualisierungsanforderungen spezifizieren. Dadurch bleibt die Katalogkommunikation weitgehend auf die unidirektionale Katalogübertragung beschränkt.

Als einziger Standard enthält cXML bereits einen Mechanismus zur Übermittlung des Importstatus an den Katalogersteller. Dazu sendet dieser zunächst eine Nachricht des Typs *CatalogUploadRequest*, der das Katalogdokument beifügt wird. Darauf erhält der Katalogersteller solange Rückmeldungen über den Importvorgang bis das Dokument seinen finalen Status erreicht hat. Das Spektrum der zahlreichen Status reicht von „Accepted“ über „Published“ bis hin zu „HasErrors“. Der Status „HasErrors“ signalisiert, daß das Katalogdokument syntaktisch fehlerhaft ist, also nicht der cXML-Spezifikation entspricht. Eine Aussage über das Ergebnis einer eventuell durchgeführten semantischen Validierung wird jedoch nicht getroffen. Ebenso ist es nicht möglich, individuelle Anforderungen überprüfen zu lassen.

Die Ergebnisse zur Unterstützung der formalen Katalogspezifikation durch Metadaten gibt die Tabelle 9-3 wieder. Für das Multi-Abhängigkeitskonzept ist festzustellen, daß es mit keinen Katalogstandard möglich ist, alle Bestimmungsparameter (Lieferant bis Sprache) individuell festzulegen. BMEcat und xCBL setzen dieses Konzept noch am weitesten um, cXML überhaupt nicht. Das Klassifikationssystem, nach dem Produkte klassifiziert sind bzw. sein sollen (bei Request-Nachrichten), läßt sich als Beispiel einer Inhaltsvorgabe ebenfalls mit keinem der Katalogstandards im Metadatenbereich angegeben. Instrumente zur Konkretisierung der Spezifikation bezüglich der Datenelemente und Wertebereiche werden lediglich durch OAGIS bereitgestellt und dort auch nur zur Umwandlung von Kann- zu Muß-Feldern. Dabei wird eine *GET_ECATALOG*-Nachricht gesendet, in der genau die Datenelemente gemäß der Dokumentenstruktur angegeben werden, die auf jeden Fall übertragen werden müssen.

Katalogstandard **Metadaten**	**BMEcat 1.2**	**cXML 1.2.011**	**OAGIS 8.0**	**xCBL 4.0**
Parameter: Lieferant	Ja	Ja	Ja	Ja
Parameter: Kunde	Ja	Nein	Ja	Ja
Parameter: Gebiet	Ja	Nein	Nein	Nein
Parameter: Zeitintervall	Nein	Nein	Ja	Ja
Parameter: Währung	Ja	Nein	Ja	Ja
Parameter: Sprache	Ja	Nein	Nein	Ja
Kann- zu Muß-Felder	Nein	Nein	Ja	Nein
Angabe nicht unterstützter Elemente	Nein	Nein	Nein	Nein
Benutzerdefinierte Erweiterungen	Ja	Nein	Ja	Ja
Einschränkung von Wertebereichen	Nein	Nein	Nein	Nein
Inhaltsvorgaben	Nein	Nein	Nein	Nein

Tabelle 9-3: Katalogspezifikation durch Metadaten in XML-Katalogstandards

10 Zusammenfassung und Ausblick

Die erste Zielsetzung der Arbeit war die Herleitung, Strukturierung und Darlegung der Aufgaben- und Gestaltungsbereiche eines betrieblichen Katalogdatenmanagements aus Sicht des Informationsmanagements. Dazu ist mit Bezug auf die generellen Ziele und Aufgaben des Datenmanagements schrittweise ein Gesamtkonzept für das KDM entwickelt worden. Zur Differenzierung der Aufgaben sind drei Anwendungsszenarien Supplier, Buyer und Intermediär definiert worden. Hinsichtlich der KDM-Aufgaben wurden fünf strategische Aufgabenbereiche gebildet, die unter Fokussierung bestimmter Gestaltungsaspekte und Einnahme entsprechender Sichten die relevanten Gestaltungsfragen gliedern.

Die Entwicklung des betrieblichen Katalogdatenmanagements setzte die Untersuchung des zentralen Handlungsobjektes Katalogdaten und der zugehörigen Datenaustauschformate voraus. Katalogdaten wurden dazu unter inhaltlichen Gesichtspunkten strukturiert. Das Katalogdatenbereichsmodell und die festgestellten, charakteristischen Katalogdateneigenschaften (Kapitel 2) bildeten wichtige Grundlagen für den weiteren Gang der Arbeit. So ließen sich die inhaltlichen Kriterien der Analyse und des Vergleichs standardisierter Katalogaustauschformate ebenfalls entlang der Datenbereiche strukturieren (Kapitel 3).

Die zweite Zielsetzung der Arbeit war es, Gestaltungskonzepte für die Informationssysteme im Katalogdatenmanagement zu entwickeln, zu analysieren und zu bewerten, damit sie für Umsetzungen in der Unternehmenspraxis genutzt werden können. Sie konkretisieren die Aufgabenbereiche über die Betrachtung der Konstitution und des Funktionsumfanges der KDM-Systeme (Kapitel 5 bis 7). KDM-Systeme basieren auf allgemeinen Konzepten des Datenmanagements, insbesondere bezüglich der Daten- und Funktionsintegration, der Organisation der Datenverwaltung und der Entwicklung von Datentransformationen. Die Produktklassifizierung stellt besondere Anforderungen an KDM-Systeme (Kapitel 8). Diese sind über eine strukturelle Betrachtung der Klassifikationssysteme einschließlich einer empirischen Analyse von Standardklassifikationssystemen abgeleitet worden. Die zugehörigen Gestaltungskonzepte nutzen das zuvor behandelte Instrumentarium; insbesondere läßt sich das Mapping-Konzept auf die Integration unterschiedlicher Klassifikationssysteme übertragen.

Angesichts der für die Katalogerstellung und Katalogverwendung erkennbaren Komplementärbeziehung, die in den Szenarien Supplier und Buyer zum Ausdruck kommt und im Szenario Intermediär organisatorisch aufgehoben wird, ist als Erweiterung der betrieblichen Betrachtung ein zwischenbetriebliches Katalogdatenmanagement motiviert worden, welches zu einer stärkeren Verzahnung der Szenarien und zur Verbesserung der Katalogaustauschprozesse führen soll (Kapitel 9). Dazu sind neue Instrumente und Interoperabilitätskonzepte entwickelt worden, deren Erfolg wesentlich durch den Einsatz standardisierter Austauschformate bestimmt werden können.

Aufgrund der verfolgten konzeptuell-konstruktiven Gesamtbetrachtung des Katalogdatenmanagements war die Analyse von Realisierungen – insbesondere der KDM-Systeme – nicht Gegenstand der Arbeit. Dies führte zu einer Erhöhung des Abstraktionsniveaus, so daß die Umsetzung der entwickelten Gestaltungskonzepte in der Regel weitergehende Arbeiten und die Berücksichtigung spezieller Domänen- und Technologieanforderungen erfordert. Andererseits verlangt die Untersuchung und Bewertung praktischer Lösungen einen konzeptionellen Rahmen, wie er durch diese Arbeit entwickelt worden ist. Auch stellen die Gestaltungskonzepte in ihrer Summe einen Entwicklungsstand dar, der in den meisten Fällen über einzelbetriebliche Anforderungen und den vertretbaren Umsetzungsaufwand der Praxis hinausgeht. Folglich werden viele Realisierungen einzelne Ansätze und Konzepte aufgreifen und nicht auf die Entwicklung umfassender, hoch integrierter KDM-Systeme abzielen.

Bezüglich der Erweiterung und Weiterentwicklung der KDM-Konzeption dieser Arbeit läßt sich auf betriebliche und zwischenbetriebliche Veränderungen und Entwicklungsrichtungen hinweisen, die sowohl die geschäftlichen Rahmenbedingungen und informationellen Anforderungen als auch die technologische Basis betreffen.

Aus betrieblicher Perspektive sind folgende Ansatzpunkte zu nennen:

- Die Symbiose von KDM- mit ERP- und PDM-Systemen als Folge zunehmender Integrationsanforderungen und technischer Integrationsmöglichkeiten; in der Konsequenz ließen sich KDM-Funktionen in ERP-Systeme reintegrieren, so daß sich die Bedeutung originärer KDM-Systeme bezüglich der zugeordneten Aufgaben mittelfristig wieder reduzieren würde,
- die Interpretation des KDM als marktorientiertes PDM oder als Teilbereich eines vollständigen Produktlebenszyklusmanagements,
- die Verlagerung von Katalogbearbeitungsaufgaben in frühe Supply Chain-Phasen, so daß entlang der Wertschöpfung innerhalb einer Branche stets ein zu-

nehmender Datenumfang und ein ansteigendes Datenqualitätsniveau erreicht werden kann,

- die weitere Automatisierung manueller Bearbeitungsaufgaben, insbesondere der Produktklassifizierung und der Entwicklung von Datentransformationen durch Fortentwicklung der Verfahren sowie eingesetzter Spezifikationssprachen und Datenaustauschformate
- und die Ausweitung katalogbasierter Kauf- und Verkaufsprozesse über standardisierte Güter auf Produkte hoher Komplexität einschließlich Dienstleistungen und direkter Güter; dadurch ließen sich die einzelbetrieblich entwickelten KDM-Systeme zur Unterstützung weiterer Geschäftszwecke einsetzen, die im einen vergleichsweise hohen Beitrag zur betrieblichen Wertschöpfung und zum Unternehmenserfolg leisten.

Aus überbetrieblicher Sicht sind vor allen solche Entwicklungsrichtungen von Bedeutung, die sich auf den Einsatz und die Weiterentwicklung der zur Verfügung stehenden Standards beziehen:

- Aufbau vertikaler Stammdaten-Pools für die Katalogdaten einer gesamten Branche; diese Pools führen in ihrer weitesten Ausprägung zu einer durchgängigen Standardisierung betreffend Softwareplattform, Datenaustauschformat, Klassifikationssystem und Katalogprozeßabstimmung.[319]
- Erweiterung der Prozeßmodelle der Katalogstandards in Hinblick auf die in Kapitel 9 behandelten Interoperabilitätsanforderungen (Dokumenttypen, Synchronität und Metadaten).
- Nutzung fortgeschrittener, XML-orientierter Basistechnologien, insbesondere Web Services für den synchronen Katalogdatenaustausch und die Produktklassifizierung.[320]
- Inhaltliche und organisatorische Veränderungen der Katalogstandards, insbesondere Konsolidierung und Normung (z.B. durch ISO und DIN).
- Inhaltliche und organisatorische Veränderungen der Standardklassifikationssysteme, insbesondere Konsolidierung und zunehmende Integration durch Übernahme

[319] Für den ETIM-Stammdatenpool siehe das auf BMEcat aufbauende Austauschformat; vgl. Mucha / Warneck / Wäsch (2002).

[320] Vgl. Vögler / Tredwell / Kuhlins (2003), S. 66ff.

und Weiterentwicklung des Referenzmodells der Normenreihe ISO 13584 (z.B. CEN/ISSS ePDC[321]).

Zurückkommend auf die betriebliche Gestaltung des Katalogdatenmanagements und der KDM-Systeme bleibt angesichts der skizzierten Veränderungen und Entwicklungsrichtungen die Fähigkeit zur Adaption an sich verändernde Rahmenbedingungen und Zielsetzungen eine Hauptanforderung an die Weiterentwicklung der KDM-Gestaltungskonzepte.

[321] Vgl. CEN/ISSS (2004).

Literaturverzeichnis

Aberdeen Group (Hrsg., 2000): Catalog Content Management: The Secret to e-Commerce Success. An Executive White Paper, Boston, Massachusetts, USA, Juli 2000.

Aberdeen Group (Hrsg., 2001): Content Integration: e-Catalog Aggregation for Buyers and Asset Control for Suppliers. An Executive White Paper, Boston, Massachusetts, USA, April 2001.

Abitebouly, S. / Cluety, S. / Miloz, T. / Mogilevskyz, P. / Siméon, J. / Zoharz, S. (1999): Tools for Data Translation and Integration, in: Bulletin of the IEEE Computer Society Technical Committee on Data Engineering. Special Issue on Data Transformations, Vol. 22, No. 1, 1999, S. 2-8.

Agrawal, R. / Srikant, R. (2001): On Integrating Catalogs, in: Proceedings of the 10th International World Wide Web Conference (WWW10), Hong Kong, China, 01.-05.05.2001, S. 603-612.

Allweyer, T. (2001): B2B-Marktplätze auf dem Weg vom Hype zum Real Business, in: Information Management & Consulting, 16. Jg., H. 4, 2001, S. 41-47.

Anderl, R. / John, H. (2000): Produktdatentechnologie, in: Anderl, R. / Trippner, D. (Hrsg., 2000): STEP Standard for the Exchange of Product Model Data. Eine Einführung in die Entwicklung, Implementierung und industrielle Nutzung der Normenreihe ISO 10303 (STEP), Verlag Teubner, Stuttgart-Leipzig 2000, S. 1-38.

Ariba (Hrsg., 2004a): cXML's User Guide. Version 1.2.011. URL: http://www.cxml.org, April 2004. (Abruf am 31.05.2004)

Ariba (Hrsg., 2004b): cXML FAQ. URL: http://www.cxml.org/prnews/faq.cfm, 2004. (Abruf am 31.05.2004)

Arlt, M. / Endres, M. / Katzenmaier, J. / Philipp, M. / Pütter, C. (2000): Normung und Entwicklung von STEP, in: Anderl, R. / Trippner, D. (Hrsg., 2000): STEP Standard for the Exchange of Product Model Data. Eine Einführung in die Entwicklung, Implementierung und industrielle Nutzung der Normenreihe ISO 10303 (STEP), Verlag Teubner, Stuttgart-Leipzig 2000, S. 39-103.

Baeza-Yates, R. / Ribeiro-Neto, B. (1999): Modern Information Retrieval, Verlag Addison-Wesley, Harlow 1999.

Bankhofer, U. (1999): Zur Klassifikation von Verbrauchsfaktoren im Rahmen der Materialbedarfsplanung, in: Zeitschrift für Betriebswirtschaft, 69. Jg, H. 8, 1999, S. 913-925.

Barking, U. / König, P. (2002): Ganzheitliche Prozessunterstützung durch eine integrierte SRM-Lösung, in: HMD – Praxis der Wirtschaftsinformatik, Nr. 228, 2002, S. 23-32.

Baron, J. P. / Shaw, M. J. / Bailey, A. D. (2000): Web-based E-catalog systems in B2B Procurement, in: Communications of the ACM (CACM), Vol. 43, No. 5, 2000, S. 93-100.

Barth, K. / Hartmann, M. / Schröder, H. (2002): Betriebswirtschaftslehre des Handels, 5. Auflage, Verlag Gabler, Wiesbaden 2002.

Becker, J. / Knackstedt, R. (Hrsg., 2002): Referenzmodellierung 2002. Methoden – Modelle – Erfahrungen, Arbeitsbereicht Nr. 19, Institut für Wirtschaftsinformatik, Universität Münster, 2002.

Becker, J. / Schütte, R. (1996): Handelsinformationssysteme, Verlag Moderne Industrie, Landsberg/Lech 1996.

Beckmann, H. / Morlok, J. (2002): Handbuch Klassifizierung. Leitfaden zur Entwicklung und Pflege der Produktklassifikation proficl@ss, Version 1.6. URL: http://www.proficlass.de, 2002. (Abruf am 31.05.2004)

Beimborn, D. / Mintert, S. / Weitzel, T. (2002): Web Services und ebXML, in: Wirtschaftsinformatik, 44. Jg., H. 3, 2002, S. 277-280.

Bergamaschi, S. / Guerra, F. / Vincini, M. (2002): Product Classification Integration for E-commerce, in: Proceedings of the 13th International Workshop on Database and Expert Systems Applications (DEXA 2002), Aix-en-Provence, Frankreich, 06.09.2002, S. 861-867.

Berners-Lee, T. (1999): Weaving the Web, Verlag Harper, San Francisco 1999.

Beul, M. / Bittscheidt, C. / Leukel, J. / Spies, T. (2003): Behandlung von Informationsdefiziten und -verlusten bei der Transformation von XML-Geschäftsdaten, in: Proceedings der 5. Paderborner Frühjahrstagung "Innovationen im E-Business", 10.04.2003, Paderborn, S. 159-168.

Biethahn, J. / Fischer, D. (1995): Datenmanagement im ganzheitlichen Informationsmanagement, in: Zilaho-Szabò, M.G. (Hrsg., 1995): Kleines Lexikon der Informatik und Wirtschaftsinformatik, Verlag Oldenbourg, München-Wien 1995, S. 143-146.

Biethahn, J. / Mucksch, H. / Ruf, W. (1997): Ganzheitliches Informationsmanagement, Band II: Entwicklungsmanagement, 2. Auflage, Verlag Oldenbourg, München-Wien 1997.

BIPM (Hrsg., 2000): The International System of Units (SI) – Système International d'Unités. URL: http://www.bipm.fr/enus/3_SI/si.html, 29.11.2000. (Abruf am 31.05.2004)

Blommestein, F. van / Boekhoudt, P. (2001): Electronic Procurement of Technical Materials, Project Report, Telematica Instituut, Niederlande, 2001.

BMEnet GmbH (Hrsg., 2002): BME-Jahrbuch eProcurement 2002/2003. eProcurement-Lösungen praxisorientiert auswählen, Frankfurt 2002.

Bogaschewsky, R. (2002): Electronic Procurement – Katalog-basierte Beschaffung, Marktplätze, B2B-Netzwerke, in: Gabriel, R. / Hoppe, U. (Hrsg., 2002): Electronic Business. Theoretische Aspekte und Anwendungen in der betrieblichen Praxis, Verlag Physica, Heidelberg 2002, S. 23-43.

Brandner, S. (2000): Integriertes Produktdaten- und Prozeßkettenmanagement in virtuellen Fabriken, Verlag Herbert Utz, München 2000. [Zugl.: Diss., München, Techn. Univ., 2000]

Bray, T. / Paoli, J. / Sperberg-McQueen, C. M. / Maler, E. (2004): Extensible Markup Language (XML) 1.0 (Third Edition), W3C Recommendation. URL: http://www.w3.org/TR/REC-xml, 04.02.2004. (Abruf am 31.05.2004)

Brickley, D. / Guha, R. V. (2004): RDF Vocabulary Description Language 1.0: RDF Schema, W3C Recommendation. URL: http://www.w3c.org/TR/rdf-schema, 10.02.2004. (Abruf am 31.05.2004)

Bry, F. / Kraus, M. / Olteanu, D. / Schaffert, S. (2001): Semistrukturierte Daten, in: Informatik Spektrum, 24. Jg., H. 4, 2001, S. 230-233.

Bryan, M. (1998): Guidelines for using XML for Electronic Data Interchange. URL: http://www.xml-edi-group.org/xmledigroup/guide.htm, 1998. (Offline bei Abruf am 31.05.2003)

Burgwinkel, D. (2002): Improving Contract Management in E-Business: Business and Legal Aspects of Electronic Contracts, in: Proceedings of the 9th Research Symposium on Emerging Electronic Markets 2002 (RSEEM 2002), Rheinfelden/Basel, 22.-23.09.2002, S. 95-102.

Bussler, C. (2001): B2B Protocol Standards and their Role in Semantic B2B Integration Engines, in: Bulletin of the IEEE Computer Society Technical Committee on Data Engineering, Vol. 24, No. 1, 2001, S. 3-11.

Buxmann, P. / Weitzel, T. / Westarp, F. von / König, W. (1999): The Standardization Problem – An Economic Analysis of Standards in Information Systems, in: Proceedings of the 1st IEEE Conference on Standardisation and Innovation in Information Technology (SIIT '99), Aachen, 15.-17.09.1999, S. 157-162.

Cachero, C. / Gómez, J. / Pastor, O. (2000): Conceptual Design of Electronic Product Catalogs Using Object-Oriented Hypermedia Modeling Techniques, in: Proceedings of the International Workshop on Conceptual Modeling Approaches for E-Business (eCOMO2000 / ER 2000), Salt Lake City, Utah, USA, 09.-12.10.2000, S. 19-30.

Callahan, E. / Koenemann, J. (2000): A comparative usability evaluation of user interfaces for online product catalogs, in: Proceedings of the 2nd ACM Conference on Electronic Commerce (EC-00), Minneapolis, Minnesota, USA, 17.-20.10.2000, S. 197-206.

CCG (Hrsg., 2001): UN/EDIFACT und EANCOM, Centrale für Coorganisation GmbH, Köln. URL: http://www.service.ccg.de/CCG/edi/html/service/projekt/edi_ean.htm, 2001. (Abruf am 31.05.2004)

CCG (Hrsg., 2002): ILN-Adressdaten, Centrale für Coorganisation GmbH, Köln. URL: http://www.ccg.de, 2002. (Abruf am 31.05.2004)

CEN/ISSS (Hrsg., 2004): CEN/ISSS ePDC "Global Multilingual Product Description and Classification for eCommerce and eBusiness". URL: http://www.cenorm.be/isss, 2004 (Abruf am 31.05.2004)

CommerceNet (Hrsg., 1998): Catalog Interoperability Study, CommerceNet Research Report #98-05. URL: http://www.commerce.net, 09.04.1998. (Offline bei Abruf am 31.05.2004)

CommerceOne (Hrsg., 2002): xCBL 3.5 for Content: ProductCatalog Functional Specification. URL: http://www.xcbl.org, 2002. (Abruf am 31.05.2004)

CommerceOne (Hrsg., 2003): XML Common Business Library (xCBL), Version 4.0. URL: http://www.xcbl.org, 2003. (Abruf am 31.05.2004)

Connolly, D. / Harmelen, F. van / Horrocks, I. / McGuinness, D. L. / Patel-Schneider, P. F. / Steinet, L. A. (2001): DAML+OIL (March 2001) Reference Description, W3C Note. URL: http://www.w3.org/TR/daml+oil-reference, 18.12.2001. (Abruf am 31.05.2004)

Corcho, O. / Gómez-Pérez, A. (2001): Solving Integration Problems of E-Commerce Standards and Initiatives through Ontological Mappings, in: Proceedings of the Workshop on E-Business and Intelligent Web at IJCAI 2001, Seattle, Washington, USA, 05.08.2001, S. 131-140.

Corsten, H. (2001): Dienstleistungsmanagement, 4. Auflage, Verlag Oldenbourg, München-Wien 2001.

covisint (Hrsg., 2003): BMEcat Specification for Covisint Catalogs based on Specification BMEcat® Version 1.2. URL: http://www.covisint.com, 03.03.2003. (Abruf am 31.05.2004)

Davidson, A. / Fuchs, M. / Hedin, M. / Jain, M. / Koistinen, J. / Lloyd, C. / Maloney, M. / Schwarzhof, K. (1999): Schema for Object-Oriented XML 2.0, W3C Note. URL: http://www.w3.org/TR/NOTE-SOX, 30.07.1999. (Abruf am 31.05.2004)

Davila, A. / Gupta, M. / Palmer, R. M. (2002): Moving Procurement Systems to the Internet: The Adoption and Use of E-Procurement Technology Models, Research Paper No. 1742, Graduate School of Business, Stanford University, California, USA, 2002.

Decker, S. / Harmelen, F. van / Broekstra, J. / Erdmann, M. / Fensel, D. / Horrocks, I. / Klein, M. / Melnik, S. (2000): The Semantic Web – on the respective Roles of XML and RDF, in: IEEE Internet Computing, Vol. 4., No. 5, 2000, S. 63-74.

Diller, H. (2000): Preispolitik, 3. Auflage, Verlag Kohlhammer, Stuttgart et al. 2000.

DIN e.V. (Hrsg., 1992): DIN 4000-1: Sachmerkmal-Leisten – Teil 1: Begriffe und Grundsätze; Übersicht über genormte Sachmerkmal-Leisten und -Listen, Verlag Beuth, Berlin et al. 1992.

DIN e.V. (Hrsg., 1998): Grundlagen für den Aufbau eines Merkmal-Lexikons. Hilfen zur Umsetzung der Festlegungen in den Normen der Reihen ISO 13584 und IEC 61360 bzw. DIN EN 61360 sowie zum Aufbau und zur Anwendung von Referenzhierarchien und Merkmal-Lexika, DIN-Fachbericht 69, Verlag Beuth, Berlin et al. 1998.

DIN e.V. (Hrsg., 2003): DIN V 4002: Merkmale und Referenzhierarchie zum Produktdatenaustausch, Verlag Beuth, Berlin et al. 2003.

Ding, Y. / Korotkiy, M. / Omelayenko, B. / Kartseva, V. / Zykov, V. / Klein, M. / Schulten, E. / Fensel, D. (2002): GoldenBullet: Automated Classification of Product Data in E-commerce, in: Proceedings of the 5th International Conference on Business Information Systems (BIS 2002), Posen, Polen, 24.-25.04.2002, o.S.

Dippold, R. / Meier, A. / Ringgenberg, A. / Schnider, W. / Schwinn, K. (2001): Unternehmensweites Datenmanagement. Von der Datenbankadministration bis zum modernen Informationsmanagement, 3. Auflage, Verlag Vieweg, Braunschweig 2001.

Do, H.-H. / Melnik, S. / Rahm, E. (2003): Comparison of Schema Matching Evaluations, in: Chaudhri, A. B. / Jeckle, M. / Rahm, E. / Unland, R. (Hrsg., 2003): Web, Web-Services, and Database Systems. Lecture Notes in Computer Science 2593, Verlag Springer, Berlin et al. 2003, S. 221-237.

Dogac, A. / Cingil, I. (2001): A Survey and Comparison of Business-to-Business E-Commerce Frameworks, in: SIGecom Exchange, Vol. 2, No. 2, 2001, S. 16-27.

Doh, R. (2002): Standard gesucht, in: E-Commerce Magazin, Nr. 6, 2002, S. 45-47.

Dolmetsch, R. (2000): eProcurement. Einsparungspotentiale im Einkauf, Verlag Addison-Wesley, München 2000. [Zugl.: St. Gallen, Univ., Diss., 1999]

Dörflein, M. / Hepp, M. (2002): Katalogdatenintegration auf der Basis von Güterklassen, in: eBusiness aktuell 2002, DEDIG Deutsche EC/EDI-Gesellschaft e.V., Berlin 2002, S. 20-26.

Dorloff, F.-D. / Leukel, J. / Schmitz, V. (2001): Standards für den Austausch von elektronischen Produktkatalogen, in: WISU – Das Wirtschaftsstudium, 30. Jg., H. 11, 2001, S. 1528-1536.

Dorloff, F.-D. / Leukel, J. / Schmitz, V. (2002): Konfigurierbare Produkte in XML-Katalogstandards, in: Proceedings der 4. Paderborner Frühjahrstagung "Modelle im E-Business", Paderborn, 11.04.2002, S. 699-712.

Dorloff, F.-D. / Leukel, J. / Schmitz, V. (2003): Handelbarkeit von Dienstleistungen auf elektronischen Märkten, in: Proceedings der 5. Paderborner Frühjahrstagung "Innovationen im E-Business", Paderborn, 10.04.2003, S. 429-437.

Dun & Bradstreet Deutschland (Hrsg., 2004): D-U-N-S® Nummer. URL: http://dbgermany.dnb.com/German/DataBase/duns.htm, 2004. (Abruf am 31.05.2004)

EAN International (Hrsg., 2004): The EAN/UCC System. URL: http://www.ean-int.org/faqadc.html, 2004. (Abruf am 31.05.2004)

eBSC (Hrsg., 2004): BMEcat. URL: http://www.bmecat.org, 2004. (Abruf am 31.05.2004)

ECCMA (Hrsg., 2001): EGAS – ECCMA Global Attribute Schema, Technical Manual 1.1. URL: http://www.eccma.org/ega, 2001. (Abruf am 31.05.2004)

ECCMA (Hrsg., 2004): eOTD – ECCMA Open Technical Dictionary. URL: http://www.eccma.org/eotd, 2004. (Abruf am 31.05.2004)

eCl@ss e.V. (Hrsg., 2003): eCl@ss, V. 5.0. URL: http://www.eclass.de, 2003. (Abruf am 31.05.2004)

Eicker, S. / Nietsch, M. (1999): Standards zum objektorientierten Paradigma, in: Wirtschaftsinformatik, 41. Jg., Nr. 4, 1999, S. 358-370.

Eigner, M. / Stelzer, R. (2001): Produktdatenmanagement-Systeme. Ein Leitfaden für Product Development und Life-cycle-Management, Verlag Springer, Berlin et al. 2001.

Erni, F. / Leser, F. (2001): XML-Standards im Business Networking – Grundlage für Business Collaboration Infrastructures, Arbeitsbericht BE HSG/ CCBN/ 18, Institut für Wirtschaftsinformatik, Universität St. Gallen, 2001.

Esswein, W. / Zumpe, S. (2002): Realisierung des Datenaustausches im elektronischen Handel, in: Informatik Spektrum, 25. Jg., H. 4, 2002, S. 251-261.

ETIM Deutschland e.V. (Hrsg., 2002a): ETIM, V. 2.0. URL: http://www.etim.de, 2002. (Abruf am 31.05.2004)

ETIM Deutschland e.V. (Hrsg., 2002b): Neue Version ETIM 2.0 veröffentlicht – Klassifikationsstandard für die Elektrowirtschaft. URL: http://www.etim.de, 2002. (Abruf am 31.05.2004)

Eyholzer, K. (1999): E-Purchasing, Arbeitsbericht Nr. 116, Institut für Wirtschaftsinformatik, Universität Bern, Juli 1999.

Fairchild, A. M. / Vuyst, B. (2001): Coding Standards benefiting Product and Service Information in E-Commerce, in: Proceedings of the 3rd International Conference on Enterprise Information Systems (ICEIS 2001), Setúbal, Portugal, 07.-10.07.2001, S. 991-995.

Fallside, D. C. (2001): XML Schema Part 0: Primer. W3C Recommendation. URL: http://www.w3.org/TR/xmlschema-0, 02.05.2001. (Abruf am 31.05.2004)

Felfernig, A. / Friedrich, G. / Jannach, D. (2001): Conceptual modeling for configuration of mass-customizable products, in: Artificial Intelligence in Engineering, Vol. 15, No. 2, 2001, S. 165-176.

Fensel, D. (1999): Adding Semantics to the Web, in: Proceedings of the VIII Conferencia de la Asociación Española para la Inteligencia Artificial, Muncia, Spanien, November 1999, o.S.

Fensel, D. (2000): Relating Ontology Languages and Web Standards, in: Proceedings der GI-Arbeitstagung Modellierung 2000, St. Goar, 05.-07.04.2000, S. 111-128.

Fensel, D. (2001): Ontologies and Electronic Commerce, in: IEEE Intelligent Systems, Vol. 16, No. 1, 2001, S. 8.

Fensel, D. / Ding, Y. / Omelayenko, B. / Schulten, E. / Botquin, G. / Brown, M. / Flett, A. (2001): Product Data Integration in B2B E-commerce, in: IEEE Intelligent Systems (Special Issue on Intelligent E-Business), Vol. 16, No. 4, 2001, S. 54-59.

Feßenbecker, M. (2002): Zahlreiche B-to-B-Standards konkurrieren. XML im elektronischen Geschäftsverkehr, in: Computerwoche, Nr. 6, 08.02.2002, S. 42-43.

Ferstl, O. K. / Sinz, E. J. (2001): Grundlagen der Wirtschaftsinformatik, Band 1, 4. Auflage, Verlag Oldenbourg, München et al. 2001.

Frank, U. (2000a): Die Modellierung von Produkten für Handelsplattformen im Internet – ein Ansatz auf der Basis von Metakonzepten, in: Proceedings der Fachtagung "Informationssysteme für E-Commerce" der GI-Fachgruppe 2.5.2 EMISA, Linz, Österreich, 08.-10.11.2000, S. 169-185.

Frank, U. (2000b): Vergleichende Betrachtung von Standardisierungsvorhaben zur Realisierung von Infrastrukturen für das E-Business, Arbeitsbericht Nr. 22, Institut für Wirtschaftsinformatik, Universität Koblenz-Landau, August 2000.

Frank, U. (2001): Standardisierungsvorhaben zur Unterstützung des elektronischen Handels: Überblick über anwendungsnahe Ansätze, in: Wirtschaftsinformatik, 43. Jg., H. 3, 2001, S. 283-293.

Frankston, C. / Thompson, H. S. (1998): XML-Data reduced, Version 0.21. URL: http://www.ltg.ed.ac.uk/~ht/XMLData-Reduced.htm, 03.07.1998. (Abruf am 31.05.2004)

Fritschi, M. (2003): E-Procurement leidet unter Lieferantenengpass, in: Netzwoche, Nr. 25, 2003, S. 8-9.

Fuhr, N. (2001): Models in Information Retrieval, in: Agosti, M. / Crestani, F. / Pasi, G. (Hrsg., 2001): Lectures on Information Retrieval, LNCS 1980, Verlag Springer, Berlin et al. 2001, S. 21-50.

Gao, J. X. / Aziz, H. / Maropoulos, P. G. / Cheung, W. M. (2003): Application of product data management technologies for enterprise integration, in: International Journal of Computer Integrated Manufacturing, Vol. 16, No. 7/8, 2003, S. 491-500.

Gebauer, J. / Beam, C. / Segev, A. (1998): The Use of Emerging Technologies in Procurement – State of the Art and a Look into the Future, Research-In-Progress Summary, in: Proceedings of the 9th International Conference of the Information Resources Management Association (IRMA 1998), Boston, Massachusetts USA, 17.-20.05.1998, S. 682-686.

Gersdorf, R. / Schoop, E. (2002): Potenziale des Content-Managements, in: Wirtschaftsinformatik, 44. Jg., H. 1, 2002, S. 75-78.

Ginsburg, M. / Gebauer, J. / Segev, A. (1999): Multi-Vendor Electronic Catalogs to Support Procurement: Current Practice and Future Directions, in: Proceedings of the 12th International Bled Electronic Commerce Conference, Bled, Slowenien, 07.-09.06.1999, S. 331-345.

Goodchild, A. / Herring, C. / Milosevic, Z. (2000): Business Contracts for B2B, in: Proceedings of the CAISE*00 Workshop on Infrastructure for Dynamic Business-to-Business Service Outsourcing (ISDO'00), Stockholm, Schweden, 05.-06.06.2000, S. 63-74.

Granada Research (Hrsg., 1999): E-Catalog 99: Business-To-Business Electronic Catalog, Technology Report, El Granada, California, USA, 1999.

Gronau, N. (2001): Industrielle Standardsoftware. Auswahl und Einführung, Verlag Oldenbourg, München-Wien 2001.

Hahn, A. (2001): Produktdatenbereitstellung und –management aus Lieferantensicht, in: Proceedings der 3. Paderborner Frühjahrstagung "Die Supply Chain im Zeitalter von E-Business und Global Sourcing", Paderborn, 05.04.2001, S. 53-65.

Hahn, A. (2003): Integriertes Produktkatalog- und Konfigurationsmanagement, in Industrie Management. Zeitschrift für industrielle Geschäftsprozesse, 19. Jg., H. 1, 2003, S. 29-32.

Hansen, R. / Neumann, G. (2001): Wirtschaftsinformatik I, 8. Auflage, Verlag Lucius & Lucius, Stuttgart 2001.

Heinrich, L. J. (2002): Informationsmanagement. Planung, Überwachung und Steuerung der Informationsinfrastruktur, 7. Auflage, Verlag Oldenbourg, München-Wien 2002.

Helfert, M. / Herrmann, C. / Strauch, B. (2001): Datenqualitätsmanagement, Arbeitsbericht BE HSG/CC DW2/02, Institut für Wirtschaftsinformatik, Universität St Gallen, 2001.

Hentrich, J. (2001): B2B-Katalog-Management. E-Procurement und Sales im Collaborative Business, Verlag Galileo Press, Bonn 2001.

Herrmann, F. (2002): Elektronische Kataloge zur Deckung maschinell disponierten Bedarfs, in: HMD – Praxis der Wirtschaftsinformatik, 29. Jg., H. 228, 2002, S. 77-84.

Hildebrand, K. (1995): Informationsmanagement. Wettbewerbsorientierte Informationsverarbeitung, Verlag Oldenbourg, München-Wien 1995.

Hofreiter, B. / Huemer, C. / Klas, W. (2002): ebXML: Status, Research Issues, and Obstacles, in: Proceedings of the 12th International Workshop on Research Issues on Data Engineering (RIDE02), San Jose, California, USA, 24.-25.02.2002, S. 7-18.

Hoppe, U. (2002): Electronic Business und Electronic Commerce – ein Beitrag zur Begriffsbildung, in: Gabriel, R. / Hoppe, U. (Hrsg., 2002): Electronic Business. Theoretische Aspekte und Anwendungen in der betrieblichen Praxis, Verlag Physica, Heidelberg 2002, S. 1-22.

Hümpel, C. / Schmitz, V. (2000): BMEcat – an XML standard for electronic product data interchange, in: Proceedings of the 1st German Conference XML 2000, Heidelberg, 03.-04.05.2000, S. 1-11.

IDC (Hrsg., 2003): Elektronische Kataloge als zentrales Produktinformationssystem steigern die Effizienz des Unternehmens, Whitepaper, Frankfurt am Main 2003.

IEC (Hrsg., 2002): IEC 61360-1. Standard data element types with associated classification schema for electric components – Part 1: Definitions – Principles and methods. URL: http://www.iec.ch, 2002. (Abruf am 31.05.2004)

IEEE Computer Society (Hrsg., 1999): Bulletin of the IEEE Computer Society Technical Committee on Data Engineering. Special Issue on Data Transformations, Vol. 22, No. 1, 1999.

ISO (Hrsg., 1985): ISO 6093:1985. Representation of numerical values in character strings for information interchange. URL: http://www.iso.org, 1985. (Abruf am 31.05.2004)

ISO (Hrsg., 1992): ISO 1000:1992. SI units and recommendations for the use of their multiples and of certain other units. URL: http://www.iso.org, 1992. (Abruf am 31.05.2004)

ISO (Hrsg., 1994): ISO 10303-1:1994. Industrial automation systems and integration – Product data representation and exchange – Part 1: Overview and fundamental principles. URL: http://www.iso.org, 1994. (Abruf am 31.05.2004)

ISO (Hrsg., 1998a): ISO 639-2:1998. Codes for the representation of names of languages – Part 2: Alpha-3 code. URL: http://www.iso.org, 1998. (Abruf am 31.05.2004)

ISO (Hrsg., 1998b): ISO 13584-42:1998. Industrial automation systems and integration – Parts library – Part 42: Description methodology: Methodology for structuring part families. URL: http://www.iso.org, 1998. (Abruf am 31.05.2004)

ISO (Hrsg., 2000a): ISO 13584-1:2000. Industrial automation systems and integration – Parts library – Part 1: Overview and fundamental principles. URL: http://www.iso.org, 2000. (Abruf am 31.05.2004)

ISO (Hrsg., 2000b): ISO 8601:2000. Data elements and interchange formats – Information interchange – Representation of dates and times. URL: http://www.iso.org, 2000. (Abruf am 31.05.2004)

ISO (Hrsg., 2001): ISO 4217:2001. Codes for the representation of currencies and funds. URL: http://www.iso.org, 2001. (Abruf am 31.05.2004)

ISO (Hrsg., 2002a): ISO 3166-1. Country Codes. URL: http://www.iso.org, 2002. (Abruf am 31.05.2004)

ISO (Hrsg., 2002b): ISO 3166-2:1998 Codes for the representation of names of countries and their subdivisions – Part 2: Country subdivision code. URL: http://www.iso.org, 2002. (Abruf am 31.05.2004)

ISO (Hrsg., 2003): ISO 13584-42:1998/Cor.1:2003. Industrial automation systems and integration – Parts library – Part 42: Description methodology: Methodology for structuring part families. Technical Corrigendum 1. URL: http://www.iso.org, 2003. (Abruf am 31.05.2004)

ITEK e.V. (Hrsg., 2000): EDIDATA PRICAT / D.96 B, Artikelstammdaten Teil 2: Preise & Konditionen, Version 1.0, Mai 2000.

Jeckle, M. (2002): XML-Schemasprachen und W3Cs XML-Schema, in: Proceedings der GI-Arbeitstagung Modellierung 2002, Tutzing, 25.-27.03.2002, S. 23-35.

Khare, R. / Rifkin, A. (1997): Capturing the State of Distributed Systems with XML, in: World Wide Web Journal, Special Issue on XML, Vol 2, No. 4, 1997, S. 207-218.

Kelkar, O. (2001): Herausforderungen bei der Unternehmensintegration im zwischenbetrieblichen E-Commerce, in: Hentrich, J. (Hrsg., 2001): B2B-Katalog-Management. E-Procurement und Sales im Collaborative Business, Verlag Galileo Press, Bonn 2001, S. 76-79.

Kelkar, O. / Leukel, J. / Schmitz, V. (2002a): Towards Extended Price Models in XML Standards for Electronic Product Catalogs, in: Proceedings of the 4th International Conference on Enterprise Information Systems (ICEIS 2002), Ciudad Real, Spanien, 03.-06.04.2002, S. 937-945.

Kelkar, O. / Leukel, J. / Schmitz, V. (2002b): Price Modeling in Standards for Electronic Product Catalogs Based on XML, in: Proceedings of the 11th International World Wide Web Conference (WWW2002), Honolulu, Hawaii, USA, 07.-11.05.2002, S. 366-375.

Kelkar, O. / Otto, B. / Schmitz, V. (2001): Spezifikation openTRANS®, Version V1.0. URL: http://www.opentrans.org, 2001. (Abruf am 31.05.2004)

Keller, A. M. (1997): Smart catalogs and virtual catalogs, in: Kalakota, R. / Whinston, A. (Hrsg., 1997): Readings in Electronic Commerce, Verlag Addison Wesley, Boston 1997, S. 259-271.

Kersten, W. / Kern, E.-M. (2002): Flexible Lieferantenintegration im Electronic Sourcing, in: PPS Management, 7. Jg., Nr. 2, 2002, S. 13-15.

Kieffer, P. (2002): Viel hilft nicht immer viel. Katalogstandards sind ein unverzichtbarer Bestandteil des E-Procurement, in: Frankfurter Allgemeine Zeitung, 03.06.2002, S. B5.

Klein, M. (2002a): DAML+OIL and RDF Schema representation of UNSPSC. URL: http://www.cs.vu.nl/~mcaklein/unspsc/unspsc, 26.02.2002. (Abruf am 31.05.2004)

Klein, M. (2002b): Interpreting XML documents via an RDF Schema ontology, in: Proceedings of the 13th International Workshop on Database and Expert Systems Applications (DEXA 2002), Aix-en-Provence, Frankreich, 06.09.2002, S. 889-893.

Koch, H. (2002): Business-to-Business Electronic Commerce Marketplaces: The Alliance Process, in: Journal of Electronic Commerce Research, Vol. 3, No. 2, 2002, S. 67-76.

Koppelmann, U. (2000): Beschaffungsmarketing, 3. Auflage, Verlag Springer, Berlin et al. 2000.

Körsgen, F. (1999): SAP R/3® Vertrieb. Fallstudien Anwendung und Customizing, Verlag Erich Schmidt, Berlin 1999.

Kosiol, E. (1975): Die Unternehmung als wirtschaftliches Aktionszentrum. Einführung in die Betriebswirtschaftslehre, 4. Auflage, Verlag Rowohlt, Rheinbeck bei Hamburg 1975.

Krcmar, H. (2003): Informationsmanagement, 3. Auflage, Verlag Springer, Berlin et al. 2003.

Layman, A. / Jung, E. / Maler, E. / Thompson, H. S. / Paoli, J. / Tigue, J. / Mikula, N. H. / De Rose, S. (1998): XML-Data, W3C Note. URL: http://www.w3.org/TR/1998/NOTE-XML-data, 05.01.1998. (Abruf am 31.05.2004)

Lee, D. / Chu, W. W. (2000): Comparative Analysis of Six XML Schema Languages, in: ACM SIGMOD Record, Vol. 29, No. 3, 2000, S. 76-87.

Lee, D. / Chu, W. W. (2001): CPI: Constraints-Preserving Inlining. Algorithm for Mapping XML DTD to Relational Schema, in: Data Knowledge Engineering, Vol. 39, No. 1, 2001, S. 3-25.

Leukel, J. / Schmitz, V. (2002): Modellierung von Preisinformationen in elektronischen Produktkatalogen, in: Proceedings der GI-Arbeitstagung Modellierung 2002, Tutzing, 25.-27.03.2002, S. 171-181.

Leukel, J. / Schmitz, V. / Dorloff, F.-D. (2002a): Modeling and Exchange of Product Classification Systems using XML, in: Proceedings of the 4th IEEE International Workshop on Advanced Issues of E-Commerce and Web-based Information Systems (WECWIS 2002), Newport Beach, California, USA, 26.-28.06.2002, S. 242-244.

Leukel, J. / Schmitz, V. / Dorloff, F.-D. (2002b): A Modeling Approach for Product Classification Systems, in: Proceedings of the 13th International Workshop on Database and Expert Systems Applications (DEXA 2002), Aix-en-Provence, Frankreich, 06.09.2002, S. 868-874.

Leukel, J. / Schmitz, V. / Dorloff, F.-D. (2002c): Referenzmodell für den Austausch von Produktklassifikationssystemen im E-Business, in: Proceedings der Teilkonferenz "E-Business – Integration industrieller ERP-Architekturen" im Rahmen der Multi-Konferenz Wirtschaftsinformatik 2002 (MKWI02), Nürnberg, 09.-11.09.2002, S. 85-97.

Leukel, J. / Schmitz, V. / Dorloff, F.-D. (2002d): Coordination and Exchange of XML Catalog Data in B2B, in: Proceedings of the 5th International Conference on Electronic Commerce Research (ICECR-5), Montreal, Kanada, 23.-27.10.2002, o.S.

Leukel, J. / Schmitz, V. / Dorloff, F.-D. (2002e): Exchange of Catalog Data in B2B Relationships – Analysis and Improvement, in: Proceedings of the IADIS International Conference WWW/ Internet 2002, Lissabon, Portugal, 13.-15.11.2002, S. 403-410.

Leukel, J. / Schmitz, V. / Dorloff, F.-D. (2003): B2B E-Procurement Beyond MRO?, in: Proceedings of the 6th International Conference on Electronic Commerce Research (ICECR-6), Dallas, Texas, USA, 23.-26.10.2003, S. 493-500.

Levy, D. M. (1995): Cataloging in the Digital Order, in: Proceedings of Digital Libraries '95, Austin, Texas, USA, 11.-13.06.1995, S. 31-37.

Li, H. (2000): XML and Industrial Standards for Electronic Commerce, in: Knowledge and Information Systems, Vol. 2, No. 4, 2000, S. 487-497.

Lincke, D.-M. (1999): Technologien und Plattformen für interoperable elektronische Produktkataloge: Eigenschaften, Einordnung und Bewertung, Arbeitsbericht 1.0, Institut für Wirtschaftsinformatik, Universität St. Gallen, März 1999.

Lincke, D.-M. / Schmid, B. (1998): Mediating Electronic Product Catalogs, in: Communications of the ACM (CACM), Vol. 41 , No. 7, 1998, S. 86-88.

Locarek-Junge, H. / Wagner, M. (1995): Eine kurze Übersicht empirischer Forschungsergebnisse zum Thema Elektronische Produktkataloge, in: Wirtschaftsinformatik, 37. Jg., H. 3, 1995, S. 251-258.

Lödel, D. / Thesmann, S. / Mertens, P. / Breuker, J.-S. / Ponader, M. / Kohl, A. / Büttel-Dietsch, I. (1992): Elektronische Produktkataloge – Entwicklungsstand und Einsatzperspektiven, in: Wirtschaftsinformatik, 34. Jg., H. 5, 1992, S. 509-516.

Macharzina, K. (2003): Unternehmensführung. Das internationale Managementwissen; Konzepte, Methoden, Praxis, 4. Auflage, Verlag Gabler, Wiesbaden 2003.

Mädche, A. / Staab, S. / Studer, R. (2001): Ontologien, in: Wirtschaftsinformatik, 43. Jg., H. 4, 2001, S. 393-395

Madnick, S. E. (2001): The Misguided Silver Bullet: What XML Will and Will NOT Do to Help Information Integration, Paper #111, Center for eBusiness@MIT, MIT Sloan School of Management, Cambridge, Massachusetts, USA 2001.

Maletic, J. I. / Marcus, A. (2000): Data Cleansing: Beyond Integrity Checking, in: Proceedings of The Conference on Information Quality (IQ2000), Cambridge, Massachusetts, USA, 20.-22.10.2000, S. 200-209.

Manola, F. / Miller, E. (2004): Resource Description Framework Primer, W3C Recommendation. URL: http://www.w3.org/TR/rdf-primer, 10.02.2004. (Abruf am 31.05.2004)

Manz, U. (2002a): Klassifikation wird immer mehr zur Kernfrage. Künftiger Erfolg collaborativer Anwendungen, in: Beschaffung aktuell, 49. Jg. H. 2, 2002, S. 39-40.

Manz, U. (2002b): UNSPSC – wohin?, in: Beschaffung aktuell, 49. Jg. H. 3, 2002, S. 47.

Manz, U. (2002c): E-Class-Version 4.1: Vision und Realität, in: Beschaffung aktuell, 49. Jg., H. 5, 2002, S. 40.

Maur, E. von / Winter, R. (Hrsg., 2002): Vom Data Warehouse zum Corporate Knowledge Center, Verlag Physica, Heidelberg 2002.

Möhrstädt, D. G. / Bogner, P. / Paxian, S. (2001): Electronic Procurement planen – nutzen – einführen. Von der Konzeption zu optimalen Beschaffungsprozessen, Verlag Schäffer-Poeschel, Stuttgart 2001.

Mucha, M. / Kett, H. / Renner, T. (2002): Marktübersicht Elektronisches Produktdaten- und Katalogmanagement. Softwarewerkzeuge für Hersteller und Lieferanten, Verlag Fraunhofer IRB, Stuttgart 2002.

Mucha, M. / Warneck, K. / Wäsch, J. (2002): ETIM Clearing Center, Spezifikation Produktdatenaustauschformat 1.2. URL: http://www.etim.de, 2002. (Abruf am 31.05.2004)

Murata, M. / Lee, D. / Mani, M. (2001): Taxonomy of XML schema languages using formal language theory, in: Proceedings of Extreme Markup Languages Conference 2001, Montreal, Kanada, 12.-17.08.2001, S. 153-166.

NATO (Hrsg., 2004): NATO Codification System (NCS). URL: http://www.nato.int/structur/AC/135, 2004. (Abruf am 31.05.2004)

Naumann, S. / Krieger, R. / Kuhn, N. / Schürmann, C. / Sommer, C. (2003): Such- und Klassifizierungsstrategien in elektronischen Produktkatalogen, in: Proceedings der 6. Internationalen Tagung Wirtschaftsinformatik 2003, Band I 17.-19.09.2003, Dresden, S. 405-424.

Ng, W. / Yan, G. / Lim, E.-P. (2000): Heterogeneous Product Description in Electronic Commerce, in: ACM SIGeCom Exchanges, Vol. 1, No. 1, 2000, S. 7-13.

OASIS / UN/CEFACT (Hrsg., 2001): ebXML Technical Architecture Specification v1.0.4, 16 February 2001. URL: http://www.ebxml.org, 2001. (Abruf am 31.05.2004)

ODMG (Hrsg., 2004): Object Data Management Group. The Standard for Storing Objects. URL: http://www.odmg.org, 2004. (Abruf am 31.05.2004)

Olsen G. (2000): An Overview of B2B Integration, in: Enterprise Application Integration Journal, No. 4, Mai 2000, S. 28-36.

Omelayenko, B. / Fensel, D. (2001): A Two-Layered Integration Approach for Product Information in B2B E-commerce, in: Proceedings of the 2nd International Conference on Electronic Commerce and Web Technologies (EC WEB-2001 / DEXA 2001), München, 04.-06.09.2001, S. 226-239.

Open Applications Group (Hrsg., 2002): OAGIS – Open Applications Group Integration Specification, Release 8.0. URL: http://www.openapplications.org, April 2002. (Abruf am 31.05.2004)

Osterloh, K. / Hannich, J. / Schweiger, P. / Ohrner, M. / Erver, S. / Müller, U. (2001): Leistungsbeschreibung Katalog-Anforderungen des Volkswagen Konzerns, 2001.

Otto, B. / Beckmann, H. (2001): Klassifizierung und Austausch von Produktdaten auf elektronischen Marktplätzen, in: Wirtschaftsinformatik, 43. Jg., H. 4, 2001, S. 351-362.

Otto, B. / Beckmann, H. / Kelkar, O. / Müller, S. (2002): E-Business-Standards. Verbreitung und Akzeptanz, Verlag Fraunhofer IRB, Stuttgart 2002.

Özsu, M. T. / Iglinski, P. (2000): An Interoperable Multimedia Catalog System for Electronic Commerce, in: Bulletin of the IEEE Computer Society Technical Committee on Data Engineering, Vol. 23, No. 1, 2000, S. 17-22.

Patankar, A. / Segev, A. (2002): An Extensible Catalog Management Framework, CITM Working Paper 02-WP1052, Haas School of Business, University of Berkeley, California, USA, 2002.

Patel-Schneider, P. / Siméon, J. (2002): The Yin/Yan Web: XML Syntax and RDF Semantics, in: Proceedings of the 11th International World Wide Web Conference (WWW2002), Honolulu, Hawaii, USA, 07.-11.05.2002, S. 443-453.

Pepels, W. (2001): Produktmanagement. Produktinnovation, Markenpolitik, Programmplanung, Prozessorganisation, 3. Auflage, Verlag Oldenbourg, München-Wien 2001.

Pernul, G. / Unland, R. (2001): Datenbanken im Unternehmen. Analyse, Modellbildung und Einsatz, Verlag Oldenbourg, München-Wien 2001.

Pierra, G. (2003): Context-explication in conceptual ontologies: the PLIB approach, in: Proceedings of the 10th ISPE International Conference on Concurrent Engineering (CE 2003), Vol. Enhanced Interoperable Systems, 26.-30.07.2003, Madeira, Portugal, S. 243-253.

Pierra, G. / Sardet, E. / Potier, J. C. / Battier, G. / Derouet, J. C. (1998): Exchange of Component Data: The PLIB (ISO 13584) Model, Standard and Tools, in: Proceedings of the CALS EUROPE'98 Conference, 16.-18.09.1998, Paris, Frankreich, S. 160-176.

Pierra, G. / Potier, J.C. / Sardet, E. (2000): From digital libraries to electronic catalogues for engineering and manufacturing, in: International Journal of Computer Applications in Technology (IJCAT), Special Issue on Applications in Industry of Product and Process Modelling Using Standards, Vo. 18, No. 1, 2000, S. 27-42.

proficl@ss International e.V. (Hrsg., 2003): proficl@ss, V. 2.0 URL: http://www.proficlass.org, 2003. (Abruf am 31.05.2004)

PWC Unternehmensberatung GmbH (Hrsg., 2002): Wegweiser Katalogmanagement. Wesentliche Erfolgsfaktoren für E-Procurement-Projekte, Frankfurt, Mai 2002.

Quantz, J. / Wichmann, T. (2003): E-Business-Standards in Deutschland. Bestandsaufnahme, Probleme, Perspektiven. Ein Forschungsauftrag des Bundesministeriums für Wirtschaft und Arbeit, Endbericht, Berlecon Research GmbH, Berlin 2003.

Rahm, E. / Bernstein, P. A. (2001): A survey of approaches to automatic schema matching, in: The VLDB Journal, Vol. 10, No. 4, 2001, S. 334-350.

Rosewitz, M. / Timm, U. (1998): Editor für Elektronische Produktberatung, in: Wirtschaftsinformatik, 40. Jg., H. 1, 1998, S. 21-28.

Sabin, D. / Weigel, R. (1998): Product Configuration Frameworks – A Survey, in: IEEE Intelligent Systems, Vol. 13, No. 4, 1998, S. 42-49.

Salton, G. / Yang, C. / Wong, A. (1975): A vector space model for automatic indexing, in: Communications of the ACM (CACM), Vol. 18, No. 11, 1975, S. 613-620.

SAP AG (Hrsg., 2001): SAP-Bibliothek, R/3 Release 4.6C. URL: http://help.sap.com, April 2001. (Abruf am 31.05.2004)

Sauerland, G. (2002): Bedeutung des Katalog Management für E-Business und Supply Chain Management, in: Proceedings der 4. Paderborner Frühjahrstagung "Modelle im E-Business", Paderborn, 11.04.2002, S. 713-728.

Schäffer, H. / Höll, S. / Schönberg, T. (1999): Buy Direct – Eine intranet-basierende Geschäftsprozeßoptimierung im Einkauf, in: Proceedings der 4. Internationalen Tagung Wirtschaftsinformatik 1999, Saarbrücken, 03.-05.03.1999, S. 505-519.

Scheer, A.-W. (1990): CIM (Computer Integrated Manufacturing) – Der computergesteuerte Industriebetrieb, 4. Auflage, Verlag Springer, Berlin et al. 1990.

Scheer, A.-W. (1998): Wirtschaftsinformatik. Referenzmodelle für industrielle Geschäftsprozesse, 2. Auflage der Studienausgabe, Verlag Springer Berlin et al. 1998.

Schmid, B. / Lindemann M. (1997): Elemente eines Referenzmodells Elektronischer Märkte, Arbeitsbericht Nr. IM HSG/CCEM/44, Institut für Wirtschaftsinformatik, Universität St. Gallen, 1997.

Schmitz, V. / Kelkar, O. / Pastoors, T. (2001): Spezifikation BMEcat®, Version 1.2. URL: http://www.bmecat.org, März 2001. (Abruf am 31.05.2004)

Schmitz, V. / Leukel, J. / Dorloff, F.-D. (2003): Does B2B Data Exchange tap the full Potential of XML Schema Languages, in: Proceedings of the 16th Bled Electronic Commerce Conference, Bled, Slowenien, 09.-11.06.2003, S. 172-182.

Schmitz, V. / Leukel, J. / Kelkar, O. (2004): XML-based Data Exchange of Product Model Data in E-Procurement and E-Sales: The Case of BMEcat 2.0, in: Proceedings of the International Conference on Economic, Technical and Organisational aspects of Product Configuration Systems (PETO 2004), Kopenhagen, Dänemark, 28.-29.06.2004, S. 97-107.

Schubert, P. (2000): The Participatory Electronic Product Catalog: Supporting Customer Collaboration in E-Commerce Applications, in: Electronic Markets, Vol. 10, No. 4, 2000, S. 1-8.

Schubert, P. (2002): E-Procurement: Elektronische Unterstützung der Beschaffungsprozesse in Unternehmen, in: Schubert, P. / Wölfle, R. / Dettling, W. (Hrsg., 2002): Procurement im E-Business: Einkaufs- und Verkaufsprozesse elektronisch optimieren, Verlag Hanser, München-Wien 2002, S. 1-28.

Schulten, E. / Akkermans, J. / Botquin, G. / Dörr, M. / Guarino, N. / Lopes, N. / Sadeh, N. (2001): The e-commerce product classification challenge, in: IEEE Intelligent Systems, Vol. 16, No. 4, 2001, S. 86-89.

Schütte, R. (1997): Grundsätze ordnungsmäßiger Referenzmodellierung – Konstruktion konfigurations- und anpassungsorientierter Modelle, Verlag Gabler, Wiesbaden 1997. [Zugl.: Münster, Univ., Diss., 1997]

Schwarze, J. (1998): Informationsmanagement. Planung, Steuerung, Koordination und Kontrolle der Informationsversorgung im Unternehmen, Verlag Neue Wirtschafts-Briefe, Herne 1998.

Schwarze, S. / Schönsleben, P. (1996): Recent Developments in Configuration of Multiple-Variant Products. Application Orientation and Vagueness in Customer Requirements, in: Proceedings of the International Conference on Advances in Production Management Systems (APMS '96), Kyoto, Japan, November 1996, o.S.

Segev, A. / Wan, D. / Beam, C. (1995): Designing Electronic Catalogs for Business Value: Results of the CommerceNet Pilot, CITM Working Paper WP-1005, Haas School of Business, University of Berkeley, California, USA, Oktober 1995.

Seiler, C.-M. / Grauer, M. / Schäfer, W. (2003): Produktlebenszyklusmanagement, in: Wirtschaftsinformatik, 45. Jg., H. 1, 2003, S. 67-75.

Shim, S. S. / Pendyala, V. S. / Sundaram, M. / Gao, J. Z. (2000): Business-to-Business E-Commerce Frameworks, in: IEEE Computer, Vol. 33, No. 10, 2000, S. 40-47.

Spyratos, N. / Tzitzikas, Y. / Christophides, V. (2002): On Personalizing the Catalogs of Web Portals, in: Proceedings of the Special Track on Semantic Web at the 15th International FLAIRS'02 Conference, Pensacola, Florida, USA, 14.-16.05.2002, S. 430-434.

Stahl, A. / Bergmann, R. / Schmitt, S. (2000): A Customization Approach for Structured Products in Electronic Shops, in: Proceedings of the 13th Bled Electronic Commerce Conference, Bled, Slowenien, 19.-21.06.2000, S. 252-264.

STAR (Hrsg., 2004): Standards for Technology in Automotive Retail. URL: http://www.starstandard.org, 2004. (Abruf am 31.05.2004)

Steffen, T. (2000): Internet-Quellen zu XML/EDI, in: Wirtschaftsinformatik, 42. Jg., H. 1, 2000, S. 78-86.

Stolze, M. (2000): Soft navigation in electronic product catalogs, in: International Journal of Digital Libraries, Vol. 3, No. 1, 2000, S. 60-66.

Stonebraker, M. / Hellerstein, J. M. (2001): Content Integration for E-Business, in: Proceedings of ACM SIGMOD/PODS 2001, Santa Barbara, California, USA, 21.-24.05.2001, S. 552-560.

Su, H. / Kuno, H. / Rundensteiner, E.A. (2001): Automating the Transformation of XML Documents, in: Proceedings of the 3rd International Workshop on Web Information and Data Management (WIDM 2001), Atlanta, Georgia, USA, 09.11.2001, S. 68-75.

Tanner, C. (2004): E-Procurement – Lieferanteneinbindung als Erfolgsfaktor, in Beschaffungsmanagement, Nr. 1, 2004, S. 33-34.

Tank, W. (1993): Wissensbasiertes Konfigurieren: Ein Überblick, in: Künstliche Intelligenz, Bd. 7, H. 3, 1993, S. 7-10.

Teubner, A. / Klein, S. (2002): Vergleichende Buchsprechung: Informationsmanagement, in: Wirtschaftsinformatik, 44. Jg., H. 3, 2002, S. 285-299.

Teuteberg, F. (2001): Agentenbasierte Informationserschließung im World Wide Web unter Einsatz von Künstlichen Neuronalen Netzen und Fuzzy-Logik, Verlag Josef Eul, Köln 2001. [Zugl. Frankfurt (Oder), Europa-Univ., Diss., 2001]

Timm, U. J. (1999): Beiträge zum Einsatz von Benutzermodellen in der elektronischen Produktberatung, Universität Erlangen-Nürnberg, Diss., Erlangen-Nürnberg 1999.

Trastour, D. / Bartolini, C. / Preist, C. (2002): Semantic Web Support for the Business-to-Business E-Commerce Lifecycle, in: Proceedings of the 11th International World Wide Web Conference (WWW2002), Honolulu, Hawaii, USA, 07.-11.05.2002, S. 89-98.

UCEC (Hrsg., 2001): UCEC – Univeral Content Extended Classification. URL: http://www.ucec.org, 2001. (Offline bei Abruf am 31.05.2004)

UN/ECE (Hrsg., 2001): UN/ECE Trade Facilitation Recommendation 20. Codes for Units of Measure Used in International Trade. URL: http://www.unece.org/cefact/rec/rec20en.htm, 2001. (Abruf am 31.05.2004)

UN/ECE (Hrsg., 2004): UN/LOCODE 2004-1. United Nations Code for Trade and Transport Locations. URL: http://www.unece.org/cefact/locode/service/main.htm, 2004. (Abruf am 31.05.2004)

UNDP (Hrsg., 2002): Amicable Resolution of Differences between UNDP and ECCMA regarding Ownership and Management of the UNSPSC, Joint Announcement, October 2, 2002. URL: http://www.unspsc.org, 2002. (Abruf am 31.05.2004)

UNDP (Hrsg., 2003): United Nations Standard Products & Services Code (UNSPSC), V.6.0315. URL: http://www.unspsc.org, 2003. (Abruf am 31.05.2004)

Varlamis, I. / Vazirgiannis, M. (2001): Bridging XML-Schema and relational databases. A system for generating and manipulating relational databases using valid XML documents, in: Proceedings of the ACM Symposium on Document Engineering, Atlanta, Georgia, USA, 09.-10.11.2001, S. 105-114.

Vögler, G. / Tredwell, R. / Kuhlins, S. (2003): The Use of Existing XML Vocabularies for Web Services – Querying Product Information with Web Services and BMEcat, in: Proceedings of Net.ObjectDays 2003 (NODe 2003), Erfurt, 22.-25.09.2003, S. 66-77.

W3C (Hrsg., 1998): Date and Time Formats, W3C Note. URL: http://www.w3.org/TR/NOTE-datetime, 27.08.1998. (Abruf am 31.05.2004)

W3C (Hrsg., 2004): Extensible Markup Language (XML). URL: http://www.w3.org/XML, 26.03.2004. (Abruf am 31.05.2004)

Wäsch, J. / Warneck, K. / Morlok, J. (2002): Datenmodell ETIM Klassifikationssystem Version 2.0. URL: http://www.etim.de, 16.06.2002. (Abruf am 31.05.2004)

Wilking, G. (2001): Beschaffung mittels internetbasierter Produktkataloge, Verlag Gabler, Wiesbaden 2001. [Zugl.: Essen, Univ., Diss., 2000]

Wittmann, W. (1959): Unternehmung und unvollkommene Information: Unternehmerische Voraussicht – Ungewißheit und Planung, Verlag Opladen, Köln 1959.

Wüstner, E. / Hotzel, T. / Buxmann, P. (2002): Converting Business Documents: A Classification of Problems and Solutions using XML/XSLT, in: Proceedings of the 4th IEEE International Workshop on Advanced Issues of E-Commerce and Web-based Information Systems (WECWIS 2002), Newport Beach, California, USA, 26.-28.06.2002, S. 61-68.

Zelewski, S. / Schütte, R. / Siedentopf, J. (2001): Ontologien zur Repräsentation von Domänen, in: Schreyögg, G. (Hrsg., 2001): Wissen im Unternehmen. Konzepte, Maßnahmen, Methoden, Verlag Erich Schmidt, Berlin 2001, S. 183-221.

Zentes, J. (2002): B2B-Handel: Renaissance des Großhandels, in: Zentes, J. / Swoboda, B. / Morschett, D. (Hrsg., 2002): B2B-Handel: Perspektiven des Groß- und Außenhandels, Deutscher Fachverlag, Frankfurt am Main 2002, S. 3-31.

Zhao, Y. (2001): XML-Based Frameworks for Internet Commerce and an Implementation of B2B e-procurement, Thesis, Department of Computer and Information Science (IDA), Linköping University, Schweden, 2001.

Zhao, Y. / Sandahl, K. (2000): XML-Based Frameworks for Internet Commerce, in: Proceedings of the 2nd International Conference on Enterprise Information Systems (ICEIS 2000), 05.-07.07.2000, Staffordshire, Großbritannien, S. 511-516.

Zumpe, S. / Esswein, W. (2002): Konzeptionelle Schnittstellenanalyse von eCommerce Applikationen, Dresdner Beiträge zur Wirtschaftsinformatik, Nr. 36/2002, Technische Universität Dresden, 2002.

Zwass, V. (1996): Electronic Commerce: Structures and Issues, in: International Journal of Electronic Commerce (IJEC), Vol. 1, No. 1, 1996, S. 3-23.

Stichwortverzeichnis

A

Aktualität ... 147
Anwendungsszenario ... 158
Architektur ... 181
Artikel ... 16
Artikelreferenz ... 50
Aufgaben ... 149
Aufgaben, operative ... 157
Aufgaben, strategische ... 153
Aufgabenbezogenheit ... 147
Aufzählungsdatentyp ... 83

B

B2B E-Commerce ... 134
Basisdatentyp ... 82
Basismerkmalsleiste ... 271
Beschaffung, katalogbasierte ... 136
Bestelldaten ... 41
BizTalk ... 107
BMEcat ... 110, 287, 291, 326
BOD ... 118
Buy Side-System ... 135

C

C-Artikel ... 136
Content Management ... 140
Cross Selling ... 50
Cross-Media-Publishing ... 148
CSV ... 68
cXML ... 114, 287, 291, 326

D

Datenbereich ... 20
Datenelement ... 84
Datenformat ... 67
Datenintegration ... 181
Datenmanagement ... 140
Datensatztypisierung ... 70
Datentransformation ... 221, 254
Datentyp ... 82
De-jure-Standard ... 94
Desktop Purchasing-System ... 135
DIN 4000 ... 294
DIN V 4002 ... 298
Display ... 52
Dokumenttyp ... 87
DUNS ... 25

E

EAN ... 37
E-Business ... 133
E-Business-Standard ... 80
ebXML ... 107
eCl@ss ... 270
E-Commerce ... 133
EDI ... 71
EGAS ... 274
Einkaufsinfosatz ... 14
Enumeration ... 83
Envelope-Metapher ... 92
eOTD ... 278
E-Procurement ... 133
ERP-System ... 13
ETIM ... 279
Exportprofil ... 209

F

Formalziel 144
Framework 91
Funktionsintegration 181

G

Geschäftsdokument 87

I

IEC 61360 294
ILN 25
Importprofil 209
Information Retrieval 298
Informationsdefizit 238
Informationsmanagement 139
Informationsverlust 238
ISO 13584 .... 278, 293

K

Katalog, elektronischer 22
Katalogdaten 11, 18, 22
Katalogdatenmanagement 138, 140
Katalogdatenmanagement,
zwischenbetriebliches 313
Katalogdatenverwaltung 201
Katalogdokument 67
Katalogempfänger 25
Katalog-Engine 137
Katalogersteller 25
Katalogerstellungswerkzeug 182
Katalogexportwerkzeug 182
Kataloggruppensystem 28
Katalogidentifikationsdaten 24
Katalogmanagement 142
Katalogmetadaten 24
Katalogprozeßabstimmung 314
Katalogspezifikation 315
Katalogspezifikation, formale 322
Katalogstandard 107, 123
Katalogstrukturdaten 27
Katalogvertragsdaten 25
Katalogzertifizierung 317
Katalogzugriff, entfernter 160
KDM-Architektur 181
KDM-Architektur, additive 182
KDM-Architektur, gekoppelte 187
KDM-Architektur, integrierte 194
KDM-System 137
Klassendefinition 262
Klassifikationssystem 259
Klassifizierungswerkzeug 182
Konsistenz 146
Konverterstruktur 223
Konvertierung 222
Kunden-Material-Infosatz 15

L

Logistikdaten 43
Lot 52

M

Mandant 204
Mapping 221, 226, 228, 230, 232
Marktplatz-System 136
Materialdaten 13, 18
Materialstammsatz 13
Medienneutralität 148
Merkmal 39
Merkmal-Mapping 252
Merkmal-Pool 253
Merkmalsdefinition 263
Merkmalsleiste 33
Merkmalsverwaltung 249, 250

Multi-Abhängigkeit 61, 201

N

NCS 278
Norm 94

O

OAGIS 117, 287, 291, 326
OBI 107
OCI 109
Ontologie 63
Ordnungssystem............................ 27

P

Parametrische Suche 34
Parametrisierung 53
Preisdaten...................................... 43
Preisdifferenzierung........................ 44
Preismodell..................................... 44
PRICAT 72
PRODAT... 79
Product Lifecycle Management........ 17
Produkspezifikation......................... 39
Produkt 12
Produktbündel................................. 52
Produktdaten 17, 18, 35
Produktdatenmanagement.............. 17
Produktkatalog, elektronischer....... 133
Produktkategorie............................. 27
Produktklassifikationssystem 32
Produktklassifizierung........... 245, 248
Produktkonfiguration....................... 57
Produktlebenszyklus....................... 12
Produktmodell................................. 17
Produktordnungssystem 27
Produktstrukturdaten 49
Produktvariante 53
proficl@ss 280
Prozeß 88
Prozeßmodell................................ 321
PunchOut...................................... 160

R

Rationalisierung 219
RDF 101
Referenzierungsdaten..................... 50

S

Sachziel 144
Sammelartikel 212
Schemaunterschiede 225
Self-Service................................... 165
Sell Side-System............................ 135
Semantic Web................................ 102
Serialisierung 67
Set 52
Spezifikation, formale....................... 98
Standardisierung..................... 80, 147
Standardklassifikationssystem . 32, 267
Standardmerkmalsleiste 270
STEP 17
Stückliste 57
Systemdefinition............................ 260
Szenario Buyer 158, 164, 172
Szenario Intermediär...... 158, 166, 174
Szenario Supplier.......... 158, 162, 168

T

Transaktion 87
Transaktionssystem 137
Trennzeichen 68

U

UNSPSC 274

V

Vektorraummodell 300
Vererbungskonzept (Merkmale) 266
Verpackungshierarchie 42
Vokabular 85
Vollständigkeit 147
Vorlagenkonzept (Merkmale) 265

X

xCBL 120, 287, 291, 326
XML 73
XML DTD 75, 99, 323
XML Schema 100
XML-Schemasprache 98
XSD 98, 323

Z

Ziele (KDM) 143
Zusammenhangbezogenheit 147

Band 7
Patrick Stähler
Geschäftsmodelle in der digitalen Ökonomie – Merkmale, Strategien und Auswirkungen
2. Auflage
Lohmar – Köln 2002 ♦ 364 S. ♦ € 53,- (D) ♦ ISBN 3-89936-013-3

Band 8
Volker Herwig
E-Government – Distribution von Leistungen öffentlicher Institutionen über das Internet
Lohmar – Köln 2001 ♦ 340 S. ♦ € 48,- (D) ♦ ISBN 3-89012-889-0

Band 9
Jana Buchwalter
Elektronische Ausschreibungen in der Beschaffung – Referenzprozeßmodell und prototypische Realisierung
Lohmar – Köln 2001 ♦ 252 S. ♦ € 42,- (D) ♦ ISBN 3-89012-922-6

Band 10
Torsten Költzsch
Geschlossene Public-Key-Infrastruktur-Lösungen
Lohmar – Köln 2002 ♦ 242 S. ♦ € 42,- (D) ♦ ISBN 3-89012-923-4

Band 11
Emanuel Marti
Electronic Commerce im Reisemarkt – Handlungsempfehlungen für den Reisemittler
Lohmar – Köln 2002 ♦ 408 S. ♦ € 49,- (D) ♦ ISBN 3-89012-930-7

Band 12
Horst Tripp
Electronic Procurement Services
Lohmar – Köln 2002 ♦ 394 S. ♦ € 49,- (D) ♦ ISBN 3-89012-935-8

Band 13
Elmar-Marius Licharz
Vertrauen in B2C
Lohmar – Köln 2002 ♦ 294 S. ♦ € 44,- (D) ♦ ISBN 3-89012-945-5

Band 14
Karin Dittewig
Managing Partnerships for Maximum Performance – Best Practice Evidence from the Information Technology Industry
Lohmar – Köln 2002 ♦ 318 S. ♦ € 45,- (D) ♦ ISBN 3-89012-953-6

Band 15
Ursula Markus
Integration der virtuellen Community in das CRM – Konzeption, Rahmenmodell, Realisierung
Lohmar – Köln 2002 ♦ 270 S. ♦ € 46,- (D) ♦ ISBN 3-89012-973-0

Band 16
Ulrike Geißler
Lobbying im E-Business
Lohmar – Köln 2002 ♦ 314 S. ♦ € 48,- (D) ♦ ISBN 3-89012-995-1

Band 17
Ernest Kosilek/Wolfgang Uhr
Public Electronic Procurement – Eine empirische Untersuchung
Lohmar – Köln 2002 ♦ 222 S. ♦ € 44,- (D) ♦ ISBN 3-89936-017-6

Band 18
Daniel Hunziker
Bricks & Clicks im E-Business
Lohmar – Köln 2003 ♦ 228 S. ♦ € 44,- (D) ♦ ISBN 3-89936-054-0

Band 19
Jens Ochel
Senioren im Internet
Lohmar – Köln 2003 ♦ 258 S. ♦ € 46,- (D) ♦ ISBN 3-89936-062-1

Band 20
Arne Schulke
Kooperation zwischen traditionellen Unternehmen und E-Business Startups – Eine Analyse aus Sicht des strategischen Managements
Lohmar – Köln 2003 ♦ 286 S. ♦ € 47,- (D) ♦ ISBN 3-89936-075-3

Band 21
Diana Rätz
Erfolgspotenzial elektronischer B2B-Marktplätze – Theorie – Empirie – Fallstudien
Lohmar – Köln 2003 ♦ 278 S. ♦ € 48,- (D) ♦ ISBN 3-89936-114-8

Band 22
Wolfgang Güttler
Die Adoption des Electronic Commerce im deutschen Einzelhandel
Lohmar – Köln 2003 ♦ 320 S. ♦ € 52,- (D) ♦ ISBN 3-89936-121-0

Band 23
Andreas P. Schwab
Elektronische Verhandlungen in der Beschaffung
Lohmar – Köln 2003 ♦ 278 S. ♦ € 48,- (D) ♦ ISBN 3-89936-147-4

Band 24
Hilda Joffe
Teilmärkte des Internets in Japan – Eine Analyse der Märkte für Mobiltelefone, Convenience Stores und Spielekonsolen unter Beachtung kultureller Einflussfaktoren auf die Entstehung dieser Teilmärkte
Lohmar – Köln 2003 ♦ 254 S. ♦ € 46,- (D) ♦ ISBN 3-89936-159-8

Band 25
Fredj Dridi
Sicherheitsarchitektur für Internetbasierte Informationssysteme – Entwurf und Implementierung im Rahmen des E-Government-Projektes Webocracy
Lohmar – Köln 2003 ♦ 218 S. ♦ € 44,- (D) ♦ ISBN 3-89936-166-0

Band 26
Roman Pecha
Externe Geschäftsmodellanalyse bei E-Business Unternehmen – Eine empirische Analyse
Lohmar – Köln 2004 • 360 S. • € 53,- (D) • ISBN 3-89936-218-7

Band 27
Sabine Kronz
Content Management – Einführung, Prozesse und Objekte
Lohmar – Köln 2004 • 246 S. • € 46,- (D) • ISBN 3-89936-225-X

Band 28
Dietmar Eifert
Wert von Kundenprofilen im Electronic Commerce
Lohmar – Köln 2004 • 238 S. • € 46,- (D) • ISBN 3-89936-276-4

Band 29
Andreas Voß
Dominantes Design im Electronic Commerce – Analysen und Befunde bei Tourismus-Web Sites
Lohmar – Köln 2004 • 286 S. • € 48,- (D) • ISBN 3-89936-293-4

Band 30
Jörg Leukel
Katalogdatenmanagement im B2B E-Commerce
Lohmar – Köln 2004 • 388 S. • € 55,- (D) • ISBN 3-89936-316-7

PLANUNG, ORGANISATION UND UNTERNEHMUNGSFÜHRUNG

Herausgegeben von Prof. Dr. Dr. h. c. Norbert Szyperski, Köln, Prof. Dr. Winfried Matthes, Wuppertal, Prof. Dr. Udo Winand, Kassel, Prof. (em.) Dr. Joachim Griese, Bern, PD Dr. Harald F. O. von Kortzfleisch, Kassel, Prof. Dr. Ludwig Theuvsen, Göttingen, und Prof. Dr. Andreas Al-Laham, Stuttgart

Band 100
Katharina Brigitte Rick
Corporate Governance and Balanced Scorecard – A Strategic Monitoring System for Swiss Boards of Directors
Lohmar – Köln 2004 • 288 S. • € 48,- (D) • ISBN 3-89936-273-X

Band 101
Jens D.-O. Heymans
Management der textilen Supply Chain durch den Bekleidungs-einzelhandel
Lohmar – Köln 2004 • 314 S. • € 52,- (D) • ISBN 3-89936-274-8

Band 102
Roland Rolles
Content Management in der öffentlichen Verwaltung
Lohmar – Köln 2004 • 268 S. • € 47,- (D) • ISBN 3-89936-287-X

Band 103
Erik Hofmann
Strategisches Synergie- und Dyssynergiemanagement
Lohmar – Köln 2004 • 406 S. • € 56,- (D) • ISBN 3-89936-289-6

Band 104
Hanns Martin Schindewolf
Organisches Wachstum internationaler Unternehmen – Eine empirische Exploration
Lohmar – Köln 2004 ♦ 350 S. ♦ € 54,- (D) ♦ ISBN 3-89936-292-6

Band 105
Oliver Schwarz
Die Anwendung des Markt- und Ressourcenorientierten Ansatzes des Strategischen Managements – Dargestellt am Beispiel der IPOs am Neuen Markt
Lohmar – Köln 2004 ♦ 442 S. ♦ € 58,- (D) ♦ ISBN 3-89936-304-3

Band 106
Leonhard von Metzler
Risikoaggregation im industriellen Controlling
Lohmar – Köln 2004 ♦ 262 S. ♦ € 47,- (D) ♦ ISBN 3-89936-306-X

WIRTSCHAFTSINFORMATIK

Herausgegeben von Prof. (em.) Dr. Dietrich Seibt, Köln, Prof. Dr. Hans-Georg Kemper, Stuttgart, Prof. Dr. Georg Herzwurm, Dresden, Prof. Dr. Dirk Stelzer, Ilmenau, und Prof. Dr. Detlef Schoder, Köln

Band 44
Henning Baars
Videokonferenzsysteme im Kontext betrieblicher Anwendungsszenarien – Architekturgestaltung, Akzeptanz, Nutzen
Lohmar – Köln 2003 ♦ 646 S. ♦ € 73,- (D) ♦ ISBN 3-89936-146-6

Band 45
Rainer Endl
Regelbasierte Entwicklung betrieblicher Informationssysteme – Gestaltung flexibler Informationssysteme durch explizite Modellierung der Geschäftslogistik
Lohmar – Köln 2004 ♦ 370 S. ♦ € 55,- (D) ♦ ISBN 3-89936-263-2

Band 46
Malte Beinhauer
Knowledge Communities
Lohmar – Köln 2004 ♦ 256 S. ♦ € 47,- (D) ♦ ISBN 3-89936-308-6

TECHNOLOGIEMANAGEMENT, INNOVATION UND BERATUNG

Herausgegeben von Prof. Dr. Dr. h. c. Norbert Szyperski, Köln, vBP StB Prof. Dr. Johannes Georg Bischoff, Wuppertal, und Prof. Dr. Heinz Klandt, Oestrich-Winkel

Band 26
Carsten Breckner
E-Innovationsmanagement in der Automobilindustrie
Lohmar – Köln 2004 ♦ 288 S. ♦ € 48,- (D) ♦ ISBN 3-89936-216-0

Weitere Schriftenreihen:

UNIVERSITÄTS-SCHRIFTENREIHEN

- Reihe: Steuer, Wirtschaft und Recht
Herausgegeben von vBP StB Prof. Dr. Johannes Georg Bischoff, Wuppertal, Dr. Alfred Kellermann, Vorsitzender Richter (a. D.) am BGH, Karlsruhe, Prof. (em.) Dr. Günter Sieben, Köln, und WP StB Prof. Dr. Norbert Herzig, Köln

- Reihe: Rechnungslegung und Wirtschaftsprüfung
Herausgegeben von Prof. (em.) Dr. Dr. h. c. Jörg Baetge, Universität Münster, Prof. Dr. Hans-Jürgen Kirsch, Universität Hannover, und Dr. Stefan Thiele, Universität Münster

- Reihe: Schriften zu Kooperations- und Mediensystemen
Herausgegeben von Prof. Dr. Volker Wulf, Siegen, Prof. Dr. Jörg Haake, Hagen, Prof. Dr. Thomas Herrmann, Dortmund, Prof. Dr. Helmut Krcmar, München, Prof. Dr. Johann Schlichter, München, Prof. Dr. Gerhard Schwabe, Zürich, und Dr.-Ing. Jürgen Ziegler, Stuttgart

- Reihe: Telekommunikation @ Medienwirtschaft
Herausgegeben von Prof. Dr. Dr. h. c. Norbert Szyperski, Köln, Prof. Dr. Udo Winand, Kassel, Prof. (em.) Dr. Dietrich Seibt, Köln, Prof. Dr. Rainer Kuhlen, Konstanz, Dr. Rudolf Pospischil, Bonn, Prof. Dr. Claudia Löbbecke, Köln, und Prof. Dr. Christoph Zacharias, Köln

- Reihe: E-Learning
Herausgegeben von Prof. (em.) Dr. Dietrich Seibt, Köln, Prof. Dr. Freimut Bodendorf, Nürnberg, Prof. Dr. Dieter Euler, St. Gallen, und Prof. Dr. Udo Winand, Kassel

- Reihe: InterScience Reports
Herausgegeben von Prof. Dr. Dr. h. c. Norbert Szyperski, Köln, PD Dr. Harald F. O. von Kortzfleisch, Kassel, und Prof. (em.) Dr. Dietrich Seibt, Köln

- Reihe: FGF Entrepreneurship-Research Monographien
Herausgegeben von Prof. Dr. Heinz Klandt, Oestrich-Winkel, Prof. Dr. Dr. h. c. Norbert Szyperski, Köln, Prof. Dr. Michael Frese, Gießen, Prof. Dr. Josef Brüderl, Mannheim, Prof. Dr. Rolf Sternberg, Köln, Prof. Dr. Ulrich Braukmann, Wuppertal, und Prof. Dr. Lambert T. Koch, Wuppertal

- Reihe: Kleine und mittlere Unternehmen
Herausgegeben von Prof. Dr. Jörn-Axel Meyer, Berlin

- Reihe: Wissenschafts- und Hochschulmanagement
Herausgegeben von Prof. Dr. Detlef Müller-Böling, Gütersloh, und Prof. Dr. Reinhard Schulte, Lüneburg

- Reihe: Personal, Organisation und Arbeitsbeziehungen
Herausgegeben von Prof. Dr. Fred G. Becker, Bielefeld, Prof. (em.) Dr. Jürgen Berthel, Siegen, und Prof. Dr. Walter A. Oechsler, Mannheim

- Reihe: Finanzierung, Kapitalmarkt und Banken
Herausgegeben von Prof. Dr. Hermann Locarek-Junge, Dresden, Prof. Dr. Klaus Röder, Regensburg, und Prof. Dr. Mark Wahrenburg, Frankfurt

- Reihe: Marketing
Herausgegeben von Prof. Dr. Heribert Gierl, Augsburg, Prof. Dr. Roland Helm, Jena, Prof. Dr. Frank Huber, Mainz, und Prof. Dr. Henrik Sattler, Hamburg

- Reihe: Marketing, Handel und Management
Herausgegeben von Prof. Dr. Rainer Olbrich, Hagen

- Reihe: Produktionswirtschaft und Industriebetriebslehre
Herausgegeben von Prof. Dr. Jörg Schlüchtermann, Bayreuth

- Reihe: Europäische Wirtschaft
Herausgegeben von Prof. Dr. Winfried Matthes, Wuppertal

- Reihe: Katallaktik – Quantitative Modellierung menschlicher Interaktionen auf Märkten
Herausgegeben von Prof. Dr. Otto Loistl, Wien, und Prof. Dr. Markus Rudolf, Koblenz

- Reihe: Quantitative Ökonomie
Herausgegeben von Prof. Dr. Eckart Bomsdorf, Köln, Prof. Dr. Wim Kösters, Bochum und Prof. Dr. Winfried Matthes, Wuppertal

- Reihe: Forum Finanzwissenschaft und Public Management
Herausgegeben von Prof. Dr. Kurt Reding, Kassel, und PD Dr. Walter Müller, Kassel

- Reihe: Internationale Wirtschaft
Herausgegeben von Prof. Dr. Manfred Borchert, Münster, Prof. Dr. Gustav Dieckheuer, Münster, und Prof. Dr. Paul J. J. Welfens, Wuppertal

- Reihe: Studien zur Dynamik der Wirtschaftsstruktur
Herausgegeben von Prof. Dr. Heinz Grossekettler, Münster

- Reihe: Versicherungswirtschaft
Herausgegeben von Prof. (em.) Dr. Dieter Farny, Köln, und Prof. Dr. Heinrich R. Schradin, Köln

- Reihe: Wirtschaftsgeographie und Wirtschaftsgeschichte
Herausgegeben von Prof. Dr. Ewald Gläßer, Köln, Prof. Dr. Josef Nipper, Köln, Dr. Martin W. Schmied, Köln, und Prof. Dr. Günther Schulz, Bonn

- Reihe: Wirtschafts- und Sozialordnung: FRANZ-BÖHM-KOLLEG – Vorträge und Essays
Herausgegeben von Prof. Dr. Bodo B. Gemper, Siegen

- Reihe: WISO-Studientexte
Herausgegeben von Prof. Dr. Eckart Bomsdorf, Köln, und Prof. (em.) Dr. Dr. h. c. Dr. h. c. Josef Kloock, Köln

- Reihe: Rechtswissenschaft

FACHHOCHSCHUL-SCHRIFTENREIHEN

- Reihe: Institut für betriebliche Datenverarbeitung (IBD) e. V. im Forschungsschwerpunkt Informationsmanagement für KMU
Herausgegeben von Prof. Dr. Felicitas Albers, Düsseldorf

- Reihe: FH-Schriften zu Marketing und IT
Herausgegeben von Prof. Dr. Doris Kortus-Schultes, Mönchengladbach, und Prof. Dr. Frank Victor, Gummersbach

- Reihe: Medienmanagement
Herausgegeben von Prof. Dr. Thomas Breyer-Mayländer, Offenburg

- Reihe: FuturE-Business
Herausgegeben von Prof. Dr. Michael Müßig, Würzburg-Schweinfurt

- Reihe: Controlling-Forum – Wege zum Erfolg
Herausgegeben von Prof. Dr. Jochem Müller, Ansbach

- Reihe: Unternehmensführung und Controlling in der Praxis
Herausgegeben von Prof. Dr. Thomas Rautenstrauch, Bielefeld

- Reihe: Economy and Labour
Herausgegeben von EUR ING Prof. Dr.-Ing. Hans-Georg Nollau MBCS, Regensburg

- Reihe: Institut für Regionale Innovationsforschung (IRI)
Herausgegeben von Prof. Dr. Rainer Voß, Wildau

- Reihe: Interkulturelles Medienmanagement
Herausgegeben von Prof. Dr. Edda Pulst, Gelsenkirchen

PRAKTIKER-SCHRIFTENREIHEN

- Reihe: Transparenz im Versicherungsmarkt
Herausgegeben von *ASSEKURATA* GmbH, Köln

- Reihe: Betriebliche Praxis
Herausgegeben von vBP StB Prof. Dr. Johannes Georg Bischoff, Wuppertal

- Reihe: Regulierungsrecht und Regulierungsökonomie
Herausgegeben von Piepenbrock ♦ Schuster, Düsseldorf

EINZELSCHRIFTEN